工业和信息化普通高等教育
"十二五"规划教材立项项目

概率统计与随机过程

（修订版）

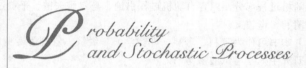

◆—— 孔告化 何铭 胡国雷 编

Probability and Stochastic Processes

人民邮电出版社

北京

图书在版编目（CIP）数据

概率统计与随机过程 / 孔告化，何铭，胡国雷编
. -- 2版. -- 北京 ：人民邮电出版社，2012.9（2018.6重印）
ISBN 978-7-115-28791-5

Ⅰ．①概… Ⅱ．①孔… ②何… ③胡… Ⅲ．①概率论
②随机过程 Ⅳ．①O211

中国版本图书馆CIP数据核字(2012)第178120号

内 容 提 要

　　本书共有 11 章，第 1 章至第 5 章是概率论部分，内容有随机事件及其概率、随机变量及
其分布、多维随机变量及其分布、随机变量的数字特征、大数定律与中心极限定理；第 6 章
至第 8 章是数理统计部分，内容有样本及抽样分布、参数估计、假设检验；第 9 章至第 11 章
是随机过程部分，内容有随机过程引论、马尔可夫链、平稳过程．各章均选配了适量的习题，
并附有参考答案．

　　本书可作为工科、理科（非数学）、经济、管理等专业的概率统计课程的教材，也可作
为研究生入学考试的参考书．

概率统计与随机过程（修订版）

◆ 　编　　　　孔告化　何　铭　胡国雷
　　责任编辑　武恩玉
　　执行编辑　刘　尉

◆ 　人民邮电出版社出版发行　　北京市丰台区成寿寺路 11 号
　　邮编　100164　　电子邮件　315@ptpress.com.cn
　　网址　http://www.ptpress.com.cn
　　大厂聚鑫印刷有限责任公司印刷

◆ 　开本：700×1000　1/16
　　印张：19.25　　　　　　　　　　2012 年 9 月第 2 版
　　字数：378 千字　　　　　　　　　2018 年 6 月河北第12次印刷

ISBN 978-7-115-28791-5

定价：37.00 元

读者服务热线：**(010) 81055256**　印装质量热线：**(010) 81055316**
反盗版热线：**(010) 81055315**
广告经营许可证：京东工商广登字 20170147 号

概率论、数理统计与随机过程作为现代数学的重要分支，在自然科学、社会科学和工程技术的各个领域都具有极为广泛的应用．特别是近 30 年来，随着信息技术的快速发展，概率统计与随机过程在通信、计算机、材料、经济、管理、生物等方面的应用更是得到了长足的发展，在众多的学科与行业中得到了越来越广泛的应用，成为各类专业大学生的最重要的数学课程之一．

在撰写本书时，我们根据 20 余年的教学经验，结合通信与信息技术、管理等专业的特点、后续课程的教学等方面的需要，对教材内容作了认真精选．在选材和叙述上尽量做到联系工科、管理等各专业的特点，从实例出发，引出基本概念，并在引出基本概念时注意揭示其直观背景和实际意义，注重概率统计与随机过程在通信与信息技术、经济学等领域的应用．在内容的处理上由具体到一般，由直观到抽象，由浅入深，循序渐进．在例题与习题的选取上也做了很大努力，力争使这些题目既具有启发性，又具有广泛的应用性．

本书共 11 章，分三大部分．第一部分由第 1 章至第 5 章组成，主要内容是随机事件及其概率、随机变量及其分布、多维随机变量及其分布、随机变量的数字特征、大数定律与中心极限定理．第二部分由第 6 章至第 8 章组成，主要内容是样本及抽样分布、参数估计、假设检验．第三部分由第 9 章至第 11 章组成，主要内容是随机过程引论、马尔可夫链、平稳过程．各章均选配了适量的习题，并附有参考答案．

在学时限制下，本书有些内容可以不学．这些内容是相互独立的，删除不学不会影响全书的学习，它们具体是：假设检验与置信区间的关系；非参数假设检验；平稳过程通过线性系统的分析．此外，随机过程部分中涉及两个随机过程的内容也可不学．

本书的第 1 章至第 4 章由孔告化撰写，第 5 章至第 8 章由何铭撰写，第 9

章至第 11 章由胡国雷撰写，全书最后由孔告化统一整理修改定稿. 本书的编写工作得到了南京邮电大学教务处及理学院领导的关心与支持，同时也得到了人民邮电出版社的鼎力帮助，编者借此机会一并致谢.

由于编者水平有限，不当乃至缪误之处在所难免，恳请广大读者不吝赐教.

编　者

2012 年 5 月

目　录

第 **1** 章 随机事件及其概率

在自然界和社会实践中发生的现象是多种多样的，这些现象一般可分为两种类型．一类是在一定条件下必然要发生的现象，如在标准大气压下，水温达到 100 ℃时就要沸腾；太阳每天都从东方升起；向上抛一个石子它必然下落等．我们称这类现象为**确定性现象或必然现象**．另一类现象则与此不同，如抛一枚硬币，落地时，可能"正面"朝上，也可能"反面"朝上，但事先无法准确预言哪一面朝上；在单位时间内，某市"110"收到的呼叫次数，事先也无法准确预知；某人多次掷一枚骰子，每次向上的点数不尽相同，且在每次掷骰子前不能准确预知向上的点数．我们称这类现象为**随机现象**．当我们大量重复观察随机现象的时候，就会发现随机现象呈现出某种规律性，这种规律性称为统计规律性．概率统计与随机过程就是研究和揭示随机现象所具有的统计规律性的一门数学学科．

1.1 随机事件

1.1.1 随机试验与样本空间

为了叙述方便，在本书中，我们将试验作为一个含意广泛的术语，它包括各种各样的实验、试验和检验，甚至对某些特征的观察也认为是一种试验．在概率论中，我们将具有以下三个特征的试验称为**随机试验（random trial）**，简称**试验（trial）**．

（1）试验可以在相同的条件下重复进行（重复性）；

（2）试验的可能结果不止一个，并且一切可能的结果都已知（多样性）；

（3）在每次试验前，不能确定哪一个结果会出现（随机性）．

以后我们所提到的试验都指的是随机试验，随机试验一般用大写字母 E 表示．下面列举一些随机试验的例子．

例 1.1 E_1：抛一枚硬币，观察其出现正面 H、反面 T 的情况．

E_2：掷一枚骰子，观察其出现的点数.

E_3：记录某市"110"一昼夜收到的呼叫次数.

E_4：从一批产品中任意抽检 5 件，观察其中的次品数.

E_5：在一批灯泡中任取一只，测试它的寿命.

E_6：在单位圆内任取一点，记录它的坐标.

随机试验中出现的各种可能结果称为试验的**基本结果**. 显然，随机试验具有两个或两个以上的基本结果，而且事前不知哪个结果会在试验中出现.

随机试验的基本结果，可以按不同的方法来定义，这取决于试验的目的. 例如，从一批产品中任意抽检一件产品是一个随机试验，如果抽检的目的仅是考察产品是正品还是次品，那么试验就只有两个基本结果(产品是正品和产品是次品)；如果抽检的目的是考察产品是一等品、二等品还是等外品，则试验就有三个基本结果.

定义 1.1 随机试验 E 的所有可能结果组成的集合称为试验的**样本空间**（**sample space**），记为 S. 样本空间中的元素，即 E 的每个基本结果，称为**样本点**（**sample point**）.

下面列出例 1.1 中试验 $E_k(k=1,2,\cdots,6)$ 的样本空间 S_k：

$S_1 = \{H, T\}$. $\qquad\qquad$ $S_2 = \{1, 2, , 3, 4, 5, 6\}$.

$S_3 = \{0, 1, 2, \cdots\}$. $\qquad\quad$ $S_4 = \{0, 1, 2, 3, 4, 5\}$.

$S_5 = \{t \mid t \geqslant 0\}$. $\qquad\qquad$ $S_6 = \{(x, y) \mid x^2 + y^2 < 1\}$.

1.1.2 随机事件

现在利用样本空间的概念，给出随机事件的定义.

定义 1.2 称随机试验 E 的样本空间 S 的子集为 E 的**随机事件**（**random event**），简称**事件**（**event**）.

随机事件通常利用大写英文字母如 A、B、C 等来表示. 在一次试验中，当且仅当这一子集（事件）中的某个样本点出现时，称这一事件发生.

特别地，将只含有一个样本点的事件称为**基本事件**；样本空间 S 包含所有的样本点，它在每次试验中都发生，称 S 为**必然事件**；事件 $\phi(\phi \subset S)$ 不包含任何样本点，它在每次试验中都不发生，称 ϕ 为**不可能事件**.

下面列举一些随机事件的例子：

例 1.2 在例 1.1 的 E_2 中，事件 A_1："出现奇数点"，即

$$A_1 = \{1, 3, 5\} .$$

在例 1.1 的 E_3 中，事件 A_2："一昼夜收到的呼叫次数不超过 100 次"，即

$$A_2 = \{0, 1, 2, \cdots, 100\} .$$

在例 1.1 的 E_5 中，事件 A_3："寿命小于 1000 小时"，即

$$A_3 = \{t \mid 0 \leqslant t < 1000\} .$$

1.1.3　随机事件间的关系及运算

在随机试验中，有的随机事件比较简单，有的比较复杂．为了从简单的事件出发来研究一些复杂的事件，还需要讨论随机事件之间的关系与运算．由于随机事件是样本空间的子集，因此事件的关系和运算与集合的关系和运算是一致的．下面分别给出这些运算和关系在概率论中的含义．

设随机试验 E 的样本空间为 S，而 $A, B, C, A_i (i = 1, 2, \cdots)$ 是 S 的子集．

（1）**包含关系**：若 $B \subset A$，则称事件 A 包含事件 B，也称事件 B 含在事件 A 中，它表示：若事件 B 发生必导致事件 A 发生．

（2）**相等关系**：若 $B \subset A$ 且 $A \subset B$，则称事件 A 与事件 B 相等，记为 $A = B$．

（3）**事件的和**：称事件 $A \bigcup B = \{x \mid x \in A \text{ 或 } x \in B\}$ 为事件 A 与事件 B 的**和事件**．事件 $A \bigcup B$ 发生意味着事件 A 发生或事件 B 发生，即事件 A 与事件 B 至少有一发生．

类似地，称 $\bigcup\limits_{i=1}^{n} A_i$ 为 n 个事件 $A_1, A_2, \cdots, A_n$ 的和事件，称 $\bigcup\limits_{i=1}^{\infty} A_i$ 为可列个事件 $A_1, A_2, \cdots$ 的和事件．

（4）**事件的积**：称事件 $A \bigcap B = \{x \mid x \in A \text{ 且 } x \in B\}$ 为事件 A 与事件 B 的**积事件**．事件 $A \bigcap B$ 发生意味着事件 A 发生且事件 B 发生，即事件 A 与事件 B 都发生．$A \bigcap B$ 简记为 AB．

类似地，称 $\bigcap\limits_{i=1}^{n} A_i$ 为 n 个事件 $A_1, A_2, \cdots, A_n$ 的积事件，称 $\bigcap\limits_{i=1}^{\infty} A_i$ 为可列个事件 $A_1, A_2, \cdots$ 的积事件．

（5）**事件的差**：称事件 $A - B = \{x \mid x \in A \text{ 且 } x \notin B\}$ 为事件 A 与事件 B 的差事件．事件 $A - B$ 发生意味着事件 A 发生且事件 B 不发生．

（6）**互不相容（互斥关系）**：若 $A \bigcap B = \phi$，则称事件 A 与事件 B 互不相容，又称事件 A 与事件 B **互斥**．事件 A 与 B 互不相容意味着事件 A 与 B 不可能同时发生．

（7）**互逆关系（对立关系）**：若 $A \bigcup B = S$ 且 $A \bigcap B = \phi$，则称事件 A 与事件 B 互为**逆事件**，又称事件 A 与事件 B 互为**对立事件**，记为 $A = \overline{B}$ 或 $B = \overline{A}$．

在讨论随机事件的关系与运算时，常借助于维恩（Venn）图来帮助理解，显得直观简洁．我们用以下的图形（见图 1.1）来表示上述事件间的关系与运算．矩形表示样本空间 S，椭圆 A 与 B 表示事件 A 与 B．

在进行事件的运算时，经常要用到如下的运算规律．

交换律：$A \bigcup B = B \bigcup A$；　　　　　　$A \bigcap B = B \bigcap A$．

结合律：$A \bigcup (B \bigcup C) = (A \bigcup B) \bigcup C$；

　　　　　　$A \bigcap (B \bigcap C) = (A \bigcap B) \bigcap C$．

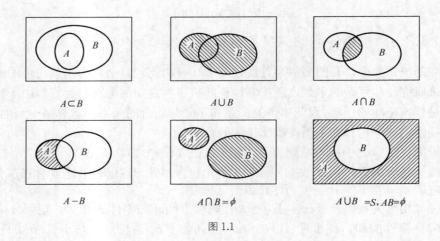

图 1.1

分配律： $A \cup (B \cap C) = (A \cup B) \cap (A \cup C)$；

$A \cap (B \cup C) = (A \cap B) \cup (A \cap C)$.

对偶律： $\overline{A \cup B} = \overline{A} \cap \overline{B}$，$\overline{A \cap B} = \overline{A} \cup \overline{B}$.

分配律与对偶律可以推广到有限个事件或可列个事件，如：

$$A \cup (\bigcap_i B_i) = \bigcap_i (A \cup B_i)，\qquad A \cap (\bigcup_i B_i) = \bigcup_i (A \cap B_i).$$

$$\overline{\bigcup_i A_i} = \bigcap_i \overline{A_i}，\qquad \overline{\bigcap_i A_i} = \bigcup_i \overline{A_i}.$$

例 1.3 在电路图中，经常出现以下两种电路：并联（见图 1.2）与串联（见图 1.3）. 令 $A_i = \{a_i \text{连通}\}$，$i = 1, 2, 3$，$B = \{MN \text{连通}\}$. 试分别就并联与串联两种情况，利用 $A_i (i = 1, 2, 3)$ 表示 B.

解 并联：由于 a_1, a_2, a_3 只要有一个连通，则 MN 就连通，所以

$$B = A_1 \bigcup A_2 \bigcup A_3$$

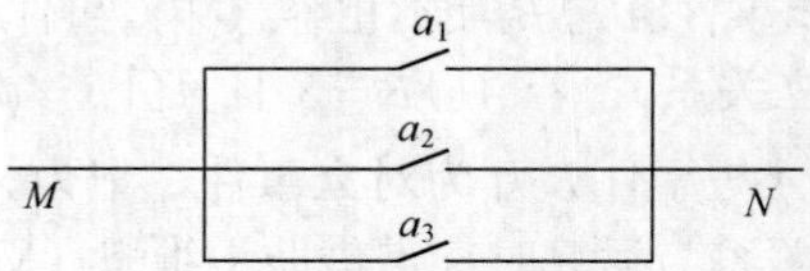

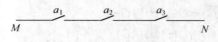

图 1.2 并联电路

串联：由于 a_1, a_2, a_3 要同时连通，MN 才能连通，所以

$$B = A_1 \bigcap A_2 \bigcap A_3$$

图 1.3 串联电路

例 1.4 设 A, B, C 是三个事件, 试用 A, B, C 的运算及关系表示下列事件:

（1）A, B, C 都发生.

（2）A, B, C 都不发生.

（3）A, B 都发生, 而 C 不发生.

（4）A, B, C 至少有一个发生.

（5）A, B, C 中恰有一个发生.

（6）A, B, C 中不多于两个发生.

（7）A, B, C 中不多于一个发生.

（8）A, B, C 中至少有两个发生.

解 记 F_i $(i = 1, 2, \cdots, 8)$ 为题中所要求表示的第 i 个事件.

（1）因为 "A, B, C 都发生", 所以 $F_1 = ABC$.

（2）"A, B, C 都不发生", 意味着 "$\overline{A}, \overline{B}, \overline{C}$ 都发生", 因此 $F_2 = \overline{A}\,\overline{B}\,\overline{C}$.

（3）C 不发生, 意味着 $\overline{C}$ 发生. 即本题为 "$A, B, \overline{C}$ 都发生", 故 $F_3 = AB\overline{C}$.

（4）由事件和的定义知, $F_4 = A \cup B \cup C$.

（5）"A, B, C 中恰有一个发生", 意味着 "A, B, C 中恰有 A 发生或恰有 B 发生或恰有 C 发生", 所以 $F_5 = A\overline{B}\,\overline{C} \cup \overline{A}B\overline{C} \cup \overline{A}\,\overline{B}C$.

（6）"A, B, C 中不多于两个发生", 即为 "A, B, C 三个都发生" 的逆事件, 故

$$F_6 = \overline{ABC}.$$

（7）"A, B, C 中不多于一个发生" 表示 "A, B, C 都不发生或恰有一个发生", 从而

$$F_7 = \overline{A}\,\overline{B}\,\overline{C} \cup A\overline{B}\,\overline{C} \cup \overline{A}B\overline{C} \cup \overline{A}\,\overline{B}C.$$

（8）"A, B, C 中至少有两个发生" 表示 "A, B, C 都发生或恰有两个发生", 因此

$$F_8 = ABC \cup AB\overline{C} \cup A\overline{B}C \cup \overline{A}BC.$$

又 "A, B, C 中至少有两个发生" 意味着 "A, B, C 中有 A, B 发生或有 A, C 发生或有 B, C 发生", 所以又有 $F_8 = AB \cup AC \cup BC$.

1.2 随机事件的概率

对于一个随机事件（不可能事件与必然事件除外）来说, 在一次试验中, 它可能发生, 也可能不发生. 另外, 在随机试验中, 有的随机事件在试验中发生的可能性较大, 而有的随机事件在试验中发生的可能性较小. 我们希望找到一个数量指标, 来表征随机事件在试验中发生的可能性大小, 下面先从频率讲起, 从而引出这一数量指标, 即随机事件的概率.

1.2.1 频率

定义 1.3 在相同的条件下，将一个试验重复进行 n 次，在这 n 次试验中，记事件 A 发生的次数为 N_A 次，称比值 N_A/n 为事件 A 在这 n 次试验中发生的**频率**（**frequency**），记为 $f_n(A)$.

根据频率的定义，不难验证频率具有下列基本性质：

性质 1 非负性 $0 \leqslant f_n(A) \leqslant 1$；

性质 2 规范性 $f_n(S) = 1$；

性质 3 可加性 如果事件 $A_1, A_2, \cdots, A_k$ 两两互不相容，则

$$f_n(A_1 \bigcup A_2 \bigcup \cdots \bigcup A_k) = f_n(A_1) + f_n(A_2) + \cdots + f_n(A_k).$$

人们经过长期的实践发现，虽然一个随机事件在一次试验中可能发生，也可能不发生，但在大量的重复试验中，一个随机事件发生的频率具有稳定的特性.

具体地说，经过大量的试验证实，在 n 次试验中，事件 A 发生了 N_A 次，则当 n 很大时，事件 A 发生的频率 $f_n(A) = N_A/n$ 总是稳定地在某个数值附近摆动；当重复试验的次数 n 逐渐增大时，频率 $f_n(A)$ 呈现出稳定性，并逐渐稳定于某个常数. 这种稳定性就是我们通常所说的"统计规律性".

例如，投掷一枚均匀的硬币，观察出现的是正面还是反面. 随着试验次数的增大，出现"正面"这一事件的频率总是稳定在 0.5 附近. 这种试验历史上有多人做过（读者也可以自己做一做），如表 1-1 所示.

表 1-1 掷硬币试验数据表

试 验 者	投 掷 次 数	出现正面的次数	出现正面的频率
德摩根	2048	1061	0.5181
蒲丰	4040	2048	0.5069
皮尔逊	12000	6019	0.5016
皮尔逊	24000	12012	0.5005
维尼	30000	14994	0.4998

再如，考虑某种油菜种子发芽率的试验. 从一大批该种油菜种子中抽取 8 批种子，分 8 次做发芽试验. 随着试验中种子数的增大，种子的发芽率总是稳定在 0.900 附近. 其结果如表 1-2 所示.

表 1-2 油菜种子发芽率试验数据表

试 验 批 次	种 子 数	发芽种子数	种子发芽率
1	10	8	0.800
2	100	87	0.870
3	250	229	0.916

试 验 批 次	种 子 数	发芽种子数	种子发芽率
4	400	364	0.910
5	700	638	0.911
6	1500	1342	0.895
7	2000	1792	0.896
8	3000	2712	0.904

从以上试验可以看出，一个事件 A 在 n 次重复试验中发生的频率 $f_n(A)$ 具有随机波动性. 当试验的次数 n 较小时，随机波动的幅度较大；当试验的次数 n 较大时，随机波动的幅度较小. 而且，当重复试验的次数 n 逐渐增大时，频率 $f_n(A)$ 呈现出稳定性，逐渐稳定于某个常数. 从理论上说，我们可以将试验重复大量的次数，然后计算出事件 A 的频率 $f_n(A)$，并以它来表征随机事件 A 在试验中发生的可能性大小. 但是在实际生活中，我们不可能也没有必要对每一个事件都做大量的试验，然后计算出事件的频率，并以它来表征随机事件 A 在试验中发生的可能性大小，同时这样做也不便于理论研究. 为此，我们从频率的稳定性和频率的性质得到了启发，给出表征随机事件发生的可能性大小的数量指标，即随机事件的概率.

1.2.2 概率的公理化定义及性质

定义 1.4 设 S 是随机试验 E 的样本空间. 按照某种方法，对随机试验 E 的每一个事件 A 赋予一个实数 $P(A)$，且满足以下三条公理：

（1）非负性 对任意事件 A，有 $P(A) \geqslant 0$；

（2）规范性 对必然事件 S，有 $P(S) = 1$；

（3）可列可加性 对于两两互不相容的可列多个事件 $A_1, A_2, \cdots, A_k, \cdots$，有

$$P(A_1 \bigcup A_2 \bigcup \cdots \bigcup A_k \bigcup \cdots) = P(A_1) + P(A_2) + \cdots + P(A_k) + \cdots. \qquad (1.2.1)$$

则称实数 $P(A)$ 为事件 A 的**概率（probability）**.

在本书第 5 章中，将证明当试验的次数 $n \to \infty$ 时，事件 A 发生的频率 $f_n(A)$ 在一定意义下接近于事件 A 的概率 $P(A)$. 基于这一事实，我们有理由利用事件 A 的概率 $P(A)$ 来表征随机事件 A 发生的可能性大小.

概率的公理化体系是前苏联数学家科尔莫戈罗夫（1903－1987）在 1933 年提出的，它的出现迅速获得举世公认，从此概率论被认为是数学的一个分支. 有了这个公理化体系之后，概率论得到迅速发展，它是概率论发展史上的一个里程碑.

利用概率的定义，我们可以推出概率具有以下重要性质.

性质 1 对不可能事件 ϕ，有 $P(\phi) = 0$.

证明 设 $A_k = \phi \quad (k = 1, 2, \cdots)$，于是 $\bigcup_{k=1}^{\infty} A_k = \phi$，且 $A_i A_j = \phi$，$1 \leqslant i < j < \infty$，

由概率的可列可加性得

$$P(\phi) = P(A_1 \bigcup A_2 \bigcup \cdots \bigcup A_k \bigcup \cdots) = P(A_1) + P(A_2) + \cdots + P(A_k) + \cdots$$
$$= P(\phi) + P(\phi) + \cdots + P(\phi) + \cdots.$$

再结合概率的非负性知：$P(\phi) = 0$.

性质 2 设 $A_1, A_2, \cdots, A_n$ 是两两互不相容的 n 个事件，则有

$$P(A_1 \bigcup A_2 \bigcup \cdots \bigcup A_n) = P(A_1) + P(A_2) + \cdots + P(A_n). \tag{1.2.2}$$

称(1.2.2)式为概率的有限可加性.

证明 设 $A_k = \phi$ $(k = n+1, n+2, \cdots)$，于是有 $A_i A_j = \phi$，$1 \leqslant i < j < \infty$，由概率的可列可加性得

$$P(A_1 \bigcup A_2 \bigcup \cdots \bigcup A_n) = P(\bigcup_{k=1}^{\infty} A_k) = \sum_{k=1}^{\infty} P(A_k)$$

$$= \sum_{k=1}^{n} P(A_k) + 0 = P(A_1) + P(A_2) + \cdots + P(A_n).$$

性质 3 对任意事件 A，有 $P(A) = 1 - P(\overline{A})$. $\tag{1.2.3}$

证明 因为 $A\overline{A} = \phi$，且 $A \bigcup \overline{A} = S$，由(1.2.2)式得

$$1 = P(S) = P(A \bigcup \overline{A}) = P(A) + P(\overline{A}),$$

所以 $$P(A) = 1 - P(\overline{A}).$$

性质 4 设 A, B 是两个事件，且 $B \subset A$，则有

$$P(A - B) = P(A) - P(B); \tag{1.2.4}$$
$$P(B) \leqslant P(A). \tag{1.2.5}$$

证明 因为 $B \subset A$，所以 $A = B \bigcup (A - B)$，且 $B \bigcap (A - B) = \phi$，由(1.2.2)式得

$$P(A) = P(B \bigcup (A - B)) = P(B) + P(A - B).$$

从而 $$P(A - B) = P(A) - P(B).$$

又由概率的非负性知

$$P(A - B) = P(A) - P(B) \geqslant 0.$$

所以 $$P(B) \leqslant P(A).$$

性质 5 对任意事件 A，有 $P(A) \leqslant 1$.

证明 因为 $A \subset S$，由(1.2.5)式知

$$P(A) \leqslant P(S) = 1.$$

性质 6 对任意两个事件 A, B 有

$$P(A \bigcup B) = P(A) + P(B) - P(AB). \tag{1.2.6}$$

证明 因为 $A \bigcup B = A \bigcup (B - AB)$，且 $A \bigcap (B - AB) = \phi$，由(1.2.2)式知

$$P(A\cup B)=P(A)+P(B-AB),\tag{1.2.7}$$

又 $AB\subset B$，由(1.2.4)式知

$$P(B-AB)=P(B)-P(AB).\tag{1.2.8}$$

从而，由(1.2.7)式及(1.2.8)式得

$$P(A\cup B)=P(A)+P(B)-P(AB).$$

称(1.2.6)式为概率的**加法公式**，它可以推广到多个事件. 例如，设 A_1,A_2,A_3 为三个事件，则有

$$P(A_1\cup A_2\cup A_3)=P(A_1)+P(A_2)+P(A_3)-P(A_1A_2)-P(A_1A_3)-P(A_2A_3)+P(A_1A_2A_3).$$

一般地，对任意 n 个事件 $A_1,A_2,\cdots,A_n$，利用数学归纳法不难证明下列公式.

$$P(A_1\cup A_2\cup\cdots\cup A_n)=\sum_{i=1}^{n}P(A_i)-\sum_{1\leqslant i<j\leqslant n}P(A_iA_j)+$$
$$\sum_{1\leqslant i<j<k\leqslant n}P(A_iA_jA_k)+\cdots+(-1)^{n-1}P(A_1A_2\cdots A_n).$$

例 1.5 设 A,B 是两个事件，已知 $P(A)=0.7,P(B)=0.2$，试在下列两种情形下，分别求出 $P(A-B)$ 和 $P(\overline{A}B)$.

（1）事件 A,B 互不相容；

（2）事件 A,B 有包含关系.

解（1）事件 A,B 互不相容，即 $AB=\phi$，所以

$$P(A-B)=P(A-AB)=P(A)-P(AB)$$
$$=0.7-P(\phi)=0.7-0=0.7.$$
$$P(\overline{A}B)=P((S-A)B)=P(B)-P(AB)$$
$$=0.2-P(\phi)=0.2-0=0.2.$$

（2）事件 A,B 有包含关系，又因为 $P(B)<P(A)$，所以 $B\subset A$，于是 $AB=B$. 从而

$$P(A-B)=P(A-AB)=P(A)-P(AB)$$
$$=0.7-P(B)=0.7-0.2=0.5.$$
$$P(\overline{A}B)=P((S-A)B)=P(B)-P(AB)$$
$$=P(B)-P(B)=0.2-0.2=0.$$

例 1.6 某网店开展送货上门服务，服务质量的优劣，按照网店是否能按期交货以及是否能准确交货来评价. 根据统计资料，已知其能按期交货（记为事件 A）的概率为0.9，能准确交货（记为事件 B）的概率为0.95，既能按期交货又能准确交货的概率为0.88. 问（1）既不能按期交货又不能准确交货的概率是多少？（2）服务质量不好的概率是多少？

解 由题意，$P(A)=0.9,P(B)=0.95,P(AB)=0.88$.

（1）事件"既不能按期交货又不能准确交货"可表示为 $\overline{A}\overline{B}$.

所以

$$P(\overline{AB}) = P(\overline{A \cup B}) = 1 - P(A \cup B)$$
$$= 1 - P(A) - P(B) + P(AB)$$
$$= 1 - 0.9 - 0.95 + 0.88 = 0.03 .$$

（2）不能按期交货或不能准确交货，均意味着"服务质量不好"，因此事件"服务质量不好"可表示为 $\overline{A} \cup \overline{B}$. 于是，所求概率为

$$P(\overline{A} \cup \overline{B}) = P(\overline{AB}) = 1 - P(AB)$$
$$= 1 - 0.88 = 0.12 .$$

1.3 古典概率模型

有很多简单的随机试验，它们具有以下两个共同的特点：

（1）试验的样本空间只含有有限个样本点，即基本事件数有限；

（2）在每一次试验中，每个基本事件发生的可能性都相同.

前面例 1.1 中的随机试验 E_1 "抛硬币"和随机试验 E_2 "掷骰子"都具有以上两个特点. 这种具有以上两个特点的随机试验是概率论早期研究的主要对象，称为**古典概率模型（classical probability model）**，简称**古典概型**，又称为**等可能概率模型**.

下面，我们来推导计算古典概率模型中随机事件的概率公式.

设随机试验的样本空间为

$$S = \{e_1, e_2, \cdots, e_n\} = \{e_1\} \cup \{e_2\} \cup \cdots \cup \{e_n\} .$$

随机事件为

$$A = \{e_{i_1}, e_{i_2}, \cdots, e_{i_k}\} \subset S .$$

如何求 $P(A)$？

事实上，因为每个基本事件发生的可能性相同，所以有

$$P(\{e_1\}) = P(\{e_2\}) = \cdots = P(\{e_n\}) . \tag{1.3.1}$$

又因为

$$1 = P(S) = P(\{e_1\} \cup \{e_2\} \cup \cdots \cup \{e_n\}) = P(\{e_1\}) + P(\{e_2\}) + \cdots + P(\{e_n\}) . \tag{1.3.2}$$

由(1.3.1)式和(1.3.2)式得

$$nP(\{e_i\}) = 1 , \qquad i = 1, 2, \cdots, n .$$

即

$$P(\{e_i\}) = \frac{1}{n} , \qquad i = 1, 2, \cdots, n .$$

从而有

$$P(A) = P(\{e_{i_1}, e_{i_2}, \cdots, e_{i_k}\}) = P(\{e_{i_1}\} \cup \{e_{i_2}\} \cup \cdots \cup \{e_{i_k}\})$$
$$= P(\{e_{i_1}\}) + P(\{e_{i_2}\}) + \cdots + P(\{e_{i_k}\}) = \frac{k}{n} .$$

所以，事件 A 的概率为

$$P(A) = \frac{k}{n} = \frac{A包含的基本事件数}{基本事件总数}. \tag{1.3.3}$$

在计算古典概型中事件 A 的概率时，会遇到计算基本事件个数的问题，这些计算需要利用一些排列与组合的知识.

例 1.7　某密码锁上有 6 个拨盘，每个拨盘上有 10 个数字（0, 1, 2, …, 9）. 该密码锁设定了一个 6 位数字的密码（首位数字可以是 0），只有拨对密码时，才能将锁打开. 如果某人不知道密码，问他一次就能将锁打开的概率是多少？

解　设 A 表示事件"一次就能将锁打开".

由题意知，样本空间所含的基本事件总数 $n = 10^6$，事件 A 包含的基本事件数 $k = 1$. 所以

$$P(A) = \frac{1}{10^6} = 0.000\,001 .$$

这个数字很小，它说明在不知开锁密码的情况下，一次就将锁打开几乎是不可能的. 当某一事件的概率接近于 0 时，这样的事件称为**小概率事件**. 人们在长期的生产实践中总结出以下**实际推断原理：概率很小的事件在一次试验中几乎是不发生的**.

例 1.8　一个袋中装有黑、白两色的球 n 个，其中有 n_1 个黑球和 n_2 个白球. 现从中任取 m 个球，问所取的球中恰好含有 m_1 个黑球和 m_2 个白球的概率是多少？

解　设 A 表示事件"所取的球中恰好含有 m_1 个黑球和 m_2 个白球". 样本空间包含的基本事件总数为 C_n^m. 又因为在 n_1 个黑球中任取 m_1 个黑球，所有可能的取法有 $C_{n_1}^{m_1}$ 种；在 n_2 个白球中任取 m_2 个白球，所有可能的取法有 $C_{n_2}^{m_2}$ 种，由乘法原理知，所取的球中恰好含有 m_1 个黑球和 m_2 个白球的取法共有 $C_{n_1}^{m_1} C_{n_2}^{m_2}$ 种，于是

$$P(A) = \frac{C_{n_1}^{m_1} C_{n_2}^{m_2}}{C_n^m}. \tag{1.3.4}$$

称(1.3.4)式为**超几何分布**的概率公式.

超几何分布的概率公式更一般的提法为：

一个袋中装有 n 个球，其中 n_1 个球上有数字"1"（不含其他数字，以下类似），n_2 个球上有数字"2"，…，n_k 个球上有数字"k". 现从中任取 m 个球，求所取的球中恰好有 m_i 个球上有数字"i"（$i = 1, 2, \cdots, k$）的概率 P. 其中 $n = n_1 + n_2 + \cdots + n_k$，$m = m_1 + m_2 + \cdots + m_k$.

类似于例 1.8，可得

$$P = \frac{C_{n_1}^{m_1} C_{n_2}^{m_2} \cdot \cdots \cdot C_{n_k}^{m_k}}{C_n^m}.$$

例 1.9　将 100 只同型号的三极管，按电流放大系数进行分类，有 40 只属于甲

类，60 只属于乙类．现从中任意抽取 3 只，分别按下列两种方法抽取：1）每次抽取 1 只，测试后放回，然后再抽取下 1 只（放回抽样）；2）每次抽取 1 只，测试后不放回，然后再在剩下的三极管中抽取下 1 只（不放回抽样）．试求：（1）抽取的 3 只都是乙类的概率；（2）抽取的 3 只中，2 只是甲类，1 只是乙类的概率．

解 以 A 表示事件"抽取的 3 只都是乙类"；以 B 表示事件"抽取的 3 只中，2 只是甲类，1 只是乙类"．

（1）先求 $P(A)$．

放回抽样：基本事件总数 $n = 100 \times 100 \times 100 = 100^3$，事件 A 包含的基本事件数为 $r_A = 60 \times 60 \times 60 = 60^3$．所以

$$P(A) = \frac{r_A}{n} = \frac{60^3}{100^3} = 0.216 .$$

不放回抽样：基本事件总数 $n = 100 \times 99 \times 98$，事件 A 包含的基本事件数为 $r_A = 60 \times 59 \times 58$．所以

$$P(A) = \frac{r_A}{n} = \frac{60 \times 59 \times 58}{100 \times 99 \times 98} \approx 0.212 .$$

（2）下面求 $P(B)$．

放回抽样：基本事件总数 $n = 100^3$，事件 B 包含的基本事件数为 $r_B = C_3^2 \times 40^2 \times 60$．所以

$$P(B) = \frac{r_B}{n} = \frac{C_3^2 \times 40^2 \times 60}{100^3} = 0.288 .$$

不放回抽样：基本事件总数 $n = 100 \times 99 \times 98$，事件 B 包含的基本事件数为 $r_B = C_3^2 \times 40 \times 39 \times 60$．所以

$$P(B) = \frac{r_B}{n} = \frac{C_3^2 \times 40 \times 39 \times 60}{100 \times 99 \times 98} \approx 0.289 .$$

从例 1.9 可以看出，对同一个随机事件，在放回抽样和不放回抽样的两种情况下，计算出的概率是不相同的，特别在抽取的对象数目不大时更是如此．但当抽取的对象数目较大时，在这两种抽样下，所计算出的结果相差不大．正因为如此，人们在实际工作中常利用这一点，把抽取对象数目较大时的不放回抽样（如破坏性抽样），当作放回抽样来处理，这样做将给分析问题和解决问题带来许多方便．

例 1.10 一个袋中装有 a 个白球，b 个彩球．现在从中逐一摸出球，试求第 k 次摸到彩球的概率，其中 $k = 1, 2, \cdots, a + b$．

解 以 A_k 表示事件"第 k 次摸到彩球"，其中 $k = 1, 2, \cdots, a + b$．

假设每个球因被编号而可分辨，并设摸出的球依次排列在 $a + b$ 个空格内．于是每一种排列对应着试验的一个结果，共有 $(a + b)!$ 种不同的结果，即基本事件总

数为 $n=(a+b)!$.

现在考察事件 A_k：第 k 个空格内可以是 b 个彩球中的任意一个，共有 $C_b^1=b$ 种结果，其余的 $a+b-1$ 个球在余下的 $a+b-1$ 空格内可以任意排列，共有 $(a+b-1)!$ 种结果，从而由乘法原理知，事件 A_k 包含的基本事件数为 $r_A=b\times(a+b-1)!$，
因此

$$P(A_k)=\frac{b\times(a+b-1)!}{(a+b)!}=\frac{b}{a+b}, \qquad k=1,2,\cdots,a+b.$$

$P(A_k)$ 的结果与 k 无关，说明无论第几次摸球，摸得彩球的概率都相同，这与我们日常生活经验相符. 如 15 个人分 2 张足球票，采用抽签的方法，每人抽中的机会都一样，与抽签的先后次序无关，所以抽签不必争先恐后.

例 1.11 将 n 个不同的球随机地放入 N $(N>n)$ 个盒子中，每个球放入各个盒子是等可能的. 试求下列事件的概率：

$A=$ "某指定的 n 个盒子中各含有一个球"；

$B=$ "每个盒子中至多含有一个球"；

$C=$ "某指定的一个盒子中恰含有 m $(m\leqslant n)$ 个球".

解 由于每个球等可能地落入 N 个盒子中的任意一个，因此，由乘法原理可知基本事件总数为 N^n.

（1）事件 A 表示 "某指定的 n 个盒子中各含有一个球"，由于盒子是指定的，且每个盒子只能放入一个球，因此，事件 A 包含的基本事件数为 $n!$. 所以

$$P(A)=\frac{n!}{N^n}.$$

（2）事件 B 表示 "每个盒子中至多含有一个球"，意味着 n 个不同的球随机地放入 n 个盒子中，每个盒子放一个球，且盒子没有指定，所以，可以考虑先从 N 个盒子中选出 n 个盒子，共有 C_N^n 种选法，然后再将 n 个球放入选定的 n 个盒子中，共有 $n!$ 种放法，由乘法原理可知事件 B 包含的基本事件数为 $C_N^n\times n!$，于是

$$P(B)=\frac{C_N^n\times n!}{N^n}.$$

（3）下面我们来求事件 C 包含的基本事件数. 由于事件 C 表示 "某指定的一个盒子中恰含有 m 个球"，我们可以先取 m 个球放入指定的那个盒子，共有 C_n^m 种选法，然后再将剩下的 $n-m$ 个球任意放入其余的 $N-1$ 个盒子中，共有 $(N-1)^{n-m}$ 种放法，由乘法原理可知事件 C 包含的基本事件数为 $C_n^m(N-1)^{n-m}$，因此

$$P(C)=\frac{C_n^m(N-1)^{n-m}}{N^n}.$$

例 1.12 50 只铆钉随机地取来用在 10 个部件上，其中有 3 只铆钉强度太弱．每个部件用 3 只铆钉．若将 3 只强度太弱的铆钉都装在一个部件上，则这个部件强度就太弱．问发生一个部件强度太弱的概率是多少？

解 以 A_i 表示事件"第 i 个部件强度太弱"，$i=1,2,\cdots,10$．设 A 表示事件"发生一个部件强度太弱"．

由题意，当 3 只强度太弱的铆钉同时装在第 i 个部件上，A_i 才能发生．由于从 50 只铆钉中任取 3 只装在第 i 号部件上共有 C_{50}^3 种取法，强度太弱的铆钉仅有 3 只，它们都装在第 i 号部件上，只有 $C_3^3=1$ 种取法，于是

$$P(A_i) = \frac{1}{C_{50}^3} = \frac{1}{19600}, \qquad i=1,2,\cdots,10.$$

又因为 $A_1,A_2,\cdots,A_{10}$ 两两互不相容，因此所求的概率为

$$P(A) = P(A_1 \bigcup A_2 \bigcup \cdots \bigcup A_{10})$$

$$= P(A_1) + P(A_2) + \cdots + P(A_{10}) = \frac{10}{19600} = \frac{1}{1960}.$$

1.4 条件概率、全概率公式与贝叶斯公式

1.4.1 条件概率

在实际问题中，一般除了要考虑事件 A 发生的概率 $P(A)$ 外，有时还需要考虑在某事件 B 已发生的条件下，事件 A 发生的概率．在一般情况下，后者的概率与前者的概率未必相等，为了区别起见，我们将后者的概率称为**条件概率**（**conditional probability**），记为 $P(A\,|\,B)$，读作在事件 B 发生的条件下，事件 A 发生的条件概率．

下面通过一个例题引出条件概率的定义．

例 1.13 设某学校现有学生 1000 人，男女生各占 50%，男女生中数学优异的分别有 100 人与 90 人．现从该校任选一位学生，试问：（1）该学生数学优异的概率是多少？（2）已知选出的是男生，他数学优异的概率是多少？

解 以 A 表示事件"选出的学生数学优异"，B 表示事件"选出的学生为男生"，则有

（1） $P(A) = \dfrac{100+90}{1000} = \dfrac{19}{100}$．

（2） $P(A\,|\,B) = \dfrac{100}{500} = \dfrac{1}{5}$．

显然，在例 1.13 中，$P(A) \neq P(A\,|\,B)$，但两者之间一定有着某种内在的关系．我们再从例 1.13 入手来分析这种关系，进而启发我们给出条件概率的一般定义．

因为男女学生各占 50%，所以　$P(B) = \dfrac{500}{1000}$．又因为，既是男生又数学优异

的学生有 100 位，因此 $P(AB) = \dfrac{100}{1000}$，

从而

$$P(A\,|\,B) = \frac{100}{500} = \frac{100\,/\,1000}{500\,/\,1000} = \frac{P(AB)}{P(B)}.$$

此外，我们也可推得关于古典概型的条件概率的一般表达式：设随机试验的
基本事件总数为 n，事件 B 所包含的基本事件数为 m_B，事件 AB 所包含的基本事
件数为 m_{AB}，则有

$$P(A\,|\,B) = \frac{m_{AB}}{m_B} = \frac{m_{AB}\,/\,n}{m_B\,/\,n} = \frac{P(AB)}{P(B)}.$$

受到上式的启发，下面给出条件概率的一般定义．

定义 1.5　设 A 与 B 是两个事件，且 $P(B) > 0$，称

$$P(A\,|\,B) = \frac{P(AB)}{P(B)} \tag{1.4.1}$$

为在事件 B 发生的条件下，事件 A 发生的**条件概率**．

根据条件概率的定义，可以证明条件概率满足概率定义中的三条公理，即

（1）非负性　对任意事件 A，有 $P(A\,|\,B) \geqslant 0$；

（2）规范性　对必然事件 S，有 $P(S\,|\,B) = 1$；

（3）可列可加性　　如果事件 $A_1, A_2, \cdots, A_k, \cdots$ 两两互不相容，则有

$$P\Big(\bigcup_{i=1}^{\infty} A_i\,\Big|\,B\Big) = \sum_{i=1}^{\infty} P(A_i\,|\,B).$$

证明　（1）对任意事件 A，显然有 $P(A\,|\,B) = \dfrac{P(AB)}{P(B)} \geqslant 0$．

（2）对必然事件 S，有 $P(S\,|\,B) = \dfrac{P(SB)}{P(B)} = \dfrac{P(B)}{P(B)} = 1$．

（3）如果事件 $A_1, A_2, \cdots, A_k, \cdots$ 两两互不相容，则 $A_1B, A_2B, \cdots, A_kB, \cdots$ 也两两互
不相容．

从而　　$P\Big(\bigcup_{i=1}^{\infty} A_i\,\Big|\,B\Big) = \dfrac{P\Big(\big(\bigcup_{i=1}^{\infty} A_i\big)B\Big)}{P(B)} = \dfrac{P\Big(\bigcup_{i=1}^{\infty} (A_iB)\Big)}{P(B)}$

$$= \frac{\sum_{i=1}^{\infty} P(A_iB)}{P(B)} = \sum_{i=1}^{\infty} \frac{P(A_iB)}{P(B)} = \sum_{i=1}^{\infty} P(A_i\,|\,B).$$

证毕．

因为条件概率满足概率定义中的三条公理，所以条件概率具有概率的一切性质．例如，对于任意事件 A, B, C 有

$$P(A \mid B) = 1 - P(\bar{A} \mid B) ;$$

$$P(A \cup B \mid C) = P(A \mid C) + P(B \mid C) - P(AB \mid C) .$$

例 1.14 设 10 件产品中有 4 件是不合格品，从中任取两件产品．已知所取的两件产品中至少有一件是不合格品，则另一件也是不合格品的概率是多少？

解 以 A 表示事件"所取的两件都是不合格品"，B 表示事件"所取的两件中至少有一件是不合格品"．则有 $A \subset B$，且

$$P(A) = \frac{C_4^2}{C_{10}^2} = \frac{2}{15} , \qquad P(B) = 1 - P(\bar{B}) = 1 - \frac{C_6^2}{C_{10}^2} = \frac{2}{3} .$$

因此，所求的概率为

$$P(A \mid B) = \frac{P(AB)}{P(B)} = \frac{P(A)}{P(B)} = \frac{1}{5} .$$

例 1.15 某建筑物按设计要求使用寿命超过 50 年的概率为 0.8，超过 60 年的概率为 0.6．问该建筑物经历了 50 年之后，它将在 10 年内倒塌的概率是多少？

解 以 A 表示事件"建筑物使用寿命超过 60 年"，B 表示事件"建筑物使用寿命超过 50 年"．按题意 $P(A) = 0.6$，$P(B) = 0.8$，且 $A \subset B$．

于是，所求的概率为

$$P(\bar{A} \mid B) = \frac{P(\bar{A}B)}{P(B)} = \frac{P(B - AB)}{P(B)}$$

$$= \frac{P(B) - P(AB)}{P(B)} = \frac{P(B) - P(A)}{P(B)}$$

$$= \frac{0.8 - 0.6}{0.8} = 0.25 .$$

1.4.2 乘法公式

由条件概率的定义，立即可以得到以下**乘法公式**（**product rule**）．

定理 1.1 若 $P(A) > 0$，则有 $P(AB) = P(A)P(B \mid A)$； $\qquad$ (1.4.2)

$\qquad$ 若 $P(B) > 0$，则有 $P(AB) = P(B)P(A \mid B)$． $\qquad$ (1.4.3)

以上乘法公式，可以推广到多个事件积的情况．

一般地，对 n $(n \geqslant 2)$ 个事件 $A_1, A_2, \cdots, A_n$，若 $P(A_1 A_2 \cdots A_{n-1}) > 0$，则有

$$P(A_1 A_2 \cdots A_n) = P(A_1)P(A_2 \mid A_1)P(A_3 \mid A_1 A_2) \cdots P(A_n \mid A_1 A_2 \cdots A_{n-1}) .$$

例 1.16 某商场出售某种型号的晶体管，每盒装 100 只，已知每盒混有 4 只不合格品．商场采用"坏一赔十"的销售方式：顾客买一盒晶体管，如果随机地取一只，发现是不合格品，商场要立刻将 10 只合格的晶体管放到盒子中，不合格的那只晶体管不再放回．一位顾客在一个盒子中随机地先后取 3 只进行测试，试

求这 3 只晶体管都是不合格品的概率.

解 以 A_i 表示事件"顾客第 i 次拿到的晶体管不合格",其中 $i = 1, 2, 3$. 由题意

$$P(A_1) = \frac{4}{100}, \quad P(A_2 \mid A_1) = \frac{3}{99 + 10} = \frac{3}{109}, \quad P(A_3 \mid A_1 A_2) = \frac{2}{98 + 10 + 10} = \frac{2}{118}.$$

于是,所求的概率为

$$P(A_1 A_2 A_3) = P(A_1) P(A_2 \mid A_1) P(A_3 \mid A_1 A_2)$$
$$= \frac{4 \times 3 \times 2}{100 \times 109 \times 118} \approx 0.000\,019.$$

例 1.17 据以往资料表明,某一 3 口之家,患某种传染病的概率有以下规律:孩子得病的概率是 0.6;在孩子得病的情况下,母亲得病的概率是 0.5;在孩子及母亲都得病的情况下,父亲得病的概率是 0.4. 试问孩子及母亲都得病但父亲未得病的概率是多少?

解 以 A_1 表示事件"孩子得病",A_2 表示事件"母亲得病",A_3 表示事件"父亲得病".

由题意知: $P(A_1) = 0.6$, $P(A_2 \mid A_1) = 0.5$, $P(A_3 \mid A_1 A_2) = 0.4$.

从而 $P(\overline{A}_3 \mid A_1 A_2) = 1 - P(A_3 \mid A_1 A_2) = 0.6$.

因此,所求的概率是

$$P(A_1 A_2 \overline{A}_3) = P(A_1) P(A_2 \mid A_1) P(\overline{A}_3 \mid A_1 A_2)$$
$$= 0.6 \times 0.5 \times 0.6 = 0.18.$$

1.4.3 全概率公式与贝叶斯公式

在现实生活中,我们往往会遇到一些比较复杂的问题,解决起来不容易,但我们可以将这一复杂的问题分解成一些比较容易解决的简单问题,这些较易解决的简单问题解决了,则那个复杂的问题也就随之解决了. 在概率论中也有类似的问题,例如:我们在求某事件 A 的概率时,引起事件 A 发生的原因有多种,每一个原因对事件 A 的发生都做出了一定的"贡献",且 A 发生的概率与各种原因的"贡献"的大小有关. 对于这类问题的处理,下面将要介绍的全概率公式起着重要的作用.

下面先介绍样本空间划分的概念.

定义 1.6 设随机试验 E 的样本空间为 $S, B_1, B_2, \cdots, B_n$, ($P(B_i) > 0$, $i = 1, 2, \cdots, n$)是样本空间 S 的一组事件,若满足:

(1) $B_1, B_2, \cdots, B_n$ 两两互不相容,即 $B_i \cap B_j = \phi$; $i \neq j$, $i, j = 1, 2, \cdots, n$;

(2) $S = B_1 \cup B_2 \cup \cdots \cup B_n$.

则称 $B_1, B_2, \cdots, B_n$ 为样本空间 S 的一个**划分**.

定理 1.2 设随机试验 E 的样本空间为 $S, B_1, B_2, \cdots, B_n$ 是样本空间 S 的一个划

分，则对任一事件 A，有

$$P(A) = \sum_{i=1}^{n} P(B_i)P(A|B_i)$$
$$= P(B_1)P(A|B_1) + P(B_2)P(A|B_2) + \cdots + P(B_n)P(A|B_n). \quad (1.4.4)$$

证明　因为　$A = AS = A \bigcap (B_1 \bigcup B_2 \bigcup \cdots \bigcup B_n)$
$$= (AB_1) \bigcup (AB_2) \bigcup \cdots \bigcup (AB_n).$$

又因为　　$B_iB_j = \phi,\qquad i \neq j,\ i,j = 1,2,\cdots.$

所以　　$(AB_i)(AB_j) = A(B_iB_j) = A \bigcap \phi = \phi,\qquad i \neq j;\ i,j = 1,2,\cdots.$

于是，有

$$P(A) = P((AB_1) \bigcup (AB_2) \bigcup \cdots \bigcup (AB_n))$$
$$= P(AB_1) + P(AB_2) + \cdots + P(AB_n)$$
$$= P(B_1)P(A|B_1) + P(B_2)P(A|B_2) + \cdots + P(B_n)P(A|B_n).$$

称(1.4.4)式为**全概率（total probability）公式**. 当定理中的划分由可列多个事件组成时，全概率公式仍然成立.

利用全概率公式解题，关键是找出样本空间 S 的一个合适的划分. 一般，我们可以依据导致事件发生的不同原因或物体的不同属性等来找划分.

另一个重要公式是下述的**贝叶斯（Bayes）公式**，它首先出现在英国学者贝叶斯（T.Bayes，1702－1761 年）的遗著中（1763 年）.

定理 1.3　设随机试验 E 的样本空间为 S，$B_1, B_2, \cdots, B_n$ 是样本空间 S 的一个划分，A 是一事件，且 $P(A) > 0$，则有

$$P(B_i \mid A) = \frac{P(B_i)P(A \mid B_i)}{\sum\limits_{j=1}^{n} P(B_j)P(A|B_j)},\qquad i = 1,2,\cdots,n. \quad (1.4.5)$$

证明　由条件概率的定义及全概率公式(1.4.4)，得

$$P(B_i \mid A) = \frac{P(AB_i)}{P(A)} = \frac{P(B_i)P(A \mid B_i)}{\sum\limits_{j=1}^{n} P(B_j)P(A|B_j)},\qquad i = 1,2,\cdots,n.$$

贝叶斯公式(1.4.5)具有实际意义. 例如，有一病人高烧到 40 度（记为事件 A），医生要确定他患有何种疾病，则必须考虑病人可能得的疾病 $B_1, B_2, \cdots, B_n$，假定一个病人不会同时得几种疾病，即事件 $B_1, B_2, \cdots, B_n$ 互不相容. 医生可凭以往的经验估计出他得各种病的概率 $P(B_i)$（$i = 1,2,\cdots,n$），这通常称为**先验概率（prior probability）**. 进一步要考虑的是一个人高烧到 40 度时，他得这种病时的可能性，即 $P(B_i \mid A)$（$i = 1,2,\cdots,n$）的大小，它可由贝叶斯公式算得，这个概率表示在获得新的信息（病人高烧 40 度）后，病人得 $B_1, B_2, \cdots, B_n$ 这些疾病的可能性的大小，这通常称为**后验概率（posterior probability）**有了后验概率，就为医生的诊断提供了重要依据.

　　若我们把 A 视为观察的"结果",把 $B_1, B_2, \cdots, B_n$ 理解为"原因",则贝叶斯公式反映了"因果"的概率规律,并做出了"由果朔因"的推断.

　　例 1.18　在数字通信中,信号是由数字 0 和 1 的长序列组成的. 由于随机干扰,当发出信号 0 时,收到的信号为 0 和 1 的概率分别是 0.8 和 0.2;当发出信号 1 时,收到的信号为 0 和 1 的概率分别是 0.1 和 0.9. 现假设发出 0 和 1 的概率分别为 0.6 和 0.4,试求:

　　(1) 收到一个信号,它是 1 的概率.

　　(2) 收到信号 1 时,发出的信号确实是 1 的概率.

　　解　以 A 表示事件"收到的信号是 1",以 B_i($i=0,1$)表示事件"发出的信号是 i",易知 B_0, B_1 是一个划分,且有

$$P(B_0) = 0.6, \quad P(B_1) = 0.4, \quad P(A|B_0) = 0.2, \quad P(A|B_1) = 0.9.$$

　　(1) 由全概率公式得所求概率为

$$P(A) = P(B_0)P(A|B_0) + P(B_1)P(A|B_1)$$
$$= 0.6 \times 0.2 + 0.4 \times 0.9 = 0.48.$$

　　(2) 由贝叶斯公式得所求概率为

$$P(B_1|A) = \frac{P(B_1)P(A|B_1)}{P(A)} = \frac{0.4 \times 0.9}{0.48} = 0.75.$$

　　例 1.19　某电信服务部库存 100 部相同型号的电话机待售,其中 60 部是甲厂生产的,30 部是乙厂生产的,10 部是丙厂生产的. 已知这三个厂生产的电话机质量不同,它们的不合格率依次为 0.1,0.2,0.3. 一位顾客从这批电话机中随机地拿了一部,且这部电话机的厂标已经脱落. 试问:

　　(1) 顾客拿到不合格电话机的概率是多少?

　　(2) 顾客试用后发现电话机不合格,这部电话机是甲厂生产的概率是多少?

　　解　以 A 表示事件"顾客拿到不合格电话机",以 B_1, B_2, B_3 分别表示事件"顾客拿到的电话机是甲厂、乙厂、丙厂生产",显然 B_1, B_2, B_3 是一个划分.
由题意有　　$P(B_1) = 0.6, \ P(B_2) = 0.3, \ P(B_3) = 0.1,$

$$P(A|B_1) = 0.1, \ P(A|B_2) = 0.2, \ P(A|B_3) = 0.3.$$

　　(1) 由全概率公式得所求概率为

$$P(A) = P(B_1)P(A|B_1) + P(B_2)P(A|B_2) + P(B_3)P(A|B_3)$$
$$= 0.6 \times 0.1 + 0.3 \times 0.2 + 0.1 \times 0.3$$
$$= 0.15.$$

　　(2) 由贝叶斯公式得所求概率为

$$P(B_1|A) = \frac{P(B_1)P(A|B_1)}{P(A)} = \frac{0.6 \times 0.1}{0.15} = 0.4.$$

　　例 1.20　某口袋中有 6 个红球,4 个白球. 现从袋中随机取走 3 个球,然后

再从袋中任取一球，求此球是红球的概率.

解 以 A 表示事件"第二次取出的球是红球"，以 B_i $(i = 0, 1, 2, 3)$ 表示事件"第一次取出的 3 个球中有 i 个红球"，易知 B_0, B_1, B_2, B_3 是一个划分，且有

$$P(B_0) = \frac{C_4^3}{C_{10}^3}, \quad P(B_1) = \frac{C_6^1 C_4^2}{C_{10}^3}, \quad P(B_2) = \frac{C_6^2 C_4^1}{C_{10}^3}, \quad P(B_3) = \frac{C_6^3}{C_{10}^3}.$$

又由题意有

$$P(A \mid B_0) = \frac{C_6^1}{C_7^1}, \quad P(A \mid B_1) = \frac{C_5^1}{C_7^1}, \quad P(A \mid B_2) = \frac{C_4^1}{C_7^1}, \quad P(A \mid B_3) = \frac{C_3^1}{C_7^1}.$$

于是由全概率公式得

$$
\begin{aligned}
P(A) &= \sum_{i=0}^{3} P(B_i) P(A \mid B_i) \\
&= \frac{C_4^3 \times C_6^1}{C_{10}^3 \times C_7^1} + \frac{C_6^1 \times C_4^2 \times C_5^1}{C_{10}^3 \times C_7^1} + \frac{C_6^2 \times C_4^1 \times C_4^1}{C_{10}^3 \times C_7^1} + \frac{C_6^3 \times C_3^1}{C_{10}^3 \times C_7^1} = 0.6.
\end{aligned}
$$

例 1.21 在肝癌诊断中有一种血清甲胎蛋白法，用 A 表示事件"用该方法诊断出被检者患有肝癌"，用 B 表示事件"被检者确实患有肝癌". 已知确实患有肝癌者被诊断为有肝癌的概率 $P(A \mid B) = 0.95$，不是肝癌患者被诊断为患有肝癌的概率 $P(A \mid \overline{B}) = 0.10$. 又根据以往的资料，每万人中有 4 人患有肝癌，即 $P(B) = 0.0004$. 现有一人不幸被诊断为患有肝癌，试求此人确实患有肝癌的概率.

解 显然 B 与 $\overline{B}$ 构成一个划分，所以由贝叶斯公式得

$$
\begin{aligned}
P(B \mid A) &= \frac{P(B) P(A \mid B)}{P(B) P(A \mid B) + P(\overline{B}) P(A \mid \overline{B})} \\
&= \frac{0.0004 \times 0.95}{0.0004 \times 0.95 + (1 - 0.0004) \times 0.1} \approx 0.0038.
\end{aligned}
$$

在本例中，$P(B) = 0.0004$ 是先验概率，而 $P(B \mid A) \approx 0.0038$ 是后验概率，此概率很小，这个结果可能使人吃惊，甚至怀疑这种方法检查肝癌的可信度. 当仔细分析一下，之所以出现这样的结果，主要是因为人群中肝癌的发病率很低（万分之四左右），如果在一个肝癌患病率较高的群体中，使用该方法检查会降低错检的概率. 因此，在实际中常常先用其他简易的方法排除大量明显不是肝癌的人，然后再利用此方法在剩余的可能患肝癌的人中进行检查，这样错检率会大大降低.

1.5 事件的独立性与贝努里试验

1.5.1 事件的独立性

独立性是概率论的一个重要概念，我们先讨论两个事件的独立性. 设 A, B 是

随机试验 E 的两个事件，若 $P(B) > 0$，则可定义条件概率 $P(A|B)$，它表示在事件 B 发生的条件下，事件 A 发生的概率. 在一般情况下，$P(A)$ 与 $P(A|B)$ 不一定相等，从直观上看，当 $P(A) \neq P(A|B)$ 时，表示事件 B 的发生对事件 A 发生的概率是有影响的. 若 $P(A) = P(A|B)$，则表明事件 B 的发生并不影响事件 A 发生的概率，此时，乘法公式 $P(AB) = P(B)P(A|B)$ 可简化为 $P(AB) = P(A)P(B)$，我们可以利用该公式来刻画事件的独立性.

定义 1.7   设 A, B 是随机试验 E 的两个事件，如果有

$$P(AB) = P(A)P(B) \tag{1.5.1}$$

则称事件 A 与 B 相互独立（**independent of each other**）.

我们需要注意的是，在实际问题中，常常不是根据以上定义来判别事件的独立性，而是依据独立性的实际意义，即一个事件的发生并不影响另一个事件发生的概率来判断两个事件的相互独立性.

由上述定义，不难得到以下性质.

定理 1.4   如果 $P(B) > 0$，则事件 A 与 B 相互独立的充要条件是

$$P(A) = P(A|B) .$$

证明   必要性：因为 A 与 B 相互独立，所以有 $P(AB) = P(A)P(B)$，

又由乘法公式 $P(AB) = P(B)P(A|B)$，

因此 $P(A) = P(A|B)$.

充分性：由乘法公式及 $P(A) = P(A|B)$ 得

$$P(AB) = P(B)P(A|B) = P(A)P(B) .$$

所以，事件 A 与 B 相互独立.

定理 1.5   如果事件 A 与 B 相互独立，则 A 与 $\bar{B}$、$\bar{A}$ 与 B、$\bar{A}$ 与 $\bar{B}$ 也相互独立.

证明   这里只证明 A 与 $\bar{B}$ 相互独立，其他可运用此结论得到（也可类似地证明）.

由 $P(AB) = P(A)P(B)$ 得

$$\begin{aligned} P(A\bar{B}) &= P(A - AB) = P(A) - P(AB) \\ &= P(A) - P(A)P(B) = P(A)(1 - P(B)) \\ &= P(A)P(\bar{B}) . \end{aligned}$$

所以，事件 A 与 $\bar{B}$ 相互独立.

例 1.22   甲、乙两个防空导弹各自同时向一敌机发射，已知甲击中敌机的概率为 0.9，乙击中敌机的概率为 0.8，试求敌机被击中的概率.

解   设 A 表示事件"甲击中敌机"，B 表示事件"乙击中敌机". 由题意可知事件 A 与 B 相互独立，且有

$$P(A) = 0.9 ，\quad P(B) = 0.8 ，\quad P(AB) = P(A)P(B) = 0.9 \times 0.8 = 0.72 .$$

于是，所求概率为

$$P(A \bigcup B) = P(A) + P(B) - P(AB) = 0.9 + 0.8 - 0.72 = 0.98 .$$

关于事件的相互独立性，可以推广到多个事件的情形，下面先给出三个事件相互独立的定义.

定义 1.8 设 A, B, C 是随机试验 E 的三个事件，如果有

$$P(AB) = P(A)P(B) ,$$
$$P(AC) = P(A)P(C) ,$$
$$P(BC) = P(B)P(C) ,$$
$$P(ABC) = P(A)P(B)P(C) .$$

则称事件 A, B, C **相互独立**.

由定义 1.8 知，若事件 A, B, C 相互独立，则事件 A, B, C 中任意两个也相互独立，即两两相互独立. 但我们要注意的是：三个事件 A, B, C 两两相互独立，并不能保证这三个事件相互独立，下面是一个具体的反例.

例 1.23 有 4 张外形完全相同的卡片，其中 3 张卡片上分别标有数字 1，2，3，另一张卡片上同时标有 1、2、3 这三个数字. 现在从这 4 张卡片中任意选取一张，并以 A_i（$i = 1, 2, 3$）表示事件"取出的卡片上标有数字 i".

显然有

$$P(A_1) = P(A_2) = P(A_3) = \frac{1}{2} ,$$

$$P(A_1 A_2) = P(A_1 A_3) = P(A_2 A_3) = P(A_1 A_2 A_3) = \frac{1}{4} .$$

从而，有

$$P(A_1 A_2) = P(A_1)P(A_2) , \quad P(A_1 A_3) = P(A_1)P(A_3) , \quad P(A_2 A_3) = P(A_2)P(A_3) .$$

但

$$P(A_1 A_2 A_3) \neq P(A_1)P(A_2)P(A_3) .$$

这说明 A_1，A_2，A_3 两两相互独立，但 A_1，A_2，A_3 不是相互独立的.

定义 1.9 设 A_1，$A_2, \cdots, A_n$（$n \geqslant 2$）是 n 个事件，如果对其中的任意 k（$2 \leqslant k \leqslant n$）个事件 A_{i_1}，$A_{i_2}, \cdots, A_{i_k}$（$1 \leqslant i_1 < i_2 < \cdots < i_k \leqslant n$），都有

$$P(A_{i_1} A_{i_2} \cdots A_{i_k}) = P(A_{i_1})P(A_{i_2}) \cdots P(A_{i_k}) . \tag{1.5.2}$$

则称 A_1，$A_2, \cdots, A_n$ **相互独立**.

类似于定理 1.5，有以下结论.

若 n 个事件 A_1，$A_2, \cdots, A_n$（$n \geqslant 2$）相互独立，则将 A_1，$A_2, \cdots, A_n$ 中任意多个事件换成它们各自的逆事件后，所得的 n 个事件仍然相互独立.

例 1.24 设甲、乙、丙三个人各自去破译一个密码，他们能译出密码的概率分别为 $\frac{1}{5}, \frac{1}{3}, \frac{1}{4}$. 试求：（1）恰有一人译出密码的概率；（2）密码能被破译的概率.

解 以 A 表示事件"恰有一人译出密码"，以 B 表示事件"密码能被破译"，并令 B_1 表示事件"甲译出密码"，B_2 表示事件"乙译出密码"，B_3 表示事件"丙

译出密码".

（1）显然 B_1，B_2，B_3 相互独立，且有　$A = B_1\overline{B}_2\overline{B}_3 \bigcup \overline{B}_1 B_2 \overline{B}_3 \bigcup \overline{B}_1 \overline{B}_2 B_3$.

所以

$$P(A) = P(B_1\overline{B}_2\overline{B}_3 \bigcup \overline{B}_1 B_2 \overline{B}_3 \bigcup \overline{B}_1 \overline{B}_2 B_3)$$

$$= P(B_1\overline{B}_2\overline{B}_3) + P(\overline{B}_1 B_2 \overline{B}_3) + P(\overline{B}_1 \overline{B}_2 B_3)$$

$$= P(B_1)P(\overline{B}_2)P(\overline{B}_3) + P(\overline{B}_1)P(B_2)P(\overline{B}_3) + P(\overline{B}_1)P(\overline{B}_2)P(B_3)$$

$$= \frac{1}{5}\times\frac{2}{3}\times\frac{3}{4} + \frac{4}{5}\times\frac{1}{3}\times\frac{3}{4} + \frac{4}{5}\times\frac{2}{3}\times\frac{1}{4} \approx 0.4333.$$

（2）因为 $B = B_1 \bigcup B_2 \bigcup B_3$，

故　　　$$P(B) = P(B_1 \bigcup B_2 \bigcup B_3) = 1 - P(\overline{B_1 \bigcup B_2 \bigcup B_3})$$

$$= 1 - P(\overline{B}_1\overline{B}_2\overline{B}_3) = 1 - P(\overline{B}_1)P(\overline{B}_2)P(\overline{B}_3)$$

$$= 1 - \frac{4}{5}\times\frac{2}{3}\times\frac{3}{4} = 0.6.$$

例 1.25　根据以往记录的数据分析，某船只运输的某种物品损坏的情况共有三种：损坏 2%（记这一事件为 A_1），损坏 10%（事件 A_2），损坏 90%（事件 A_3），且已知 $P(A_1) = 0.8$，$P(A_2) = 0.15$，$P(A_3) = 0.05$. 现在从已被运输的物品中随机地取 3 件，发现这 3 件都是好的（记这一事件为 B）. 试求 $P(A_1 \mid B)$　（这里设物品件数很多，取出一件后不影响下一件是否为好品的概率）.

解　由题意知：A_1，A_2，A_3 构成一个划分，且有

$$P(A_1) = 0.8，\quad P(A_2) = 0.15，\quad P(A_3) = 0.05，$$

$$P(B \mid A_1) = 0.98^3，\quad P(B \mid A_2) = 0.9^3，\quad P(B \mid A_3) = 0.1^3.$$

由贝叶斯公式得

$$P(A_1 \mid B) = \frac{P(A_1)P(B \mid A_1)}{P(A_1)P(B \mid A_1) + P(A_2)P(B \mid A_2) + P(A_3)P(B \mid A_3)}$$

$$= \frac{0.98^3 \times 0.8}{0.98^3 \times 0.8 + 0.9^3 \times 0.15 + 0.1^3 \times 0.05} \approx 0.8731.$$

1.5.2　贝努里试验

如果在一个试验中我们只关心某事件 A 是否发生，那么称这种试验为**贝努里试验**（**Bernoulli trials**），相应的概率模型称为**贝努里模型**（**Bernoulli model**）. 通常记 $P(A) = p$，$0 < p < 1$，于是 $P(\overline{A}) = 1 - p$. 如果把贝努里试验独立地重复做 n 次，这 n 次试验合在一起称为 n **重贝努里试验**.

n 重贝努里试验是概率论中广泛讨论的随机试验之一，它虽然比较简单，但有广泛的应用，可以解决许多有意义的实际问题.

在 n 重贝努里试验中，我们主要研究事件 A 发生的次数.

以 B_k 表示事件"在 n 重贝努里试验中事件 A 恰好发生了 k 次". 很容易看出, 只有当 $k = 0, 1, \cdots, n$ 时, 求 $P(B_k)$ 才有意义, 通常记 $P(B_k)$ 为 $P_n(k)$. 由于 n 次试验是相互独立的, 所以事件 A 在指定的 k 次试验中发生, 在其余 $n-k$ 次试验中不发生（例如: 在前 k 次试验中发生, 在后 $n-k$ 次试验中不发生）的概率为

$$\underbrace{pp\cdots p}_{k\uparrow}\underbrace{(1-p)(1-p)\cdots(1-p)}_{n-k\uparrow} = p^k(1-p)^{n-k}.$$

由于这种指定的方式有 C_n^k 种, 且它们是两两互不相容的, 因此

$$P_n(k) = C_n^k p^k (1-p)^{n-k}, \quad k = 0, 1, \cdots, n.$$

于是, 有以下定理.

定理 1.6 在 n 重贝努里试验中, 设 $P(A) = p$, 则事件 A 恰好发生 k 次 $(0 \leqslant k \leqslant n)$ 的概率为

$$P_n(k) = C_n^k p^k (1-p)^{n-k}, \qquad k = 0, 1, \cdots, n. \tag{1.5.3}$$

显然有

$$\sum_{k=0}^n P_n(k) = \sum_{k=0}^n C_n^k p^k (1-p)^{n-k} = [p + (1-p)]^n = 1. \tag{1.5.4}$$

由(1.5.4)式可知, $C_n^k P^k (1-p)^{n-k}$ 恰好是二项式 $[p+(1-p)]^n$ 展开式中的第 $k+1$ 项 $(k = 0, 1, \cdots, n)$, 因此, 我们也常称(1.5.3)式为**二项概率公式**.

例 1.26 甲、乙两名围棋手进行比赛, 已知甲的实力较强, 每盘棋获胜的概率为 0.6. 假定每盘棋的胜负是相互独立的, 比赛中不出现和棋. 试在下列三种比赛制度下, 求甲最终获胜的概率.

（1）采用三盘两胜制.

（2）采用五盘三胜制.

（3）采用九盘五胜制.

解 由于每盘比赛只有"甲胜"（记为事件 A）与"甲负"（记为事件 $\overline{A}$）两种结果, 因此每盘比赛均可看成一次贝努里试验, 且 $p = P(A) = 0.6$.

（1）采用三盘两胜制时, 所求的概率为

$$P_3(2) + P_3(3) = C_3^2 0.6^2 (1-0.6)^1 + C_3^3 0.6^3 \approx 0.648.$$

（2）采用五盘三胜制时, 所求的概率为

$$P_5(3) + P_5(4) + P_5(5) = C_5^3 0.6^3 (1-0.6)^2 + C_5^4 0.6^4 (1-0.6)^1 + C_5^5 0.6^5$$
$$\approx 0.683.$$

（3）采用九盘五胜制时, 所求的概率为

$$\sum_{k=5}^9 P_9(k) = \sum_{k=5}^9 C_9^k 0.6^k (1-0.6)^{9-k} \approx 0.734.$$

例 1.27 某车间有 10 台 7.5kW 的机床, 各台机床的使用是相互独立的, 且每台机床平均每小时开动 12min. 现因电力紧张, 供电部门只为这 10 台机床提供

电力 48kW，问这 10 台机床都能正常工作的概率是多少？

解 以 A 表示事件"10 台机床都能正常工作"，并记同时开动的机床数为 X.

因为 $6 \times 7.5 = 45 < 48$，$7 \times 7.5 = 52.5 > 48$. 这意味着 48kW 电力仅可同时供 6 台机床开动，因此，同时开动的机床不超过 6 台时就可以正常工作. 依题意，10 台机床的使用相当于 10 重贝努里试验，且 $p = 12 / 60 = 0.2$，于是有

$$P(A) = P(X \leqslant 6) = \sum_{k=0}^{6} P_0(k) = \sum_{k=0}^{6} C_{10}^{k} 0.2^k (1 - 0.2)^{10-k} \approx 0.9991.$$

这一结果表明，若供电 48kW，则这 10 台机床的工作基本上不受电力供应的影响.

习 题 一

1. 写出下列随机试验的样本空间及各随机事件.

（1）将一颗骰子接连抛掷两次，记录两次出现的点数之和. A 表示"点数之和小于 6"，B 表示"两次出现的点数之和为 7".

（2）将 a, b 两个球随机地放入甲、乙两个盒子中去，观察甲、乙两个盒子中球的个数. A 表示"甲盒中至少有一个球".

（3）记录南京市"110"在一小时内收到的呼叫次数. A 表示南京市"110"在一小时内收到的呼叫次数在 6～10 之间".

（4）测量一辆汽车通过给定点的速度. A 表示"汽车速度在 60～80 之间"（单位：km/h）.

2. 指出下列命题中哪些成立，哪些不成立：

（1）$A \bigcup (A \bigcap B) = A$.

（2）$A \bar{B} = A - B$.

（3）若 $B \subset A$，则 $A = A \bigcup B$.

（4）若 $A \subset B$，则 $B = AB$.

（5）$(AB)(A\bar{B}) = \phi$.

（6）若 $A \bigcup C = B \bigcup C$，则 $A = B$.

3. 设 $S = \{x \mid 0 \leqslant x \leqslant 2\}$，$A = \{x \mid \frac{1}{2} < x \leqslant 1\}$，$B = \{x \mid \frac{1}{4} \leqslant x < \frac{3}{2}\}$，具体写出下列各事件：

（1）$\overline{AB}$.（2）$\overline{A} \bigcup B$.（3）$\overline{\overline{AB}}$.（4）AB.

4. 设 A, B 是两个事件，试比较下列概率的大小：

$$P(A)，\quad P(A \bigcup B)，\quad P(AB)，\quad P(A) + P(B).$$

5. 设 A, B, C 是三个事件，且 $P(A) = P(B) = P(C) = \frac{1}{4}$，$P(AB) = P(AC) = \frac{1}{8}$，$P(BC) = 0$，求 A, B, C 都不发生的概率.

6. 设 A, B 是两个事件，且 $P(A) = 0.7$，$P(A - B) = 0.3$，求 $P(\overline{AB})$.

7. 设 A, B 是两个事件，且 $P(A) = \frac{1}{3}$，$P(B) = \frac{1}{2}$，试在下列三种情况下，求

$P(A\bar{B})$.

（1）$P(AB) = \dfrac{1}{8}$.

（2）A, B 互不相容.

（3）A, B 有包含关系.

8．设 A, B, C 是三个事件，且 $P(A) = 0.7, P(B) = 0.3, P(A - B) = 0.5$，求 $P(A \cup B)$，$P(\bar{A}B)$.

9．把 10 本不同的书任意放在书架上，求其中指定的 3 本书放在一起的概率.

10．在房间里有 10 个人，分别佩戴从 1 号到 10 号的纪念章，任选 3 人记录其纪念章的号码.

（1）求最小号码为 5 的概率.

（2）求最大号码为 5 的概率.

11．从 1, 2, 3, 4, 5 这 5 个数字中等可能、有放回地连续抽取三个数字，试求下列事件的概率：

$A = \{3$ 个数字完全不同$\}$；$B = \{3$ 个数字中不含 1 和 5$\}$；

$C = \{3$ 个数字中恰有两个 5$\}$；$D = \{3$ 个数字中恰有一个 5$\}$.

12．在一口袋中有 5 个红球和 2 个白球，从这袋中任取一球看过它的颜色后就放回袋中，然后，再从这袋中任取一球. 设每次取球时口袋中各个球被取到的可能性相同，求：

（1）第一次、第二次都取得红球的概率.

（2）第一次取得红球，第二次取得白球的概率.

（3）两次取得的球为红白各一的概率.

（4）第二次取得红球的概率.

13．某油漆公司发出 17 桶油漆，其中白漆 10 桶，黑漆 4 桶，红漆 3 桶，在搬运中所有标签脱落，交货人随意将这些油漆发给顾客. 问一个订货白漆 10 桶、黑漆 3 桶、红漆 2 桶的顾客，能按所订颜色如数得到订货的概率是多少？

14．已知在 10 只晶体管中有两只是次品，在其中取两次，每次任取一只，作不放回抽样，求下列事件的概率：

（1）两只都是正品.

（2）两只都是次品.

（3）一只是正品，一只是次品.

（4）第二次取出的是次品.

15．考虑关于 x 的一元二次方程 $x^2 + Bx + C = 0$，其中 B, C 分别是将一枚骰子接连抛掷两次先后出现的点数，试求该方程有重根的概率.

16．将 3 个球随机地放入 4 个杯子中去，求这 4 个杯子中球的最大个数分别为 1，2，3 的概率.

17. 某人忘记电话号码的最后一个数字，因而随意地拨号，求他拨号不超过三次就接通所需要电话的概率是多少？如果最后一个数字是奇数，那么此概率又是多少？

18. 若 A 与 B 互不相容，且 $0 < P(B) < 1$，试证：$P(A|\overline{B}) = \dfrac{P(A)}{1 - P(B)}$.

19. 已知 $P(A) = 0.3$，$P(B) = 0.6$，试在下列两种情况下分别求出 $P(A|B)$ 与 $P(\overline{A}|\overline{B})$.

（1）A 与 B 互不相容.

（2）A 与 B 有包含关系.

20.（1）已知 $P(\overline{A}) = 0.3$，$P(B) = 0.4$，$P(A\overline{B}) = 0.5$，求 $P(B|A\cup\overline{B})$.

（2）已知 $P(A) = \dfrac{1}{4}$，$P(B|A) = \dfrac{1}{3}$，$P(A|B) = \dfrac{1}{2}$，求 $P(A\cup B)$.

21. 假设患肺结核的人通过透视胸部能被确诊的概率为 0.95，而未患肺结核的人通过透视胸部被误诊为病人的概率为 0.002. 根据以往资料表明，某单位职工患肺结核的概率为 0.001. 现在该单位有一个职工经过透视被诊断为患肺结核，求这个人确实患肺结核的概率.

22. 已知男子有 5% 是色盲患者，女子有 0.25% 是色盲患者. 今从男女人数相等的人群中随机地挑选一人，则（1）此人是色盲患者的概率；（2）若此人恰好是色盲患者，问此人是女性的概率是多少？

23. 某微波站配有两套通信电源设备 A 与 B，每套设备单独使用时，其可靠性 A 为 92%，B 为 93%. 在 A 出故障的情况下 B 可靠的概率为 85%. 试求：

（1）任意时刻，两套设备至少有一套可靠的概率.

（2）在 B 出故障的情况下，A 仍可靠的概率.

24. 已知甲袋中装有 a 只红球，b 只白球；乙袋中装有 c 只红球，d 只白球. 试求下列事件的概率：

（1）合并两只口袋，从中随机地取出 1 只球，该球是红球.

（2）随机地取 1 只袋，再从该袋中随机地取 1 只球，该球是红球.

（3）从甲袋中随机地取 1 只球放入乙袋，再从乙袋中随机地取 1 只球，该球是红球.

25. 有两箱同类的零件，第一箱装 50 只，其中 10 只一等品；第二箱装 30 只，其中 18 只一等品. 今从两箱中任挑一箱，然后从该箱中取零件两次，每次取一只，作不放回抽样. 试求：

（1）第一次取到的零件是一等品的概率.

（2）在第一次取到的零件是一等品的条件下，第二次取到的零件也是一等品的概率.

26．某年级有甲、乙、丙三个班级，各班人数分别占年级总人数的 $\frac{1}{4}, \frac{1}{3}, \frac{5}{12}$，已知甲、乙、丙三个班级中集邮人数分别占该班总人数的 $\frac{1}{2}, \frac{1}{4}, \frac{1}{5}$．试求：

（1）从该年级中随机地选取一个人，此人为集邮者的概率．

（2）从该年级中随机地选取一个人，发现此人为集邮者，那么此人属于乙班的概率．

27．有朋自远方来访，他乘火车来的概率是 3/10，乘船、乘汽车或乘飞机来的概率分别是 1/5，1/10，2/5．如果他乘火车来，迟到的概率是 1/4；如果乘船或汽车来，那么他迟到的概率分别是 1/3，1/12；如果乘飞机来便不会迟到．结果他是迟到了，试问在此条件下，他乘火车来的概率是多少？

28．设 $0 < P(A) < 1, 0 < P(B) < 1$，且 $P(B|A) + P(\bar{B}|\bar{A}) = 1$，证明：$A$ 与 B 相互独立．

29．有甲、乙两批种子，发芽率分别为 0.8 和 0.7．在这两批种子中各任取一粒试种．试求：

（1）两粒种子都发芽的概率．

（2）至少有一粒种子发芽的概率．

（3）恰有一粒种子发芽的概率．

30．口袋里装有 $a+b$ 枚硬币，其中 b 枚硬币是废品（两面都是国徽）．从口袋中随机地取出 1 枚硬币，并把它独立地抛 n 次，结果发现向上的一面全是国徽，试求这枚硬币是废品的概率．

31．设某工厂生产的每台仪器以概率 0.70 可以直接出厂；以概率 0.30 需要进一步调试，经调试后以概率 0.80 可以出厂，以概率 0.20 定为不合格品不能出厂．现在该厂生产了 $n(n \geqslant 2)$ 台仪器，求所有仪器都能出厂的概率．

32．设有 4 个独立工作的元件 1，2，3，4，它们的可靠性均为 p．将它们按下图的方式连接，求这个系统的可靠性．

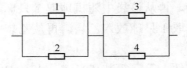

33．要验收一批（100 件）乐器．验收方案如下：自该批乐器中随机地取 3 件测试（设 3 件乐器的测试是相互独立的）如果 3 件中至少有 1 件在测试中被认为音色不纯，则这批乐器就被拒绝接收．设一件音色不纯的乐器经测试查出其为音色不纯的概率为 0.95；而一件音色纯的乐器经测试被误认为音色不纯的概率为 0.01．如果已知这 100 件乐器中恰有 4 件是音色不纯的．试问这批乐器被接收的概率是多少？

34. 设根据以往记录的数据分析，某船只运输的某种物品损坏的情况有三种：损坏 2%（这一事件记为 A_1），损坏 10%（事件 A_2），损坏 90%（事件 A_3）．且知 $P(A_1) = 0.8$，$P(A_2) = 0.15$，$P(A_3) = 0.05$．现在从已被运输的物品中随机地取 3 件，发现这 3 件都是好的（这一事件记为 B）．试求条件概率 $P(A_2 \mid B)$（这里设物品数量很多，取出一件后不影响取下一件是否为好品的概率）．

35. 设每次射击时命中率为 0.2，问至少需要进行多少次独立射击才能使至少击中一次的概率不小于 0.9？

36. 设某型号灯泡的耐用时数为 1000h 以上的概率为 0.2．设该型号的 3 个灯泡是相互独立地使用的，求这 3 个灯泡在使用 1000h 以后最多只有 1 个损坏的概率．

37. 投掷一颗骰子，问需掷多少次，才能保证不出现 6 点的概率小于 0.3？

38. 进行 4 次独立试验，在每一次试验中 A 发生的概率为 0.3．如果 A 不发生，则 B 也不发生．如果 A 发生一次，则 B 发生的概率为 0.6；如果 A 发生不少于两次，则 B 发生的概率为 1．试求 B 发生的概率．

第 **2** 章 随机变量及其分布

在第 1 章中，我们利用随机试验的样本空间研究了随机事件及其概率. 但是，样本空间只是一个一般的集合，随机事件是样本空间的子集，这种表示的方式对分析、研究随机现象的统计规律性有较大的局限性，也不便于利用微积分等数学工具来处理. 本章将引进随机变量的概念，利用随机变量来表示随机事件. 正是由于随机变量的引入，才使得概率的研究工作借助于微积分等数学工具，获得了飞速发展，取得了丰硕成果，更全面地揭示了随机现象的统计规律性，从而使得概率论成为数学领域中的一门重要学科.

2.1 随机变量

2.1.1 随机变量的概念

经过第 1 章的学习，我们发现，许多随机试验的结果都与数值密切联系. 例如，一段时间内某市"110"接到的呼叫次数；某商场一天的营业额；某建筑物的寿命；n 重贝努里试验中事件 A 发生的次数等. 但是，还存在许多随机试验，它们的试验结果从表面上看并不与实数相联系，如在抛掷一枚硬币的试验中，每次出现的结果为"正面"（记为 H ）或"反面"（记为 T ），与数值没有关系，但是我们可以利用下面的方法使它与数值联系起来，当出现"正面"时对应数 1，出现"反面"时对应数 0，这相当于引入一个定义在样本空间 $S = \{H, T\}$ 上的函数 $X(e)$ ，其中

$$X(e) = \begin{cases} 1, & e = H, \\ 0, & e = T. \end{cases}$$

通过以上的分析，我们知道：一类随机试验的每一个结果自然地对应着一个实数，而另一类随机试验，需要人为地建立一种试验结果与实数的对应关系. 由此可见，无论是哪种情况，我们都可以在试验的结果与实数之间建立一种对应关系.

为了明确起见，我们引进随机变量的定义.

定义 2.1 设 $S = \{e\}$ 为随机试验 E 的样本空间. 如果对于每一个 $e \in S$，都有一个实数 $X(e)$ 与之对应，这样就得到一个定义在 S 上的实值单值函数 $X(e)$，称 $X(e)$ 为定义在 S 上的一个**随机变量**（**random variable**），简记为 X.

从定义我们知道，随机变量是一个函数，它定义在样本空间 S 上，即函数的自变量是随机试验的结果. 由于随机试验结果的出现具有随机性，也就是说，在一次试验前，我们无法预先知道试验究竟会出现哪一个结果，因此随机变量的取值也具有随机性，这是随机变量与一般函数的最大不同之处. 今后，我们一般用大写的字母 X，Y，Z，W，$\cdots$ 表示随机变量，以小写字母 x，y，z，w，$\cdots$ 表示实数.

引入随机变量后，就可以用随机变量 X 描述事件. 例如，我们在前面讨论的抛掷硬币试验，X 取值 1，写成 $\{X = 1\}$，它表示出现"正面"这一事件，类似地，$\{X = 0\}$ 表示出现"反面"这一事件.

由于随机变量 X 的取值依试验的结果而定，而试验的各个结果的出现有一定的概率，因而 X 取各个值也有一定的概率. 例如，在上例中，对于均匀硬币来说，

$$P(X = 1) = P(\text{正面}) = \frac{1}{2}, \ P(X = 0) = P(\text{反面}) = \frac{1}{2}.$$

一般地，对实数轴上任意一个集合 L（它不一定是一个区间），将所有与 L 对应的样本点构成的事件 $\{e \mid X(e) \in L\}$，简单表示为 $\{X \in L\}$.

2.1.2 随机变量的分类

为了研究上的方便，我们根据随机变量的取值情况，对随机变量加以分类.

定义 2.2 如果一个随机变量 X 的全部可能取值为有限个或可列多个，则称 X 为**离散型随机变量**（**discrete random variable**）. X 的可能取值可写成 $x_1, x_2, \cdots x_k, \cdots$.

例如，观察抛掷一颗骰子出现的点数；n 重贝努里试验中事件 A 发生的次数；地球上一年内发生 4 级以上地震的次数等等，它们都是离散型随机变量.

在随机变量中除去离散型随机变量外，就是**非离散型随机变量**，它们的可能取值无法一一列举出来. 非离散型随机变量范围很广，而其中最重要、最有实用价值的就是所谓的**连续型随机变量**（**continuous random variable**），后面将作详细讨论.

2.2 离散型随机变量的概率分布

2.2.1 离散型随机变量的分布律

对于一个离散型随机变量，要掌握它的统计规律，首先要了解它的所有可能

取值，除此之外，更主要的是要掌握它取各个可能值的概率.

定义 2.3 设 X 是离散型随机变量，X 的所有可能取值为 $x_1, x_2, \cdots x_k, \cdots$ 且 X 取各可能值的概率为

$$P(X = x_k) = p_k, \qquad k = 1, 2, \cdots. \tag{2.2.1}$$

则称(2.2.1)式为离散型随机变量 X 的**概率分布（probability distribution）**或**分布律（distribution law）**.

分布律也可以用表格的形式来表示：

X	x_1	x_2	$\cdots$	x_k	$\cdots$
P	p_1	p_2	$\cdots$	p_k	$\cdots$

其中 P 表示 $P(X = x_k)$.

由概率的定义可知，p_k 满足以下两个基本性质：

（1）$p_k \geqslant 0$，$\quad k = 1, 2, \cdots$.

（2）$\sum\limits_{k=1}^{\infty} p_k = 1$.

例 2.1 设某口袋中有 5 件产品，其中 4 件是正品，1 件是次品. 现从袋中连取两次，每次取 1 件，设两次取出的次品数为 X. 试分别就下列两种抽样方法求 X 的分布律.（1）放回抽样，（2）不放回抽样.

解（1）X 的可能取值为 0, 1, 2，且有

$$P(X = 0) = \frac{4}{5} \times \frac{4}{5} = 0.64,$$

$$P(X = 1) = \frac{1}{5} \times \frac{4}{5} + \frac{4}{5} \times \frac{1}{5} = 0.32,$$

$$P(X = 2) = \frac{1}{5} \times \frac{1}{5} = 0.04.$$

即 X 的分布律为

X	0	1	2
P	0.64	0.32	0.04

（2）由于取出后不再放回，所以 X 的可能取值为 0, 1，且有

$$P(X = 0) = \frac{4}{5} \times \frac{3}{4} = 0.6,$$

$$P(X = 1) = \frac{4}{5} \times \frac{1}{4} + \frac{1}{5} \times \frac{4}{4} = 0.4.$$

即 X 的分布律为

X	0	1
P	0.6	0.4

2.2.2　几种常见离散型随机变量的分布

1.（0-1）分布

定义 2.4　若随机变量 X 的所有可能取值为 0 与 1，且它的分布律为

$$P(X=k)=p^k(1-p)^{1-k}, \quad k=0,1 \quad (0<p<1) . \tag{2.2.2}$$

则称 X 服从参数为 p 的（**0-1）分布**（**0-1 distribution**）或**两点分布**（**two-point distribution**）.

（0-1）分布的分布律又可写成

X	0	1
P	$1-p$	p

（0-1）分布既简单又有用．例如，射击试验中"击中目标"与"未击中目标"，掷硬币试验中出现"正面"与出现"反面"，产品的抽样检验中"抽到的产品为正品"与"抽到的产品为次品"等等，都可用（0-1）分布描述．实际上，任何一个只有两种可能结果的随机试验，都可以用一个服从（0-1）分布的随机变量来描述．

2.　二项分布

定义 2.5　若随机变量 X 的所有可能取值为 $0,1,2,\cdots,n$，且它的分布律为

$$P(X=k)=\mathrm{C}_n^k p^k(1-p)^{n-k}, \quad k=0,1,\cdots,n \quad (0<p<1) . \tag{2.2.3}$$

则称 X 服从参数为 n，p 的**二项分布**（**binomial distribution**），记为 $X \sim B(n,p)$.

容易验证，二项分布的分布律满足：

（1）$P(X=k)=\mathrm{C}_n^k p^k(1-p)^{n-k} \geqslant 0$.

（2）$\sum_{k=0}^{n} P(X=k)=\sum_{k=0}^{n} \mathrm{C}_n^k p^k(1-p)^{n-k}=[p+(1-p)]^n=1$.

在 n 重贝努里试验中，以 X 表示事件 A 发生的次数，则 X 是一个随机变量，它的可能取值为 $0,1,2,\cdots,n$. 且由二项概率公式有

$$P(X=k)=P_n(k)=\mathrm{C}_n^k p^k(1-p)^{n-k}, \quad k=0,1,\cdots,n.$$

即 $X \sim B(n,p)$. 因此，我们常用二项分布来描述可重复进行独立试验的随机现象．

特别，对二项分布 $X \sim B(n,p)$，当参数 $n=1$ 时，其分布律为

$$P(X=k)=p^k(1-p)^{1-k}, \quad k=0,1. \quad (0<p<1).$$

这就是参数为 p 的（0-1）分布，即参数为 p 的（0-1）分布就是参数为 1，p 的二项分布．

二项分布是离散型随机变量中最重要的分布之一，它还具有以下两个实用的性质．

性质 1　设 $X \sim B(n,p)$，则当 $k=[(n+1)p]$ 时，$P(X=k)$ 取得最大值．

证明 因为

$$\frac{P(X=k)}{P(X=k-1)} = \frac{C_n^k p^k (1-p)^{n-k}}{C_n^{k-1} p^{k-1}(1-p)^{n-k+1}} = 1 + \frac{(n+1)p-k}{k(1-p)}.$$

所以，当 $k < (n+1)p$ 时，有

$$P(X=k) > P(X=k-1)，\quad 即\ P(X=k) 单调增加；$$

而当 $k > (n+1)p$ 时，有

$$P(X=k) < P(X=k-1)，\quad 即\ P(X=k) 单调减少.$$

因此，当 $k = [(n+1)p]$ 时，$P(X=k)$ 取得最大值.

性质 2 设随机变量 $X_n \sim B(n, p_n)$，且 $\lim\limits_{n\to\infty} np_n = \lambda$，其中 $\lambda > 0$ 为常数，则对任意一个固定的非负整数 k，有

$$\lim_{n\to\infty} P(X_n = k) = \lim_{n\to\infty} C_n^k p_n^k (1-p_n)^{n-k} = \frac{\lambda^k e^{-\lambda}}{k!}.$$

证明 记 $np_n = \lambda_n$，即 $p_n = \dfrac{\lambda_n}{n}$，得

$$C_n^k p_n^k (1-p_n)^{n-k} = \frac{n(n-1)\cdots(n-k+1)}{k!}\left(\frac{\lambda_n}{n}\right)^k \left(1-\frac{\lambda_n}{n}\right)^{n-k}$$

$$= \frac{\lambda_n^k}{k!} \cdot \left(1-\frac{\lambda_n}{n}\right)^n \cdot \left(1-\frac{\lambda_n}{n}\right)^{-k} \cdot \left[1 \cdot \left(1-\frac{1}{n}\right)\cdots\left(1-\frac{k-1}{n}\right)\right].$$

由于

$$\lim_{n\to\infty} \lambda_n^k = \lambda^k，\qquad \lim_{n\to\infty}\left(1-\frac{\lambda_n}{n}\right)^n = \lim_{n\to\infty}\left(1-\frac{\lambda_n}{n}\right)^{-\frac{n}{\lambda_n}\cdot(-\lambda_n)} = e^{-\lambda},$$

$$\lim_{n\to\infty}\left(1-\frac{\lambda_n}{n}\right)^{-k} = 1，\qquad \lim_{n\to\infty}\left[1\cdot\left(1-\frac{1}{n}\right)\cdots\left(1-\frac{k-1}{n}\right)\right] = 1.$$

所以 $\quad \lim\limits_{n\to\infty} P(X_n=k) = \lim\limits_{n\to\infty} C_n^k p_n^k (1-p_n)^{n-k} = \dfrac{\lambda^k e^{-\lambda}}{k!}.$

通常，性质 2 又称为**泊松（Poisson）定理**. 它表明，若 $X \sim B(n,p)$，则当 n 比较大而 p 又很小时，有以下泊松近似计算公式

$$P(X=k) = C_n^k p^k (1-p)^{n-k} \approx \frac{\lambda^k e^{-\lambda}}{k!}, \qquad k = 0,1,\cdots,n. \tag{2.2.4}$$

其中 $\lambda = np$.

在实际计算中，当 $n \geqslant 20, p \leqslant 0.05$ 时用 $\dfrac{\lambda^k e^{-\lambda}}{k!}$（$\lambda = np$）作为 $C_n^k p^k (1-p)^{n-k}$ 的近似值效果较好；而当 $n \geqslant 100, np \leqslant 10$ 时效果更好. 当然，当 n 越大、p 越小，np 大小适中时，近似公式计算就越精确. $\dfrac{\lambda^k e^{-\lambda}}{k!}$ 的值有表可查（见附表 3）.

例 2.2 设事件 A 在每一次试验中发生的概率都为 0.3. 当 A 发生不少于 3 次

时，指示灯发出信号.

（1）进行了 5 次重复独立试验，求指示灯发出信号的概率.

（2）进行了 7 次重复独立试验，求指示灯发出信号的概率.

解　（1）设 5 次重复独立试验中 A 发生的次数为 X，则 $X \sim B(5, 0.3)$.
故指示灯发出信号的概率为

$$P(X \geqslant 3) = P(X = 3) + P(X = 4) + P(X = 5)$$
$$= C_5^3 \times 0.3^3 \times (1 - 0.3)^2 + C_5^4 \times 0.3^4 \times (1 - 0.3) + C_5^5 \times 0.3^5 \approx 0.163.$$

（2）设 7 次重复独立试验中 A 发生的次数为 Y，则 $Y \sim B(7, 0.3)$.
故指示灯发出信号的概率为

$$P(Y \geqslant 3) = 1 - P(Y = 0) - P(Y = 1) - P(Y = 2)$$
$$= 1 - C_7^0 \times (1 - 0.3)^7 - C_7^1 \times 0.3^1 \times (1 - 0.3)^6 - C_7^2 \times 0.3^2 \times (1 - 0.3)^5 \approx 0.353.$$

例 2.3　某人进行射击训练，已知他每次击中目标的概率为 0.02. 现在他独立射击 400 次，试求他至少击中两次目标的概率.

解　设击中目标的次数为 X，则 $X \sim B(400, 0.02)$. 于是

$$P(X = k) = C_{400}^k \times 0.02^k \times 0.98^{400-k}, \qquad k = 0, 1, \cdots, 400.$$

因此所求的概率为

$$P(X \geqslant 2) = 1 - P(X = 0) - P(X = 1) = 1 - 0.98^{400} - C_{400}^1 \times 0.02 \times 0.98^{399}.$$

直接计算的计算量较大，可利用 (2.2.4) 式计算. 因为 $\lambda = 400 \times 0.02 = 8$，所以

$$P(X \geqslant 2) = 1 - P(X = 0) - P(X = 1) \approx 1 - e^{-8} - 8e^{-8} \approx 0.997.$$

这个概率非常接近于 1，虽然每次射击的命中率很小（0.02），但如果射击的次数很多（例如 400 次），则至少击中两次目标几乎是可以肯定的. 这一事实说明，一个事件尽管它在一次试验中发生的概率很小，但是只要试验次数足够多，而且试验是独立地进行的，那么这一事件的发生几乎是肯定的，这也告诉人们决不能轻视小概率事件.

例 2.4　某维修小组负责 10000 部电话的维修工作. 假定每部电话是否报修是相互独立的，且报修的概率都是 0.0004. 另外，1 部电话的维修只需 1 位维修人员来处理. 试问：

（1）该维修小组至少需要配备多少名维修人员，才能使电话报修后能及时得到维修的概率不低于 99%？

（2）如果维修小组现有 4 名维修人员，那么电话报修后不能及时得到维修的概率有多大？

（3）如果 4 名维修人员采用承包的方法，即每两人负责 5000 部电话的维修，那么电话报修后不能及时得到维修的概率又有多大？

解　设同一时刻报修的电话数为 X，则 $X \sim B(10000, 0.0004)$，于是有

$$\lambda = np = 10000 \times 0.0004 = 4.$$

由泊松定理得

$$P(X=k) = C_n^k p^k (1-p)^{n-k} = C_{10000}^k \cdot 0.0004^k \cdot (1-0.0004)^{10000-k} \approx \frac{4^k e^{-4}}{k!}.$$

（1）设维修小组至少需要配备 n 名维修人员，则

$$P(X \leqslant n) \approx \sum_{k=0}^{n} \frac{4^k e^{-4}}{k!} \geqslant 0.99,$$

查附表 3 得 $n = 9$. 因此，至少需要配备 9 名维修人员.

（2）如果维修小组现有 4 名维修人员，那么电话报修后不能及时得到维修等价于 $X > 4$，因此，所求的概率为

$$P(X > 4) \approx \sum_{k=5}^{\infty} \frac{4^k e^{-4}}{k!} = 1 - \sum_{k=0}^{4} \frac{4^k e^{-4}}{k!} = 0.3712.$$

（3）以 5000 部电话为 1 组，共 2 组，设 $A_i = \{$第 i 组电话报修后不能及时维修$\}$，$i = 1, 2$. 易知 A_1, A_2 相互独立，从而

$$P(A_1 \bigcup A_2) = P(A_1) + P(A_2) - P(A_1)P(A_2).$$

设在同一时刻第 i 组报修的电话数为 $Y_i, i = 1, 2$. 此时 $Y_i \sim B(5000, 0.0004)$，$\lambda = np = 2$.

于是有

$$P(A_1) = P(Y_1 \geqslant 3) \approx 1 - \sum_{k=0}^{2} \frac{2^k e^{-2}}{k!} \approx 0.3233,$$

$$P(A_2) = P(Y_2 \geqslant 3) \approx 1 - \sum_{k=0}^{2} \frac{2^k e^{-2}}{k!} \approx 0.3233.$$

因此，所求的概率为

$$P(A_1 \bigcup A_2) = 0.3233 + 0.3233 - 0.3233 \times 0.3233 \approx 0.5421.$$

比较上例中（2）与（3）的结果，可见安排（3）的维修效率不及（2），显然这是由于当 $3 \leqslant X \leqslant 4$ 时，在（2）中能及时得到维修，而在（3）中就不一定能及时得到维修. 这个例子表明：可以利用概率论来讨论国民经济中的某些问题，以便更有效地使用人力、物力等资源.

产品的抽样检查是经常遇到的一类实际问题. 假设在 N 件产品中有 M 件不合格品，这批产品的不合格率为 $p = \dfrac{M}{N}$. 从这批产品中随机地抽取 n 件进行检查 ($n \leqslant M$)，发现有 X 件是不合格品，由第 1 章例 1.8 知 X 的分布律为

$$P(X=k) = \frac{C_M^k C_{N-M}^{n-k}}{C_N^n}, \quad k = 0, 1, \cdots, n.$$

通常称这个随机变量 X 服从**超几何分布**. 我们注意到，这种抽样检查的方法实质上等价于不放回抽样，它在抽样理论中占有重要地位. 如果采用有放回抽样的检查方法，那么这是一个 n 重贝努里试验，n 件被检查的产品中不合格品数 X 服从

参数为 n, p 的二项分布，即 $X \sim B(n, p)$，其中 $p = \dfrac{M}{N}$．

在实际工作中，抽样一般都采用不放回抽样，因此计算时理论上应该用超几何分布．但是，当产品数 N 很大时，超几何分布的计算非常繁琐．在实际应用中，只要产品数 $N \geqslant 10n$（n 为抽出的样品数），超几何分布就可以用二项分布来近似，因为可以证明（证明略），当 $p = \lim\limits_{N \to \infty} \dfrac{M}{N}$ 时，有

$$\lim_{N \to \infty} \frac{C_M^k C_{N-M}^{n-k}}{C_N^n} = C_n^k p^k (1-p)^{n-k}, \qquad k = 0, 1, 2, \cdots, \min(M, n).$$

例 2.5　某厂生产的产品中，一级品率为 0.90．现从某天生产的 1000 件产品中随机地抽取 20 件作检查．试求：（1）恰有 18 件一级品的概率；（2）一级品不超过 18 件的概率．

解　设 20 件产品中一级品的个数为 X，由于 $1000 > 10 \times 20$，因此可以近似地认为 $X \sim B(20, 0.90)$，X 的分布律为 $P(X = k) = C_{20}^k \times 0.9^k \times 0.1^{20-k}$，$k = 0, 1, \cdots, 20$．于是

（1）所求的概率为

$$P(X = 18) = C_{20}^{18} \times 0.9^{18} \times 0.1^2 \approx 0.285.$$

（2）所求的概率为

$$P(X \leqslant 18) = 1 - P(X > 18) = 1 - P(X = 19) - P(X = 20)$$
$$= 1 - C_{20}^{19} \times 0.9^{19} \times 0.1^1 - C_{20}^{20} \times 0.9^{20} \approx 0.608.$$

3. 泊松分布

定义 2.6　若随机变量 X 的所有可能取值为一切非负整数，且它的分布律为

$$P(X = k) = \frac{\lambda^k e^{-\lambda}}{k!}, \qquad k = 0, 1, 2, \cdots. \tag{2.2.5}$$

其中 $\lambda > 0$，则称 X 服从参数为 λ 的**泊松分布**（**Poisson distribution**），记为 $X \sim \pi(\lambda)$．

泊松分布的分布律满足：

（1）$P(X = k) = \dfrac{\lambda^k e^{-\lambda}}{k!} \geqslant 0$，　　$k = 0, 1, 2, \cdots$．

（2）$\displaystyle\sum_{k=0}^{\infty} P(X = k) = \sum_{k=0}^{\infty} \frac{\lambda^k e^{-\lambda}}{k!} = e^{-\lambda} \sum_{k=0}^{\infty} \frac{\lambda^k}{k!} = e^{-\lambda} \cdot e^{\lambda} = 1$．

泊松分布是概率论中最重要的概率分布之一．一方面，泊松分布是以 n, p_n 为参数的二项分布当 $n \to \infty$ 时（$\lim\limits_{n \to \infty} np_n = \lambda$）的极限分布，当 n 很大时，p_n 很小时，可用泊松分布进行二项分布的近似计算（泊松定理）；另一方面，在各种服务系统中

大量出现泊松分布. 例如，某交通道口中午 1 小时内汽车的流量，我国一年内发生 3 级以上地震的次数，1 本书每页中的印刷错误数，一年内战争爆发的次数，某地区一段时间间隔内发生火灾的次数、发生交通事故的次数，在一段时间间隔内某种放射性物质发出的、经过计数器的 δ 粒子数等，都近似地服从泊松分布. 泊松分布也具有以下性质.

性质 设 $X \sim \pi(\lambda)$，则当 $k = [\lambda]$ 时，$P(X = k)$ 取得最大值.

证明 因为

$$\frac{P(X=k)}{P(X=k-1)} = \frac{\lambda^k \mathrm{e}^{-\lambda}}{k!} \times \frac{(k-1)!}{\lambda^{k-1} \mathrm{e}^{-\lambda}} = \frac{\lambda}{k},$$

所以，当 $k < \lambda$ 时，有

$$P(X = k) > P(X = k-1)，\text{即} P(X = k) \text{单调增加;}$$

而当 $k > \lambda$ 时，有

$$P(X = k) < P(X = k-1)，\text{即} P(X = k) \text{单调减少.}$$

因此，当 $k = [\lambda]$ 时，$P(X = k)$ 取得最大值.

例 2.6 某打字员平均每页打错 2 个字符. 假定每页打错的字符数服从参数 $\lambda = 2$ 的泊松分布，求该打字员打印一个 2 页文件而不出现错误的概率.

解 设第 i 页打错的字符数为 X_i $(i = 1, 2)$，则 $X_i \sim \pi(2)$.

所以

$$P(X_i = k) = \frac{2^k \mathrm{e}^{-2}}{k!}, \qquad i = 1, 2，k = 0, 1, \cdots.$$

于是，所求的概率为

$$P(X_1 = 0) \times P(X_2 = 0) = (\frac{2^0 \mathrm{e}^{-2}}{0!})^2 = \mathrm{e}^{-4}.$$

例 2.7 某市 "110" 在时间间隔为 t（单位：h）的时间段中，收到的呼救次数服从参数为 $3t$ 的泊松分布，且与时间间隔的起点无关，试求：（1）某天 9:00～11:00 之间至少收到 1 次呼救的概率；（2）某天 9:00～13:00 之间没有收到呼救的概率.

解 设在时间间隔为 t 的时间段中，收到的呼救次数为 X.

（1）因为 $t = 11 - 9 = 2$，所以 $X \sim \pi(6)$.

故所求概率为

$$P(X \geqslant 1) = 1 - P(X = 0) = 1 - \frac{6^0 \mathrm{e}^{-6}}{0!} = 1 - \mathrm{e}^{-6}.$$

（2）因为 $t = 13 - 9 = 4$，所以 $X \sim \pi(12)$.

故所求概率为

$$P(X = 0) = \frac{12^0 \mathrm{e}^{-12}}{0!} = \mathrm{e}^{-12}.$$

例 2.8 已知每天进入某商场的顾客数 X 是一个随机变量，它服从参数为 λ

的泊松分布. 设每个进入商场的顾客购买商品的概率是 p ，且顾客之间购买商品与否相互独立. 试求该商场每天购买商品的顾客数的概率分布.

解 设购买商品的顾客数为 Y . 由题意，在 $X = i$ $(i = 0, 1, 2, \cdots)$ 的条件下，$Y \sim B(i, p)$ ，

即
$$P(Y = k \mid X = i) = C_i^k p^k (1-p)^{i-k}, \quad k = 0, 1, \cdots, i.$$

于是，由全概率公式有

$$P(Y = k) = \sum_{i=0}^{\infty} P(X = i) P(Y = k \mid X = i) = \sum_{i=k}^{\infty} P(X = i) P(Y = k \mid X = i)$$

$$= \sum_{i=k}^{\infty} \frac{\lambda^i e^{-\lambda}}{i!} \times C_i^k p^k (1-p)^{i-k} = \sum_{i=k}^{\infty} \frac{\lambda^i e^{-\lambda}}{i!} \times \frac{i!}{k!(i-k)!} p^k (1-p)^{i-k}$$

$$= \frac{(\lambda p)^k e^{-\lambda}}{k!} \sum_{i=k}^{\infty} \frac{(\lambda(1-p))^{i-k}}{(i-k)!} = \frac{(\lambda p)^k e^{-\lambda}}{k!} e^{\lambda(1-p)}$$

$$= \frac{(\lambda p)^k e^{-\lambda p}}{k!}, \qquad\qquad k = 0, 1, 2, \cdots.$$

这说明 $Y \sim \pi(\lambda p)$ ，即该商场每天购买商品的顾客数服从参数为 λp 的泊松分布.

4．几何分布

定义 2.7 若随机变量 X 的所有可能取值为一切自然数，且它的分布律为

$$P(X = k) = (1-p)^{k-1} p, \qquad k = 1, 2, 3, \cdots. \qquad (2.2.6)$$

其中 $0 < p < 1$ ，则称 X 服从参数为 p 的**几何分布**（**geometric distribution**），记为 $X \sim G(p)$.

几何分布的分布律满足

（1） $P(X = k) = (1-p)^{k-1} p \geqslant 0$ ， $\qquad k = 1, 2, 3, \cdots.$

（2） $\displaystyle\sum_{k=1}^{\infty} P(X = k) = \sum_{k=1}^{\infty} (1-p)^{k-1} p = \frac{p}{1-(1-p)} = 1$.

在重复独立试验中，考察事件 A 发生与否，且 $P(A) = p$. 以 X 表示事件 A 首次发生时的试验次数，则 X 是一个随机变量，它的可能取值为 $1, 2, 3, \cdots$ ，且有

$$P(X = k) = (1-p)^{k-1} p, \qquad k = 1, 2, 3, \cdots.$$

即 $X \sim G(p)$.

例 2.9 某人向一目标射击，直到击中目标为止，已知每次击中的概率为 0.30，试求射击次数不超过 3 的概率.

解 设射击次数为 X ，则 $X \sim G(0.3)$.

于是，所求概率为

$$P(X \leqslant 3) = P(X = 1) + P(X = 2) + P(X = 3)$$

$$= 0.3 + (1 - 0.3) \times 0.3 + (1 - 0.3)^2 \times 0.3 = 0.657 .$$

2.3 随机变量的分布函数

2.3.1 随机变量的分布函数

前一节，我们讨论了离散型随机变量，对于离散型随机变量可利用分布律来完整地描述. 但对于非离散型随机变量 X，由于其可能的取值不能一一地列举出来，因而就不能像离散型随机变量那样用分布律来描述它. 另一方面，在许多实际问题中，对于这样的随机变量，我们常常关心的不是它取某个值的概率，而是它落在某个区间内的概率. 例如，学生在考试前一般并不关心考 95 分（或其他一个具体的分数）的概率，而是关心他考 80 分（或其他一个具体的分数）以上的概率. 因而我们需要研究随机变量所取的值落在某区间 $(x_1, x_2]$ 内的概率 $P(x_1 < X \leqslant x_2)$.

由 $\{X \leqslant x_1\} \subset \{X \leqslant x_2\}$ 推得

$$P(x_1 < X \leqslant x_2) = P(X \leqslant x_2) - P(X \leqslant x_1).$$

因此，对任意实数 x，已知 $P(X \leqslant x)$ 的值时，由上式就可计算出 $P(x_1 < X \leqslant x_2)$ 的值. 为此引入下列分布函数的定义.

定义 2.8 设 X 是一个随机变量，x 是任意实数，则称函数

$$F(x) = P(X \leqslant x)$$

为随机变量 X 的**分布函数**（**distribution function**），有时也记为 $F_X(x)$.

由定义可知，随机变量 X 落在任一区间 $(x_1, x_2]$ $(x_1 < x_2)$ 内的概率为

$$P(x_1 < X \leqslant x_2) = P(X \leqslant x_2) - P(X \leqslant x_1) = F(x_2) - F(x_1). \tag{2.3.1}$$

例 2.10 设随机变量 X 的分布函数为

$$F(x) = \begin{cases} 0, & x < 1, \\ \ln x, & 1 \leqslant x < e, \\ 1, & x \geqslant e. \end{cases}$$

求 $P(X \leqslant 1/2)$，$P(X > e/2)$，$P(2 < X \leqslant 7/2)$.

解 由分布函数的定义及(2.3.1)式有

$$P(X \leqslant 1/2) = F(1/2) = 0,$$

$$P(X > e/2) = 1 - P(X \leqslant e/2) = 1 - F(e/2) = 1 - (1 - \ln 2) = \ln 2,$$

$$P(2 < X \leqslant 7/2) = F(7/2) - F(2) = 1 - \ln 2.$$

分布函数 $F(x)$ 具有以下基本性质：

（1）$0 \leqslant F(x) \leqslant 1$.

（2）$F(x)$ 是单调不减函数. 即对任意 $x_1 < x_2$，有 $F(x_1) \leqslant F(x_2)$.

（3）$F(-\infty) = \lim_{x \to -\infty} F(x) = 0$， $F(+\infty) = \lim_{x \to +\infty} F(x) = 1$.

（4）$F(x)$ 是右连续的．即对于任意实数 x，有 $F(x+0)=F(x)$．

证明 （1）因为 $F(x)$ 是事件 $\{X\leqslant x\}$ 的概率，所以
$$0\leqslant F(x)\leqslant 1.$$

（2）对任意 $x_1<x_2$，因为 $P(x_1<X\leqslant x_2)=F(x_2)-F(x_1)\geqslant 0$，

所以
$$F(x_2)\geqslant F(x_1).$$

即 $F(x)$ 是单调不减函数．

（3）我们不作严格证明，只作一些简单说明．当 $x\to-\infty$ 时，事件 $\{X\leqslant x\}$ 越来越趋于不可能事件，故其概率 $P(X\leqslant x)$，也就是 $F(x)$ 就趋向于不可能事件的概率，即 $\lim\limits_{x\to-\infty}F(x)=0$；当 $x\to+\infty$ 时，事件 $\{X\leqslant x\}$ 越来越趋于必然事件，故其概率 $P(X\leqslant x)$，也就是 $F(x)$ 就趋向于必然事件的概率，即 $\lim\limits_{x\to+\infty}F(x)=1$．

（4）证明超出了本书的要求，故略去．

另一方面，可以证明：如果某一实值函数 $F(x)$ 满足以上 4 条性质，则 $F(x)$ 一定可以作为某个随机变量的分布函数．因此，以上 4 条性质完全刻画了分布函数的本质特性．

现在来考察分布函数在连续点处的概率性质．

定理 2.1 对于任意一个随机变量 X，如果 X 的分布函数 $F(x)$ 在 $x=x_0$ 处连续，则 $P(X=x_0)=0$．

证明 对任意 $\varepsilon>0$，有
$$0\leqslant P(X=x_0)\leqslant P(x_0-\varepsilon<X\leqslant x_0)=F(x_0)-F(x_0-\varepsilon)$$
在上式中令 $\varepsilon\to 0^+$，并注意到 $F(x)$ 在 $x=x_0$ 处连续，得上式右端极限为 0，

所以
$$P(X=x_0)=0.$$

2.3.2 离散型随机变量的分布函数

设离散型随机变量 X 的分布律为
$$P(X=x_k)=p_k,\qquad k=1,2,\cdots.$$
则由概率的可列可加性得，X 的分布函数为
$$F(x)=P(X\leqslant x)=\sum_{x_k\leqslant x}P(X=x_k),$$

即
$$F(x)=\sum_{x_k\leqslant x}p_k.\tag{2.3.2}$$

这里的和式是对所有满足 $x_k\leqslant x$ 的 k 求和（如果这样的 x_k 不存在，则规定 $F(x)=0$）．$F(x)$ 的图形呈阶梯形状，间断点 $x_1,x_2,\cdots$ 都是第一类间断点中的跳跃间断点，在 x_k 处的跳跃值为 $p_k=P(X=x_k)$．

例 2.11 设随机变量 X 的分布律为

X	0	1	2
P	$\dfrac{1}{3}$	$\dfrac{1}{6}$	$\dfrac{1}{2}$

求（1）X 的分布函数 $F(x)$.

（2）$P(X \leqslant \dfrac{1}{2})$，$P(1 < X \leqslant \dfrac{3}{2})$，$P(1 \leqslant X \leqslant \dfrac{3}{2})$，$P(1 \leqslant X < \dfrac{3}{2})$.

解　（1）$F(x) = P(X \leqslant x) = \sum\limits_{x_k \leqslant x} P(X = x_k)$

$$= \begin{cases} 0, & x < 0, \\ \dfrac{1}{3}, & 0 \leqslant x < 1, \\ \dfrac{1}{3} + \dfrac{1}{6}, & 1 \leqslant x < 2, \\ \dfrac{1}{3} + \dfrac{1}{6} + \dfrac{1}{2}, & x \geqslant 2. \end{cases}$$

即

$$F(x) = \begin{cases} 0, & x < 0, \\ \dfrac{1}{3}, & 0 \leqslant x < 1, \\ \dfrac{1}{2}, & 1 \leqslant x < 2, \\ 1, & x \geqslant 2. \end{cases}$$

$F(x)$ 的图形如图 2.1 所示，它是一条阶梯形的曲线，在 $x = 0, 1, 2$ 处有跳跃点，跳跃值分别为 $\dfrac{1}{3}, \dfrac{1}{6}, \dfrac{1}{2}$.

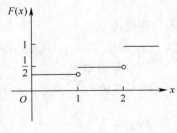

图 2.1

（2）$P(X \leqslant \dfrac{1}{2}) = F(\dfrac{1}{2}) = \dfrac{1}{3}$，

$P(1 < X \leqslant \dfrac{3}{2}) = F(\dfrac{3}{2}) - F(1) = \dfrac{1}{2} - \dfrac{1}{2} = 0$，

$$P\left(1 \leqslant X \leqslant \frac{3}{2}\right) = P\left(1 < X \leqslant \frac{3}{2}\right) + P(X=1) = 0 + \frac{1}{6} = \frac{1}{6},$$

$$P\left(1 \leqslant X < \frac{3}{2}\right) = P\left(1 < X \leqslant \frac{3}{2}\right) + P(X=1) - P\left(X=\frac{3}{2}\right) = 0 + \frac{1}{6} - 0 = \frac{1}{6}.$$

2.4 连续型随机变量及其分布

2.4.1 连续型随机变量的概率密度

对于非离散型随机变量，其中有一类重要且常见的随机变量，就是所谓的连续型随机变量，这类随机变量的值域是一个区间（或几个区间的并）.

先来考察一个例子.

例 2.12 设随机变量 X 在区间 $[0,2]$ 上取值，当 $0 \leqslant x \leqslant 2$ 时，概率 $P(0 \leqslant X \leqslant x)$ 与 x^2 成正比，试求 X 的分布函数 $F(x)$.

解 当 $x < 0$ 时，

$$F(x) = P(X \leqslant x) = P(\phi) = 0.$$

当 $x > 2$ 时，

$$F(x) = P(X \leqslant x) = P(S) = 1.$$

当 $0 \leqslant x \leqslant 2$ 时，

$$F(x) = P(X \leqslant x) = P(X < 0) + P(0 \leqslant X \leqslant x) = kx^2.$$

又由 $F(2) = 1$，得到 $k = \frac{1}{4}$.

因此，X 的分布函数为

$$F(x) = \begin{cases} 0, & x < 0, \\ \dfrac{1}{4}x^2, & 0 \leqslant x \leqslant 2, \\ 1, & x > 2. \end{cases}$$

显然，这个随机变量 X 的分布函数处处连续，且由高等数学知识知道，函数 $F(x)$ 可以通过一个广义积分表示出来：$F(x) = \int_{\infty}^{x} f(x)\mathrm{d}x$，其中 $f(x) = \begin{cases} \dfrac{x}{2}, & 0 < x < 2, \\ 0, & \text{其他}. \end{cases}$

在这种情况下，我们称 X 是连续型随机变量，下面给出一般定义.

定义 2.9 设随机变量 X 的分布函数为 $F(x)$，如果存在非负函数 $f(x)$，使得对任意实数 x，有

$$F(x) = \int_{\infty}^{x} f(x)\mathrm{d}x. \tag{2.4.1}$$

则称 X 为**连续型随机变量**（**continuous random variable**）. 称 $f(x)$ 为 X 的**概率密**

度函数（probability density function），简称**概率密度**（或**密度函数**、**分布密度**）.

概率密度函数 $f(x)$ 的图形称为分布曲线. 由于 $f(x)$ 非负，故分布曲线位于 x 轴的上方，由高等数学可知，分布函数 $F(x)$ 的几何意义是分布曲线 $f(x)$ 下面，$(-\infty, x]$ 上面的曲边梯形的面积.

与离散型随机变量的分布律类似，容易从以上定义及分布函数的性质得到，连续型随机变量的概率密度 $f(x)$ 具有以下基本性质：

（1） $f(x) \geqslant 0$.

（2） $\int_{-\infty}^{+\infty} f(x)\mathrm{d}x = 1$.

（3） 对任意实数 $x_1, x_2 \, (x_1 < x_2)$ 有

$$P(x_1 < X \leqslant x_2) = F(x_2) - F(x_1) = \int_{x_1}^{x_2} f(x)\mathrm{d}x .$$

（4） 若 $f(x)$ 在点 x 处连续，则有 $F'(x) = f(x)$.

由性质（2）可知，曲线 $y = f(x)$ 与 x 轴所围平面图形的面积为 1（见图 2.2）；由性质（3）可知，X 的取值落在区间 $(x_1, x_2]$ 上的概率等于由曲线 $y = f(x)$ 与直线 $x = x_1, x = x_2$ 及 x 轴所围曲边梯形的面积（见图 2.3）.

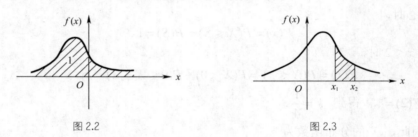

图 2.2　　　　　　　　　　　　图 2.3

由性质（3）可知，

$$f(x) = \lim_{\Delta x \to 0^+} \frac{F(x + \Delta x) - F(x)}{\Delta x} = \lim_{\Delta x \to 0^+} \frac{P(x < X \leqslant x + \Delta x)}{\Delta x} .$$

因此，当 Δx 充分小时，有

$$P(x < X \leqslant x + \Delta x) \approx f(x)\Delta x .$$

这说明 $f(x)$ 虽然不是概率，但 $f(x)$ 的值确定了 X 在区间 $(x, x + \Delta x]$ 上概率的大小. 也就是说，$f(x)$ 的值确定了 X 在点 x 附近的概率的"疏密度"，故称 $f(x)$ 为概率密度函数.

另外，性质（3）的一般表示形式为：对于实数轴上任意一个集合 D ，

$$P(X \in D) = \int_{X \in D} f(x)\mathrm{d}x ,$$

这里 D 可以是若干个区间的并.

另一方面，可以证明：如果某一函数 $f(x)$ 满足以上性质（1）与（2），则 $f(x)$ 就可以作为某个连续型随机变量的概率密度，因此，以上性质（1）与（2）完全

刻画了概率密度函数的本质特性.有关这个问题的详细讨论超出本书讨论的范围,有兴趣的读者可参考有关书籍.

由于连续型随机变量 X 的分布函数 $F(x)$ 处处连续,因此由定理 2.1 可得以下定理.

定理 2.2 设 X 为连续型随机变量,则对任意实数 x_0 都有 $P(X = x_0) = 0$.

由定理 2.2 可知,在计算连续型随机变量落在某一区间的概率时,不必区分该区间是开区间或闭区间或半开半闭区间.例如,有

$$P(x_1 < X < x_2) = P(x_1 \leqslant X < x_2) = P(x_1 < X \leqslant x_2) = P(x_1 \leqslant X \leqslant x_2).$$

例 2.13 设随机变量 X 的概率密度函数为 $f(x) = \begin{cases} k\,\mathrm{e}^{-3x}, & x \geqslant 0, \\ 0, & x < 0. \end{cases}$,试确定常数 k,并求 $P(X > 0.1)$.

解 由 $\int_{-\infty}^{+\infty} f(x)\mathrm{d}x = 1$,得

$$\int_0^{+\infty} k\,\mathrm{e}^{-3x}\mathrm{d}x = \frac{k}{3} = 1, \qquad 即 \quad k = 3.$$

于是,X 的概率密度为

$$f(x) = \begin{cases} 3\mathrm{e}^{-3x}, & x \geqslant 0, \\ 0, & x < 0. \end{cases}$$

从而

$$P(X > 0.1) = \int_{0.1}^{+\infty} f(x)\mathrm{d}x = \int_{0.1}^{+\infty} 3\mathrm{e}^{-3x}\mathrm{d}x \approx 0.7408.$$

例 2.14 设连续型随机变量 X 的分布函数为

$$F(x) = \begin{cases} 0, & x < -a, \\ A + B\arcsin\dfrac{x}{a}, & -a \leqslant x < a, \\ 1, & x \geqslant a. \end{cases}$$

其中 $a > 0$,试求:(1)常数 A, B;(2)$P\left(|X| < \dfrac{a}{2}\right)$;(3)$X$ 的概率密度 $f(x)$.

解 (1)因为 $F(x)$ 在 $(-\infty, +\infty)$ 上连续,故有

$$F(-a) = \lim_{x \to -a^-} F(x), \qquad F(a) = \lim_{x \to a^-} F(x).$$

即

$$A - \frac{\pi}{2}B = 0, \qquad 1 = A + \frac{\pi}{2}B.$$

解得

$$A = \frac{1}{2}, \quad B = \frac{1}{\pi}.$$

（2）$P(|X| < \frac{a}{2}) = P(-\frac{a}{2} < X < \frac{a}{2}) = F(\frac{a}{2}) - F(-\frac{a}{2})$

$= (\frac{1}{2} + \frac{1}{\pi}\arcsin\frac{1}{2}) - (\frac{1}{2} - \frac{1}{\pi}\arcsin\frac{1}{2})$

$= \frac{2}{\pi}\arcsin\frac{1}{2} = \frac{1}{3}$.

（3） X 的概率密度为

$$f(x) = F'(x) = \begin{cases} \dfrac{1}{\pi\sqrt{a^2 - x^2}}, & |x| < a, \\ 0, & |x| \geqslant a. \end{cases}$$

2.4.2　几种常见连续型随机变量的分布

1. 均匀分布

定义 2.10　若随机变量 X 的概率密度函数为

$$f(x) = \begin{cases} \dfrac{1}{b - a}, & a < x < b, \\ 0, & \text{其他}. \end{cases}$$

则称 X 在 (a,b) 上服从**均匀分布**（**uniform distribution**），记为 $X \sim U(a,b)$.

容易验证概率密度函数 $f(x)$ 满足：

（1） $f(x) \geqslant 0$.

（2） $\int_{-\infty}^{+\infty} f(x)\mathrm{d}x = 1$.

X 的分布函数为

$$F(x) = \int_{-\infty}^{x} f(x)\mathrm{d}x = \begin{cases} 0, & x \leqslant a, \\ \dfrac{x - a}{b - a}, & a < x < b, \\ 1, & x \geqslant b. \end{cases}$$

X 的概率密度 $f(x)$ 及分布函数 $F(x)$ 的图形，分别见图 2.4 和图 2.5.

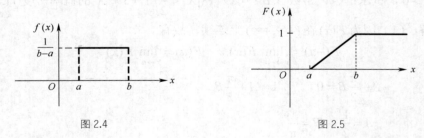

图 2.4　　　　　　　　　　　　　图 2.5

设 $X \sim U(a,b)$ ，若 $(c, c + l) \subset (a, b)$ ，则有

$$P(c < X < c+l) = \int_c^{c+l} \frac{1}{b-a}\mathrm{d}x = \frac{l}{b-a}.$$

上式表明：X 落在 (a,b) 中任一子区间 $(c,c+l)$ 内的概率仅与子区间的长度成正比，而与子区间的位置无关，这说明 X 落在两个长度相等的子区间内的概率是相等的.

例 2.15 设电阻 R（单位：Ω）是一个随机变量，它在区间 $(900,1100)$ 上服从均匀分布.

（1）写出 R 的概率密度；（2）求 R 落在区间 $(960,1060)$ 内的概率.

解 （1）按题意，R 的概率密度为 $f(r) = \begin{cases} \dfrac{1}{200}, & 900 < r < 1100, \\ 0, & \text{其他}. \end{cases}$

（2）R 落在区间 $(960,1060)$ 内的概率为

$$P(960 < R < 1060) = \int_{960}^{1060} \frac{1}{200}\mathrm{d}r = 0.5.$$

例 2.16 某长途汽车每天有两班，发车时间分别为 11:30 和 12:00，某乘客在 11:00～12:00 之间的任意时刻到达候车地点是等可能的，试求该乘客候车时间不超过 10 分钟的概率.

解 设乘客到达候车地点的时间是 11 点 X 分，乘客候车的时间为 Y，

则由题意知 $X \sim U(0,60)$，其概率密度为 $f(x) = \begin{cases} \dfrac{1}{60}, & 0 < x < 60, \\ 0, & \text{其他}. \end{cases}$

乘客候车时间不超过 10 分钟（$Y \leqslant 10$）当且仅当 $20 < X \leqslant 30$ 或 $50 < X \leqslant 60$，于是所求概率为

$$P(Y \leqslant 10) = P(20 < X \leqslant 30) + P(50 < X \leqslant 60)$$

$$= \int_{20}^{30} \frac{1}{60}\mathrm{d}x + \int_{50}^{60} \frac{1}{60}\mathrm{d}x = \frac{1}{3}.$$

2. 指数分布

定义 2.11 若随机变量 X 的概率密度函数为

$$f(x) = \begin{cases} \lambda \mathrm{e}^{-\lambda x}, & x > 0, \\ 0, & x \leqslant 0. \end{cases}$$

其中常数 $\lambda > 0$，则称 X 服从参数为 λ 的**指数分布**（**exponential distribution**）.

容易验证概率密度函数 $f(x)$ 满足：

（1）$f(x) \geqslant 0$.

（2）$\displaystyle\int_{-\infty}^{+\infty} f(x)\mathrm{d}x = 1$.

X 的分布函数为

$$F(x) = \int_{-\infty}^{x} f(x)\mathrm{d}x = \begin{cases} 1 - \mathrm{e}^{-\lambda x}, & x > 0, \\ 0, & x \leqslant 0. \end{cases}$$

X 的概率密度 $f(x)$ 及分布函数 $F(x)$ 的图形，分别见图 2.6 和图 2.7.

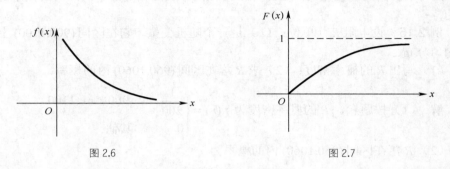

图 2.6   图 2.7

指数分布有重要的应用，经常用来刻画各种"寿命"，如电子元器件的寿命、动植物的寿命等．它在排队论和可靠性理论等领域也有着广泛的应用．

服从指数分布的随机变量 X 具有以下有趣的性质（又称无记忆性）：

对任意 $t_1, t_2 > 0$，有

$$P(X > t_1 + t_2 \mid X > t_1) = P(X > t_2).$$

事实上

$$\begin{aligned} P(X > t_1 + t_2 \mid X > t_1) &= \frac{P(X > t_1 \bigcap X > t_1 + t_2)}{P(X > t_1)} \\ &= \frac{P(X > t_1 + t_2)}{P(X > t_1)} = \frac{1 - F(t_1 + t_2)}{1 - F(t_1)} \\ &= \frac{\mathrm{e}^{-\lambda(t_1 + t_2)}}{\mathrm{e}^{-\lambda t_1}} = \mathrm{e}^{-\lambda t_2} \\ &= P(X > t_2). \end{aligned}$$

例 2.17　设 X 服从参数 $\lambda = 1$ 的指数分布，求方程 $4x^2 + 4xX + X + 2 = 0$ 无实根的概率（此方程是关于 x 的一元二次方程）．

解　方程无实根当且仅当　$\Delta = (4X)^2 - 4 \times 4 \times (X + 2) < 0$，

即　　　　　　　　　　　　　　$(X + 1)(X - 2) < 0$，

解得　　　　　　　　　　　　　$-1 < X < 2$．

又由于 X 的概率密度为

$$f(x) = \begin{cases} \mathrm{e}^{-x}, & x \geqslant 0, \\ 0, & x < 0. \end{cases}$$

因此所求的概率为

$$P(-1 < X < 2) = \int_{-1}^{0} f(x)\mathrm{d}x + \int_{0}^{2} f(x)\mathrm{d}x = \int_{0}^{2} \mathrm{e}^{-x}\mathrm{d}x = 1 - \mathrm{e}^{-2} \approx 0.8647 .$$

3．正态分布

定义 2.12　若随机变量 X 的概率密度函数为

$$f(x) = \frac{1}{\sqrt{2\pi}\sigma} \mathrm{e}^{-\frac{(x-\mu)^2}{2\sigma^2}} , \qquad -\infty < x < +\infty ,$$

其中 μ, σ $(\sigma > 0)$ 为常数，则称 X 服从参数为 μ, σ^2 的**正态分布**（**normal distribution**），又称**高斯分布**（**Gauss distribution**），记为 $X \sim N(\mu, \sigma^2)$.

下面来证明概率密度函数 $f(x)$ 满足：

（1）$f(x) \geqslant 0$.

（2）$\int_{-\infty}^{+\infty} f(x)\mathrm{d}x = 1$.

证明（1）$f(x) \geqslant 0$ 显然成立.

（2）令 $\dfrac{x-\mu}{\sigma} = t$ ，得

$$\int_{-\infty}^{+\infty} f(x)\mathrm{d}x = \int_{-\infty}^{+\infty} \frac{1}{\sqrt{2\pi}\sigma} \mathrm{e}^{-\frac{(x-\mu)^2}{2\sigma^2}}\mathrm{d}x = \int_{-\infty}^{+\infty} \frac{1}{\sqrt{2\pi}} \mathrm{e}^{-\frac{t^2}{2}}\mathrm{d}t .$$

于是，只要证明 $I = \int_{-\infty}^{+\infty} \dfrac{1}{\sqrt{2\pi}} \mathrm{e}^{-\frac{x^2}{2}}\mathrm{d}x = 1$ 即可.

因为

$$I^2 = (\int_{-\infty}^{+\infty} \frac{1}{\sqrt{2\pi}} \mathrm{e}^{-\frac{x^2}{2}}\mathrm{d}x)^2 = \int_{-\infty}^{+\infty} \frac{1}{\sqrt{2\pi}} \mathrm{e}^{-\frac{x^2}{2}}\mathrm{d}x \times \int_{-\infty}^{+\infty} \frac{1}{\sqrt{2\pi}} \mathrm{e}^{-\frac{y^2}{2}}\mathrm{d}y$$

$$= \frac{1}{2\pi} \int_{-\infty}^{+\infty} \int_{-\infty}^{+\infty} \mathrm{e}^{-\frac{x^2+y^2}{2}}\mathrm{d}x\mathrm{d}y ,$$

利用极坐标将以上二重积分化为累次积分，得

$$I^2 = \frac{1}{2\pi} \int_{0}^{2\pi} \mathrm{d}\theta \int_{0}^{+\infty} \mathrm{e}^{-\frac{r^2}{2}} r\mathrm{d}r = \int_{0}^{+\infty} \mathrm{e}^{-\frac{r^2}{2}} r\mathrm{d}r$$

$$= 1 .$$

所以

$$I = \int_{-\infty}^{+\infty} \frac{1}{\sqrt{2\pi}} \mathrm{e}^{-\frac{x^2}{2}}\mathrm{d}x = 1 .$$

正态分布的分布函数为

$$F(x) = \frac{1}{\sqrt{2\pi}\sigma} \int_{-\infty}^{x} e^{-\frac{(x-\mu)^2}{2\sigma^2}} \, dx, \quad -\infty < x < +\infty.$$

X 的概率密度 $f(x)$ 及分布函数 $F(x)$ 的图形，分别见图 2.8 和图 2.9.

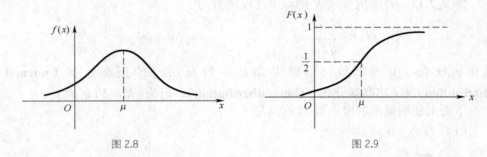

图 2.8   图 2.9

利用高等数学的知识，不难证明正态分布的概率密度 $f(x)$ 具有以下性质：

（1）$f(x)$ 的图形关于 $x = \mu$ 对称.

（2）$x = \mu$ 时，$f(x)$ 取得最大值 $\quad f(\mu) = \dfrac{1}{\sqrt{2\pi}\sigma}$.

（3）在 $x = \mu \pm \sigma$ 处有拐点.

（4）概率密度曲线 $y = f(x)$ 以 x 轴为渐近线.

正态分布中的两个参数 μ, σ 有着非常重要的意义. 若固定 σ，改变 μ 的值，则 $f(x)$ 的图形沿 x 轴平行移动，而不改变形状，可见 μ 是反映分布的中心位置（图 2.10），称 μ 为位置参数. 若固定 μ，改变 σ 的值，由于 $f(x)$ 的最大值为 $f(\mu) = \dfrac{1}{\sqrt{2\pi}\sigma}$，可知当 σ 越小时，最大值就会变大，又由于分布曲线下的面积要保持为 1，这时图形就变得"集中"、"高"、"瘦"；当 σ 越大时，最大值就会变小，图形就变得"分散"、"矮"、"胖"，可见 σ 是反映分布的分散程度（见图 2.11），称 σ 为形状参数. 在第 4 章我们还将进一步讨论 μ, σ 的意义.

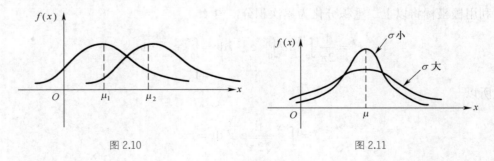

图 2.10   图 2.11

特别，当 $\mu = 0$，$\sigma = 1$ 时，称 X 服从**标准正态分布**，记为 $X \sim N(0,1)$. 其概

率密度函数和分布函数分别用 $\varphi(x)$ 和 $\Phi(x)$ 表示，即

$$\varphi(x) = \frac{1}{\sqrt{2\pi}} e^{-\frac{x^2}{2}}, \qquad -\infty < x < +\infty,$$

$$\Phi(x) = \frac{1}{\sqrt{2\pi}} \int_{\infty}^{x} e^{-\frac{t^2}{2}} dt, \quad -\infty < x < +\infty.$$

$\Phi(x)$ 有如下性质：

$$\Phi(-x) = 1 - \Phi(x).$$

事实上

$$\Phi(-x) = \int_{-\infty}^{-x} \varphi(t)dt = 1 - \int_{-x}^{+\infty} \varphi(t)dt,$$

令 $s = -t$，得

$$\Phi(-x) = 1 - \int_{\infty}^{x} \varphi(s)ds = 1 - \Phi(x).$$

$\Phi(x)$ $(x > 0)$ 的函数值已编制成表（见附表 2），以供查找.

在一般情况下，若 $X \sim N(\mu, \sigma^2)$，只要通过一个线性变换就能将它化为标准正态分布.

定理 2.3 若 $X \sim N(\mu, \sigma^2)$，则 $Z = \dfrac{X - \mu}{\sigma} \sim N(0,1)$.

证明 $Z = \dfrac{X - \mu}{\sigma}$ 的分布函数为

$$P(Z \leqslant x) = P(\frac{X - \mu}{\sigma} \leqslant x) = P(X \leqslant \sigma x + \mu) = \frac{1}{\sqrt{2\pi}\sigma} \int_{\infty}^{\mu + \sigma x} e^{-\frac{(t-\mu)^2}{2\sigma^2}} dt.$$

令 $s = \dfrac{t - \mu}{\sigma}$，得

$$P(Z \leqslant x) = \frac{1}{\sqrt{2\pi}} \int_{\infty}^{x} e^{-\frac{s^2}{2}} ds = \Phi(x).$$

因此

$$Z = \frac{X - \mu}{\sigma} \sim N(0,1).$$

由以上定理 2.3 知，若 $X \sim N(\mu, \sigma^2)$，则有

$$F(x) = P(X \leqslant x) = P(\frac{X - \mu}{\sigma} \leqslant \frac{x - \mu}{\sigma}) = \Phi(\frac{x - \mu}{\sigma}). \tag{2.4.2}$$

因此，若 $X \sim N(\mu, \sigma^2)$，则有

$$P(x_1 < X \leqslant x_2) = F(x_2) - F(x_1) = \Phi(\frac{x_2 - \mu}{\sigma}) - \Phi(\frac{x_1 - \mu}{\sigma}).$$

例 2.18 设 $X \sim N(\mu, \sigma^2)$，λ 为一常数，证明 X 落在区间 $(\mu - \lambda\sigma, \mu + \lambda\sigma)$ 内的概率仅与 λ 有关而与 μ, σ 无关.

证明　因为　$P(\mu - \lambda\sigma < X < \mu + \lambda\sigma) = F(\mu + \lambda\sigma) - F(\mu - \lambda\sigma)$
$$= \Phi(\lambda) - \Phi(-\lambda) = 2\Phi(\lambda) - 1 .$$

所以，X 落在区间 $(\mu - \lambda\sigma, \mu + \lambda\sigma)$ 内的概率仅与 λ 有关而与 μ, σ 无关.

特别，当 $\lambda = 1, 2, 3$ 时，
$$P(\mu - \sigma < X < \mu + \sigma) = 2\Phi(1) - 1 = 0.6826 ,$$
$$P(\mu - 2\sigma < X < \mu + 2\sigma) = 2\Phi(2) - 1 = 0.9544 ,$$
$$P(\mu - 3\sigma < X < \mu + 3\sigma) = 2\Phi(3) - 1 = 0.9974 .$$

由以上讨论可知：若 $X \sim N(\mu, \sigma^2)$，尽管 X 的取值范围是 $(-\infty, \infty)$，但 X 落在区间 $(\mu - 3\sigma, \mu + 3\sigma)$ 内的概率为 99.74%，只有 0.26% 的可能性落在区间 $(\mu - 3\sigma, \mu + 3\sigma)$ 外. 因此，我们可以有相当把握地认为，正态随机变量的取值就在区间 $(\mu - 3\sigma, \mu + 3\sigma)$ 内. 这种近似的说法就是人们所说的 3σ 原则，使用 3σ 原则时发生错误的可能性为 0.26%. 3σ 原则在标准制度、质量管理等许多方面有着广泛的应用.

例 2.19　设 $X \sim N(1.5, 4)$，

（1）试求 $P(X < -4)$，$P(|X| < 3)$.

（2）试确定 c，使得 $P(X > c) = P(X \leqslant c)$.

解（1）$P(X < -4) = F(-4) = \Phi(\dfrac{-4 - 1.5}{2})$
$$= \Phi(-2.75) = 1 - \Phi(2.75) = 0.0030 ,$$
$$P(|X| < 3) = P(-3 < X < 3) = P(-3 < X \leqslant 3)$$
$$= \Phi(\frac{3 - 1.5}{2}) - \Phi(\frac{-3 - 1.5}{2}) = \Phi(0.75) - \Phi(-2.25)$$
$$= \Phi(0.75) + \Phi(2.25) - 1 = 0.7612 .$$

（2）因为　$P(X > c) = 1 - P(X \leqslant c) = P(X \leqslant c)$，

所以
$$P(X \leqslant c) = 0.5 ,$$

即
$$P(X \leqslant c) = \Phi(\frac{c - 1.5}{2}) = 0.5 ,$$

从而
$$\frac{c - 1.5}{2} = 0 ,$$

因此
$$c = 1.5 .$$

例 2.20　设 $X \sim N(\mu, \sigma^2)$，且已知 $P(X \leqslant -5) = 0.045$，$P(X \leqslant 3) = 0.618$，求 μ 及 σ.

解　由 $P(X \leqslant -5) = \Phi(\dfrac{-5 - \mu}{\sigma}) = 1 - \Phi(\dfrac{5 + \mu}{\sigma}) = 0.045$，得

$$\Phi(\frac{5+\mu}{\sigma}) = 0.955 \,,$$

查表得

$$\frac{5+\mu}{\sigma} = 1.7 \,. \tag{2.4.3}$$

又由　$P(X \leqslant 3) = \Phi(\frac{3-\mu}{\sigma}) = 0.618$，查表得

$$\frac{3-\mu}{\sigma} = 0.3 \,. \tag{2.4.4}$$

由 (2.4.3) 式和(2.4.4) 式，解得

$$\mu = 1.8 \,, \quad \sigma = 4 \,.$$

例 2.21　公共汽车车门的高度是按男子与车门顶碰头的机率不超过 0.01 来设计的，设男子身高 $X \sim N(\mu, \sigma^2)$，其中 $\mu = 170\mathrm{cm}$, $\sigma = 6\mathrm{cm}$，即 $X \sim N(170, 6^2)$. 问车门的高度应如何确定？

解　设车门的高度为 $H\mathrm{cm}$，按设计要求

$$P(X \geqslant H) \leqslant 0.01 \,, \qquad 即 \quad P(X < H) \geqslant 0.99 \,,$$

从而

$$P(X < H) = P(X \leqslant H) = \Phi(\frac{H-170}{6}) \geqslant 0.99 \,,$$

查表（附表 2）得

$$\frac{H-170}{6} \geqslant 2.33 \,,$$

即

$$H \geqslant 170 + 2.33 \times 6 \approx 184 \,.$$

所以，车门的高度应设计为 184cm.

2.5　一维随机变量函数的分布

若随机变量 Y 是 X 的函数 $Y = g(X)$（$g(\cdot)$ 是已知的连续函数），如何由 X 的概率分布来求出 Y 的概率分布？这个问题不论在理论上还是在实践中都是重要的. 例如，在无线电接收机中，某时刻收到的信号是一个随机变量 X，若把这个信号通过平方检波器，则输出信号 $Y = X^2$ 也是一个随机变量，这时就需要依据 X 的概率分布求出 Y 的概率分布.

现在的问题是：如何根据随机变量 X 的分布来求随机变量的函数 $Y = g(X)$ 的分布？

2.5.1　离散型随机变量函数的分布

设 X 是离散型随机变量，分布律为 $P(X = x_k) = p_k$, $k = 1, 2, \cdots$.

即

X	x_1	x_2	$\cdots$	x_k	$\cdots$
$P(X = x_k)$	p_1	p_2	$\cdots$	p_k	$\cdots$

易知，$Y = g(X)$ 的可能取值是 $g(x_1), g(x_2), \cdots, g(x_k), \cdots$.

若 $g(x_k)\,(k = 1, 2, \cdots)$ 互不相等，则 Y 的分布律为

Y	$g(x_1)$	$g(x_2)$	$\cdots$	$g(x_k)$	$\cdots$
$P(Y = g(x_k))$	p_1	p_2	$\cdots$	p_k	$\cdots$

若 $g(x_1), g(x_2), \cdots, g(x_k), \cdots$ 中有相等的，则应该把那些相等的值分别合并，并根据概率的加法公式把相应的概率相加，就得到 Y 的分布律.

例 2.22 设 X 的分布律为

X	0	1	2	3	4	5
$P(X = x_k)$	1/12	1/6	1/3	1/12	2/9	1/9

试求 $Y = 2(X - 2)^2$ 的分布律.

解 为了明显起见，先列出下表

X	0	1	2	3	4	5
$2(X - 2)^2$	8	2	0	2	8	18
$P(X = x_k)$	1/12	1/6	1/3	1/12	2/9	1/9

所以，$Y = 2(X - 2)^2$ 的分布律为

Y	0	2	8	18
$P(Y = y_k)$	1/3	1/4	11/36	1/9

例 2.23 设随机变量 X 的分布律为

$$P(X = k) = \frac{1}{2^k}, \qquad k = 1, 2, \cdots.$$

试求 $Y = \sin(\frac{\pi}{2} X)$ 的分布律.

解 因为

$$\sin(\frac{k\pi}{2}) = \begin{cases} 1, & k = 4n - 3, \\ 0, & k = 2n, \qquad\qquad n = 1, 2, \cdots. \\ -1, & k = 4n - 1. \end{cases}$$

所以 $Y = \sin(\frac{\pi}{2} X)$ 的所有可能取值为 $-1,\ 0,\ 1$，且其取值的概率分别为

$$P(Y = 1) = P(\bigcup_{n=1}^{\infty} (X = 4n - 3)) = \sum_{n=1}^{\infty} P(X = 4n - 3)$$

$$= \sum_{n=1}^{\infty} \frac{1}{2^{4n-3}} = \frac{8}{15},$$

$$P(Y=0) = P(\bigcup_{n=1}^{\infty}(X=2n)) = \sum_{n=1}^{\infty}P(X=2n)$$

$$= \sum_{n=1}^{\infty}\frac{1}{2^{2n}} = \frac{1}{3},$$

$$P(Y=-1) = P(\bigcup_{n=1}^{\infty}(X=4n-1)) = \sum_{n=1}^{\infty}P(X=4n-1)$$

$$= \sum_{n=1}^{\infty}\frac{1}{2^{4n-1}} = \frac{2}{15}.$$

因此 $Y = \sin(\frac{\pi}{2}X)$ 的分布律为

Y	-1	0	1
$P(Y=y_k)$	$2/15$	$1/3$	$8/15$

2.5.2　连续型随机变量函数的分布

设 X 为连续型随机变量，其概率密度为 $f_X(x)$，怎样求 $Y=g(X)$ 的概率密度 $f_Y(y)$？

一般，我们采用先求分布函数，再求概率密度的方法，其步骤如下：

（1）求出 $Y=g(X)$ 的分布函数 $F_Y(y)$；

（2）由关系式 $f_Y(y) = F_Y'(y)$ 求出 $f_Y(y)$．

下面我们通过一些具体的例题加以说明．

例 2.24　设随机变量 $X \sim U(0,\pi)$，试求 $Y = \sin X$ 的概率密度．

解　由于 $X \sim U(0,\pi)$，即 X 只能在区间 $(0,\pi)$ 内取值，故 $Y=\sin X$ 只可能在 $(0,1]$ 中取值．

当 $y \leqslant 0$ 时，　$F_Y(y) = P(Y \leqslant y) = 0$．

当 $y \geqslant 1$ 时，　$F_Y(y) = P(Y \leqslant y) = 1$．

当 $0 < y < 1$ 时，　$F_Y(y) = P(Y \leqslant y) = P(\sin X \leqslant y)$

$$= P(0 \leqslant X \leqslant \arcsin y) + P(\pi - \arcsin y \leqslant X \leqslant \pi)$$

$$= \int_0^{\arcsin y}\frac{1}{\pi}\mathrm{d}x + \int_{\pi-\arcsin y}^{\pi}\frac{1}{\pi}\mathrm{d}x = \frac{2}{\pi}\arcsin y.$$

所以，$Y = \sin X$ 的概率密度为

$$f_Y(y) = F_Y'(y) = \begin{cases} \dfrac{2}{\pi\sqrt{1-y^2}}, & 0 < y < 1, \\ 0, & \text{其他}. \end{cases}$$

例 2.25　设随机变量 $X \sim N(\mu,\sigma^2)$，求 $Y = aX+b$ 的概率密度 $(a \neq 0)$．

解 先求 $Y = aX + b$ 的分布函数

$$F_Y(y) = P(Y \leqslant y) = P(aX + b \leqslant y) = P(aX \leqslant y - b).$$

当 $a > 0$ 时，　　　$F_Y(y) = P(X \leqslant \dfrac{y-b}{a}) = \displaystyle\int_{-\infty}^{\frac{y-b}{a}} f_X(x)\mathrm{d}x$ ，

从而　　　$f_Y(y) = F_Y'(y) = \dfrac{1}{a} f_X(\dfrac{y-b}{a})$ ，　　　　　$-\infty < y < +\infty$.　　　　(2.5.1)

当 $a < 0$ 时，　　　$F_Y(y) = P(X \geqslant \dfrac{y-b}{a}) = \displaystyle\int_{\frac{y-b}{a}}^{+\infty} f_X(x)\mathrm{d}x$ ，

从而　　　$f_Y(y) = F_Y'(y) = -\dfrac{1}{a} f_X(\dfrac{y-b}{a})$ ，　　　　$-\infty < y < +\infty$.　　　　(2.5.2)

由(2.5.1)式和(2.5.2)式，得

$$f_Y(y) = \frac{1}{|a|} f_X(\frac{y-b}{a}) = \frac{1}{|a|\sqrt{2\pi}\sigma} \mathrm{e}^{-\frac{(\frac{y-b}{a}-\mu)^2}{2\sigma^2}}$$

$$= \frac{1}{\sqrt{2\pi}\sigma|a|} \mathrm{e}^{-\frac{[y-(a\mu+b)]^2}{2a^2\sigma^2}}, \qquad -\infty < y < +\infty .$$

即

$$Y = aX + b \sim N(a\mu + b, (a\sigma)^2) .$$

例 2.26 设随机变量 X 的概率密度为 $f_X(x)$ ，$-\infty < x < +\infty$ ，求 $Y = X^2$ 的概率密度.

解 由于 $Y = X^2 \geqslant 0$ ，故当 $y \leqslant 0$ 时，$F_Y(y) = P(Y \leqslant y) = 0$.

当 $y > 0$ 时，

$$\begin{aligned} F_Y(y) &= P(Y \leqslant y) = P(X^2 \leqslant y) \\ &= P(-\sqrt{y} \leqslant X \leqslant \sqrt{y}) = F_X(\sqrt{y}) - F_X(-\sqrt{y}) . \end{aligned}$$

所以，$Y = X^2$ 的概率密度为

$$f_Y(y) = F_Y'(y) = \begin{cases} \dfrac{1}{2\sqrt{y}}[f_X(\sqrt{y}) + f_X(-\sqrt{y})], & y > 0, \\ 0, & y \leqslant 0. \end{cases}$$

例如，设 $X \sim N(0,1)$ ，其概率密度为

$$\varphi(x) = \frac{1}{\sqrt{2\pi}} \mathrm{e}^{-\frac{x^2}{2}} , \quad -\infty < x < +\infty .$$

则 $Y = X^2$ 的概率密度为

$$f_Y(y) = \begin{cases} \dfrac{1}{\sqrt{2\pi}} y^{-\frac{1}{2}} e^{-\frac{y}{2}}, & y > 0, \\ 0, & y \leqslant 0. \end{cases}$$

此时，称 Y 服从自由度为 1 的 χ^2 分布.

上述三个例子解题的关键一步是在" $Y \leqslant y$ "中，即在" $g(X) \leqslant y$ "中解出 X，从而得到一个与" $g(X) \leqslant y$ "等价的 X 的不等式，并以后者代替" $g(X) \leqslant y$ ". 一般来说，我们都可以用这样的方法求连续型随机变量函数的分布函数或概率密度. 下面我们仅对 $Y = g(X)$，且其中 $g(.)$ 是严格单调函数的简单情况，给出一般的结果.

定理 2.4　设随机变量 X 具有概率密度 $f_X(x)$，$-\infty < x < +\infty$，又设函数 $g(x)$ 处处可导且恒有 $g'(x) > 0$（或恒有 $g'(x) < 0$），则 $Y = g(X)$ 是连续型随机变量，其概率密度为

$$f_Y(y) = \begin{cases} f_X(h(y))\left|h'(y)\right|, & \alpha < y < \beta, \\ 0, & \text{其他.} \end{cases}$$

其中 $\alpha = \min(g(-\infty), g(+\infty))$，$\beta = \max(g(-\infty), g(+\infty))$，$h(y)$ 是 $y = g(x)$ 的反函数.

证明　先不妨设 $g'(x) > 0$，则 $y = g(x)$ 的反函数 $x = h(y)$ 存在，且严格单调增加，此时随机变量 $Y = g(X)$ 的可能取值落在区间 $(\alpha = g(-\infty), \beta = g(+\infty))$ 内，所以 Y 的分布函数 $F_Y(y)$ 为：

当 $y \leqslant \alpha$ 时，

$$F_Y(y) = P(Y \leqslant y) = 0.$$

当 $\alpha < y < \beta$ 时，

$$F_Y(y) = P(Y \leqslant y) = P(g(X) \leqslant y)$$
$$= P(X \leqslant h(y)) = \int_{-\infty}^{h(y)} f_X(x)\mathrm{d}x.$$

当 $y \geqslant \beta$ 时，

$$F_Y(y) = P(Y \leqslant y) = 1.$$

因此，随机变量 $Y = g(X)$ 的概率密度为

$$f_Y(y) = F_Y'(y) = \begin{cases} f_X(h(y))h'(y), & \alpha < y < \beta, \\ 0, & \text{其他.} \end{cases} \tag{2.5.3}$$

同理，可证明当 $g'(x) < 0$ 时，有

$$f_Y(y) = \begin{cases} f_X(h(y))(-h'(y)), & \alpha < y < \beta, \\ 0, & \text{其他.} \end{cases} \tag{2.5.4}$$

由(2.5.3)式和(2.5.4)式，得 $Y = g(X)$ 的概率密度为

$$f_Y(y) = \begin{cases} f_X(h(y))\left|h'(y)\right|, & \alpha < y < \beta, \\ 0, & \text{其他.} \end{cases}$$

若 $f(x)$ 在有限区间 $[a,b]$ 以外等于零, 则只需假设在 $[a,b]$ 上恒有 $g'(x)>0$（或者恒有 $g'(x)<0$）, 此时 $\alpha=\min(g(a),g(b))$, $\beta=\max(g(a),g(b))$.

例 2.27　设电流 I 是一个随机变量, 它均匀分布在 $9\sim11\mathrm{A}$ 之间. 若此电流通过 2Ω 的电阻, 在其上消耗的功率 $W=2I^2$, 求 W 的概率密度.

解　$W=g(I)=2I^2$ 在 $(9,11)$ 上恒有 $W'(i)=4i>0$, 且有反函数 $i=h(w)=\sqrt{\dfrac{w}{2}}$,

$h'(w)=\dfrac{1}{2\sqrt{2}}w^{-1/2}$, $g(9)=162$, $g(11)=242$.

又 I 的概率密度为
$$f_I(i)=\begin{cases}\dfrac{1}{2}, & 9<i<11,\\[2mm]0, & \text{其他}.\end{cases}$$

所以, $W=2I^2$ 的概率密度为
$$f_W(w)=\begin{cases}\dfrac{1}{2}(\dfrac{1}{2\sqrt{2}}w^{-1/2}), & 162<w<242,\\[2mm]0, & \text{其他}.\end{cases}$$

即
$$f_W(w)=\begin{cases}\dfrac{1}{4\sqrt{2w}}, & 162<w<242,\\[2mm]0, & \text{其他}.\end{cases}$$

习　题　二

1. 一个口袋中有 6 个球, 在这 6 个球上分别标有 $-3,-3,1,1,1,2$ 这样的数字. 现在从这个口袋中任取一球, 求取得的球上所标数字 X 的分布律及分布函数.

2. 从一个含有 4 个红球, 2 个白球的口袋中一个一个地取球, 共取了 5 次, 每次取出球后:（1）立即放回袋中, 再取下一个球;（2）不放回袋中, 接着取下一个球. 分别在这两种取球方式下, 求取得的红球个数 X 的分布律.

3. 一个袋中有 6 个红球和 4 个白球, 从中任取 3 个, 设 X 为取到的红球的个数, 求 X 的分布律.

4. 把一个表面涂有红色的立方体等分成 1000 个小立方体. 从这些小立方体中随机地取一个, 记它有 X 个面涂有红色, 试求 X 的分布律.

5. 进行重复独立试验, 设每次试验成功的概率为 $p\,(0<p<1)$, 失败的概率为 $1-p$. 将试验进行到出现 r 次成功为止, 以 X 表示所需要的试验次数, 求 X 的分布律（此时称 X 服从参数为 r,p 的卡巴斯分布）.

6.（1）设随机变量 X 的分布律为

$$P(X = k) = \frac{a\lambda^k}{k!}, \quad k = 0, 1, 2, \cdots.$$

其中 $\lambda > 0$ 为常数, 试确定常数 a.

(2) 设随机变量 Y 的分布律为

$$P(Y = k) = \frac{b}{N}, \qquad k = 1, 2, \cdots, N.$$

其中 N 为正整数, 试确定常数 b.

7. 有甲、乙两种味道、口感和色泽都极为相似的名酒各 4 杯. 如果从中挑 4 杯, 能将甲种酒全部挑出来, 算是试验成功一次.

(1) 某人随机地去猜, 问他一次试验成功的概率是多少?

(2) 某人声称他通过品尝能区分两种酒, 他连续试验 10 次, 成功 3 次. 试推断他是猜对的, 还是他确有区分的能力 (设各次试验是相互独立的).

8. 已知随机变量 $X \sim B(n, p)$, 且 $P(X = 1) = P(X = n - 1)$, 试求 p 与 $P(X = 2)$ 的值.

9. 已知随机变量 X 服从泊松分布, 且 $P(X = 1) = P(X = 2)$, 试求 $P(X = 4)$.

10. 一大楼装有 5 个同类型的供水设备. 调查表明在任一时刻 t 每个设备被使用的概率为 0.1. 问在同一时刻,

(1) 恰有 2 个设备被使用的概率是多少?

(2) 至多有 3 个设备被使用的概率是多少?

(3) 至少有 1 个设备被使用的概率是多少?

11. 设南京市 "110" 每小时接到的呼叫次数服从参数 $\lambda = 3$ 的泊松分布, 求

(1) 每小时恰有 5 次呼叫的概率.

(2) 1 小时内呼叫不超过 5 次的概率.

12. 有一繁忙的汽车站, 每天有大量的汽车通过, 设每辆汽车在一天的某段时间内出事故的概率为 0.0001, 在某天的该段时间内有 1000 辆汽车通过, 问出事故的次数不小于 2 的概率是多少? (利用泊松近似公式计算).

13. 某公安局在 t 时间间隔内收到的紧急呼叫次数 X 服从参数为 $t / 2$ 的泊松分布, 而与时间间隔的起点无关 (时间以小时计).

(1) 求某一天中午 12 时至下午 15 时没有收到紧急呼叫的概率.

(2) 求某一天中午 12 时至下午 17 时至少收到一次紧急呼叫的概率.

14. 一批产品中有 15% 的次品, 进行重复抽样检查, 共抽取 20 个样品, 问取出的 20 个样品中最大可能的次品数是多少? 其概率是多少?

15. 从学校乘汽车到火车站需要通过三个均设有信号灯的路口, 每个信号灯之间是相互独立的, 且红绿两种信号显示的时间分别为 1/3、2/3, 以 X 表示汽车首次停车时已通过的路口个数, 求 X 的分布律及分布函数.

16. 设随机变量 X 的分布函数为 $F(x)=\begin{cases}0, & x<-1, \\ \dfrac{1}{4}, & -1\leqslant x<0, \\ \dfrac{3}{4}, & 0\leqslant x<1, \\ 1, & x\geqslant 1.\end{cases}$

求 X 的分布律.

17. 设随机变量 X 的分布函数为 $F(x)=\begin{cases}0, & x<1, \\ \ln x, & 1\leqslant x<\mathrm{e}, , \\ 1, & x\geqslant\mathrm{e}.\end{cases}$

求（1）求 $P(X<2)$，$P(0<X\leqslant 3)$，$P(2<X<5/2)$．（2）求概率密度 $f_X(x)$．

18. 设随机变量 X 的概率密度为

（1）$f(x)=\begin{cases}\dfrac{2}{\pi}\sqrt{1-x^2}, & -1\leqslant x\leqslant 1, \\ 0, & \text{其他}.\end{cases}$，　（2）$f(x)=\begin{cases}x, & 0\leqslant x<1, \\ 2-x, & 1\leqslant x<2, \\ 0, & \text{其他}.\end{cases}$

求 X 的分布函数 $F(x)$．

19. 设某种元器件寿命 X（以小时计）的概率密度为

$$f(x)=\begin{cases}\dfrac{1000}{x^2}, & x\geqslant 1000, \\ 0, & \text{其他}.\end{cases}$$

一台设备中装有三个这样的元件，各元件的寿命相互独立．在最初 1500 小时内，试问：

（1）没有一个损坏的概率是多少？

（2）只有一个损坏的概率是多少？

20. 轰炸机共带 3 颗炸弹去轰炸敌方的铁路．如果炸弹落在铁路两旁 40m 以内，就可以使铁路交通遭到破坏，已知在一定投弹准确度下炸弹落点与铁路距离 X 的概率密度为

$$f(x)=\begin{cases}\dfrac{100+x}{10000}, & -100<x\leqslant 0, \\ \dfrac{100-x}{10000}, & 0<x\leqslant 100, \\ 0, & |x|>100.\end{cases}$$

如果三颗炸弹全部使用，问敌方铁路交通被破坏的概率是多少？

21. 向某一目标发射炮弹，设弹着点到目标的距离（单位：m）X 的概率密

度为

$$f(x)=\begin{cases} \dfrac{1}{1250}x\mathrm{e}^{-\frac{x^2}{2500}}, & x>0, \\ 0, & x\leqslant 0. \end{cases}$$

如果弹着点到目标的距离小于 50m 时, 即可以摧毁目标. 现在向这一目标连发两枚炮弹, 求目标被摧的概率.

22. 设随机变量 X 在 $[2,5]$ 上服从均匀分布, 现在对 X 进行三次独立观测, 试求至少有一次观测值大于 3 的概率.

23. 设某类日光灯管的使用寿命 X 服从参数 $\lambda=1/3000$ 的指数分布 (单位: h).

(1) 任取一根这种灯管, 求能正常使用 3000h 以上的概率.

(2) 有一根这种灯管, 已经正常使用了 1000h, 求还能使用 2000h 以上的概率.

24. 设顾客在某银行的窗口等候服务的时间 X (以分计) 服从指数分布, 其概率密度为

$$f(x)=\begin{cases} \dfrac{1}{5}\mathrm{e}^{-\frac{x}{5}}, & x>0, \\ 0, & x\leqslant 0. \end{cases}$$

某顾客在窗口等候服务, 若超过 10min, 他就离开. 他一个月要到银行 5 次, 以 Y 表示一个月内他未等到服务而离开窗口的次数, 试求 Y 的分布律及 $P(Y\geqslant 1)$.

25. 设 X 在 $(0,5)$ 上服从均匀分布, 求关于 x 的一元二次方程 $4x^2+4Xx+X+2=0$ 有实根的概率.

26. 设 $X\sim N(3,2^2)$, (1) 求 $P(-4<X<10), P(|X|\geqslant 2)$.

(2) 确定 c 使得 $P(X>c)=P(X\leqslant c)$.

(3) 设 d 满足 $P(X>d)\geqslant 0.9$, 问 d 至多为多少?

27. 在电源电压低于 200V、正常电压 200~240V 和高于 240V 三种情况下, 某种电子元件损坏的概率分别为 0.1, 0.01 和 0.1. 假设电源电压服从正态分布 $N(220,25^2)$. 试求:

(1) 该电子元件损坏的概率; (2) 该电子元件损坏时, 电源电压在正常电压 200~240V 的概率.

28. 假设考生的数学成绩服从正态分布 $N(\mu,\sigma^2)$, 已知平均成绩为 $\mu=72$ 分, 96 分以上的考生占考生总数的 2.3%. 试求考生的数学成绩在 60 分至 84 分之间的概率.

29. 由某机器生产的螺栓的长度 (单位: cm) 服从参数 $\mu=10.05, \sigma=0.06$ 的正态分布, 规定长度在范围 10.05cm±0.1cm 内为合格品. 现任取一螺栓, 求它是不合格品的概率.

30．设 X 的分布律为

X	-2	-1	0	1	3
P	0.2	0.25	0.2	0.3	0.05

试求：（1） $Y = X^2$ 的分布律；（2） $Z = \mathrm{e}^{2X+1}$ 的分布律．

31．设随机变量 X 在 $(0,1)$ 上服从均匀分布．试求：

（1） $Y = \mathrm{e}^X$ 的概率密度；

（2） $Z = -2\ln X$ 的概率密度．

32．设随机变量 $X \sim N(0,1)$ ．试求：

（1） $Y = \mathrm{e}^X$ 的概率密度；

（2） $Z = 2X^2 + 1$ 的概率密度；

（3） $W = |X|$ 的概率密度．

33．设随机变量 X 概率密度为 $f(x) = \begin{cases} \mathrm{e}^{-x}, & x > 0, \\ 0, & x \leqslant 0. \end{cases}$ ，求 $Y = X^2$ 的概率密度．

34．设连续型随机变量 X 的分布函数为 $F(x)$ ，求 $Y = F(X)$ 的概率密度．

35．设随机变量 X 的概率密度为 $f(x) = \begin{cases} \dfrac{2x}{\pi^2}, & 0 < x < \pi, \\ 0, & 其他. \end{cases}$ ，求 $Y = \sin X$ 的概率密度．

36．设电压 $V = A\sin\Theta$ ，其中 $A > 0$ 是一个已知的常数，相角 Θ 是一个随机变量，在区间 $(-\dfrac{\pi}{2}, \dfrac{\pi}{2})$ 服从均匀分布，试求电压 V 的概率密度．

第 **3** 章　多维随机变量及其分布

在第 2 章中，我们讨论了一维随机变量及其分布，但在实际问题中，我们常常需要同时用两个或两个以上的随机变量才能比较好地描述某一随机试验的结果. 例如，在调查某地区新生儿的身体发育状况时，需要考虑新生儿的身高与体重等指标；在进行天气预报时，需要同时考虑气温、气压、温度等多个指标，它们的数值都是随机变量. 当然对于描叙同一随机试验的多个随机变量 $X_1, X_2, \cdots, X_n$，我们可以一个一个地研究，但是这些随机变量之间有着某些内在的联系，而且这些联系对要研究的问题有着重要的影响和意义，因此有必要将这些随机变量作为一个整体（$X_1, X_2, \cdots, X_n$）来研究.

在本章中，我们主要讨论二维随机变量，从二维随机变量到 $n\,(n > 2)$ 维随机变量的推广是直接的、形式上的，并无实质性困难，本章不作太多讨论.

3.1　二维随机变量及其分布函数

3.1.1　二维随机变量的分布函数

定义 3.1　设 $S = \{e\}$ 为随机试验 E 的样本空间. $X = X(e)$，$Y = Y(e)$ 是定义在 S 上的两个随机变量，则称有序组 (X, Y) 为**二维随机变量**（**2-dimensional random variable**）或**二维随机向量**（**2-dimensional random vector**）.

为了方便起见，我们约定：对于二维随机变量 (X, Y)，事件 $\{X = x_i\}$ 与事件 $\{Y = y_j\}$ 的积表示为 $\{X = x_i, Y = y_j\}$，即 $\{X = x_i, Y = y_j\} = \{X = x_i\} \bigcap \{Y = y_j\}$. 类似约定 $\{X \leqslant x_i, Y \leqslant y_j\} = \{X \leqslant x_i\} \bigcap \{Y \leqslant y_j\}$.

定义 3.2　设 (X, Y) 是一个二维随机变量，对于任意实数 x, y，称二元函数

$$F(x, y) = P(X \leqslant x, Y \leqslant y) \tag{3.1.1}$$

为 (X, Y) 的**分布函数**，或称为 X 与 Y 的**联合分布函数**（**joint distribution function**）.

如果将二维随机变量 (X,Y) 的可能取值 (x,y) 作为 xOy 平面上点的坐标，则其分布函数 $F(x,y)$ 的函数值，就是 (X,Y) 的可能值落在点 (x,y) 左下方的无穷矩形区域内（如图 3.1 所示）的概率.

与一维随机变量的分布函数类似，(X,Y) 的分布函数 $F(x,y)$ 具有以下基本性质：

（1）$0 \leqslant F(x,y) \leqslant 1$.

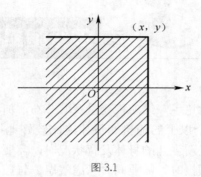

图 3.1

（2）$F(x,y)$ 对每个自变量都是单调不减函数，即

固定 y，对任意 $x_1 < x_2$，有 $F(x_1,y) \leqslant F(x_2,y)$；

固定 x，对任意 $y_1 < y_2$，有 $F(x,y_1) \leqslant F(x,y_2)$.

（3）对任意实数 x 和 y，有

$$F(-\infty,y) = F(x,-\infty) = F(-\infty,-\infty) = 0 ， \quad F(+\infty,+\infty) = 1 .$$

（4）$F(x,y)$ 对每个自变量都是右连续的，即对于任意实数 x 和 y，有

$$F(x+0,y) = F(x,y) ， \quad F(x,y+0) = F(x,y) .$$

（5）对任意实数 $x_1 < x_2$ 和 $y_1 < y_2$，有

$$P(x_1 < X \leqslant x_2, y_1 < Y \leqslant y_2)$$
$$= F(x_2,y_2) - F(x_1,y_2) - F(x_2,y_1) + F(x_1,y_1) \geqslant 0 .$$

证明（1）～（3）的证明完全类似于一维随机变量分布函数性质（1）～（3）的证明.

（4）的证明超出了本书的要求，故略去.

（5）由 (X,Y) 的分布函数 $F(x,y)$ 的定义，有

$P(x_1 < X \leqslant x_2, y_1 < Y \leqslant y_2)$

$= P(x_1 < X \leqslant x_2, Y \leqslant y_2) - P(x_1 < X \leqslant x_2, Y \leqslant y_1)$

$= [P(X \leqslant x_2, Y \leqslant y_2) - P(X \leqslant x_1, Y \leqslant y_2)] - [P(X \leqslant x_2, Y \leqslant y_1) - P(X \leqslant x_1, Y \leqslant y_1)]$

$= F(x_2,y_2) - F(x_1,y_2) - F(x_2,y_1) + F(x_1,y_1)$

再结合概率的非负性知，性质（5）成立.

3.1.2　二维离散型随机变量

定义 3.3　如果二维随机变量 (X,Y) 的全部可能取值为有限多个或可列多个，则称 (X,Y) 为**二维离散型随机变量**（**2-dimensional discrete random variable**）.

事实上，当且仅当 X 与 Y 都是一维离散型随机变量时，(X,Y) 为二维离散型随机变量.

定义 3.4　设二维离散型随机变量 (X,Y) 的全部可能取值为 $(x_i,y_j),i,j=1,2,\cdots$，则称

$$P(X=x_i,Y=y_j)=p_{ij} \qquad i,j=1,2,\cdots \tag{3.1.2}$$

为二维离散型随机变量 (X,Y) 的**分布律**，或称为 X 与 Y 的**联合分布律**（**joint distribution law**）.

二维离散型随机变量 (X,Y) 的分布律，也常用表格的形式来表示：

X ＼ Y	y_1	y_2	$\cdots$	y_j	$\cdots$
x_1	p_{11}	p_{12}	$\cdots$	p_{1j}	$\cdots$
x_2	p_{21}	p_{22}	$\cdots$	p_{2j}	$\cdots$
$\vdots$	$\vdots$	$\vdots$		$\vdots$	
x_i	p_{i1}	p_{i2}	$\cdots$	p_{ij}	$\cdots$
$\vdots$	$\vdots$	$\vdots$		$\vdots$	

由概率的定义可知，(X,Y) 的分布律 p_{ij}，$i,j=1,2,\cdots$. 具有以下两个基本性质：

（1）$p_{ij} \geqslant 0$，$i,j=1,2,\cdots$.

（2）$\sum\limits_{i=1}^{\infty}\sum\limits_{j=1}^{\infty} p_{ij}=1$.

二维离散型随机变量 (X,Y) 的分布函数与分布律之间具有以下关系.

$$F(x,y)=\sum_{x_i\leqslant x}\sum_{y_j\leqslant y} P(X=x_i,Y=y_j)=\sum_{x_i\leqslant x}\sum_{y_j\leqslant y} p_{ij} \tag{3.1.3}$$

例 3.1　设随机变量 X 在数 1，2，3，4 中等可能地取一个值，另一个随机变量 Y 在 $1\sim X$ 之间等可能地取一个整数，试求二维随机变量 (X,Y) 的分布律.

解　对于事件 $\{X=i,Y=j\}$，i 在 1，2，3，4 中等可能地取值，j 在 $1\sim i$ 之间等可能地取一个整数，因此有

$$P(X=i, Y=j) = P(X=i)P(Y=j \mid X=i)$$

$$= \frac{1}{4} \cdot \frac{1}{i} = \frac{1}{4i} \qquad i=1,2,3,4, j \leqslant i .$$

于是，(X,Y) 的分布律为

X \ Y	1	2	3	4
1	1/4	0	0	0
2	1/8	1/8	0	0
3	1/12	1/12	1/12	0
4	1/16	1/16	1/16	1/16

例 3.2 设随机变量 Y 服从参数 $\lambda = 1$ 的指数分布，令

$$X_1 = \begin{cases} 1, & Y > 1, \\ 0, & Y \leqslant 1. \end{cases} \qquad X_2 = \begin{cases} 1, & Y > 2, \\ 0, & Y \leqslant 2. \end{cases}$$

试求二维随机变量 (X_1, X_2) 的分布律.

解 因为 Y 服从参数 $\lambda = 1$ 的指数分布，所以 Y 的分布函数为

$$F(y) = \begin{cases} 1 - e^{-y}, & y > 0, \\ 0, & y \leqslant 0. \end{cases}$$

从而有

$$P(X_1 = 0, X_2 = 0) = P(Y \leqslant 1, Y \leqslant 2)$$
$$= P(Y \leqslant 1) = F(1) = 1 - e^{-1} .$$
$$P(X_1 = 0, X_2 = 1) = P(Y \leqslant 1, Y > 2) = P(\phi) = 0 .$$
$$P(X_1 = 1, X_2 = 0) = P(Y > 1, Y \leqslant 2)$$
$$= P(1 < Y \leqslant 2) = F(2) - F(1) = e^{-1} - e^{-2} .$$
$$P(X_1 = 1, X_2 = 1) = P(Y > 1, Y > 2)$$
$$= P(Y > 2) = 1 - F(2) = e^{-2} .$$

于是，(X,Y) 的分布律为

X_2 \ X_1	0	1
0	$1 - e^{-1}$	$e^{-1} - e^{-2}$
1	0	e^{-2}

3.1.3 二维连续型随机变量

定义 3.5 设二维随机变量 (X,Y) 的分布函数为 $F(x,y)$，如果存在非负函数

$f(x,y)$，使得对任意实数 x, y，有

$$F(x,y) = \int_{\infty}^{y} \int_{\infty}^{x} f(u,v) \mathrm{d}u \mathrm{d}v \quad,\tag{3.1.4}$$

则称 (X,Y) 为**二维连续型随机变量**（**2-dimensional continuous random variable**），称 $f(x,y)$ 为 (X,Y) 的**概率密度函数**，也称 $f(x,y)$ 为 X 与 Y 的**联合概率密度函数**（**joint probability density function**）.

与一维连续型随机变量类似，二维连续型随机变量 (X,Y) 的概率密度函数 $f(x,y)$ 具有以下基本性质：

（1）$f(x,y) \geqslant 0$.

（2）$\int_{\infty}^{+\infty} \int_{\infty}^{+\infty} f(x,y) \mathrm{d}x \mathrm{d}y = 1$.

（3）设 D 是 xOy 平面上的区域，则有

$$P((X,Y) \in D) = \iint_{D} f(x,y) \mathrm{d}x \mathrm{d}y .$$

（4）若 $f(x,y)$ 在点 (x,y) 处连续，则有

$$\frac{\partial^2 F(x,y)}{\partial x \partial y} = f(x,y) .$$

证明 （1）显然成立.

（2）$\int_{\infty}^{+\infty} \int_{\infty}^{+\infty} f(x,y) \mathrm{d}x \mathrm{d}y = \lim_{\substack{x \to +\infty \\ y \to +\infty}} \int_{\infty}^{y} \int_{\infty}^{x} f(x,y) \mathrm{d}x \mathrm{d}y$

$$= F(+\infty, +\infty) = 1 .$$

（3）一般的证明要用到较多的数学知识，这里不作介绍. 下面仅就 D 为有界矩形区域加以证明：

设 $D = \{(x,y) \mid x_1 < x \leqslant x_2, y_1 < y \leqslant y_2\}$，则有

$P((X,Y) \in D) = P(x_1 < X \leqslant x_2, y_1 < Y \leqslant y_2)$

$\qquad = F(x_2, y_2) - F(x_1, y_2) - F(x_2, y_1) + F(x_1, y_1)$

$\qquad = \int_{\infty}^{y_2} \int_{\infty}^{x_2} f(x,y) \mathrm{d}x \mathrm{d}y - \int_{\infty}^{y_2} \int_{\infty}^{x_1} f(x,y) \mathrm{d}x \mathrm{d}y$

$\qquad \quad - \int_{\infty}^{y_1} \int_{\infty}^{x_2} f(x,y) \mathrm{d}x \mathrm{d}y + \int_{\infty}^{y_1} \int_{\infty}^{x_1} f(x,y) \mathrm{d}x \mathrm{d}y$

$\qquad = \int_{\infty}^{y_2} \int_{x_1}^{x_2} f(x,y) \mathrm{d}x \mathrm{d}y - \int_{\infty}^{y_1} \int_{x_1}^{x_2} f(x,y) \mathrm{d}x \mathrm{d}y$

$\qquad = \int_{y_1}^{y_2} \int_{x_1}^{x_2} f(x,y) \mathrm{d}x \mathrm{d}y$

$\qquad = \iint_{D} f(x,y) \mathrm{d}x \mathrm{d}y .$

（4）由高等数学中变上限积分的性质即知.

另一方面，可以证明：如果某一个二元函数 $f(x,y)$ 满足以上性质（1）与（2），

则 $f(x, y)$ 就可以作为某个二维连续型随机变量的概率密度函数，因此，以上性质（1）与（2）完全刻画了概率密度函数的本质特性．有关这个问题的详细讨论超出了本书讨论的范围，有兴趣的读者可参考有关书籍．

在几何上，$z = f(x, y)$ 表示空间的一个曲面．由性质（2）可知，介于它和 xOy 平面的空间区域的体积为 1；由性质（3）可知，二维连续型随机变量 (X, Y) 落在平面区域 D 内的概率，在数值上等于以区域 D 为底，以曲面 $z = f(x, y)$ 为顶面的曲顶柱体的体积．

例 3.3 设二维随机变量 (X, Y) 的概率密度函数为

$$f(x, y) = \begin{cases} k\mathrm{e}^{-2x-3y}, & x > 0, y > 0, \\ 0, & \text{其他}. \end{cases}$$

试求（1）常数 k．

（2）(X, Y) 的分布函数．

（3）概率 $P(X + 2Y \leqslant 1)$．

解 （1）由 $\int_{-\infty}^{+\infty} \int_{-\infty}^{+\infty} f(x, y)\mathrm{d}x\mathrm{d}y = 1$，得

$$\int_{0}^{+\infty} \int_{0}^{+\infty} k\mathrm{e}^{-2x-3y}\mathrm{d}x\mathrm{d}y = \frac{k}{6} = 1, \qquad \text{所以} \quad k = 6.$$

（2）由定义，有

$$F(x, y) = \int_{-\infty}^{y} \int_{-\infty}^{x} f(u, v)\mathrm{d}u\mathrm{d}v = \begin{cases} \int_{0}^{y} \int_{0}^{x} 6\mathrm{e}^{-2u-3v}\mathrm{d}u\mathrm{d}v, & x > 0, y > 0, \\ 0, & \text{其他}. \end{cases}$$

$$= \begin{cases} (1 - \mathrm{e}^{-2x})(1 - \mathrm{e}^{-3y}), & x > 0, y > 0, \\ 0, & \text{其他}. \end{cases}$$

（3）$X + 2Y \leqslant 1$ 当且仅当 (X, Y) 落在如图 3.2 的阴影部分，于是所求概率为

$$P(X + 2Y \leqslant 1) = \iint_{x+2y \leqslant 1} f(x, y)\mathrm{d}x\mathrm{d}y$$

$$= \int_{0}^{1} \mathrm{d}x \int_{0}^{(1-x)/2} 6\mathrm{e}^{-2x-3y}\mathrm{d}y$$

$$= 1 + 3\mathrm{e}^{-2} - 4\mathrm{e}^{-3/2} \approx 0.5135.$$

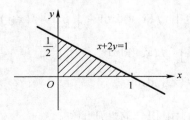

图 3.2

3.1.4　二维连续型随机变量的常用分布

下面介绍两个常用分布.

1. 二维均匀分布

定义 3.6　设 D 是 xOy 平面上的有界区域，其面积为 S_D．若二维随机变量 (X,Y) 的概率密度函数为

$$f(x,y)=\begin{cases}\dfrac{1}{S_D}, & (x,y)\in D,\\[2mm] 0, & \text{其他}.\end{cases}$$

则称 (X,Y) 在区域 D 上服从二维均匀分布（**2-dimensional uniform distribution**）.

容易验证概率密度函数 $f(x,y)$ 满足：

（1）$f(x,y)\geqslant 0$．

（2）$\displaystyle\int_{-\infty}^{+\infty}\int_{-\infty}^{+\infty}f(x,y)\mathrm{d}x\mathrm{d}y=1$．

若区域 G 是区域 D 的子区域，其面积为 S_G，则有

$$P((X,Y)\in G)=\iint_G f(x,y)\mathrm{d}x\mathrm{d}y=\iint_G\frac{1}{S_D}\mathrm{d}x\mathrm{d}y=\frac{S_G}{S_D}.$$

由上式可见，此概率与 G 在 D 的位置、形状无关，仅与 G 的面积有关，这就是均匀分布中"均匀"的含义.

例 3.4　设 (X,Y) 在圆域 $x^2+y^2\leqslant 4$ 上服从均匀分布，区域 G 是由直线 $x=0,y=0$ 和 $x+y=1$ 围成的三角形区域，试求 (X,Y) 落在区域 G 内的概率.

解　圆域 $x^2+y^2\leqslant 4$ 的面积 $S=4\pi$，因此 (X,Y) 的概率密度函数为

$$f(x,y)=\begin{cases}\dfrac{1}{4\pi}, & x^2+y^2\leqslant 4,\\[2mm] 0, & \text{其他}.\end{cases}$$

又区域 G 含在圆域 $x^2+y^2\leqslant 4$ 内（如图 3.3 所示），于是所求概率为

$$P((X,Y)\in G)=\iint_G\frac{1}{4\pi}\mathrm{d}x\mathrm{d}y$$

$$=\int_0^1\mathrm{d}x\int_0^{1-x}\frac{1}{4\pi}\mathrm{d}y=\frac{1}{8\pi}$$

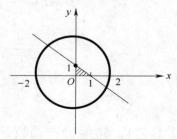

图 3.3

2. 二维正态分布

定义 3.7　若二维随机变量 (X,Y) 的概率密度函数为

$$f(x,y) = \frac{1}{2\pi\sigma_1\sigma_2\sqrt{1-\rho^2}} \exp\{\frac{-1}{2(1-\rho^2)}[\frac{(x-\mu_1)^2}{\sigma_1^2} - 2\rho\frac{(x-\mu_1)(y-\mu_2)}{\sigma_1\sigma_2} +$$

$$\frac{(y-\mu_2)^2}{\sigma_2^2}]\}$$ 其中 $-\infty < x < +\infty, -\infty < y < +\infty$，而 $\mu_1, \mu_2, \sigma_1, \sigma_2, \rho$ 为常数，且

$\sigma_1 > 0, \sigma_2 > 0$，$|\rho| < 1$．则称 (X,Y) 服从参数为 $\mu_1, \mu_2, \sigma_1^2, \sigma_2^2, \rho$ 的二维正态分布（**2-dimensional normal distribution**），记为 $(X,Y) \sim N(\mu_1, \mu_2, \sigma_1^2, \sigma_2^2, \rho)$．

下面来证明二维正态分布的概率密度函数 $f(x,y)$ 满足：

（1）$f(x,y) \geqslant 0$．

（2）$\int_{-\infty}^{+\infty} \int_{-\infty}^{+\infty} f(x,y)\mathrm{d}x\mathrm{d}y = 1$．

证明（1）$f(x,y) \geqslant 0$ 显然成立．

（2）令 $\frac{x-\mu_1}{\sigma_1} = u, \frac{y-\mu_2}{\sigma_2} = v$，则有

$$\int_{-\infty}^{+\infty} f(x,y)\mathrm{d}y = \frac{1}{2\pi\sigma_1\sqrt{1-\rho^2}} \int_{-\infty}^{+\infty} \exp\{\frac{-1}{2(1-\rho^2)}(u^2 - 2\rho uv + v^2)\}\mathrm{d}v$$

$$= \frac{1}{\sqrt{2\pi}\sigma_1} \int_{-\infty}^{+\infty} \frac{1}{\sqrt{2\pi(1-\rho^2)}} \exp\{\frac{-1}{2(1-\rho^2)}[(v-\rho u)^2 + (1-\rho^2)u^2]\}\mathrm{d}v$$

$$= \frac{1}{\sqrt{2\pi}\sigma_1} e^{-\frac{u^2}{2}} \int_{-\infty}^{+\infty} \frac{1}{\sqrt{2\pi(1-\rho^2)}} \exp\{\frac{-(v-\rho u)^2}{2(1-\rho^2)}\}\mathrm{d}v$$

$$= \frac{1}{\sqrt{2\pi}\sigma_1} e^{-\frac{u^2}{2}} \int_{-\infty}^{+\infty} \frac{1}{\sqrt{2\pi}} e^{-\frac{t^2}{2}}\mathrm{d}t \qquad (\text{令 } t = \frac{v-\rho u}{\sqrt{1-\rho^2}})$$

$$= \frac{1}{\sqrt{2\pi}\sigma_1} e^{-\frac{u^2}{2}} = \frac{1}{\sqrt{2\pi}\sigma_1} e^{-\frac{(x-\mu_1)^2}{2\sigma_1^2}}. \tag{3.1.5}$$

于是

$$\int_{-\infty}^{+\infty} \int_{-\infty}^{+\infty} f(x,y)\mathrm{d}x\mathrm{d}y = \int_{-\infty}^{+\infty} \mathrm{d}x \int_{-\infty}^{+\infty} f(x,y)\mathrm{d}y$$

$$= \int_{-\infty}^{+\infty} \frac{1}{\sqrt{2\pi}\sigma_1} e^{-\frac{(x-\mu_1)^2}{2\sigma_1^2}} \mathrm{d}x = 1.$$

3.2 边缘分布

3.2.1 边缘分布函数

二维随机变量 (X,Y) 作为一个整体，具有分布函数 $F(x,y)$，但其分量 X 与 Y

都是一维随机变量，也有自己的分布函数，将它们分别记为 $F_X(x)$ 和 $F_Y(y)$，依次称为二维随机变量 (X,Y) 关于 X 和 Y 的**边缘分布函数**（**marginal distribution function**），而将 $F(x,y)$ 称为 X 和 Y 的联合分布函数. 这里需要注意的是，(X,Y) 关于 X 和 Y 的边缘分布函数，本质上就是一维随机变量 X 和 Y 的分布函数.

(X,Y) 关于 X 和 Y 的边缘分布函数 $F_X(x)$ 和 $F_Y(y)$ 完全由 (X,Y) 的分布函数确定.

事实上

$$F_x(x) = P(X \leqslant x) = P(X \leqslant x, Y < +\infty) = F(x, +\infty) . \tag{3.2.1}$$

$$F_Y(y) = P(Y \leqslant y) = P(X < +\infty, Y \leqslant y) = F(+\infty, y) . \tag{3.2.2}$$

3.2.2　二维离散型随机变量的边缘分布律

设二维离散型随机变量 (X,Y) 的分布律为

$$P(X = x_i, Y = y_j) = p_{ij}, \qquad i, j = 1, 2, \cdots .$$

由(3.2.1)式和(3.1.3)式，得

$$F_X(x) = F(x, +\infty) = \sum_{x_i \leqslant x} \sum_{y_j < +\infty} p_{ij} = \sum_{x_i \leqslant x} \sum_{j=1}^{\infty} p_{ij} .$$

又因为

$$F_X(x) = P(X \leqslant x) = \sum_{x_i \leqslant x} P(X = x_i) .$$

所以，X 的分布律为

$$P(X = x_i) = \sum_{j=1}^{\infty} p_{ij}, \qquad i = 1, 2, \cdots .$$

类似可得 Y 的分布律为

$$P(Y = y_j) = \sum_{i=1}^{\infty} p_{ij}, \qquad j = 1, 2, \cdots .$$

记

$$p_{i\cdot} = P(X = x_i) = \sum_{j=1}^{\infty} p_{ij}, \qquad i = 1, 2, \cdots . \tag{3.2.3}$$

$$p_{\cdot j} = P(Y = y_j) = \sum_{i=1}^{\infty} p_{ij}, \qquad j = 1, 2, \cdots . \tag{3.2.4}$$

分别称 $p_{i\cdot}$（$i = 1, 2, \cdots$）和 $p_{\cdot j}$（$j = 1, 2, \cdots$）为随机变量 (X,Y) 关于 X 和 Y 的**边缘分布律**（**marginal distribution law**）.

一般也可以用以下表格来表示二维离散型随机变量 (X,Y) 的分布律及边缘分布律.

Y X	y_1	y_2	$\cdots$	y_j	$\cdots$	$p_{i\cdot}$
x_1	p_{11}	p_{12}	$\cdots$	p_{1j}	$\cdots$	$p_{1\cdot}$
x_2	p_{21}	p_{22}	$\cdots$	p_{2j}	$\cdots$	$p_{2\cdot}$
$\vdots$	$\vdots$	$\vdots$		$\vdots$		$\vdots$
x_i	p_{i1}	p_{i2}	$\cdots$	p_{ij}	$\cdots$	$p_{i\cdot}$
$\vdots$	$\vdots$	$\vdots$		$\vdots$		
$p_{\cdot j}$	$p_{\cdot 1}$	$p_{\cdot 2}$	$\cdots$	$p_{\cdot j}$	$\cdots$	

例 3.5 将一枚硬币掷 3 次，以 X 表示前 2 次中出现正面（ H ）的次数，以 Y 表示前 3 次中出现正面（ H ）的次数. 试求 (X,Y) 的分布律及边缘分布律.

解 将试验的样本空间及 X ， Y 取值的情况列表如下:

样本点	HHH	HHT	HTH	THH	HTT	THT	TTH	TTT
X 的值	2	2	1	1	1	1	0	0
Y 的值	3	2	2	2	1	1	1	0

X 的所有可能取值为 0，1，2； Y 的所有可能取值为 0，1，2，3. 由于试验属于等可能概型，容易得到 (X,Y) 取 (i,j), $i=0,1,2$; $j=0,1,2,3$ 的概率，例如

$$P(X=0,Y=0)=1/8, \quad P(X=0,Y=3)=0/8=0,$$
$$P(X=2,Y=3)=1/8, \quad P(X=1,Y=2)=2/8=1/4.$$

于是， (X,Y) 的分布律及边缘分布律如下:

Y X	0	1	2	3	$p_{i\cdot}$
0	1/8	1/8	0	0	1/4
1	0	1/4	1/4	0	1/2
2	0	0	1/8	1/8	1/4
$p_{\cdot j}$	1/8	3/8	3/8	1/8	

边缘分布律为:

X	0	1	2
P	1/4	1/2	1/4

Y	0	1	2	3
P	1/8	3/8	3/8	1/8

例 3.6 已知随机变量 X 和 Y 的分布律分别为

X	0	1
P	0.5	0.5

Y	-1	0	1
P	0.25	0.5	0.25

且 $P(XY=0)=1$ ，试求二维随机变量 (X,Y) 的分布律.

解 由 $P(XY=0)=1$ ，可得 $P(XY \neq 0)=0$.

于是有 $P(X=1, Y=-1) = P(X=1, Y=1) = 0$.

再结合题设条件得

X ╲ Y	-1	0	1	$p_{i \cdot}$
0	p_{11}	p_{12}	p_{13}	0.5
1	0	p_{22}	0	0.5
$p_{\cdot j}$	0.25	0.5	0.25	

又由 (X,Y) 的分布律与边缘分布律的关系得

$$P(Y=-1) = p_{11} + 0 = 0.25 , \quad P(Y=1) = p_{13} + 0 = 0.25 ,$$

$$P(X=1) = 0 + p_{22} + 0 = 0.5 , \quad P(Y=0) = p_{12} + p_{22} = 0.5 .$$

由以上 4 个等式解得

$$p_{11} = 0.25 , \quad p_{13} = 0.25 , \quad p_{22} = 0.5 , \quad p_{12} = 0 .$$

所以， (X,Y) 的分布律为

X ╲ Y	-1	0	1
0	0.25	0	0.25
1	0	0.5	0

3.2.3　二维连续型随机变量的边缘概率密度

设二维连续型随机变量 (X,Y) 的概率密度函数为 $f(x,y)$ ， X 和 Y 的概率密度函数分别为 $f_X(x)$ ， $f_Y(y)$.

由(3.2.1)式和(3.1.4)式，得

$$F_X(x) = F(x,+\infty) = \int_{-\infty}^{+\infty} \int_{-\infty}^{x} f(u,v) \mathrm{d}u \mathrm{d}v$$

$$= \int_{-\infty}^{x} \left[\int_{-\infty}^{+\infty} f(u,v) \mathrm{d}v \right] \mathrm{d}u .$$

又因为

$$F_X(x) = P(X \leqslant x) = \int_{-\infty}^{x} f_X(u) \mathrm{d}u .$$

所以

$$f_X(u) = \int_{-\infty}^{+\infty} f(u,v) \mathrm{d}v .$$

即 X 的概率密度函数为

$$f_X(x) = \int_{-\infty}^{+\infty} f(x,y) \mathrm{d}y . \tag{3.2.5}$$

类似可得 Y 的概率密度函数为

$$f_Y(y) = \int_{-\infty}^{+\infty} f(x,y)\mathrm{d}x \ . \tag{3.2.6}$$

分别称 $f_X(x)$ 和 $f_Y(y)$ 为随机变量 (X,Y) 关于 X 和 Y 的**边缘概率密度函数**（**marginal probability density function**）.

例 3.7 设 (X,Y) 在单位圆域 $x^2 + y^2 < 1$ 上服从均匀分布. 试求 (X,Y) 关于 X 和 Y 的边缘概率密度函数.

解 因为 (X,Y) 在单位圆域 $x^2 + y^2 < 1$ 上服从均匀分布, 所以 (X,Y) 的概率密度函数为

$$f(x,y) = \begin{cases} \dfrac{1}{\pi}, & x^2 + y^2 < 1, \\ 0, & \text{其他}. \end{cases}$$

于是, (X,Y) 关于 X 的边缘概率密度函数为

$$f_X(x) = \int_{-\infty}^{+\infty} f(x,y)\mathrm{d}y = \begin{cases} \displaystyle\int_{-\sqrt{1-x^2}}^{\sqrt{1-x^2}} \dfrac{1}{\pi}\mathrm{d}y, & -1 < x < 1, \\ 0, & \text{其他}. \end{cases}$$

$$= \begin{cases} \dfrac{2}{\pi}\sqrt{1-x^2}, & -1 < x < 1, \\ 0, & \text{其他}. \end{cases}$$

同理可得, (X,Y) 关于 Y 的边缘概率密度函数为

$$f_Y(y) = \begin{cases} \dfrac{2}{\pi}\sqrt{1-y^2}, & -1 < y < 1, \\ 0, & \text{其他}. \end{cases}$$

例 3.8 设 $(X,Y) \sim N(\mu_1, \mu_2, \sigma_1^2, \sigma_2^2, \rho)$, 试求 (X,Y) 关于 X 和 Y 的边缘概率密度函数.

解 由(3.2.5)式并结合(3.1.5)式, 得

$$f_X(x) = \int_{-\infty}^{+\infty} f(x,y)\mathrm{d}y = \frac{1}{\sqrt{2\pi}\sigma_1}\mathrm{e}^{-\frac{(x-\mu_1)^2}{2\sigma_1^2}} \ .$$

同理可得

$$f_Y(y) = \frac{1}{\sqrt{2\pi}\sigma_2}\mathrm{e}^{-\frac{(x-\mu_2)^2}{2\sigma_2^2}} \ .$$

由此可见, 当 $(X,Y) \sim N(\mu_1, \mu_2, \sigma_1^2, \sigma_2^2, \rho)$ 时, 有

$$X \sim N(\mu_1, \sigma_1^2), \qquad Y \sim N(\mu_2, \sigma_2^2) \ .$$

二维正态分布的边缘分布与参数 ρ 无关, 在其他参数不变的条件下, 对不同的参数 ρ, (X,Y) 关于 X 和 Y 的边缘分布是相同的. 这说明, 即使已知 X 和 Y 的分布, 我们也不能完全确定 (X,Y) 的分布, 这也从一个侧面说明了研究多维随机

变量的必要性. 下面的例题将说明, 当 X 和 Y 都是正态分布时, (X,Y) 并不是二维正态分布.

例 3.9 设二维随机变量 (X,Y) 的概率密度函数为

$$f(x,y) = \frac{1}{2\pi} e^{-\frac{x^2+y^2}{2}} (1+\sin x \sin y), \quad -\infty < x, y < +\infty.$$

求边缘概率密度函数 $f_X(x)$ 和 $f_Y(y)$.

解 由(3.2.5)式, 得

$$f_X(x) = \int_{-\infty}^{+\infty} f(x,y)\mathrm{d}y = \int_{-\infty}^{+\infty} \frac{1}{2\pi} e^{-\frac{x^2+y^2}{2}} (1+\sin x \sin y)\mathrm{d}y$$

$$= \frac{1}{2\pi} e^{-\frac{x^2}{2}} \int_{-\infty}^{+\infty} e^{-\frac{y^2}{2}} \mathrm{d}y = \frac{1}{\sqrt{2\pi}} e^{-\frac{x^2}{2}}.$$

同理可得

$$f_Y(y) = \frac{1}{\sqrt{2\pi}} e^{-\frac{y^2}{2}}.$$

显然, $X \sim N(0,1)$, $Y \sim N(0,1)$, 但是 (X,Y) 并不服从正态分布.

3.3 二维随机变量的条件分布

在第 1 章的 1.4 节, 我们讨论了随机事件的条件概率. 在本节我们仿照条件概率的定义, 按离散型和连续型随机变量分别给出条件分布的概念.

3.3.1 离散型随机变量的条件分布

设 (X,Y) 是二维离散型随机变量, 其分布律为

$$P(X = x_i, Y = y_j) = p_{ij}, \qquad i, j = 1, 2, \cdots.$$

(X,Y) 关于 X 和 Y 的边缘分布律为

$$p_{i\cdot} = P(X = x_i) = \sum_{j=1}^{\infty} p_{ij}, \qquad i = 1, 2, \cdots.$$

$$p_{\cdot j} = P(Y = y_j) = \sum_{i=1}^{\infty} p_{ij}, \qquad j = 1, 2, \cdots.$$

当 $p_{\cdot j} > 0$ 时, 在事件 $\{Y = y_j\}$ 已经发生的条件下, 事件 $\{X = x_i\}$ 发生的概率为

$$P(X = x_i \mid Y = y_j) = \frac{P(X = x_i, Y = y_j)}{P(Y = y_j)} = \frac{p_{ij}}{p_{\cdot j}}, \qquad i = 1, 2, \cdots.$$

显然有

（1） $P(X = x_i \mid Y = y_j) \geqslant 0$.

（2）$\sum_{i=1}^{\infty} P(X=x_i \mid Y=y_j) = \sum_{i=1}^{\infty} \frac{p_{ij}}{p_{\cdot j}} = \frac{1}{p_{\cdot j}} \sum_{i=1}^{\infty} p_{ij} = 1$.

于是，我们可以引入下列定义.

定义 3.8 设 (X,Y) 是二维离散型随机变量，对于固定的 j，若有 $P(Y=y_j)>0$，则

称

$$P(X=x_i \mid Y=y_j) = \frac{P(X=x_i, Y=y_j)}{P(Y=y_j)} = \frac{p_{ij}}{p_{\cdot j}}, \qquad i=1,2,\cdots. \qquad (3.3.1)$$

为在条件 $Y=y_j$ 下，随机变量 X 的**条件分布律**（**conditional distribution law**）.

同样，当 $P(X=x_i)>0$ 时，在条件 $X=x_i$ 下，随机变量 Y 的条件分布律为

$$P(Y=y_j \mid X=x_i) = \frac{P(X=x_i, Y=y_j)}{P(X=x_i)} = \frac{p_{ij}}{p_{i\cdot}}, \qquad j=1,2,\cdots. \qquad (3.3.2)$$

根据定义，在条件 $Y=y_j$ 下，随机变量 X 的**条件分布函数**（**conditional distribution function**）可表示为

$$F_{X\mid Y}(x \mid y_j) = P(X \leqslant x \mid Y=y_j) = \sum_{x_i \leqslant x} P(X=x_i \mid Y=y_j) = \frac{1}{p_{\cdot j}} \sum_{x_i \leqslant x} p_{ij}.$$

同理，在条件 $X=x_i$ 下，随机变量 Y 的条件分布函数可表示为

$$F_{Y\mid X}(y \mid x_i) = P(Y \leqslant y \mid X=x_i) = \sum_{y_j \leqslant y} P(Y=y_j \mid X=x_i) = \frac{1}{p_{i\cdot}} \sum_{y_j \leqslant y} p_{ij}.$$

例 3.10 一射手进行射击，他每次击中目标的概率都为 $p\,(0<p<1)$，射击进行到击中目标两次为止. 第一次击中目标时所进行的射击次数记为 X，总共进行的射击次数记为 Y. 试求 (X,Y) 的分布律及条件分布律.

解 （1）由题意知，事件 $\{X=m, Y=n\}$ 表示该射手只在第 m 次和第 $n\,(n>m)$ 次击中目标，因此 (X,Y) 的分布律为

$$P(X=m, Y=n) = p^2(1-p)^{n-2}, \qquad n=2,3,\cdots;\quad m=1,2,\cdots,n-1.$$

（2）因为

$$\begin{aligned} P(X=m) &= \sum_{n=m+1}^{\infty} P(X=m, Y=n) = \sum_{n=m+1}^{\infty} p^2(1-p)^{n-2} \\ &= \frac{p^2(1-p)^{m-1}}{1-(1-p)} = p(1-p)^{m-1}, \qquad m=1,2,\cdots. \end{aligned}$$

$$\begin{aligned} P(Y=n) &= \sum_{m=1}^{n-1} P(X=m, Y=n) = \sum_{m=1}^{n-1} p^2(1-p)^{n-2} \\ &= (n-1)p^2(1-p)^{n-2}, \qquad n=2,3,\cdots. \end{aligned}$$

于是，所求的条件分布律为

当 $n=2,3,\cdots$ 时

$$P(X = m \mid Y = n) = \frac{p^2(1-p)^{n-2}}{(n-1)p^2(1-p)^{n-2}} = \frac{1}{n-1}, \qquad m = 1, 2, \cdots, n-1.$$

当 $m = 1, 2, \cdots$ 时

$$P(Y = n \mid X = m) = \frac{p^2(1-p)^{n-2}}{p(1-p)^{m-1}} = p(1-p)^{n-m-1}, \qquad n = m+1, m+2, \cdots.$$

3.3.2 连续型随机变量的条件分布

设 (X, Y) 是二维连续型随机变量，这时由于对任意 x, y 都有 $P(X = x) = 0$，$P(Y = y) = 0$，因此就不能直接用条件概率引入"条件分布函数"了.

设 (X, Y) 的概率密度为 $f(x, y)$，(X, Y) 关于 Y 的边缘概率密度为 $f_Y(y)$. 给定 y，对于任意固定的 $\varepsilon > 0$ 及任意 x，考虑条件概率 $P(X \leqslant x \mid y < Y \leqslant y + \varepsilon)$.

设 $P(y < X \leqslant y + \varepsilon) > 0$，则有

$$P(X \leqslant x \mid y < Y \leqslant y + \varepsilon) = \frac{P(X \leqslant x, y < Y \leqslant y + \varepsilon)}{P(y < Y \leqslant y + \varepsilon)}$$

$$= \frac{\int_{-\infty}^{x} [\int_{y}^{y+\varepsilon} f(x, y) \mathrm{d}y] \mathrm{d}x}{\int_{y}^{y+\varepsilon} f_Y(y) \mathrm{d}y}.$$

在某些条件下，当 ε 很小时，上式右端分子，分母分别近似于 $\varepsilon \int_{-\infty}^{x} f(x, y) \mathrm{d}x$ 和 $\varepsilon f_Y(y)$，于是当 ε 很小时，有

$$P(X \leqslant x \mid y < Y \leqslant y + \varepsilon) \approx \frac{\varepsilon \int_{-\infty}^{x} f(x, y) \mathrm{d}x}{\varepsilon f_Y(y)} = \int_{-\infty}^{x} \frac{f(x, y)}{f_Y(y)} \mathrm{d}x.$$

依据一维连续型随机变量概率密度函数与分布函数的关系（见（2.4.1）式），我们给出以下定义.

定义 3.9 设二维连续型随机变量 (X, Y) 的概率密度为 $f(x, y)$，(X, Y) 关于 Y 的边缘概率密度为 $f_Y(y)$. 若对于固定的 y，$f_Y(y) > 0$，则称 $\dfrac{f(x, y)}{f_Y(y)}$ 为在条件 $Y = y$ 下 X 的**条件概率密度**（**conditional probability density**），记为

$$f_{X|Y}(x \mid y) = \frac{f(x, y)}{f_Y(y)}. \tag{3.3.3}$$

称 $\int_{-\infty}^{x} f_{X|Y}(x \mid y) \mathrm{d}x = \int_{-\infty}^{x} \dfrac{f(x, y)}{f_Y(y)} \mathrm{d}x$ 为在条件 $Y = y$ 下 X 的**条件分布函数**，记为 $F_{X|Y}(x \mid y)$，即

$$F_{X|Y}(x \mid y) = P(X \leqslant x \mid Y = y) = \int_{-\infty}^{x} \frac{f(x, y)}{f_Y(y)} \mathrm{d}x.$$

类似，可以定义

$$f_{Y|X}(y\,|\,x) = \frac{f(x,y)}{f_X(x)}. \tag{3.3.4}$$

和

$$F_{Y|X}(y\,|\,x) = \int_{-\infty}^{y} \frac{f(x,y)}{f_X(x)}\,\mathrm{d}y\,.$$

例 3.11 设随机变量 X 在区间 $(0,1)$ 上随机地取值，当 $X = x$ $(0 < x < 1)$ 时，数 Y 在区间 $(x,1)$ 上随机地取值，求 Y 的概率密度 $f_Y(y)$.

解 由题意 X 的概率密度为

$$f_X(x) = \begin{cases} 1, & 0 < x < 1, \\ 0, & \text{其他}. \end{cases}$$

对于任意 x $(0 < x < 1)$，在条件 $X = x$ 下 Y 的条件概率密度为

$$f_{Y|X}(y\,|\,x) = \begin{cases} \dfrac{1}{1-x}, & x < y < 1, \\ 0, & \text{其他}. \end{cases}$$

由(3.3.4)式得 (X,Y) 的概率密度为

$$f(x,y) = f_X(x)f_{Y|X}(y\,|\,x) = \begin{cases} \dfrac{1}{1-x}, & 0 < x < y < 1, \\ 0, & \text{其他}. \end{cases}$$

于是，Y 的概率密度为

$$f_Y(y) = \int_{-\infty}^{+\infty} f(x,y)\mathrm{d}x = \begin{cases} \displaystyle\int_0^y \dfrac{1}{1-x}\mathrm{d}x = -\ln(1-y), & 0 < y < 1, \\ 0, & \text{其他}. \end{cases}$$

例 3.12 已知随机变量 (X,Y)，当 $0 < y < 1$ 时，在条件 $Y = y$ 下 X 的条件概率密度为

$$f_{X|Y}(x\,|\,y) = \begin{cases} \dfrac{3x^2}{y^3}, & 0 < x < y, \\ 0, & \text{其他}. \end{cases}$$

随机变量 Y 的边缘概率密度为 $\quad f_Y(y) = \begin{cases} 5y^4, & 0 < y < 1, \\ 0, & \text{其他}. \end{cases}$

试求边缘概率密度 $f_X(x)$ 和概率 $P(X > 0.5)$.

解 由(3.3.3)式得 (X,Y) 概率密度为

$$f(x,y) = f_Y(y)f_{X|Y}(x\,|\,y) = \begin{cases} 15x^2 y, & 0 < x < y, 0 < y < 1, \\ 0, & \text{其他}. \end{cases}$$

于是，X 的边缘概率密度为

$$f_X(x) = \int_{-\infty}^{+\infty} f(x,y)\mathrm{d}y = \begin{cases} \int_x^1 15x^2 y\mathrm{d}y, & 0 < x < 1, \\ 0, & \text{其他}. \end{cases} = \begin{cases} \dfrac{15}{2}x^2(1-x^2), & 0 < x < 1. \\ 0, & \text{其他}. \end{cases}$$

故有

$$P(X > 0.5) = \int_{0.5}^{+\infty} f_X(x)\mathrm{d}x = \int_{0.5}^1 \frac{15}{2}x^2(1-x^2)\mathrm{d}x = \frac{47}{64}.$$

3.4 随机变量的独立性

我们已经知道，二维随机变量 (X,Y) 的分布函数或概率密度函数不仅描述了 X 与 Y 各自的统计规律，而且还包含了 X 与 Y 相互之间关系的信息. 当随机变量 X 与 Y 取值的规律互不影响时，称 X 与 Y 独立，这是本节将要讨论的重点.

在第 1 章中，我们讨论了随机事件的相互独立性，现在我们借助于两个随机事件的独立性，引入随机变量相互独立的概念.

定义 3.10 设 $F(x,y)$ 是二维随机变量 (X,Y) 的分布函数，$F_X(x)$ 和 $F_Y(y)$ 为边缘分布函数，若对任意实数 x,y，都有

$$F(x,y) = F_X(x)F_Y(y) \tag{3.4.1}$$

则称随机变量 X 与 Y 相互独立.

由分布函数的定义，(3.4.1)式可以写成

$$P(X \leqslant x, Y \leqslant y) = P(X \leqslant x)P(Y \leqslant y)$$

因此，随机变量 X 与 Y 相互独立是指对任意实数 x,y，随机事件 $\{X \leqslant x\}$ 和 $\{Y \leqslant y\}$ 相互独立. 随机变量的独立性是概率论中的一个重要概念之一.

依据以上定义，可得以下定理.

定理 3.1 1) 若 (X,Y) 是二维离散型随机变量，其分布律为

$$P(X = x_i, Y = y_i) = p_{ij}, \qquad i,j = 1,2,\cdots.$$

则随机变量 X 与 Y 相互独立的充分必要条件为

$$p_{ij} = p_{i\cdot}p_{\cdot j}, \qquad i,j = 1,2,\cdots. \tag{3.4.2}$$

2) 若 (X,Y) 是二维连续型随机变量，其概率密度为 $f(x,y)$，边缘概率密度为 $f_X(x)$ 和 $f_Y(y)$，则随机变量 X 与 Y 相互独立的充分必要条件为

$$f(x,y) = f_X(x)f_Y(y) \tag{3.4.3}$$

在平面上几乎处处成立.

例 3.13 已知随机变量 (X,Y) 的分布律为

X \ Y	1	2	3
1	1/3	a	b
2	1/6	1/9	1/18

试确定常数 a,b ，使得 X 与 Y 相互独立.

解 先求出 (X,Y) 关于 X 和 Y 的边缘分布律

X＼Y	1	2	3	$p_{i\cdot}$
1	1/3	a	b	$a+b+1/3$
2	1/6	1/9	1/18	1/3
$p_{\cdot j}$	1/2	$a+1/9$	$b+1/18$	

因为 X 与 Y 相互独立，则有

$$P(X=2,Y=2)=P(X=2)P(Y=2)，$$
$$P(X=2,Y=3)=P(X=2)P(Y=3)．$$

即

$$\frac{1}{9}=\frac{1}{3}\times\left(a+\frac{1}{9}\right)，\qquad \frac{1}{18}=\frac{1}{3}\times\left(b+\frac{1}{18}\right)．$$

解得

$$a=\frac{2}{9}，\quad b=\frac{1}{9}．$$

例 3.14 已知随机变量 (X,Y) 在区域 $G=\{(x,y)\,|\,0\leqslant x\leqslant 2,0\leqslant y\leqslant 1\}$ 上服从

均匀分布，定义随机变量 $U=\begin{cases}1, & X>Y,\\ 0, & X\leqslant Y.\end{cases}$ $\quad V=\begin{cases}1, & X>2Y,\\ 0, & X\leqslant 2Y.\end{cases}$

（1）求随机变量 (U,V) 的分布律.

（2） U 与 V 是否相互独立？

解 （1）据题意，随机变量 (X,Y) 的概率密度为

$$f(x,y)=\begin{cases}\dfrac{1}{2}, & (x,y)\in G,\\[2mm] 0, & \text{其他.}\end{cases}$$

于是（见图 3.4）

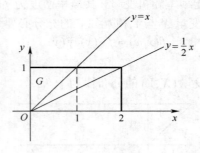

图 3.4

$$P(U = 0, V = 0) = P(X \leqslant Y, X \leqslant 2Y) = P(X \leqslant Y)$$

$$= \iint\limits_{x \leqslant y} f(x, y)\mathrm{d}x\mathrm{d}y = \int_0^1 \mathrm{d}x \int_x^1 \frac{1}{2}\mathrm{d}y = \frac{1}{4}.$$

$$P(U = 0, V = 1) = P(X \leqslant Y, X > 2Y) = P(\phi) = 0.$$

$$P(U = 1, V = 0) = P(X > Y, X \leqslant 2Y) = P(Y < X \leqslant 2Y)$$

$$= \iint\limits_{y < x \leqslant 2y} f(x, y)\mathrm{d}x\mathrm{d}y = \int_0^1 \mathrm{d}y \int_y^{2y} \frac{1}{2}\mathrm{d}x = \frac{1}{4}.$$

$$P(U = 1, V = 1) = 1 - \frac{1}{4} - \frac{1}{4} = \frac{1}{2}.$$

所以，随机变量 (U, V) 的分布律为

U \ V	0	1
0	1 / 4	0
1	1 / 4	1 / 2

（2）因为

$$P(U = 0) = \frac{1}{4} + 0 = \frac{1}{4}, \quad P(V = 0) = \frac{1}{4} + \frac{1}{4} = \frac{1}{2}, \quad P(U = 0, V = 0) = \frac{1}{4}.$$

所以 $\qquad\qquad P(U = 0, V = 0) \neq P(U = 0) \times P(V = 0).$

因此，随机变量 U 与 V 不相互独立.

例 3.15 已知二维随机变量 (X, Y) 的概率密度为

$$f(x, y) = \begin{cases} 4xy, & 0 \leqslant x \leqslant 1, 0 \leqslant y \leqslant 1, \\ 0, & \text{其他}. \end{cases}$$

试问随机变量 X 与 Y 是否相互独立？

解 由 (3.2.5)式知 (X, Y) 关于 X 的边缘概率密度为

$$f_X(x) = \int_{-\infty}^{+\infty} f(x, y)\mathrm{d}y = \begin{cases} \int_0^1 4xy\mathrm{d}y, & 0 \leqslant x \leqslant 1, \\ 0, & \text{其他}. \end{cases}$$

$$= \begin{cases} 2x, & 0 \leqslant x \leqslant 1, \\ 0, & \text{其他}. \end{cases}$$

同理，关于 Y 的边缘概率密度为

$$f_Y(y) = \int_{-\infty}^{+\infty} f(x, y)\mathrm{d}x = \begin{cases} 2y, & 0 \leqslant y \leqslant 1, \\ 0, & \text{其他}. \end{cases}$$

因为对任意实数 x, y，有

$$f(x, y) = f_X(x)f_Y(y).$$

所以，随机变量 X 与 Y 相互独立.

例 3.16 设随机变量 $(X,Y) \sim N(\mu_1, \mu_2, \sigma_1^2, \sigma_2^2, \rho)$，试证随机变量 X 与 Y 相互独立的充分必要条件为参数 $\rho = 0$.

证明 因为 (X,Y) 的概率密度为

$$f(x,y) = \frac{1}{2\pi\sigma_1\sigma_2\sqrt{1-\rho^2}} \exp\{\frac{-1}{2(1-\rho^2)}[\frac{(x-\mu_1)^2}{\sigma_1^2}$$

$$-2\rho\frac{(x-\mu_1)(y-\mu_2)}{\sigma_1\sigma_2} + \frac{(y-\mu_2)^2}{\sigma_2^2}]\}. \tag{3.4.4}$$

又由例 3.8 知，(X,Y) 关于 X 和 Y 的边缘概率密度分别为

$$f_X(x) = \frac{1}{\sqrt{2\pi}\sigma_1} e^{-\frac{(x-\mu_1)^2}{2\sigma_1^2}}, \quad -\infty < x < +\infty. \tag{3.4.5}$$

$$f_Y(y) = \frac{1}{\sqrt{2\pi}\sigma_2} e^{-\frac{(y-\mu_2)^2}{2\sigma_2^2}}, \quad -\infty < y < +\infty. \tag{3.4.6}$$

由(3.4.4)，(3.4.5)及(3.4.6)式可知，对任意实数 x, y

$$f(x,y) = f_X(x)f_Y(y) \quad \text{当且仅当} \quad \rho = 0.$$

所以，随机变量 X 与 Y 相互独立的充分必要条件为 $\rho = 0$.

3.5 二维随机变量函数的分布

设 (X,Y) 是一个二维随机变量，$z = g(x,y)$ 是连续函数，则 $Z = g(X,Y)$ 也是一个随机变量. 下面介绍，如何从 (X,Y) 的概率分布求出 $Z = g(X,Y)$ 的概率分布.

3.5.1 二维离散型随机变量函数的分布

设二维离散型随机变量 (X,Y) 的分布律为

$$P(X = x_i, Y = y_j) = p_{ij}, \qquad i, j = 1, 2, \cdots.$$

于是，$Z = g(X,Y)$ 也是离散型随机变量，且其分布律为

$$P(Z = z_k) = P(g(X,Y) = z_k) = \sum_{g(x_i, x_j) = z_k} p_{ij}, \qquad k = 1, 2, \cdots. \tag{3.5.1}$$

例 3.17 已知二维随机变量 (X,Y) 的分布律为

X \ Y	−1	0	1
1	1/6	0	1/3
2	1/6	1/6	1/6

试求随机变量 $Z_1 = X + Y$ 和 $Z_2 = \max(X,Y)$ 的分布律.

解 因为 $Z_1 = X + Y$，所以 Z_1 的可能取值为 $0, 1, 2, 3$. 由(3.5.1)式得

$$P(Z_1 = 0) = P(X + Y = 0) = P(X = 1, Y = -1) = \frac{1}{6}.$$

$$P(Z_1 = 1) = P(X = 1, Y = 0) + P(X = 2, Y = -1) = 0 + \frac{1}{6} = \frac{1}{6}.$$

$$P(Z_1 = 2) = P(X = 1, Y = 1) + P(X = 2, Y = 0) = \frac{1}{3} + \frac{1}{6} = \frac{1}{2}.$$

$$P(Z_1 = 3) = P(X = 2, Y = 1) = \frac{1}{6}.$$

所以，$Z_1 = X + Y$ 的分布律为

Z_1	0	1	2	3
P	1/6	1/6	1/2	1/6

同理，Z_2 的可能取值为 $1, 2$．且

$$
\begin{aligned}
P(Z_2 = 1) &= P(\max(X, Y) = 1) \\
&= P(X = 1, Y = -1) + P(X = 1, Y = 0) + P(X = 1, Y = 1) \\
&= \frac{1}{6} + 0 + \frac{1}{3} = \frac{1}{2}, \\
P(Z_2 = 2) &= P(\max(X, Y) = 2) \\
&= P(X = 2, Y = -1) + P(X = 2, Y = 0) + P(X = 2, Y = 1) \\
&= \frac{1}{6} + \frac{1}{6} + \frac{1}{6} = \frac{1}{2}.
\end{aligned}
$$

所以，$Z_2 = \max(X, Y)$ 的分布律为

Z_2	1	2
P	1/2	1/2

例 3.18　设随机变量 X 与 Y 相互独立，且分别服从参数为 λ_1 和 λ_2 的泊松分布，试证明 $Z = X + Y$ 服从参数为 $\lambda_1 + \lambda_2$ 的泊松分布．

证明　由题意，随机变量 X 与 Y 的分布律分别为

$$P(X = k_1) = \frac{\lambda_1^{k_1}}{k_1!} e^{-\lambda_1}, \qquad k_1 = 0, 1, 2, \cdots.$$

$$P(Y = k_2) = \frac{\lambda_2^{k_2}}{k_2!} e^{-\lambda_2}, \qquad k_2 = 0, 1, 2, \cdots.$$

因为 $Z = X + Y$，所以 Z 的所有可能取值为 $i = 0, 1, 2, \cdots$．由(3.5.1)式有

$$
\begin{aligned}
P(Z = i) &= P(X + Y = i) = \sum_{k=0}^{i} P(X = k, Y = i - k) \\
&= \sum_{k=0}^{i} P(X = k) \times P(Y = i - k) = \sum_{k=0}^{i} \frac{\lambda_1^{k}}{k!} e^{-\lambda_1} \times \frac{\lambda_2^{i-k}}{(i-k)!} e^{-\lambda_2}
\end{aligned}
$$

$$= \mathrm{e}^{-(\lambda_1+\lambda_2)} \frac{1}{i!} \sum_{k=0}^{i} \frac{i!}{k!(i-k)!} \lambda_1^k \lambda_2^{i-k} = \frac{(\lambda_1+\lambda_2)^i}{i!} \mathrm{e}^{-(\lambda_1+\lambda_2)}, \quad i=0,1,2,\cdots.$$

所以

$$Z = X + Y \sim \pi(\lambda_1+\lambda_2).$$

该例题表明，相互独立的泊松分布具有可加性．此结论可推广：设 $X_1, X_2, \cdots, X_n$ 是 n 个相互独立的泊松分布，且 $X_i \sim \pi(\lambda_i)$，$i=1,2,\cdots,n$，则 $\sum_{i=1}^{n} X_i \sim \pi(\sum_{i=1}^{n} \lambda_i)$．

3.5.2 二维连续型随机变量函数的分布

设二维连续型随机变量 (X,Y) 的概率密度为 $f(x,y)$，则随机变量 $Z = g(X,Y)$ 的分布函数为

$$F_Z(z) = P(Z \leqslant z) = P(g(X,Y) \leqslant z) = \iint\limits_{g(x,y)\leqslant z} f(x,y)\mathrm{d}x\mathrm{d}y. \tag{3.5.2}$$

由此可得 $Z = g(X,Y)$ 的概率密度为

$$f_Z(z) = \frac{\mathrm{d}F_Z(z)}{\mathrm{d}z} = \frac{\mathrm{d}}{\mathrm{d}z}(\iint\limits_{g(x,y)\leqslant z} f(x,y)\mathrm{d}x\mathrm{d}y). \tag{3.5.3}$$

例 3.19 设 X 与 Y 是相互独立的随机变量，且都服从正态分布 $N(0,\sigma^2)$，试求随机变量 $Z = \sqrt{X^2+Y^2}$ 的概率密度.

解 因为 X 与 Y 相互独立，故 (X,Y) 的概率密度为

$$f(x,y) = f_X(x)f_Y(y) = \frac{1}{2\pi\sigma^2} \mathrm{e}^{-\frac{x^2+y^2}{2\sigma^2}}.$$

所以，由(3.5.2)式得 Z 的分布函数为

$$F_Z(z) = P(\sqrt{X^2+Y^2} \leqslant z) = \iint\limits_{\sqrt{x^2+y^2}\leqslant z} f(x,y)\mathrm{d}x\mathrm{d}y.$$

当 $z \leqslant 0$ 时，显然有 $F_Z(z) = 0$.

当 $z > 0$ 时，有

$$F_Z(z) = \iint\limits_{x^2+y^2\leqslant z^2} \frac{1}{2\pi\sigma^2} \mathrm{e}^{-\frac{x^2+y^2}{2\sigma^2}} \mathrm{d}x\mathrm{d}y,$$

令 $x = r\cos\theta, y = r\sin\theta$，得

$$F_Z(z) = \int_0^{2\pi} \mathrm{d}\theta \int_0^z \frac{1}{2\pi\sigma^2} \mathrm{e}^{-\frac{r^2}{2\sigma^2}} r\mathrm{d}r = 1 - \mathrm{e}^{-\frac{z^2}{2\sigma^2}}.$$

因此，由(3.5.3)式得 $Z = \sqrt{X^2+Y^2}$ 的概率密度为

$$f_Z(z) = \frac{\mathrm{d}F_Z(z)}{\mathrm{d}z} = \begin{cases} \dfrac{z}{\sigma^2}\mathrm{e}^{-\frac{z^2}{2\sigma^2}}, & z > 0, \\ 0, & z \leqslant 0. \end{cases}$$

我们称以上随机变量 Z 服从参数为 $\sigma\,(\sigma > 0)$ 的瑞利（**Rayleigh**）分布.

例 3.20 设 X 与 Y 是相互独立的随机变量，它们的概率密度分别为

$$f_X(x) = \begin{cases} 1, & 0 < x < 1, \\ 0, & \text{其他.} \end{cases} \qquad f_Y(y) = \begin{cases} \mathrm{e}^{-y}, & y > 0, \\ 0, & y \leqslant 0. \end{cases}$$

试求随机变量 $Z = 2X + Y$ 的概率密度.

解 因为 X 与 Y 相互独立，所以 (X,Y) 的概率密度为

$$f(x,y) = f_X(x)f_Y(y) = \begin{cases} \mathrm{e}^{-y}, & 0 < x < 1, y > 0, \\ 0, & \text{其他.} \end{cases}$$

因此 Z 的分布函数为

$$F_Z(z) = P(Z \leqslant z) = P(2X + Y \leqslant z) = \iint\limits_{2x+y \leqslant z} f(x,y)\mathrm{d}x\mathrm{d}y .$$

由图 3.5 可知：

（1）当 $z < 0$ 时，$F_Z(z) = 0$.

（2）当 $0 \leqslant z < 2$ 时，$F_Z(z) = \int_0^{z/2}\mathrm{d}x\int_0^{z-2x}\mathrm{e}^{-y}\mathrm{d}y = \dfrac{1}{2}(z + \mathrm{e}^{-z} - 1)$.

（3）当 $z \geqslant 2$ 时，$F_Z(z) = \int_0^1\mathrm{d}x\int_0^{z-2x}\mathrm{e}^{-y}\mathrm{d}y = 1 - \dfrac{1}{2}(\mathrm{e}^2 - 1)\mathrm{e}^{-z}$.

综上知

$$F_Z(z) = \begin{cases} 0, & z < 0, \\ \dfrac{1}{2}(z + \mathrm{e}^{-z} - 1), & 0 \leqslant z < 2, \\ 1 - \dfrac{1}{2}(\mathrm{e}^2 - 1)\mathrm{e}^{-z}, & z \geqslant 2. \end{cases}$$

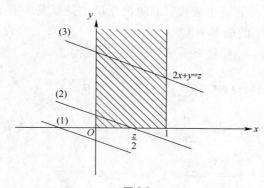

图 3.5

所以，$Z = 2X + Y$ 的概率密度为

$$f_Z(z) = \frac{dF_Z(z)}{dz} = \begin{cases} 0, & z < 0, \\ \dfrac{1}{2}(1 - e^{-z}), & 0 \leqslant z < 2, \\ \dfrac{1}{2}(e^2 - 1)e^{-z}, & z \geqslant 2. \end{cases}$$

上面我们介绍了求二维连续型随机变量函数分布的一般方法，但在具体计算时，往往比较复杂．下面我们就 $X + Y, \max(X, Y), \min(X, Y), Y/X$ 等几种特殊情况加以详细讨论．

1. $Z = X + Y$ 的分布

设二维随机变量 (X, Y) 的概率密度为 $f(x, y)$，则随机变量 $Z = X + Y$ 的分布函数为

$$F_Z(z) = P(Z \leqslant z) = P(X + Y \leqslant z)$$
$$= \iint\limits_{x+y \leqslant z} f(x, y) \mathrm{d}x \mathrm{d}y = \int_{-\infty}^{+\infty} \mathrm{d}y \int_{-\infty}^{z-y} f(x, y) \mathrm{d}x .$$

由此可得 Z 的概率密度为

$$f_Z(z) = \frac{\mathrm{d}F_Z(z)}{\mathrm{d}z} = \int_{-\infty}^{+\infty} f(z - y, y) \mathrm{d}y . \tag{3.5.4}$$

利用 X 与 Y 的对称性，可得

$$f_Z(z) = \int_{-\infty}^{+\infty} f(x, z - x) \mathrm{d}x . \tag{3.5.5}$$

特别，当 X 与 Y 相互独立时，有

$$f_Z(z) = \int_{-\infty}^{+\infty} f_X(x) f_Y(z - x) \mathrm{d}x = \int_{-\infty}^{+\infty} f_X(z - y) f_Y(y) \mathrm{d}y . \tag{3.5.6}$$

其中 $f_X(x)$ 和 $f_Y(y)$ 分别为 X 与 Y 的概率密度．

例 3.21 设 X 与 Y 是相互独立的随机变量，且都服从正态分布 $N(0,1)$，试求随机变量 $Z = X + Y$ 的概率密度．

解 因为 X 与 Y 相互独立，所以由(3.5.6)式得 $Z = X + Y$ 的概率密度为

$$f_Z(z) = \int_{-\infty}^{+\infty} f_X(x) f_Y(z - x) \mathrm{d}x = \frac{1}{2\pi} \int_{-\infty}^{+\infty} e^{-\frac{x^2}{2}} e^{-\frac{(z-x)^2}{2}} \mathrm{d}x$$

$$= \frac{1}{2\pi} e^{-\frac{z^2}{4}} \int_{-\infty}^{+\infty} e^{-(x-\frac{z}{2})^2} \mathrm{d}x = \frac{1}{2\pi} e^{-\frac{z^2}{4}} \int_{-\infty}^{+\infty} e^{-u^2} \mathrm{d}u \qquad (\diamondsuit \, u = x - z/2)$$

$$= \frac{1}{2\pi} e^{-\frac{z^2}{4}} \times \sqrt{\pi} = \frac{1}{\sqrt{2\pi}\sqrt{2}} e^{-\frac{z^2}{2(\sqrt{2})^2}} , \quad -\infty < z < +\infty .$$

即 $Z \sim N(0,2)$.

一般，若 X 与 Y 相互独立，且 $X \sim N(\mu_1, \sigma_1^2)$，$Y \sim N(\mu_2, \sigma_2^2)$，则有

$$Z = X + Y \sim N(\mu_1 + \mu_2, \ \sigma_1^2 + \sigma_2^2)$$

更一般地，可以证明：**有限个相互独立的正态随机变量的线性组合仍然服从正态分布**.

例 3.22 设二维随机变量 (X,Y) 的概率密度为

$$f(x,y) = \begin{cases} 1, & 0 < x < 1, 0 < y < 1, \\ 0, & \text{其他}. \end{cases}$$

求 $Z = X + Y$ 的概率密度.

解 由(3.5.5)式，得

$$f_Z(z) = \int_{-\infty}^{+\infty} f(x, z-x) \mathrm{d}x.$$

易知仅当 $\begin{cases} 0 < x < 1, \\ 0 < z-x < 1, \end{cases}$ 即 $\begin{cases} 0 < x < 1, \\ x < z < 1+x. \end{cases}$ 时，

上述积分的被积函数才不等于零（参考图 3.6）.

于是，$Z = X + Y$ 的概率密度为

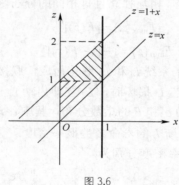

图 3.6

$$f_Z(z) = \begin{cases} \int_0^z 1\mathrm{d}x, & 0 < z < 1, \\ \int_{z-1}^1 1\mathrm{d}x, & 1 \leqslant z \leqslant 2, \\ 0, & \text{其他}. \end{cases} = \begin{cases} z, & 0 < z < 1, \\ 2-z, & 1 \leqslant z \leqslant 2, \\ 0, & \text{其他}. \end{cases}$$

2. $M = \max(X,Y)$ 和 $N = \min(X,Y)$ 的分布

设 X 与 Y 是相互独立的随机变量，它们的分布函数分别为 $F_X(x)$ 和 $F_Y(y)$. 下

面来求 $M = \max(X, Y)$ 和 $N = \min(X, Y)$ 的分布函数 $F_{\max}(z)$ 和 $F_{\min}(z)$.

因为

$$
\begin{aligned}
F_{\max}(z) &= P(\max(X, Y) \leqslant z) \\
&= P(X \leqslant z, Y \leqslant z) = P(X \leqslant z) \times P(Y \leqslant z).
\end{aligned}
$$

所以
$$F_{\max}(z) = F_X(z) F_Y(z). \tag{3.5.7}$$

类似地，有

$$
\begin{aligned}
F_{\min}(z) &= P(\min(X, Y) \leqslant z) = 1 - P(\min(X, Y) > z) \\
&= 1 - P(X > z, Y > z) = 1 - P(X > z) \times P(Y > z).
\end{aligned}
$$

即
$$F_{\min}(z) = 1 - [1 - F_X(z)][1 - F_Y(z)]. \tag{3.5.8}$$

以上结论容易推广到 n 个相互独立的随机变量的情况.

设 $X_1, X_2, \cdots, X_n$ 是 n 个相互独立的随机变量，它们的分布函数分别为 $F_{X_1}(x_1), F_{X_2}(x_2), \cdots, F_{X_n}(x_n)$. 则 $M = \max(X_1, X_2, \cdots, X_n)$ 的分布函数为
$$F_{\max}(z) = F_{X_1}(z) F_{X_2}(z) \cdots F_{X_n}(z).$$

$N = \min(X_1, X_2, \cdots, X_n)$ 的分布函数为
$$F_{\min}(z) = 1 - [1 - F_{X_1}(z)][1 - F_{X_2}(z)] \cdots [1 - F_{X_n}(z)].$$

特别地，当 $X_1, X_2, \cdots, X_n$ 相互独立且有相同的分布函数 $F(x)$ 时，有
$$F_{\max}(z) = [F(z)]^n.$$
$$F_{\min}(z) = 1 - [1 - F(z)]^n.$$

例 3.23 设系统 L 由子系统 L_1 和 L_2 联接而成，联接的方式分别为：（1）串联；（2）并联；（3）备用（当 L_1 损坏时，L_2 立即启动）. 设子系统 L_1 和 L_2 的使用寿命 X 和 Y 分别服从参数为 α 和 β 的指数分布，其中 $\alpha > 0, \beta > 0, \alpha \neq \beta$. 试分别对以上三种联接方式求出系统 L 的寿命 Z 的概率密度.

解 易知 X 与 Y 的概率密度分别为

$$
f_X(x) = \begin{cases} \alpha e^{-\alpha x}, & x > 0, \\ 0, & x \leqslant 0. \end{cases}
\qquad
f_Y(y) = \begin{cases} \beta e^{-\beta y}, & y > 0, \\ 0, & y \leqslant 0. \end{cases}
$$

分布函数分别为

$$
F_X(x) = \begin{cases} 1 - e^{-\alpha x}, & x > 0, \\ 0, & x \leqslant 0. \end{cases}
\qquad
F_Y(y) = \begin{cases} 1 - e^{-\beta y}, & y > 0, \\ 0, & y \leqslant 0. \end{cases}
$$

（1）串联时，由题意，系统 L 的寿命 $Z = \min(X, Y)$.

于是由(3.5.8)式得 Z 的分布函数为

$$
F_{\min}(z) = 1 - [1 - F_X(z)][1 - F_Y(z)] = \begin{cases} 1 - e^{-(\alpha + \beta)z}, & z > 0, \\ 0, & z \leqslant 0. \end{cases}
$$

故 Z 的概率密度为

$$f_{\min}(z) = \begin{cases} (\alpha+\beta)\mathrm{e}^{-(\alpha+\beta)z}, & z>0, \\ 0, & z \leqslant 0. \end{cases}$$

（2）并联时，由题意，系统 L 的寿命 $Z = \max(X,Y)$.
于是由(3.5.7)式得 Z 的分布函数为

$$F_{\max}(z) = F_X(z)F_Y(z) = \begin{cases} (1-\mathrm{e}^{-\alpha z})(1-\mathrm{e}^{-\beta z}), & z>0, \\ 0, & z \leqslant 0. \end{cases}$$

故 Z 的概率密度为

$$f_{\max}(z) = \begin{cases} \alpha\,\mathrm{e}^{-\alpha z} + \beta\,\mathrm{e}^{-\beta z} - (\alpha+\beta)\mathrm{e}^{-(\alpha+\beta)z}, & z>0, \\ 0, & z \leqslant 0. \end{cases}$$

（3）备用时，由题意，系统 L 的寿命 $Z = X + Y$.
于是由(3.5.6)式，当 $z>0$ 时，Z 的概率密度为

$$f_Z(z) = \int_{-\infty}^{+\infty} f_X(x)f_Y(z-x)\mathrm{d}x = \int_0^z \alpha\,\mathrm{e}^{-\alpha x} \times \beta\,\mathrm{e}^{-\beta(z-x)}\mathrm{d}x$$

$$= \alpha\,\beta\,\mathrm{e}^{-\beta z} \int_0^z \mathrm{e}^{-(\alpha-\beta)x}\mathrm{d}x = \frac{\alpha\beta}{\alpha-\beta}(\mathrm{e}^{-\beta z} - \mathrm{e}^{-\alpha z}).$$

当 $z \leqslant 0$ 时，Z 的概率密度为 $f_Z(z) = 0$.
所以，Z 的概率密度为

$$f_Z(z) = \begin{cases} \dfrac{\alpha\beta}{\alpha-\beta}(\mathrm{e}^{-\beta z} - \mathrm{e}^{-\alpha z}), & z>0, \\ 0, & z \leqslant 0. \end{cases}$$

3．$Z = X/Y$ 的分布

设二维随机变量 (X,Y) 的概率密度为 $f(x,y)$，则随机变量 $Z = X/Y$ 的分布函数为

$$F_Z(z) = P(Z \leqslant z) = \iint\limits_{G_1} f(x,y)\mathrm{d}x\mathrm{d}y + \iint\limits_{G_2} f(x,y)\mathrm{d}x\mathrm{d}y,$$

其中 G_1 和 G_2 是图 3.7 中的阴影部分.

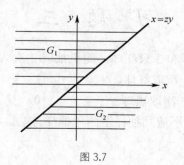

图 3.7

因此

$$F_Z(z) = \int_0^{+\infty} dy \int_{-\infty}^{yz} f(x,y)dx + \int_{-\infty}^0 dy \int_{yz}^{+\infty} f(x,y)dx .$$

由此可得 Z 的概率密度为

$$f_Z(z) = \frac{dF_Z(z)}{dz} = \int_0^{+\infty} f(yz,y)ydy - \int_{-\infty}^0 f(yz,y)ydy$$

$$= \int_{-\infty}^{+\infty} |y| f(yz,y)dy . \tag{3.5.9}$$

特别，当 X 与 Y 相互独立时，有

$$f_Z(z) = \int_{-\infty}^{+\infty} |y| f_X(yz) f_Y(y)dy .$$

其中 $f_X(x)$ 和 $f_Y(y)$ 分别为 X 和 Y 的概率密度.

例 3.24 已知随机变量 (X,Y) 的概率密度为

$$f(x,y) = \begin{cases} \sin y, & 0 \leqslant x \leqslant 1/2, 0 \leqslant y \leqslant \pi, \\ 0, & 其他. \end{cases}$$

试求 $Z = \dfrac{X}{Y}$ 的概率密度.

解 由(3.5.9)式得 Z 的密度函数为

$$f_Z(z) = \int_{-\infty}^{+\infty} |y| f(yz,y)dy = \int_0^{+\infty} yf(yz,y)dy$$

$$= \begin{cases} \int_0^\pi y \sin y dy, & 0 \leqslant z \leqslant 1/2\pi, \\ \int_0^{1/2z} y \sin y dy, & z > 1/2\pi, \\ 0, & z < 0. \end{cases}$$

$$= \begin{cases} \pi, & 0 \leqslant z \leqslant 1/2\pi, \\ \sin \dfrac{1}{2z} - \dfrac{1}{2z}\cos \dfrac{1}{2z}, & z > 1/2\pi, \\ 0, & z < 0. \end{cases}$$

习　题　三

1. 设袋中有 5 只黑球和 3 只红球，随机抽取 2 次，每次抽取 1 只，设

$$X = \begin{cases} 1, & 第一次取红球, \\ 0, & 第一次取黑球. \end{cases} \qquad Y = \begin{cases} 1, & 第二次取红球, \\ 0, & 第二次取黑球. \end{cases}$$

试按（1）放回抽样，（2）不放回抽样这两种抽样方法，求 (X,Y) 的分布律及边缘分布律.

2. 设某口袋装有 2 只黑球、2 只白球和 3 只蓝球. 在该口袋中任取 2 只球. 记 X 为取到黑球的个数, Y 为取到白球的个数. 试求: (1) (X,Y) 的分布律, (2) (X,Y) 关于 X 与 Y 的边缘分布律, (3) $P(X+Y \geqslant 2)$.

3. 设二维连续型随机变量 (X,Y) 的概率密度为

$$f(x,y) = \begin{cases} axy\mathrm{e}^{-(x+y)}, & x \geqslant 0, y \geqslant 0, \\ 0, & \text{其他}. \end{cases}$$

(1) 求常数 a.

(2) 求概率 $P(X > 2Y)$.

4. 设二维连续型随机变量 (X,Y) 的概率密度为

$$f(x,y) = \begin{cases} C(1-x)y, & 0 \leqslant x \leqslant 1, 0 \leqslant y \leqslant x, \\ 0, & \text{其他}. \end{cases}$$

(1) 试确定常数 C.

(2) 求 (X,Y) 的边缘概率密度.

(3) 计算 $P(\frac{1}{4} < X < \frac{1}{2}, Y < \frac{1}{2})$.

5. 设二维连续型随机变量 (X,Y) 的概率密度为

$$f(x,y) = \begin{cases} C\mathrm{e}^{-(3x+4y)}, & x > 0, y > 0, \\ 0, & \text{其他}. \end{cases}$$

(1) 试确定常数 C.

(2) 求 (X,Y) 的分布函数及其边缘分布函数.

(3) 计算 $P(0 < X \leqslant 1, 0 < Y \leqslant 2)$.

6. 设二维连续型随机变量 (X,Y) 的概率密度为

$$f(x,y) = \begin{cases} \mathrm{e}^{-y}, & 0 < x < y, \\ 0, & \text{其他}. \end{cases}$$

求 (X,Y) 关于 X 和 Y 的边缘概率密度.

7. 设二维连续型随机变量 (X,Y) 的概率密度为

$$f(x,y) = \begin{cases} cx^2y, & x^2 < y < 1, \\ 0, & \text{其他}. \end{cases}$$

(1) 试确定常数 C.

(2) 求 (X,Y) 关于 X 和 Y 的边缘概率密度.

8. 设二维正态随机变量 (X,Y) 的概率密度为

$$f(x,y) = \frac{1}{2\pi}\mathrm{e}^{-\frac{x^2+y^2}{2}}, \qquad -\infty < x < +\infty, -\infty < y < +\infty$$

(1) 求 (X,Y) 的边缘概率分布.

（2）计算 $P(X \leqslant Y)$.

9．设 X 与 Y 都是取值为非负整数的随机变量，且 (X,Y) 的分布律为

$$P(X=n,Y=m)=\begin{cases} \dfrac{\lambda^n p^m (1-p)^{n-m}}{m!(n-m)!}e^{-\lambda}, & m \leqslant n, \\ 0, & m > n. \end{cases}$$

其中 $\lambda > 0, 0 < p < 1$ ．试求 X 与 Y 的边缘分布律．

10．设离散型随机变量 X 和 Y 的联合分布律为

X \ Y	0	1	2
0	1/4	1/6	1/8
1	1/4	1/8	1/12

试求： X 在 $Y = 0,1,2$ 及 Y 在 $X = 0,1$ 各个条件下的条件分布律．

11．设二维连续型随机变量 (X,Y) 的概率密度为

$$f(x,y)=\begin{cases} 1, & |y| < x, 0 < x < 1, \\ 0, & \text{其他}. \end{cases}$$

（1）求条件概率密度 $f_{X|Y}(x|y)$ 和 $f_{Y|X}(y|x)$ ．

（2）求 $P(Y > 1/2 \,|\, X > 1/2)$ ．

12．已知 $(X,Y) \sim N(0,0,1,1,\rho)$ ，试求 X 与 Y 的条件概率密度．

13．设二维随机变量 (X,Y) 关于 Y 的边缘概率密度及在 $Y = y$ 条件下的条件概率密度分别为

$$f_Y(y)=\begin{cases} 5y^4, & 0 < y < 1, \\ 0, & \text{其他}. \end{cases} \qquad f_{X|Y}(x|y)=\begin{cases} 3x^2/y^3, & 0 < x < y, \\ 0, & \text{其他}. \end{cases}$$

试求 $P(X > 1/2)$ ．

14．设二维离散型随机变量 (X,Y) 的分布律为

Y \ X	0	1	2
−1	1/15	q	1/5
1	p	1/5	3/10

且随机变量 X 与 Y 相互独立，求 p 与 q 的值．

15．设二维连续型随机变量 (X,Y) 的概率密度为

$$f(x,y)=\begin{cases} \dfrac{1}{\pi}, & x^2 + y^2 \leqslant 1, \\ 0, & \text{其他}. \end{cases}$$

（1）求 (X,Y) 关于 X 和 Y 的边缘概率密度.

（2） X 与 Y 是否相互独立?

16．设随机变量 Y 服从参数为 1 的指数分布，令

$$X_1 = \begin{cases} 1, & Y \geqslant \ln 2, \\ 0, & Y < \ln 2. \end{cases} \qquad X_2 = \begin{cases} 1, & Y \geqslant \ln 3, \\ 0, & Y < \ln 3. \end{cases}$$

（1）求二维随机变量 (X_1, X_2) 分布律.

（2）随机变量 X_1 与 X_2 是否相互独立?

17．设 X 与 Y 是两个相互独立的随机变量， X 在 $(0,1)$ 上服从均匀分布， Y 的概率密度为

$$f_Y(y) = \begin{cases} \dfrac{1}{2}\mathrm{e}^{-\frac{y}{2}}, & y > 0, \\ 0, & y \leqslant 0. \end{cases}$$

（1）试求 X 和 Y 的联合概率密度.

（2）设含有 a 的二次方程为 $a^2 + 2Xa + Y = 0$ ，试求 a 有实根的概率.

18．设连续型随机变量 X 与 Y 相互独立，且均服从标准正态分布 $N(0,1)$ ，试求概率 $P(X^2 + Y^2 \leqslant 1)$.

19．某公司经理到达办公室的时间均匀分布在 8:00～12:00 时间内，他的秘书到达办公室的时间均匀分布在 7:00～9:00 时间内．设他们两人到达的时间是相互独立的．试求他们到达办公室的时间相差不超过 $5\min(1/12\mathrm{h})$ 的概率.

20．设随机变量 $U_i(i=1,2,3)$ 相互独立，且均服从参数为 p 的（0—1）分布，令 $X = \begin{cases} 1, & \text{若 } U_1 + U_2 \text{ 为奇数,} \\ 0, & \text{若 } U_1 + U_2 \text{ 为偶数.} \end{cases} \qquad Y = \begin{cases} 1, & \text{若 } U_2 + U_3 \text{ 为奇数,} \\ 0, & \text{若 } U_2 + U_3 \text{ 为偶数.} \end{cases}$
试求 X 与 Y 的联合分布律.

21．设随机变量 X 与 Y 的联合分布律为

X \ Y	−1	0	1
1	0.07	0.28	0.15
2	0.09	0.22	0.19

试求： $Z_1 = X + Y$ ， $Z_2 = X - Y$ ， $Z_3 = XY$ ， $Z_4 = Y/X$ ， $Z_5 = X^Y$ 的分布律.

22．设二维连续型随机变量 (X,Y) 的概率密度为

$$f(x,y) = \begin{cases} 2\mathrm{e}^{-(x+2y)}, & x > 0, y > 0, \\ 0, & \text{其他.} \end{cases}$$

试求 $Z = X + 2Y$ 的概率密度.

23. 设 X 和 Y 是相互独立的随机变量，且 $X \sim B(n_1, p)$，$Y \sim B(n_2, p)$. 证明：随机变量 $Z = X + Y \sim B(n_1 + n_2, p)$.

24. 设 X 和 Y 是相互独立的随机变量，且 X 与 Y 的概率密度分别为

$$f_X(x) = \begin{cases} 1, & 0 < x < 1, \\ 0, & \text{其他.} \end{cases} \qquad f_Y(y) = \begin{cases} e^{-y}, & y > 0, \\ 0, & \text{其他.} \end{cases}$$

求随机变量 $Z = X + Y$ 的概率密度.

25. 设 X 和 Y 是相互独立的随机变量，且都在 $(0,1)$ 上服从均匀分布，求随机变量 $Z = X + Y$ 的概率密度.

26. 设二维连续型随机变量 (X, Y) 的概率密度为

$$f(x, y) = \begin{cases} 3x, & 0 < x < 1, 0 < y < x, \\ 0, & \text{其他.} \end{cases}$$

试求 $Z = X + Y$ 的概率密度.

27. 设随机变量 X 与 Y 相互独立，且都在 $(0,1)$ 上服从均匀分布 $U(0, 1)$，试求：

（1） $M = \max(X, Y)$ 的概率密度.

（2） $N = \min(X, Y)$ 的概率密度.

28. 设随机变量 (X, Y) 的概率密度为

$$f(x, y) = \begin{cases} \dfrac{1}{1 - e^{-1}} e^{-(x+y)}, & 0 < x < 1, 0 < y < +\infty, \\ 0, & \text{其他.} \end{cases}$$

（1） 求 (X, Y) 关于 X 和 Y 的边缘概率密度 $f_X(x), f_Y(y)$.

（2） X 与 Y 是否相互独立？

（3） 求 $U = \max(X, Y)$ 的分布函数 $F_U(u)$.

29. 设随机变量 X 与 Y 相互独立，它们的概率密度均为

$$f_X(x) = \begin{cases} e^{-x}, & x > 0, \\ 0, & x \leqslant 0. \end{cases}$$

求 $Z = X / Y$ 的概率密度.

第4章 随机变量的数字特征

通过前面的讨论我们知道，随机变量的分布函数完整地描述了随机变量取值的统计规律，然而在一些实际问题中要确定某些随机变量的分布函数却是非常困难的，有时甚至是不可能的．不过在一些实际问题中，并不需要完整、全面地考察随机变量的统计规律，而只需要知道它的某些特征．例如，在考察一批日光灯管的质量时，我们常常关心的是该批日光灯管的平均寿命，平均寿命是一个重要的数量指标．这说明随机变量的平均值是一个重要的数量特征．在考察这批日光灯管的质量时还不能单就平均寿命来决定其质量，还必须要考察日光灯管的寿命与平均寿命的偏离程度，只有当这批日光灯管的平均寿命较长同时偏离程度又较小时，这批日光灯管的质量才是较好的．于是随机变量与其平均值偏离的程度也是一个重要的数量特征．这些与随机变量有关的数量，虽然不能够完整地描述随机变量取值的统计规律，但它们反映出了随机变量在某些方面的重要特征，它们在理论和实践中都具有重要的意义和应用，我们称这些能体现随机变量重要特征的数量为随机变量的数字特征．

本章将介绍以下常用且重要的随机变量的数字特征：数学期望、方差、协方差、相关系数与矩．

4.1　随机变量的数学期望

4.1.1　离散型随机变量的数学期望

下面我们先通过一个例子，引出离散型随机变量数学期望的定义．

例 4.1　为了测试甲、乙两位射手的射击水平，让他们在相同的条件下各射击 100 次，命中的环数与次数分别如下：

甲：

环数	10	9	8	7
次数	50	20	20	10

乙：

环数	10	9	8	7
次数	45	25	22	8

试问这两位射手谁的射击水平高？

解　从上面的成绩表，很难立即看出结果，但我们可以利用他们这 100 次射击的平均命中环数来评价他们的射击水平.

甲射击的平均命中环数为

$$\frac{1}{100}(10\times50+9\times20+8\times20+7\times10)=9.10 \text{（环）}.$$

乙射击的平均命中环数为

$$\frac{1}{100}(10\times45+9\times25+8\times22+7\times8)=9.07 \text{（环）}.$$

因此，射手甲的射击水平要优于射手乙.

下面我们以射手甲为例比较深入地分析这一问题. 为此，我们将上述计算平均命中环数的式子变形为

$$\frac{1}{100}(10\times50+9\times20+8\times20+7\times10)$$

$$=10\times\frac{50}{100}+9\times\frac{20}{100}+8\times\frac{20}{100}+7\times\frac{10}{100}$$

$$=10\times0.5+9\times0.2+8\times0.2+7\times0.1=9.1 \text{（环）}. \tag{4.1.1}$$

若用随机变量 X 表示射手甲在一次射击时的命中环数，对上式可作如下的解释：100 次射击相当于 100 次试验，50 为射中 10 环的频数，因此 $\frac{50}{100}$ 为射中 10 环的频率. 从而(4.1.1)式表示的是随机变量 X 的所有可能取值以其频率为权数的加权平均值，简述为在频率意义下的平均值，但由于频率的值依赖于试验的结果，具有随机性，即再令甲射击 100 次，就会得到与前面频率不同的另一组频率值，因而计算出的平均值会发生变化，这表明在频率意义下的平均值也具有随机性. 由于概率是频率的稳定值，如果我们在计算平均值的过程中，用概率代替相应的频率（频率的极限是概率，具体见第 5 章）就可以排除这种随机性，这种"稳定的"平均值反映出随机变量 X 的某种特征，我们称其为随机变量 X 的数学期望. 因此，数学期望刻画了随机变量 X 的所有可能取值在概率意义下的平均值. 下面给出数学期望的严格定义.

定义 4.1　设 X 为离散型随机变量，其分布律为

$$P(X=x_k)=p_k, \quad k=0,1,\cdots.$$

若级数 $\sum\limits_{k=0}^{\infty}x_k p_k$ 绝对收敛，则称该级数的和为随机变量 X 的**数学期望**（**mathematical expectation**）或均值（**mean value**），简称**期望**. 记为 $E(X)$ ，即

$$E(X)=\sum_{k=0}^{\infty}x_k p_k . \tag{4.1.2}$$

如果级数 $\sum\limits_{k=0}^{\infty} x_k p_k$ 不绝对收敛，则称随机变量 X 的数学期望不存在.

注意：以上定义中要求级数 $\sum\limits_{k=0}^{\infty} x_k p_k$ 绝对收敛是必要的. 级数理论表明，这一条件保证了任意调换求和的次序也不会影响级数的收敛性与级数和的大小，这正是关于平均值的一个很自然的要求.

例 4.2　设某口袋中装有标有号码 i 的球 i（$i = 1, 2, \cdots, n$）只. 现从中随机取出一球，求所得球上号码的数学期望.

解　设 X 为所得球上的号码，则 X 的分布律为

$$P(X = i) = \frac{2i}{n(n+1)}, \qquad i = 1, 2, \cdots, n .$$

由(4.1.2)式得

$$E(X) = \sum_{i=1}^{n} i \times \frac{2i}{n(n+1)} = \frac{2}{n(n+1)} \sum_{i=1}^{n} i^2$$

$$= \frac{2}{n(n+1)} \times \frac{n(n+1)(2n+1)}{6} = \frac{2n+1}{3} .$$

例 4.3　按规定，某公交车站每天 7 点至 8 点和 8 点至 9 点都恰有一辆公交车到站，到站的时刻是随机的，且两车到站的时间也是相互独立的，其规律如下：

| 到站时刻 | 7:10 | 7:30 | 7:50 |
	8:10	8:30	8:50
概率	$\dfrac{1}{5}$	$\dfrac{2}{5}$	$\dfrac{2}{5}$

某乘客 7:20 到车站，求该乘客候车时间的数学期望.

解　设乘客的候车时间为 X（单位：min），则 X 的可能取值为：10，30，50，70，90.

因为该乘客 7:20 到车站，于是事件 "$X = 10$" 等价于事件 "7 点至 8 点的车 7:30 到站"，所以

$$P(X = 10) = \frac{2}{5} .$$

类似地，事件 "$X = 50$" 等价于事件 "7 点至 8 点的车已于 7:10 开走且 8 点至 9 点的车将于 8:10 到站"，故

$$P(X = 50) = \frac{1}{5} \times \frac{1}{5} = \frac{1}{25} .$$

X 取其他可能值的概率类似可得. 于是，X 的分布律为

X	10	30	50	70	90
P	$\dfrac{2}{5}$	$\dfrac{2}{5}$	$\dfrac{1}{5}\times\dfrac{1}{5}$	$\dfrac{1}{5}\times\dfrac{2}{5}$	$\dfrac{1}{5}\times\dfrac{2}{5}$

从而，该乘客候车时间的数学期望为

$$E(X) = 10\times\frac{2}{5} + 30\times\frac{2}{5} + 50\times\frac{1}{25} + 70\times\frac{2}{25} + 90\times\frac{2}{25}$$

$$= 30.8 \text{（min）}.$$

4.1.2 连续型随机变量的数学期望

设 X 是连续型随机变量，其概率密度为 $f(x)$，则 X 落在区间 $(x_k, x_k + dx)$（其中 dx 充分小）内的概率可近似地表示为 $f(x_k)dx$，它与离散型随机变量的 p_k 类似. 再结合定积分理论，给出连续型随机变量数学期望的定义.

定义 4.2 设 X 为连续型随机变量，其概率密度为 $f(x)$，若积分 $\int_{-\infty}^{\infty} xf(x)dx$ 绝对收敛，则称此积分值为 X 的**数学期望**或**均值**，简称**期望**. 记为 $E(X)$，即

$$E(X) = \int_{-\infty}^{+\infty} xf(x)dx . \tag{4.1.3}$$

若积分 $\int_{-\infty}^{+\infty} xf(x)dx$ 不绝对收敛，则称随机变量 X 的数学期望不存在.

例 4.4 设有 5 个相互独立的电子装置，它们的寿命（单位：h）X_k（$k = 1, 2, 3, 4, 5$）服从同一指数分布，其概率密度为

$$f(x) = \begin{cases} \lambda e^{-\lambda x}, & x > 0, \\ 0, & x \leqslant 0. \end{cases}$$

（1）若将这 5 个电子装置串联组成整机，求整机寿命 N 的数学期望.

（2）若将这 5 个电子装置并联组成整机，求整机寿命 M 的数学期望.

解 易知 X_k（$k = 1, 2, 3, 4, 5$）的分布函数为

$$F(x) = \begin{cases} 1 - e^{-\lambda x}, & x > 0, \\ 0, & x \leqslant 0. \end{cases}$$

（1）5 个电子装置串联时，整机寿命 $N = \min(X_1, X_2, X_3, X_4, X_5)$. 所以其分布函数为

$$F_N(x) = 1 - [1 - F(x)]^5 = \begin{cases} 1 - e^{-5\lambda x}, & x > 0, \\ 0, & x \leqslant 0. \end{cases}$$

故其概率密度为

$$f_N(x) = \begin{cases} 5\lambda e^{-5\lambda x}, & x > 0, \\ 0, & x \leqslant 0. \end{cases}$$

因此，有

$$E(N) = \int_{-\infty}^{+\infty} x f_N(x)\mathrm{d}x = \int_0^{+\infty} x \cdot 5\lambda \mathrm{e}^{-5\lambda x}\mathrm{d}x = \frac{1}{5\lambda}\,.$$

（2）5 个电子装置并联时，整机寿命　$M = \max(X_1, X_2, X_3, X_4, X_5)$.
所以其分布函数为

$$F_M(x) = [F(x)]^5 = \begin{cases} (1 - \mathrm{e}^{-\lambda x})^5, & x > 0, \\ 0, & x \leqslant 0. \end{cases}$$

故其概率密度为

$$f_M(x) = \begin{cases} 5\lambda(1 - \mathrm{e}^{-\lambda x})^4 \mathrm{e}^{-\lambda x}, & x > 0, \\ 0, & x \leqslant 0. \end{cases}$$

因此，有

$$E(M) = \int_{-\infty}^{+\infty} x f_M(x)\mathrm{d}x = \int_0^{+\infty} x \cdot 5\lambda(1 - \mathrm{e}^{-\lambda x})^4 \mathrm{e}^{-\lambda x}\mathrm{d}x = \frac{137}{60\lambda}\,.$$

例 4.5　设随机变量 X 服从柯西（Cauchy）分布，其概率密度为

$$f(x) = \frac{1}{\pi(1 + x^2)}\,, \qquad\qquad x \in R.$$

试证明 $E(X)$ 不存在.

　　证明　　因为

$$\int_{-\infty}^{+\infty} |xf(x)|\,\mathrm{d}x = \int_{-\infty}^{+\infty} |x| \cdot \frac{1}{\pi(1 + x^2)}\,\mathrm{d}x = \frac{2}{\pi} \int_0^{+\infty} \frac{x\mathrm{d}x}{(1 + x^2)}$$

$$= \frac{1}{\pi} \int_0^{+\infty} \frac{\mathrm{d}(1 + x^2)}{(1 + x^2)} = \frac{1}{\pi} \ln(1 + x^2)\Big|_0^{+\infty} = +\infty\,.$$

即 $\int_{-\infty}^{+\infty} xf(x)\mathrm{d}x$ 不绝对收敛，所以 $E(X)$ 不存在.

4.1.3　随机变量函数的数学期望

在许多实际问题中，经常需要求随机变量函数的数学期望．例如，设
$Y = g(X)$，已知 X 的概率分布，如何求出 $E(Y)$？虽然，我们可以先依据 X 的概率分布求出 $Y = g(X)$ 的概率分布，然后利用数学期望的定义求出 $E(Y)$，但是这样做一般较繁琐，其实我们可以不必求出 Y 的概率分布，而直接由 X 的概率分布来求 $E(Y)$．下面的定理说明了这点.

　　定理 4.1　设 $Y = g(X)$ 是随机变量 X 的函数（ $g(\cdot)$ 是连续函数），
（1）若 X 是离散型随机变量，其分布律为　$P(X = x_k) = p_k$，　$k = 0, 1, \cdots$.
如果级数 $\sum_{k=0}^{\infty} g(x_k)p_k$ 绝对收敛，则有

$$E(Y) = E(g(X)) = \sum_{k=0}^{\infty} g(x_k)p_k\,. \tag{4.1.4}$$

（2）若 X 是连续型随机变量，其概率密度为 $f(x)$．如果积分 $\int_{-\infty}^{+\infty} g(x)f(x)dx$ 绝对收敛，
则有

$$E(Y) = E(g(X)) = \int_{-\infty}^{+\infty} g(x)f(x)dx . \tag{4.1.5}$$

定理 4.1 说明，在求 $Y = g(X)$ 的数学期望时，不必知道 Y 的概率分布而只需知道 X 的概率分布即可．定理中结论（1）是显然的，结论（2）的证明超出了本书的范围，故此处从略．

定理 4.1 还可以推广到两个或多个随机变量的函数的情况．例如，对二维随机变量就有下面的定理．

定理 4.2 设 $Z = g(X,Y)$ 是随机变量 (X,Y) 的函数（ $g(\cdot)$ 是连续函数），

（1）若 (X,Y) 是离散型随机变量，其分布律为

$$P(X = x_i, Y = y_j) = p_{ij} , \qquad i, j = 1, 2, \cdots .$$

如果级数 $\sum_{i=1}^{\infty}\sum_{j=1}^{\infty} g(x_i, x_j)p_{ij}$ 绝对收敛，则有

$$E(Z) = E(g(X,Y)) = \sum_{i=1}^{\infty}\sum_{j=1}^{\infty} g(x_i, x_j)p_{ij} . \tag{4.1.6}$$

（2）若 (X,Y) 是连续型随机变量，其概率密度为 $f(x,y)$ ，

如果积分 $\int_{-\infty}^{+\infty}\int_{-\infty}^{+\infty} g(x,y)f(x,y)dxdy$ 绝对收敛，则有

$$E(Z) = E(g(X,Y)) = \int_{-\infty}^{+\infty}\int_{-\infty}^{+\infty} g(x,y)f(x,y)dxdy . \tag{4.1.7}$$

例 4.6 设随机变量 X 服从参数为 λ 的泊松分布，试求 X^2 的数学期望．

解 因为 X 的分布律为

$$P(X = k) = \frac{\lambda^k}{k!}e^{-\lambda} , \qquad k = 0, 1, \cdots .$$

所以，由(4.1.4)式得

$$\begin{aligned}
E(X^2) &= \sum_{k=0}^{\infty} k^2 \cdot \frac{\lambda^k}{k!}e^{-\lambda} = \sum_{k=1}^{\infty} k^2 \cdot \frac{\lambda^k}{k!}e^{-\lambda} \\
&= \sum_{k=1}^{\infty} k \cdot \frac{\lambda^k}{(k-1)!}e^{-\lambda} = \sum_{k=1}^{\infty} \frac{[(k-1)+1]\lambda^k}{(k-1)!}e^{-\lambda} \\
&= \lambda^2 e^{-\lambda}\sum_{k=2}^{\infty}\frac{\lambda^{k-2}}{(k-2)!} + \lambda e^{-\lambda}\sum_{k=1}^{\infty}\frac{\lambda^{k-1}}{(k-1)!} \\
&= \lambda^2 + \lambda .
\end{aligned}$$

例 4.7 设随机变量 X 在 (a,b) 上服从均匀分布，试求 X^2 的数学期望．

解 因为 X 的概率密度为

$$f(x) = \begin{cases} \dfrac{1}{b-a}, & a < x < b, \\ 0, & \text{其他}. \end{cases}$$

所以，由(4.1.5)式得

$$E(X^2) = \int_{-\infty}^{+\infty} x^2 f(x)\mathrm{d}x = \int_a^b \frac{x^2}{b-a}\mathrm{d}x$$

$$= \frac{1}{b-a} \times \frac{x^3}{3}\bigg|_a^b = \frac{a^2 + ab + b^2}{3}.$$

例 4.8　设随机变量 X 的概率密度为

$$f(x) = \begin{cases} \mathrm{e}^{-x}, & x > 0, \\ 0, & x \leqslant 0. \end{cases}$$

试求 $E(3X)$ 及 $E(\mathrm{e}^{-4X})$.

解　由(4.1.5)式得

$$E(3X) = \int_{-\infty}^{+\infty} 3xf(x)\mathrm{d}x = \int_0^{+\infty} 3x\mathrm{e}^{-x}\mathrm{d}x$$

$$= \int_0^{+\infty} 3\mathrm{e}^{-x}\mathrm{d}x = 3.$$

$$E(\mathrm{e}^{-4X}) = \int_{-\infty}^{+\infty} \mathrm{e}^{-4x} f(x)\mathrm{d}x = \int_0^{+\infty} \mathrm{e}^{-4x} \cdot \mathrm{e}^{-x}\mathrm{d}x$$

$$= \int_0^{+\infty} \mathrm{e}^{-5x}\mathrm{d}x = \frac{1}{5}.$$

例 4.9　设随机变量 (X, Y) 的概率密度为

$$f(x, y) = \begin{cases} 6xy, & 0 < x < 1,\ 0 < y < 2(1-x), \\ 0, & \text{其他}. \end{cases}$$

试求 $E(X)$，$E(Y)$ 和 $E(\dfrac{1}{XY})$.

解　由(4.1.7)式得

$$E(X) = \int_{-\infty}^{+\infty} \int_{-\infty}^{+\infty} xf(x, y)\mathrm{d}x\mathrm{d}y = \int_0^1 \int_0^{2(1-x)} 6x^2 y\mathrm{d}x\mathrm{d}y$$

$$= 6\int_0^1 x^2 \cdot (\frac{y^2}{2})\bigg|_0^{2(1-x)} \mathrm{d}x = 12\int_0^1 x^2(1-x)^2\mathrm{d}x$$

$$= \frac{2}{5}.$$

$$E(Y) = \int_{-\infty}^{+\infty} \int_{-\infty}^{+\infty} yf(x, y)\mathrm{d}x\mathrm{d}y = \int_0^1 \int_0^{2(1-x)} 6xy^2\mathrm{d}x\mathrm{d}y$$

$$= 6\int_0^1 x \cdot (\frac{y^3}{3})\bigg|_0^{2(1-x)} \mathrm{d}x = 16\int_0^1 x(1-x)^3\mathrm{d}x$$

$$= \frac{4}{5} .$$

$$E(\frac{1}{XY}) = \int_{-\infty}^{+\infty} \int_{-\infty}^{+\infty} \frac{1}{xy} f(x,y)\mathrm{d}x\mathrm{d}y = \int_{0}^{1} \int_{0}^{2(1-x)} 6\mathrm{d}x\mathrm{d}y$$

$$= 12 \int_{0}^{1} (1-x)\mathrm{d}x = 6 .$$

例 4.10 假定国际市场每年对我国某种商品的需求量是一个随机变量 X（单位：吨），它在区间 $(2000, 4000)$ 上服从均匀分布. 已知每售出一吨该商品就可赚 3 万美元，但如果销售不出去，则每吨需仓储等费用 1 万美元. 试问外贸部门应组织多少货源才能使收益的期望值最大？

解 设应组织 k 吨货源，记 Y 为收益，则有

$$Y = g(X) = \begin{cases} 3X - (k-X), & X < k, \\ 3k, & X \geqslant k. \end{cases} = \begin{cases} 4X - k, & X < k, \\ 3k, & X \geqslant k. \end{cases}$$

又因为

$$f_X(x) = \begin{cases} \dfrac{1}{2000}, & 2000 < x < 4000, \\ 0, & \text{其他}. \end{cases}$$

所以

$$E(Y) = \int_{-\infty}^{+\infty} g(x)f_X(x)\mathrm{d}x = \int_{2000}^{4000} \frac{1}{2000} g(x)\mathrm{d}x$$

$$= \frac{1}{2000} \int_{2000}^{k} (4x - k)\mathrm{d}x + \frac{1}{2000} \int_{k}^{4000} 3k\mathrm{d}x$$

$$= \frac{1}{1000} (-k^2 + 7000k - 4 \times 10^6) .$$

因此，当 $k = 3500$ 时，$E(Y)$ 达到最大，即外贸部门应组织 3500 吨货源才能使收益的期望值最大.

4.1.4 数学期望的性质

下面我们给出数学期望的几个常用性质. 在以下的讨论中，假设所遇到的随机变量的数学期望都存在. 我们只对连续型随机变量的情况加以证明，至于对离散型随机变量的证明只需将证明中的"积分"用"和式"代替即可.

性质 1 设 C 是常数，则 $E(C) = C$.

证明 将常数 C 看成一个特殊的离散型随机变量，其分布律为 $P(X = C) = 1$，从而

$$E(C) = 1 \times C = C .$$

性质 2 设 C 是常数，X 是随机变量，则有

$$E(CX) = CE(X) .$$

证明　设随机变量 X 的概率密度为 $f(x)$，则由(4.1.5)式有

$$E(CX) = \int_{-\infty}^{+\infty} Cxf(x)\mathrm{d}x = C\int_{-\infty}^{+\infty} xf(x)\mathrm{d}x = CE(X) .$$

性质 3　设 X，Y 为两个随机变量，则有

$$E(X + Y) = E(X) + E(Y) .$$

证明　设二维随机变量 (X, Y) 的概率密度为 $f(x, y)$，则由(4.1.7)式有

$$
\begin{aligned}
E(X + Y) &= \int_{-\infty}^{+\infty} \int_{-\infty}^{+\infty} (x + y)f(x, y)\mathrm{d}x\mathrm{d}y \\
&= \int_{-\infty}^{+\infty} \int_{-\infty}^{+\infty} xf(x, y)\mathrm{d}x\mathrm{d}y + \int_{-\infty}^{+\infty} \int_{-\infty}^{+\infty} yf(x, y)\mathrm{d}x\mathrm{d}y \\
&= E(X) + E(Y) .
\end{aligned}
$$

以上性质 3 可以推广到任意有限多个随机变量之和的情形．例如，对 n 个随机变量 $X_1, X_2, \cdots, X_n$，有

$$E(X_1 + X_2 + \cdots + X_n) = E(X_1) + E(X_2) + \cdots + E(X_n) .$$

再结合性质 1 及性质 2，一般有

$$E(k_1 X_1 + k_2 X_2 + \cdots + k_n X_n + C) = k_1 E(X_1) + k_2 E(X_2) + \cdots + k_n E(X_n) + C .$$

其中 $k_1, k_2, \cdots, k_n$ 及 C 为任意常数．

性质 4　设 X，Y 为两个相互独立的随机变量，则有

$$E(XY) = E(X)E(Y) .$$

证明　设二维随机变量 (X, Y) 的概率密度为 $f(x, y)$，X，Y 的概率密度分别为 $f_X(x)$，$f_Y(y)$，则由(4.1.7)式有

$$
\begin{aligned}
E(XY) &= \int_{-\infty}^{+\infty} \int_{-\infty}^{+\infty} xyf(x, y)\mathrm{d}x\mathrm{d}y = \int_{-\infty}^{+\infty} \int_{-\infty}^{+\infty} xyf_X(x)f_Y(y)\mathrm{d}x\mathrm{d}y \\
&= \int_{-\infty}^{+\infty} xf_X(x)\mathrm{d}x \times \int_{-\infty}^{+\infty} yf_Y(y)\mathrm{d}y \\
&= E(X)E(Y) .
\end{aligned}
$$

以上性质 4 也可以推广到任意有限多个随机变量的情形．例如，对 n 个相互独立的随机变量 $X_1, X_2, \cdots, X_n$．有

$$E(X_1 X_2 \cdots X_n) = E(X_1)E(X_2) \cdots E(X_n) .$$

例 4.11　将 n 个球放入 M 个盒子中，设每个球落入各个盒子是等可能的，求有球的盒子数 X 的期望．

解　引入随机变量

$$X_i = \begin{cases} 1, & \text{第} i \text{个盒子中有球}, \\ 0, & \text{第} i \text{个盒子中无球}. \end{cases} \quad i = 1, 2, \cdots, M .$$

则有

$$X = X_1 + X_2 + \cdots + X_M ,$$

于是

$$E(X) = E(X_1) + E(X_2) + \cdots + E(X_M).$$

随机变量 X_i $(i = 1, 2, \cdots, M)$ 服从（0—1）分布. 由于每个球落入各个盒子的概率均为 $\dfrac{1}{M}$. 则对于第 i 个盒子，一个球不落入这个盒子内的概率为 $1 - \dfrac{1}{M}$，于是 n 个球都不落入这个盒子内的概率为 $(1 - \dfrac{1}{M})^n$，即

$$P(X_i = 0) = (1 - \frac{1}{M})^n, \qquad i = 1, 2, \cdots, M.$$

从而

$$P(X_i = 1) = 1 - (1 - \frac{1}{M})^n, \qquad i = 1, 2, \cdots, M.$$

因此，有

$$E(X_i) = 1 - (1 - \frac{1}{M})^n, \qquad i = 1, 2, \cdots, M.$$

故

$$E(X) = M[1 - (1 - \frac{1}{M})^n].$$

类似本例将 X 分解为若干个随机变量之和，然后利用数学期望的性质再求 X 的数学期望的方法，具有一定的普遍意义，恰当地使用，可使复杂问题简单化.

另外，以上例子有丰富的实际背景，例如，把 M 个"盒子"看成 M 个"银行自动取款机"，n 个"球"看成 n 个"取款人". 假定每个人到哪个取款机取款是随机的，那么 $E(X) = M[1 - (1 - \dfrac{1}{M})^n]$ 就是处于服务状态的取款机的平均个数（当然，有的取款机前可能有几个人排队等待取款）.

例 4.12 设随机变量 X，Y 的概率密度分别为

$$f_X(x) = \begin{cases} 2\mathrm{e}^{-2x}, & x > 0, \\ 0, & x \leqslant 0. \end{cases} \qquad f_Y(y) = \begin{cases} 4\mathrm{e}^{-4y}, & y > 0, \\ 0, & y \leqslant 0. \end{cases}$$

（1）求 $E(2X - 3Y^2)$.

（2）若 X，Y 相互独立，求 $E(XY^2)$.

解 由(4.1.3)式和(4.1.5)式得

$$E(X) = \int_{-\infty}^{+\infty} x f_X(x) \mathrm{d}x = \int_0^{+\infty} 2x\mathrm{e}^{-2x} \mathrm{d}x = \frac{1}{2},$$

$$E(Y^2) = \int_{-\infty}^{+\infty} y^2 f_Y(y) \mathrm{d}y = \int_0^{+\infty} 4y^2 \mathrm{e}^{-4y} \mathrm{d}y = \frac{1}{8}.$$

（1）由数学期望的性质，有

$$E(2X - 3Y^2) = 2E(X) - 3E(Y^2) = 1 - \frac{3}{8} = \frac{5}{8}.$$

（2）因为 X，Y 相互独立，所以

$$E(XY^2) = E(X)E(Y^2) = \frac{1}{2} \times \frac{1}{8} = \frac{1}{16}.$$

4.2　随机变量的方差

4.2.1　方差的概念

考虑以下问题：有一批灯泡，任意一只灯泡的寿命设为 X ，其平均寿命 $E(X)$ ＝2000h，但仅由这一指标并不能判断这批灯泡质量的好坏，我们还需考察灯泡寿命 X 与平均值 $E(X)$ 的偏离程度，若偏离程度较小，则灯泡质量比较稳定，因此，研究随机变量与其平均值的偏离程度也是十分重要的.

用什么量去表示随机变量与其数学期望的偏离程度呢？设随机变量 X 的数学期望为 $E(X)$ ，偏离量 $X - E(X)$ 本身也是随机变量，为了刻画偏离程度的大小，我们不能使用 $X - E(X)$ 的期望，因为其值为零，即正负偏离相互抵消了. 为了避免正负偏离相互抵消，可以利用随机变量 $|X - E(X)|$ 的期望 $E(|X - E(X)|)$ 来表示 X 与 $E(X)$ 的偏离程度，但由于在数学上绝对值的处理很不方便，因此为了数学上处理的方便，通常用 $E([X - E(X)]^2)$ 来表示 X 与 $E(X)$ 的偏离程度.

定义 4.3　设 X 是一个随机变量，如果 $E([X - E(X)]^2)$ 存在，则称 $E([X - E(X)]^2)$ 为 X 的**方差**（**variance**），记为 $D(X)$ ，即

$$D(X) = E([X - E(X)]^2) .$$

称 $\sqrt{D(X)}$ 为 X 的**均方差**或**标准差**（**standard deviation**）.

由定义，随机变量 X 的方差反映了 X 的取值与其数学期望的偏离程度. 若方差 $D(X)$ 较小，则 X 的取值比较集中；否则， X 的取值就比较分散. 因此，方差 $D(X)$ 是刻画 X 取值分散程度的一个量.

由定义可知，方差本质上是随机变量 X 的函数的数学期望. 故若 X 为离散型随机变量，其分布律为 $P(X = x_k) = p_k$ ，　　　　$k = 0,1,\cdots$. 则

$$D(X) = \sum_{k=0}^{\infty} [x_k - E(X)]^2 p_k .$$

若 X 为连续型随机变量，其概率密度为 $f(x)$ ，则

$$D(X) = \int_{-\infty}^{+\infty} [x - E(X)]^2 f(x) \mathrm{d}x .$$

另外，还有一个常用的计算方差的重要公式：

$$D(X) = E(X^2) - [E(X)]^2 . \tag{4.2.1}$$

事实上，

$$\begin{aligned} D(X) &= E([X - E(X)]^2) = E(X^2 - 2XE(X) + [E(X)]^2) \\ &= E(X^2) - 2E(X)E(X) + [E(X)]^2 = E(X^2) - [E(X)]^2 . \end{aligned}$$

例 4.13　设随机变量 X 的概率密度为

$$f(x) = \begin{cases} 1+x, & -1 \leqslant x \leqslant 0, \\ 1-x, & 0 < x \leqslant 1, \\ 0, & \text{其他.} \end{cases}$$

求 $D(X)$.

解 因为

$$E(X) = \int_{-1}^{0} x(1+x)\mathrm{d}x + \int_{0}^{1} x(1-x)\mathrm{d}x = 0 ,$$

$$E(X^2) = \int_{-1}^{0} x^2(1+x)\mathrm{d}x + \int_{0}^{1} x^2(1-x)\mathrm{d}x = \frac{1}{6} .$$

所以

$$D(X) = E(X^2) - [E(X)]^2 = \frac{1}{6} .$$

例 4.14 设随机变量 X 服从（$0-1$）分布，其分布律为：$P(X=0) = 1-p$，$P(X=1) = p$. 求 $E(X)$，$D(X)$.

解 由(4.1.2)式得

$$E(X) = 0 \times (1-p) + 1 \times p = p .$$

又因为

$$E(X^2) = 0^2 \times (1-p) + 1^2 \times p = p .$$

所以

$$D(X) = E(X^2) - [E(X)]^2 = p - p^2 = p(1-p) .$$

例 4.15 设随机变量 X 服从参数为 λ 的泊松分布，求 $E(X)$，$D(X)$.

解 因为 X 的分布律为

$$P(X=k) = \frac{\lambda^k \mathrm{e}^{-\lambda}}{k!} , \qquad k = 0, 1, \cdots .$$

所以，由(4.1.2)式得

$$E(X) = \sum_{k=0}^{\infty} k \times \frac{\lambda^k}{k!} \mathrm{e}^{-\lambda} = \sum_{k=1}^{\infty} k \times \frac{\lambda^k}{k!} \mathrm{e}^{-\lambda}$$

$$= \lambda \mathrm{e}^{-\lambda} \sum_{k=1}^{\infty} \frac{\lambda^{k-1}}{(k-1)!} = \lambda .$$

在 4.1 节例 4.6 中已求得 $E(X^2) = \lambda^2 + \lambda$，

于是

$$D(X) = E(X^2) - [E(X)]^2 = \lambda^2 + \lambda - \lambda^2 = \lambda .$$

例 4.16 设随机变量 X 在 (a, b) 上服从均匀分布，求 $E(X)$，$D(X)$.

解 因为 X 的概率密度为

$$f(x) = \begin{cases} \dfrac{1}{b-a}, & a < x < b, \\ 0, & \text{其他}. \end{cases}$$

所以，由(4.1.3)式得

$$E(X) = \int_{-\infty}^{+\infty} xf(x)\mathrm{d}x = \int_a^b \frac{x}{b-a}\mathrm{d}x$$

$$= \frac{1}{b-a} \times \frac{x^2}{2}\bigg|_a^b = \frac{a+b}{2} .$$

在 4.1 节例 4.7 中已求得 $\quad E(X^2) = \dfrac{a^2 + ab + b^2}{3} .$

于是

$$D(X) = E(X^2) - [E(X)]^2$$

$$= \frac{a^2 + ab + b^2}{3} - (\frac{a+b}{2})^2 = \frac{(b-a)^2}{12} .$$

例 4.17 设随机变量 X 服从参数为 p 几何分布，即 $X \sim G(p)$，其分布律为

$$P(X = k) = (1-p)^{k-1} p , \qquad k = 1, 2, 3, \cdots .$$

其中 $0 < p < 1$ 为常数，求 $E(X)$，$D(X)$.

解 由(4.1.2)式和(4.1.4)式得

$$E(X) = \sum_{k=1}^{\infty} kp(1-p)^{k-1} = \frac{p}{[1-(1-p)]^2} = \frac{1}{p} .$$

$$E(X^2) = \sum_{k=1}^{\infty} k^2 p(1-p)^{k-1} = p \times \frac{1+(1-p)}{[1-(1-p)]^3} = \frac{2-p}{p^2} .$$

于是

$$D(X) = E(X^2) - [E(X)]^2 = \frac{1-p}{p^2} .$$

4.2.2 方差的性质

下面我们给出方差的几个常用性质. 在以下的讨论中，假设所遇到的随机变量的方差都存在.

性质 1 设 C 是常数，则 $D(C) = 0$.

证明 $D(C) = E(C^2) - [E(C)]^2 = C^2 - C^2 = 0$.

性质 2 设 C 是常数，X 为随机变量，则 $D(CX) = C^2 D(X)$.

证明 $D(CX) = E(C^2 X^2) - [E(CX)]^2 = C^2[E(X^2) - (E(X))^2] = C^2 D(X)$.

性质 3 设 X，Y 为两个相互独立的随机变量，则有

$$D(X+Y) = D(X) + D(Y) .$$

证明　$D(X+Y)=E\{[(X+Y)-E(X+Y)]^2\}=E\{[(X-E(X))+(Y-E(Y))]^2\}$

$\qquad\qquad = E([X-E(X)]^2)+E([Y-E(Y)]^2)+2E\{[X-E(X)][Y-E(Y)]\}$

$\qquad\qquad = D(X)+D(Y)+2E\{[X-E(X)][Y-E(Y)]\}$.

又因为

$\qquad E\{[X-E(X)][Y-E(Y)]\}=E\{XY+E(X)E(Y)-XE(Y)-YE(X)\}$

$\qquad\qquad\qquad\qquad = E(XY)+E(X)E(Y)-E(X)E(Y)-E(Y)E(X)$

$\qquad\qquad\qquad\qquad = E(XY)-E(X)E(Y)$

$\qquad\qquad\qquad\qquad = E(X)E(Y)-E(X)E(Y)$

$\qquad\qquad\qquad\qquad = 0$.

所以　　　　$D(X+Y)=D(X)+D(Y)$.

这一性质也可以推广到任意有限多个随机变量之和的情形. 例如，对 n 个相互独立的随机变量 $X_1,X_2,\cdots,X_n$，有

$$D(X_1+X_2+\cdots+X_n)=D(X_1)+D(X_2)+\cdots+D(X_n).$$

再结合性质 1 及性质 2，一般地有：若 $X_1,X_2,\cdots,X_n$ 是相互独立的随机变量，则

$$D(k_1X_1+k_2X_2+\cdots+k_nX_n+C)=k_1^2D(X_1)+k_2^2D(X_2)+\cdots+k_n^2D(X_n).$$

其中 $k_1,k_2,\cdots,k_n$ 及 C 为任意常数.

性质 4　$D(X)=0$ 的充分必要条件是 X 依概率 1 取常数 C，即 $P(X=C)=1$. 这里 $C=E(X)$（证明略）.

例 4.18　设某台设备由三个元件组成，在设备运转中各个元件需要调整的概率分别为 0.1，0.2，0.3. 假设各个元件是否需要调整相互独立. 以 X 表示同时需要调整的元件数，试求 X 的数学期望和方差.

解　令

$$X_i=\begin{cases}1,&\text{元件}i\text{需要调整,}\\0,&\text{元件}i\text{不需要调整.}\end{cases}\qquad i=1,2,3.$$

则易知 $X=X_1+X_2+X_3$，且 X_1,X_2,X_3 相互独立，分别服从参数为 0.1，0.2，0.3 的（0—1）分布.

由数学期望及方差的性质并结合例 4.14 得

$$E(X)=E(X_1)+E(X_2)+E(X_3)=0.1+0.2+0.3=0.6.$$

$$D(X)=D(X_1)+D(X_2)+D(X_3)$$

$$\qquad = 0.1\times0.9+0.2\times0.8+0.3\times0.7$$

$$\qquad = 0.46.$$

例 4.19　设随机变量 X 的期望与方差分别为 $E(X)$ 和 $D(X)$，且 $D(X)>0$，试求 $X^*=\dfrac{X-E(X)}{\sqrt{D(X)}}$ 的期望和方差.

解　$E(X^*)=E\left(\dfrac{X-E(X)}{\sqrt{D(X)}}\right)=\dfrac{E(X-E(X))}{\sqrt{D(X)}}=0$.

$$D(X^*) = D(\frac{X - E(X)}{\sqrt{D(X)}}) = \frac{D(X - E(X))}{D(X)} = \frac{D(X)}{D(X)} = 1 .$$

一般地，对随机变量 X，设 $E(X)$ 和 $D(X)$ 存在，且 $D(X) > 0$，则称 $\dfrac{X - E(X)}{\sqrt{D(X)}}$

为 X 的标准化随机变量.

4.2.3　几种重要分布的数学期望及方差

1．（0－1）分布

设随机变量 X 服从参数为 p 的（0－1）分布，其分布律为，

$$P(X = 0) = 1 - p , \quad P(X = 1) = p , \qquad (0 < p < 1) .$$

由例 4.14 知

$$E(X) = p , \quad D(X) = p(1 - p) .$$

2．二项分布

设随机变量 X 服从参数为 n, p 的二项分布，即 $X \sim B(n, p)$，分布律为

$$P(X = k) = C_n^k p^k (1 - p)^{n-k} , \qquad k = 0, 1, \cdots, n .$$

因为 $X \sim B(n, p)$，所以 X 可看成 n 次独立重复试验中事件 A 发生的次数，且 $P(A) = p$.

令

$$X_i = \begin{cases} 1, & A\text{在第}i\text{次试验中发生}, \\ 0, & A\text{在第}i\text{次试验中不发生}. \end{cases} \qquad i = 1, 2, \cdots, n .$$

则易知 $X = X_1 + X_2 + \cdots + X_n$，$X_1, X_2, \cdots, X_n$ 相互独立，且均是服从参数为 p 的（0－1）分布.

因此

$$E(X) = E(X_1) + E(X_2) + \cdots + E(X_n) = np .$$

$$D(X) = D(X_1) + D(X_2) + \cdots + D(X_n) = np(1 - p) .$$

即

$$E(X) = np , \quad D(X) = np(1 - p) .$$

3．泊松分布

设随机变量 X 服从参数为 λ 的泊松分布，即 $X \sim \pi(\lambda)$，分布律为

$$P(X = k) = \frac{\lambda^k \mathrm{e}^{-\lambda}}{k!} , \qquad k = 0, 1, \cdots .$$

由例 4.15 知

$$E(X) = \lambda , \qquad D(X) = \lambda .$$

4. 均匀分布

设随机变量 X 在 (a,b) 上服从均匀分布，即 $X \sim U(a,b)$，概率密度为

$$f(x) = \begin{cases} \dfrac{1}{b-a}, & a < x < b, \\ 0, & \text{其他}. \end{cases}$$

由例 4.16 知

$$E(X) = \frac{a+b}{2}, \qquad D(X) = \frac{(b-a)^2}{12}.$$

5. 指数分布

设随机变量 X 服从参数为 λ 的指数分布，概率密度为

$$f(x) = \begin{cases} \lambda e^{-\lambda x}, & x > 0, \\ 0, & x \leqslant 0. \end{cases}$$

则有

$$E(X) = \int_{-\infty}^{+\infty} x f(x) \mathrm{d}x = \int_0^{+\infty} x \lambda e^{-\lambda x} \mathrm{d}x$$

$$= \int_0^{+\infty} e^{-\lambda x} \mathrm{d}x = \frac{1}{\lambda}.$$

$$E(X^2) = \int_{-\infty}^{+\infty} x^2 f(x) \mathrm{d}x = \int_0^{+\infty} x^2 \lambda e^{-\lambda x} \mathrm{d}x$$

$$= \int_0^{+\infty} 2x e^{-\lambda x} \mathrm{d}x = \frac{2}{\lambda^2}.$$

于是

$$D(X) = E(X^2) - [E(X)]^2$$

$$= \frac{2}{\lambda^2} - \frac{1}{\lambda^2} = \frac{1}{\lambda^2}.$$

即

$$E(X) = \frac{1}{\lambda}, \qquad D(X) = \frac{1}{\lambda^2}.$$

6. 正态分布

设随机变量 X 服从参数为 μ, σ^2 $(\sigma > 0)$ 的正态分布，即 $X \sim N(\mu, \sigma^2)$，概率密度为

$$f(x) = \frac{1}{\sqrt{2\pi}\sigma} e^{-\frac{(x-\mu)^2}{2\sigma^2}}, \qquad -\infty < x < +\infty.$$

则有

$$E(X) = \int_{-\infty}^{+\infty} x \cdot \frac{1}{\sqrt{2\pi}\sigma} e^{-\frac{(x-\mu)^2}{2\sigma^2}} dx ,$$

令 $t = \dfrac{x-\mu}{\sigma}$ ，得

$$E(X) = \int_{-\infty}^{+\infty} \frac{1}{\sqrt{2\pi}} (\mu + \sigma t) e^{-\frac{t^2}{2}} dt$$

$$= \mu \int_{-\infty}^{+\infty} \frac{1}{\sqrt{2\pi}} e^{-\frac{t^2}{2}} dt + \int_{-\infty}^{+\infty} \frac{\sigma t}{\sqrt{2\pi}} e^{-\frac{t^2}{2}} dt$$

$$= \mu .$$

$$D(X) = E([X - E(X)]^2) = \int_{-\infty}^{+\infty} (x-\mu)^2 \cdot \frac{1}{\sqrt{2\pi}\sigma} e^{-\frac{(x-\mu)^2}{2\sigma^2}} dx ,$$

令 $s = \dfrac{x-\mu}{\sigma}$ ，得

$$D(X) = \int_{-\infty}^{+\infty} \sigma^2 s^2 \cdot \frac{1}{\sqrt{2\pi}} e^{-\frac{s^2}{2}} ds$$

$$= -\frac{\sigma^2}{\sqrt{2\pi}} (se^{-\frac{s^2}{2}}) \Big|_{-\infty}^{+\infty} + \sigma^2 \int_{-\infty}^{+\infty} \frac{1}{\sqrt{2\pi}} e^{-\frac{s^2}{2}} ds$$

$$= \sigma^2 .$$

即 $\qquad E(X) = \mu , \qquad D(X) = \sigma^2 .$

由上知，对于一个正态分布 $X \sim N(\mu, \sigma^2)$ ，参数 μ 是数学期望，σ^2 是方差，这说明正态分布完全由它的数学期望和方差确定.

由第 3 章 3.5 节知道：有限个相互独立的正态随机变量的线性组合仍然服从正态分布. 即若 $X_i \sim N(\mu_i, \sigma_i^2)$ ，$i = 1, 2, \cdots, n$ ，且它们相互独立，则对任意不全为零的常数 $k_1, k_2, \cdots, k_n$ ，$k_1 X_1 + k_2 X_2 + \cdots + k_n X_n$ 服从正态分布. 于是由数学期望和方差的性质知道：

$$k_1 X_1 + k_2 X_2 + \cdots + k_n X_n \sim N(\sum_{i=1}^{n} k_i \mu_i , \ \sum_{i=1}^{n} k_i^2 \sigma_i^2) .$$

例 4.20 设随机变量 X 与 Y 相互独立，且 $X \sim N(2, 16)$ ，$Y \sim N(3, 9)$ ，试求概率 $P(X \leqslant Y + 1)$ ，$P(2X - 3Y \leqslant -5)$.

解 因为 X 与 Y 相互独立，且 $X \sim N(2, 16)$ ，$Y \sim N(3, 9)$ ，所以 $Z_1 = X - Y$ ，$Z_2 = 2X - 3Y$ 均服从正态分布，且有

$$E(Z_1) = E(X - Y) = 2 - 3 = -1 , \quad D(Z_1) = D(X - Y) = 16 + 9 = 25 .$$

$$E(Z_2) = E(2X - 3Y) = 4 - 9 = -5 , \quad D(Z_2) = D(2X - 3Y) = 4 \times 16 + 9 \times 9 = 145 .$$

故有 $\qquad P(X \leqslant Y + 1) = P(X - Y \leqslant 1) = F_{Z_1}(1) = \Phi(\frac{1+1}{5}) = 0.6554 .$

$$P(2X - 3Y \leqslant -5) = F_{Z_2}(-5) = \Phi(\frac{-5 - (-5)}{\sqrt{145}}) = \Phi(0) = 0.5 .$$

4.3 协方差与相关系数

4.3.1 协方差

随机变量的数学期望与方差都是刻画一维随机变量的数字特征，对于二维随机变量 (X,Y)，我们除了讨论随机变量 X 和 Y 的数学期望与方差之外，还要讨论 X 与 Y 之间的相互关系. 能不能像数学期望与方差那样，用某些数值来刻画 X 与 Y 之间联系的某些特征呢？下面介绍的协方差和相关系数就是描述两个随机变量之间联系的数字特征.

定义 4.4 设 (X,Y) 是一个二维随机变量，若 $E\{[X - E(X)][Y - E(Y)]\}$ 存在，则称它为随机变量 X 与 Y 的**协方差**（**covariance**），记为 $Cov(X,Y)$，即

$$Cov(X,Y) = E([X - E(X)][Y - E(Y)]) .$$

由定义可知，若 (X,Y) 是离散型随机变量，其分布律为

$$P(X = x_i, Y = y_j) = p_{ij} , \qquad i, j = 1, 2, \cdots .$$

则

$$Cov(X,Y) = \sum_{i=1}^{\infty}\sum_{j=1}^{\infty}[x_i - E(X)][y_j - E(Y)]p_{ij} .$$

若 (X,Y) 是连续型随机变量，其概率密度为 $f(x,y)$，则

$$Cov(X,Y) = \int_{-\infty}^{+\infty}\int_{-\infty}^{+\infty}[x - E(X)][y - E(Y)]f(x,y)\mathrm{d}x\mathrm{d}y .$$

另外，还有一个常用的计算协方差的重要公式：

$$Cov(X,Y) = E(XY) - E(X)E(Y) . \tag{4.3.1}$$

事实上，

$$\begin{aligned}
Cov(X,Y) &= E([X - E(X)][Y - E(Y)]) \\
&= E(XY - XE(Y) - YE(X) + E(X)E(Y)) \\
&= E(XY) - E(X)E(Y) .
\end{aligned}$$

例 4.21 设二维随机变量 (X,Y) 的概率密度为

$$f(x,y) = \begin{cases} \dfrac{1}{(b-a)(d-c)}, & a \leqslant x \leqslant b, c \leqslant y \leqslant d, \\ 0, & \text{其他.} \end{cases}$$

求 $Cov(X,Y)$.

解 因为

$$E(X) = \int_a^b \mathrm{d}x \int_c^d x \cdot \frac{1}{(b-a)(d-c)} \mathrm{d}y = \frac{a+b}{2} \ .$$

$$E(Y) = \int_a^b \mathrm{d}x \int_c^d y \cdot \frac{1}{(b-a)(d-c)} \mathrm{d}y = \frac{c+d}{2} \ .$$

$$E(XY) = \int_a^b \mathrm{d}x \int_c^d xy \cdot \frac{1}{(b-a)(d-c)} \mathrm{d}y = \frac{(a+b)(c+d)}{4} \ .$$

所以

$$Cov(X,Y) = E(XY) - E(X)E(Y) = 0 \ .$$

设 a,b 是常数，并假设下面所遇到的数学期望及方差都存在，协方差具有以下性质：

性质 1　$Cov(X,a) = 0$ ，$Cov(X,X) = D(X)$.

性质 2　$Cov(X,Y) = Cov(Y,X)$.

性质 3　$Cov(aX,bY) = abCov(X,Y)$.

性质 4　$Cov(X+Y,Z) = Cov(X,Z) + Cov(Y,Z)$.

性质 5　$D(X \pm Y) = D(X) + D(Y) \pm 2Cov(X,Y)$.

证明　由协方差的定义，容易验证性质 1、性质 2 与性质 3，下面仅证明性质 4 和性质 5.

$$\begin{aligned}
Cov(X+Y,Z) &= E\{[X+Y-E(X+Y)][Z-E(Z)]\} \\
&= E\{[(X-E(X))+(Y-E(Y))][Z-E(Z)]\} \\
&= E\{[X-E(X)][Z-E(Z)]\} + E\{[Y-E(Y)][Z-E(Z)]\} \\
&= Cov(X,Z) + Cov(Y,Z) \ .
\end{aligned}$$

即性质 4 成立.

$$\begin{aligned}
D(X+Y) &= E\{[(X+Y)-E(X+Y)]^2\} \\
&= E\{([X-E(X)]+[Y-E(Y)])^2\} \\
&= E([X-E(X)]^2) + E([Y-E(Y)]^2) + 2E\{[X-E(X)][(Y-E(Y)]\} \\
&= D(X) + D(Y) + 2Cov(X,Y) \ .
\end{aligned}$$

类似可证

$$D(X-Y) = D(X) + D(Y) - 2Cov(X,Y) \ .$$

从而有

$$D(X \pm Y) = D(X) + D(Y) \pm 2Cov(X,Y) \ .$$

即性质 5 成立.

以上性质 5 可以推广到任意有限多个随机变量之和的情形. 例如，对 n 个随机变量 $X_1, X_2, \cdots, X_n$ ，有　$D(\sum_{i=1}^n X_i) = \sum_{i=1}^n D(X_i) + 2\sum_{1 \le i < j \le n} Cov(X_i, X_j)$.

4.3.2　相关系数

定义 4.5　设 (X,Y) 是二维随机变量，若 $D(X) > 0$ ，$D(Y) > 0$ ，称

$\dfrac{Cov(X,Y)}{\sqrt{D(X)}\sqrt{D(Y)}}$ 为 X 与 Y 的相关系数（**coefficient of correlation**），记为 ρ_{XY}，即

$$\rho_{XY} = \frac{Cov(X,Y)}{\sqrt{D(X)}\sqrt{D(Y)}} .$$

当 $\rho_{XY} = 0$ 时，称随机变量 X 与 Y 不相关.

对随机变量 X 与 Y，设 $D(X) > 0$，$D(Y) > 0$，将它们标准化得

$$X^* = \frac{X - E(X)}{\sqrt{D(X)}}, \quad Y^* = \frac{Y - E(Y)}{\sqrt{D(Y)}} .$$

依据相关系数的定义及协方差的计算公式(4.3.1)式，有 $\rho_{XY} = E(X^*Y^*) = Cov(X^*, Y^*)$.

例 4.22 设二维随机变量 (X,Y) 的分布律为

X \ Y	0	1
0	$1-p$	0
1	0	p

其中 $p > 0$，试求相关系数 ρ_{XY}.

解 由 (X,Y) 的分布律，得 X 与 Y 的边缘分布律分别为

X	0	1
P	$1-p$	p

Y	0	1
P	$1-p$	p

即 X 与 Y 均服从（0—1）分布，从而有

$$E(X) = E(Y) = p , \quad D(X) = D(Y) = p(1-p) .$$

又因为

$$\begin{aligned} Cov(X,Y) &= E(XY) - E(X)E(Y) \\ &= p - p^2 = p(1-p) , \end{aligned}$$

所以

$$\rho_{XY} = \frac{Cov(X,Y)}{\sqrt{D(X)}\sqrt{D(Y)}} = \frac{p(1-p)}{\sqrt{p(1-p)}\sqrt{p(1-p)}} = 1 .$$

相关系数具有以下两条重要性质.

定理 4.3 设 ρ_{XY} 是随机变量 X 与 Y 的相关系数，则有

（1）$|\rho_{XY}| \leqslant 1$.

（2）$|\rho_{XY}| = 1$ 的充分必要条件是 X 与 Y 依概率 1 线性相关，即存在常数 $a(a \neq 0), b$ 使

$$P(Y = aX + b) = 1 .$$

证明 （1）令 $X^* = \dfrac{X - E(X)}{\sqrt{D(X)}}$，$Y^* = \dfrac{Y - E(Y)}{\sqrt{D(Y)}}$，显然有 $\rho_{XY} = E(X^*Y^*)$，

考虑实变量 t 的非负函数：$f(t) = E\{(X^*t + Y^*)^2\}$.

将上式右边展开，得到

$$f(t) = t^2 E\{X^{*2}\} + 2tE(X^*Y^*) + E(Y^{*2})$$
$$= t^2 + 2t\rho_{XY} + 1,$$

因为对于一切实数 t，$f(t) \geqslant 0$，因此二次方程 $f(t) = 0$ 的判别式 $\Delta \leqslant 0$，即

$$(2\rho_{XY})^2 - 4 \leqslant 0, \tag{4.3.2}$$

所以

$$|\rho_{XY}| \leqslant 1.$$

（2）由上述（1）的证明过程可知，$|\rho_{XY}| = 1$ 相当于方程 $f(t) = 0$ 的判别式(4.3.2)式取等号．因而方程 $f(t) = 0$ 存在重根 t_0，即有

$$f(t_0) = E\{(X^*t_0 + Y^*)^2\} = 0. \tag{4.3.3}$$

又易知

$$E(X^*t_0 + Y^*) = 0, \tag{4.3.4}$$

由(4.3.3)式及(4.3.4)式得

$$D(X^*t_0 + Y^*) = 0.$$

由方差的性质 4，知上式成立的充分必要条件为

$$P(X^*t_0 + Y^* = 0) = 1.$$

将 $X^* = \dfrac{X - E(X)}{\sqrt{D(X)}}$，$Y^* = \dfrac{Y - E(Y)}{\sqrt{D(Y)}}$ 代入上式并化简得：

$$P\left(Y = -t_0\sqrt{\frac{D(Y)}{D(X)}}X + t_0\sqrt{\frac{D(Y)}{D(X)}}E(X) + E(Y)\right) = 1,$$

令 $a = -t_0\sqrt{\dfrac{D(Y)}{D(X)}}$，$b = t_0\sqrt{\dfrac{D(Y)}{D(X)}}E(X) + E(Y)$，即有

$$P(Y = aX + b) = 1.$$

定理 4.3 表明：当 $|\rho_{XY}| = 1$ 时，在 X 与 Y 之间存在着线性关系的概率为 1，即 X 与 Y 之间线性关系不存在的概率为 0；当 $|\rho_{XY}| < 1$ 时，这种线性相关的程度随着 $|\rho_{XY}|$ 的减小而减弱．当 $\rho_{XY} = 0$ 时，它们之间没有线性关系．由此可知，相关系数 ρ_{XY} 是刻画随机变量之间线性关系强弱的一个数字特征．

定理 4.4　若随机变量 X 与 Y 相互独立，则 X 与 Y 不相关．

证明　因为 X 与 Y 相互独立，所以 $E(XY) = E(X)E(Y)$．于是

$$Cov(X, Y) = E(XY) - E(X)E(Y) = 0.$$

从而可知 $\rho_{XY} = 0$，即 X 与 Y 不相关．

然而，需要指出的是：两个不相关的随机变量，却不一定是相互独立的．现

举例如下.

例 4.23 设 $X \sim N(0,1)$，且 $Y = X^2$，试证明：X 与 Y 不相关，但 X 与 Y 不相互独立.

证明 因为 $X \sim N(0,1)$，于是有

$$E(X) = \int_{-\infty}^{+\infty} x \cdot \frac{1}{\sqrt{2\pi}} e^{-\frac{x^2}{2}} dx = 0, \quad E(X^3) = \int_{-\infty}^{+\infty} x^3 \cdot \frac{1}{\sqrt{2\pi}} e^{-\frac{x^2}{2}} dx = 0.$$

从而

$$Cov(X,Y) = E(XY) - E(X)E(Y) = E(X^3) - E(X)E(X^2) = 0.$$

所以

$$\rho_{XY} = \frac{Cov(X,Y)}{\sqrt{D(X)}\sqrt{D(Y)}} = 0.$$

即 X 与 Y 是不相关的.

另一方面，因为

$$P(X \leqslant 1, X^2 \leqslant 1) = P(X^2 \leqslant 1) \neq P(X \leqslant 1)P(X^2 \leqslant 1),$$

即

$$P(X \leqslant 1, Y \leqslant 1) \neq P(X \leqslant 1)P(Y \leqslant 1)$$

所以，X 与 Y 不相互独立.

例 4.24 设 (X,Y) 服从二维正态分布，即 $(X,Y) \sim N(\mu_1, \mu_2, \sigma_1^2, \sigma_2^2, \rho)$，求 X 与 Y 的相关系数 ρ_{XY}.

解 由第 3 章例 3.8 知 $X \sim N(\mu_1, \sigma_1^2)$，$Y \sim N(\mu_2, \sigma_2^2)$. 于是有

$$E(X) = \mu_1, \quad D(X) = \sigma_1^2, \quad E(Y) = \mu_2, \quad D(Y) = \sigma_2^2.$$

而

$$Cov(X,Y) = \int_{-\infty}^{+\infty} \int_{-\infty}^{+\infty} (x - \mu_1)(y - \mu_2) f(x,y) dxdy$$

$$= \frac{1}{2\pi\sigma_1\sigma_2\sqrt{1-\rho^2}} \int_{-\infty}^{+\infty} \int_{-\infty}^{+\infty} (x - \mu_1)(y - \mu_2) \times$$

$$\exp\left\{ \frac{-1}{2(1-\rho^2)} \left[\frac{(x-\mu_1)^2}{\sigma_1^2} - 2\rho \frac{(x-\mu_1)(y-\mu_2)}{\sigma_1\sigma_2} + \frac{(y-\mu_2)^2}{\sigma_2^2} \right] \right\} dxdy$$

$$= \frac{1}{2\pi\sigma_1\sigma_2\sqrt{1-\rho^2}} \int_{-\infty}^{+\infty} \int_{-\infty}^{+\infty} (x - \mu_1)(y - \mu_2) \times$$

$$\exp\left\{ \frac{-1}{2(1-\rho^2)} \left(\frac{y-\mu_2}{\sigma_2} - \rho \frac{x-\mu_1}{\sigma_1} \right)^2 - \frac{(x-\mu_1)^2}{2\sigma_1^2} \right\} dxdy,$$

令

$$t = \frac{1}{\sqrt{1-\rho^2}} \left(\frac{y-\mu_2}{\sigma_2} - \rho \frac{x-\mu_1}{\sigma_1} \right), \quad u = \frac{x-\mu_1}{\sigma_1}, \quad \text{则有}$$

$$Cov(X,Y) = \frac{1}{2\pi} \int_{-\infty}^{+\infty} \int_{-\infty}^{+\infty} (\sigma_1\sigma_2\sqrt{1-\rho^2} tu + \rho\sigma_1\sigma_2 u^2) e^{-(u^2+t^2)/2} dtdu$$

$$= \frac{\rho\sigma_1\sigma_2}{2\pi}(\int_{-\infty}^{+\infty} u^2 e^{-\frac{u^2}{2}} du)(\int_{-\infty}^{+\infty} e^{-\frac{t^2}{2}} dt) + \frac{\sigma_1\sigma_2\sqrt{1-\rho^2}}{2\pi}(\int_{-\infty}^{+\infty} u e^{-\frac{u^2}{2}} du)(\int_{-\infty}^{+\infty} t e^{-\frac{t^2}{2}} dt)$$

$$= \frac{\rho\sigma_1\sigma_2}{2\pi}\sqrt{2\pi} \cdot \sqrt{2\pi} = \rho\sigma_1\sigma_2.$$

于是

$$\rho_{XY} = \frac{Cov(X,Y)}{\sqrt{D(X)}\sqrt{D(Y)}} = \rho.$$

由此可见，二维正态随机变量 (X,Y) 的概率密度中的参数 ρ 就是 X 和 Y 的相关系数，这说明二维正态随机变量的分布完全可由 X , Y 各自的数学期望、方差以及它们的相关系数所确定.

我们已经知道，若 (X,Y) 服从二维正态分布，那么 X 和 Y 相互独立的充要条件为 $\rho = 0$. 现在又知 $\rho = \rho_{XY}$，故对于二维正态随机变量 (X,Y) 来说，X 和 Y 不相关与 X 和 Y 相互独立是等价的.

4.4 矩与协方差矩阵

4.4.1 矩

矩是随机变量更广泛的一类数字特征，包括原点矩与中心矩，它们在数理统计与随机过程中有重要作用. 本节仅介绍其概念.

定义 4.6 设 X 和 Y 是随机变量，若 $E(X^k)$ （$k = 1, 2, \cdots$）存在，称其为 X 的 k 阶**原点矩**（**origin moment**），简称 k 阶矩.

若 $E([X - E(X)]^k)$ （$k = 1, 2, 3, \cdots$）存在，称其为 X 的 k 阶**中心矩**（**central moment**）.

定义 4.7 设 (X,Y) 是二维随机变量，若 $E(X^k Y^l)$ （$k, l = 1, 2, \cdots$）存在，称其为 X 和 Y 的 $k + l$ 阶**混合矩**（**mixed moment**）.

若 $E([X - E(X)]^k [Y - E(Y)]^l)$ （$k, l = 1, 2, \cdots$）存在，称其为 X 和 Y 的 $k + l$ 阶**混合中心矩**（**mixed central moment**）.

由定义可知，X 的数学期望 $E(X)$ 是 X 的一阶原点矩，方差 $D(X)$ 是 X 的二阶中心矩，协方差 $Cov(X,Y)$ 是 X 和 Y 的二阶混合中心矩.

4.4.2 协方差矩阵

下面介绍 n 维随机变量的协方差矩阵，从而利用它来表示 n 维正态随机变量的概率密度.

先从二维随机变量讲起. 设二维随机变量 (X_1, X_2) 的 4 个二阶中心矩都存在，

分别记为

$$C_{11} = E([X_1 - E(X_1)]^2) = D(X_1),$$

$$C_{12} = E([X_1 - E(X_1)][X_2 - E(X_2)]) = Cov(X_1, X_2),$$

$$C_{21} = E([X_2 - E(X_2)][X_1 - E(X_1)]) = Cov(X_2, X_1),$$

$$C_{22} = E([X_2 - E(X_2)]^2) = D(X_2).$$

将它们排成如下矩阵的形式

$$\begin{pmatrix} C_{11} & C_{12} \\ C_{21} & C_{22} \end{pmatrix}$$

称这个矩阵为随机变量 (X_1, X_2) 的**协方差矩阵**（**covariance matrix**）.

设 n 维随机变量 $(X_1, X_2, \cdots, X_n)$ 的二阶中心矩都存在，分别记为

$$C_{ij} = Cov(X_i, X_j) = E([X_i - E(X_i)][X_j - E(X_j)]), \quad i, j = 1, 2, \cdots, n.$$

则称矩阵

$$\begin{pmatrix} C_{11} & C_{12} & \cdots & C_{1n} \\ C_{21} & C_{22} & \cdots & C_{2n} \\ \vdots & \vdots & & \vdots \\ C_{n1} & C_{n2} & \cdots & C_{nn} \end{pmatrix}$$

为 n 维随机变量 $(X_1, X_2, \cdots, X_n)$ 的**协方差矩阵**.

由协方差的性质可知 $C_{ij} = C_{ji}$ $(i \neq j, i, j = 1, 2, \cdots, n)$，故协方差矩阵是一个对称矩阵，且主对角线上的元素依次是 $X_1, X_2, \cdots, X_n$ 的方差.

例 4.25 设二维随机变量 (X, Y) 的协方差矩阵为 $\begin{pmatrix} 2 & 1 \\ 1 & 4 \end{pmatrix}$，求 ρ_{XY}.

解 由题意，知 $D(X) = 2$，$D(Y) = 4$，$Cov(X, Y) = 1$，

所以

$$\rho_{XY} = \frac{Cov(X, Y)}{\sqrt{D(X)}\sqrt{D(Y)}} = \frac{1}{2\sqrt{2}}.$$

协方差矩阵在多元统计分析中有重要应用. 例如，利用协方差矩阵可以很方便地给出 n 维正态随机变量的如下定义.

定义 4.8 设 $X = (X_1, X_2, \cdots, X_n)$ 是 n 维随机变量，若其概率密度函数为

$$f(x_1, x_2, \cdots, x_n) = \frac{1}{(2\pi)^{n/2} |C|^{1/2}} e^{-\frac{1}{2}(X-\mu)^T C^{-1}(X-\mu)},$$

其中 $\mu = (\mu_1, \mu_2, \cdots, \mu_n)^T$ 为常向量，$X = (x_1, x_2, \cdots, x_n)^T \in R^n$，$C$ 是 $(X_1, X_2, \cdots, X_n)$ 的协方差矩阵，则称 $X = (X_1, X_2, \cdots, X_n)$ 服从 n 维正态分布，又称 X 是 n 维正态随机变量，记为 $X \sim N(\mu, C)$.

n 维正态分布在随机过程和数理统计中经常遇到，它具有以下 4 条重要性质（证明超出本书范围，故略）：

（1）n 维正态随机变量 $(X_1, X_2, \cdots, X_n)$ 的每一个分量 X_i，$i = 1, 2, \cdots, n$ 都是正态随机变量；反之，若 $X_1, X_2, \cdots, X_n$ 都是正态随机变量，且相互独立，则 $(X_1, X_2, \cdots, X_n)$ 是 n 维正态随机变量.

（2）n 维随机变量 $(X_1, X_2, \cdots, X_n)$ 服从 n 维正态分布的充要条件是 $X_1, X_2, \cdots, X_n$ 的任意线性组合

$$k_1 X_1 + k_2 X_2 + \cdots + k_n X_n$$

服从一维正态分布（其中 $k_1, k_2, \cdots, k_n$ 是不全为零的任意常数）.

（3）若 $(X_1, X_2, \cdots, X_n)$ 服从 n 维正态分布，设 $Y_1, Y_2, \cdots, Y_k$ 是 X_j $(j = 1, 2, \cdots, n)$ 的线性函数，则 $(Y_1, Y_2, \cdots, Y_k)$ 服从 k 维正态分布.

（4）设 $(X_1, X_2, \cdots, X_n)$ 服从 n 维正态分布，则"$X_1, X_2, \cdots, X_n$ 相互独立"与"$X_1, X_2, \cdots, X_n$ 两两不相关"是等价的.

习　题　四

1．设随机变量 X 的分布律为

X	-2	0	2
p	0.4	0.3	0.3

试求 $E(X)$，$E(X^2)$，$E(3X^2 + 5)$.

2．设随机变量 X 的概率密度为 $f(x) = \begin{cases} 2(1-x), & 0 < x < 1, \\ 0, & \text{其他.} \end{cases}$，求 $E(X)$.

3．已知离散型随机变量 X 的可能取值为 $-1, 0, 1$，且已知 $E(X) = 0.1$，$E(X^2) = 0.9$. 求 $P(X = -1)$，$P(X = 0)$ 和 $P(X = 1)$.

4．设在某一规定的时间间隔里，某电气设备用于最大负荷的时间 X（以分计）是一个随机变量，其概率密度为

$$f(x) = \begin{cases} \dfrac{1}{1500^2} x, & 0 \leqslant x \leqslant 1500, \\ \dfrac{-1}{1500^2}(x - 3000), & 1500 < x \leqslant 3000, \\ 0, & \text{其他.} \end{cases}$$

试求随机变量 X 的数学期望 $E(X)$.

5．设随机变量 X 的概率密度为

$$f(x) = \begin{cases} e^{-x}, & x > 0, \\ 0, & x \leqslant 0. \end{cases}$$

（1）求随机变量 X 的数学期望.

（2）求随机变量 $Y = 2X$ 的数学期望.

（3）求随机变量 $Z = e^{-5X}$ 的数学期望.

6．设二维随机变量 (X, Y) 的概率密度为

$$f(x, y) = \begin{cases} 12y^2, & 0 \leqslant y \leqslant x \leqslant 1, \\ 0, & \text{其他.} \end{cases}$$

试求：$E(X), E(XY), E(X^2 + Y^2)$.

7．设随机变量 X_1, X_2 的概率密度分别为

$$f_1(x) = \begin{cases} 2e^{-2x}, & x > 0, \\ 0, & x \leqslant 0. \end{cases} \qquad f_1(x) = \begin{cases} 4e^{-4x}, & x > 0, \\ 0, & x \leqslant 0. \end{cases}$$

（1）求 $E(X_1 + X_2)$.

（2）又设 X_1 与 X_2 相互独立，求 $E(X_1 X_2)$.

8．设随机变量 X 与 Y 同分布，X 的概率密度为

$$f(x) = \begin{cases} \dfrac{3}{8}x^2, & 0 < x < 2, \\ 0, & \text{其他.} \end{cases}$$

令 $A = \{X > a\}$，$B = \{Y > a\}$. 已知 A 与 B 相互独立，且 $P(A \cup B) = 3/4$. 试求：

（1）a 的值.

（2）$1/X^2$ 的数学期望.

9．游客乘电梯从底层到电视塔顶层观光，电梯于每个整点的第 5min、25min、55min 从底层起行. 假设一游客是在早 8 点的第 X min 到达底层楼梯处，且 X 在 $[0, 60]$ 上服从均匀分布. 试求游客等候时间 Y 的数学期望.

10．设一部机器在一天内发生故障的概率为 0.2，机器发生故障时，全天停止工作，一周 5 个工作日. 若无故障，可获利 10 万元；若发生一次故障，仍可获利 5 万元；若发生 2 次故障，获利为 0；若至少发生 3 次故障，要亏损 2 万元. 试求一周内所获利润的数学期望.

11．设某台设备由 30 个元件所组成. 在设备运转中，前 10 个元件需要调整的概率都为 0.10，中间 10 个元件需要调整的概率都为 0.20，最后 10 个元件需要调整的概率都为 0.30. 假设各个元件是否需要调整相互独立，以 X 表示同时需要调整的元件数，试求 X 的数学期望和方差.

12．若有 n 把看上去样子相同的钥匙，其中只有一把能打开门上的锁. 用它们去试开门上的锁，设取到每把钥匙是等可能的，且每把钥匙开一次后除去. 试用下面两种方法求试开次数 X 的数学期望.

（1）写出 X 的分布律.

（2）不写出 X 的分布律.

13．设长方形的高（单位：cm）$X \sim U(0,2)$，已知长方形的周长为 20cm．试求长方形面积 S 的数学期望和方差．

14．设二维连续型随机变量 (X,Y) 在区域 $D: 0 < x < 1, -x < y < x$ 内服从均匀分布．

（1）写出随机变量 (X,Y) 的概率密度．

（2）求随机变量 $Z = 2X + Y$ 的数学期望及方差．

15．设随机变量 X 的概率密度为

$$f(x) = \begin{cases} \dfrac{1}{2}\cos\dfrac{x}{2}, & 0 \leqslant x \leqslant \pi, \\ 0, & \text{其他.} \end{cases}$$

对 X 独立地重复观察 4 次，用 Y 表示观察值大于 $\dfrac{\pi}{3}$ 的次数，求随机变量 Y^2 的数学期望．

16．设随机变量 X_1，X_2，X_3 相互独立，且 X_1 在 $(0,6)$ 上服从均匀分布，X_2 服从正态分布 $N(0,4)$，X_3 服从参数为 3 的泊松分布．试求 $Y = X_1 - 2X_2 + 3X_3$ 的方差．

17．设随机变量 X 与 Y 相互独立，且均服从均值为 0，方差为 1/2 的正态分布．试求 $|X - Y|$ 的方差．

18．设随机变量 X 的数学期望 $E(X)$ 为一非负值，且 $E(\dfrac{X^2}{2} - 1) = 2$，$D(\dfrac{X}{2} - 1) = \dfrac{1}{2}$．试求 $E(X)$ 的值．

19．设随机变量 X 与 Y 相互独立，且 $X \sim N(720, 30^2)$，$Y \sim N(640, 25^2)$．

（1）求随机变量 $Z = 2X + Y$ 的分布．

（2）求概率 $P(X > Y)$．

（3）求概率 $P(X + Y > 1400)$．

20．设二维离散型随机变量 (X,Y) 的联合分布律为：

Y ＼ X	-1	0	1
-1	1/8	1/8	1/8
0	1/8	0	1/8
1	1/8	1/8	1/8

试证明：X 与 Y 是不相关的，但 X 与 Y 不是相互独立的．

21．设 A 和 B 是试验 E 的两个事件，且 $P(A) > 0$，$P(B) > 0$，并定义随机变量 X 与 Y 如下：

$$X = \begin{cases} 1, & \text{若} A \text{发生}, \\ 0, & \text{若} A \text{不发生}. \end{cases} \qquad Y = \begin{cases} 1, & \text{若} B \text{发生}, \\ 0, & \text{若} B \text{不发生}. \end{cases}$$

试证明：若 $\rho_{XY} = 0$，则 X 与 Y 必定相互独立.

22. 设二维连续型随机变量 (X, Y) 在区域 $D: 0 < x < 1, -x < y < x$ 内服从均匀分布，计算 $E(X)$，$Cov(X, Y)$.

23. 设二维连续型随机变量 (X, Y) 的概率密度为

$$f(x, y) = \begin{cases} \dfrac{1}{8}(x + y), & 0 \leqslant x \leqslant 2, 0 \leqslant y \leqslant 2, \\ 0, & \text{其他}. \end{cases}$$

求 $E(X)$，$E(Y)$，$D(X)$，$D(Y)$，$Cov(X, Y)$.

24. 设连续型随机变量 X 的概率密度为 $f(x) = \dfrac{1}{2}\mathrm{e}^{-|x|}$，$x \in R$. 问：$X$ 与 $|X|$ 是否相关？X 与 $|X|$ 是否独立？

25. 已知 $D(X) = 4$，$D(Y) = 9$，$D(X - Y) = 17$，试求：$Cov(X, Y)$，ρ_{XY}，$Cov(X - 2Y, X + Y)$.

26. 设随机变量 X 与 Y 相互独立，且都服从正态分布 $N(0, \sigma^2)$，令 $U = aX + bY$，$V = aX - bY$（a, b 均为非零常数），试求 U 与 V 的相关系数.

27. 某箱中装有 100 件产品，其中一、二、三等品分别为 80 件、10 件、10 件. 现从中随机抽取 1 件，记

$$X_i = \begin{cases} 1, & \text{抽到} i \text{等品}, \\ 0, & \text{其他}. \end{cases} \qquad i = 1, 2, 3.$$

（1）求随机变量 (X_1, X_2) 的分布律.

（2）求随机变量 X_1 与 X_2 的相关系数.

28. 已知随机变量 X 与 Y 的联合分布为二维正态分布，且有 $X \sim N(1, 3^2)$，$Y \sim N(0, 4^2)$，$\rho_{XY} = -\dfrac{1}{2}$. 设 $Z = \dfrac{X}{3} + \dfrac{Y}{2}$，试求：（1）$Z$ 的数学期望和方差.（2）X 与 Z 的相关系数.

29. 设 X, Y, Z 为三个随机变量，且 $D(X) = D(Y) = D(Z) = 1$，$E(X) = E(Y) = 1$，$E(Z) = -1$，$\rho_{XY} = 0$，$\rho_{XZ} = \dfrac{1}{2}$，$\rho_{YZ} = -\dfrac{1}{2}$，求 $E(X + Y + Z)$，$D(X + Y + Z)$.

30. 设随机变量 (X, Y) 的协方差矩阵为 $\begin{pmatrix} 1 & 1 \\ 1 & 4 \end{pmatrix}$，求 $X_1 = X - 2Y$ 与 $X_2 = 2X - Y$ 的相关系数.

31. 设随机变量 (X, Y) 服从二维均匀分布，其概率密度为

$$f(x,y) = \begin{cases} \dfrac{1}{(b-a)(d-c)}, & a < x \leqslant b, c < y < d, \\ 0, & \text{其他.} \end{cases}$$

试求 (X,Y) 的协方差矩阵.

32. 设 X 是随机变量，C 为常数，试证明：$D(X) < E[(X-C)^2]$ 对于任意的 $C \neq E(X)$ 成立（此式表明 $D(X)$ 为 $E[(X-C)^2]$ 的最小值）.

33. 对于两个随机变量 X 与 Y，若 $E(X^2)$，$E(Y^2)$ 存在，证明

$$[E(XY)]^2 \leqslant E(X^2)E(Y^2).$$

这一不等式称为柯西－施瓦茨（Cauchy-Schwarz）不等式.

第 **5** 章 大数定律与中心极限定理

概率论的基本任务是研究随机现象的统计规律性，在一个具体问题中，这种统计规律性往往通过大量的重复观测来体现，由于它具有随机性，因此，对大量的重复观测在数学上通常是从概率的角度去研究其极限.

极限理论的研究内容很广泛，其中最重要的是两类，即大数定律和中心极限定理. 大数定律是研究随机变量序列的算术平均的收敛性问题；而中心极限定理是研究随机变量有限和的分布函数的收敛性问题. 大数定律和中心极限定理的形式多种多样，理论性也较强，本教材只介绍一些最基本的但最具应用价值的内容.

5.1 大数定律

5.1.1 切比雪夫不等式

对于任意一个随机变量 X，若具有期望 $E(X)$ 和方差 $D(X)$，那么对于任意的实数 $\varepsilon > 0$，$P\{|X - E(X)| \geqslant \varepsilon\}$ 的值有多大呢？我们知道，当已知 X 的分布律或概率密度函数时，通过求和或求积分可算出此值. 而当 X 的分布律或概率密度函数未知时，以下的切比雪夫不等式给出了这个概率的上界.

定理 5.1（切比雪夫不等式）

设随机变量 X 有期望 $E(X)$ 及方差 $D(X)$，则对任意一个实数 $\varepsilon > 0$，下列不等式成立

$$P\{|X - E(X)| \geqslant \varepsilon\} \leqslant \frac{D(X)}{\varepsilon^2} \tag{5.1.1}$$

证明 下面我们仅就 X 是连续型随机变量的情况来证明. 设 X 的概率密度函数为 $f(x)$.

于是
$$P\{|X - E(X)| \geqslant \varepsilon\} = \int_{|x - E(X)| \geqslant \varepsilon} f(x)\mathrm{d}x,$$

由于 $\qquad |x - E(X)| \geqslant \varepsilon$ 等价于 $\quad \dfrac{[x - E(X)]^2}{\varepsilon^2} \geqslant 1,$

所以 $\quad P\{|X - E(X)| \geqslant \varepsilon\} \leqslant \displaystyle\int_{|x-E(X)|\geqslant\varepsilon} \frac{[x-E(X)]^2}{\varepsilon^2} f(x)\mathrm{d}x$

$$= \frac{1}{\varepsilon^2} \int_{|x-E(X)|\geqslant\varepsilon} [x-E(X)]^2 f(x)\mathrm{d}x$$

$$\leqslant \frac{1}{\varepsilon^2} \int_{-\infty}^{+\infty} [x-E(X)]^2 f(x)\mathrm{d}x$$

$$= \frac{D(X)}{\varepsilon^2}.$$

利用求对立事件概率的方法可知，式（5.1.1）可改写为式（5.1.2）

$$P\{|X - E(X)| < \varepsilon\} \geqslant 1 - \frac{D(X)}{\varepsilon^2}. \tag{5.1.2}$$

由式（5.1.2）可见，方差 $D(X)$ 愈小，事件 $\{|X - E(X)| < \varepsilon\}$ 的概率愈接近 1，这说明方差越小，随机变量的取值密集在数学期望附近的概率越大．这个结论也说明方差是描述随机变量取值与其数学期望离散程度的一个量．这个不等式在理论研究和实际应用中都发挥了重要作用．

例 5.1 设随机变量 X 的概率密度函数为

$$f(x) = \begin{cases} \dfrac{x^m}{m!}\mathrm{e}^{-x} & x \geqslant 0 \\ 0 & x < 0 \end{cases}$$

其中 m 为正整数，试用切比雪夫不等式估计 $P\{0 < X < 2(m+1)\}$．

解： $\quad E(X) = \displaystyle\int_{-\infty}^{+\infty} xf(x)\mathrm{d}x = \frac{1}{m!}\int_0^{+\infty} x^{m+1}\mathrm{e}^{-x}\mathrm{d}x$

$$= -\frac{1}{m!} x^{m+1}\mathrm{e}^{-x}\Big|_0^{+\infty} + (m+1)\frac{1}{m!}\int_0^{+\infty} x^m\mathrm{e}^{-x}\mathrm{d}x$$

$$= m+1 \qquad \text{（因为 } f(x) \text{ 是密度函数，所以 } \int_0^{+\infty}\frac{x^m}{m!}\mathrm{e}^{-x}\mathrm{d}x = 1 \text{）}$$

$$E(X^2) = \int_{-\infty}^{+\infty} x^2 f(x)\mathrm{d}x$$

$$= \frac{1}{m!}\int_0^{+\infty} x^{m+2}\mathrm{e}^{-x}\mathrm{d}x = (m+2)(m+1)$$

于是 $\quad D(X) = E(X^2) - [E(X)]^2 = (m+2)(m+1) - (m+1)^2 = m+1$

所以 $\quad P\{0 < X < 2(m+1)\} = P\{|X - (m+1)| < (m+1)\}$

$$\geqslant 1 - \frac{D(X)}{(m+1)^2} = 1 - \frac{(m+1)}{(m+1)^2} = \frac{m}{m+1}$$

5.1.2　三个大数定律

在第 1 章中，我们曾经提到频率的稳定性，这种频率的稳定性应如何从概率的角度去描述和理解呢？

在 n 重贝努里试验中，设随机事件 A 发生的概率为 $P(A) = p$，设在 n 次试验中事件 A 发生的次数为 N_A，则 $\dfrac{N_A}{n}$ 就是这 n 次试验中事件 A 发生的频率，当 n 很大时，$\dfrac{N_A}{n}$ 与 p 非常接近，这样，自然会想到应该用极限概念来描述这种稳定性. 由于 $\dfrac{N_A}{n}$ 具有随机性，所以不能简单地使用高等数学中数列的极限来定义收敛性，而需要对随机变量序列引进新的收敛性定义.

定义 5.1　设 $X_1, X_2, \cdots, X_n, \cdots$ 是一随机变量序列，如果存在一个常数 a，使得对任意一个实数 $\varepsilon > 0$，总有

$$\lim_{n \to \infty} P\{|X_n - a| < \varepsilon\} = 1$$

成立，则称随机变量序列 $X_1, X_2, \cdots, X_n, \cdots$ 依概率收敛于 a，记为 $X_n \xrightarrow{\ P\ } a$.

依概率收敛的直观意义是：当 n 充分大时，随机变量序列 $\{X_n\}$ 与 a 的距离充分小这一事件的概率趋于 1.

下面我们用此定义来描述频率的稳定性.

在 n 重贝努里试验中，设 N_A 为事件 A 发生的次数，每次试验事件 A 发生的概率为 $P(A) = p$，从第 4 章的讨论中我们知道，N_A 是随机变量，且服从二项分布 $B(n, p)$，即

$$P(N_A = k) = C_n^k p^k (1-p)^{n-k}, \quad k = 0, 1, 2, \cdots n;$$

而 n 次试验中事件 A 发生的频率为 $\dfrac{N_A}{n}$，它也是随机变量，其期望和方差分别为

$$E\left(\frac{N_A}{n}\right) = \frac{np}{n} = p,$$

$$D\left(\frac{N_A}{n}\right) = \frac{np(1-p)}{n^2} = \frac{p(1-p)}{n}.$$

所以，当 $n \to \infty$ 时，频率的数学期望保持不变，而方差则趋于 0. 我们知道方差为 0 的随机变量以概率 1 为常数. 于是，我们自然预期频率趋于常数 p（即 A 事件发生的概率）.

实际上，由切比雪夫不等式可知，对任意一个实数 $\varepsilon > 0$，当 $n \to \infty$ 时，有

$$0 \leqslant P\left\{\left|\frac{N_A}{n} - p\right| \geqslant \varepsilon\right\} \leqslant \frac{D(N_A/n)}{\varepsilon^2} = \frac{p(1-p)}{n\varepsilon^2} \leqslant \frac{1}{4n\varepsilon^2} \to 0,$$

所以

$$\frac{N_A}{n} \xrightarrow{\ P\ } p.$$

这就是频率稳定性的严格的数学描述.

为了说明大数定律的概念, 我们在任意的 n 重贝努里试验中, 引进独立同分布的随机变量 X_i, $i = 1, 2, \cdots, n$.

其中
$$X_i = \begin{cases} 1, & \text{事件}A\text{在第}i\text{次试验时发生}, \\ 0, & \text{事件}A\text{在第}i\text{次试验时不发生}. \end{cases} \qquad (5.1.3)$$

则
$$P(X_i = 1) = p, \qquad P(X_i = 0) = 1 - p,$$
$$X_i \sim B(1, p), \quad i = 1, 2, \cdots, n.$$

而事件 A 发生的频数可表示为
$$N_A = X_1 + X_2 + \cdots + X_n,$$

于是频率可表示为
$$\frac{N_A}{n} = \frac{1}{n} \sum_{i=1}^{n} X_i$$

这样, 频率的稳定性可表示成当 $n \to \infty$ 时, 有下式
$$\lim_{n \to +\infty} P\left\{ \left| \frac{N_A}{n} - p \right| < \varepsilon \right\} = \lim_{n \to +\infty} P\left\{ \left| \frac{1}{n} \sum_{i=1}^{n} X_i - \frac{1}{n} \sum_{i=1}^{n} E(X_i) \right| < \varepsilon \right\} = 1 \qquad \text{成立}$$

即
$$\frac{1}{n} \sum_{i=1}^{n} X_i - \frac{1}{n} \sum_{i=1}^{n} E(X_i) \xrightarrow{P} 0.$$

一般的随机变量序列 $\{X_n\}$, 其中 X_i 不一定相互独立, 也不一定服从 (0—1) 分布. 所谓大数定律就是研究随机变量序列 $\{X_n\}$ 在什么条件下能有下式
$$\lim_{n \to \infty} P\left\{ \left| \frac{1}{n} \sum_{i=1}^{n} X_i - \frac{1}{n} \sum_{i=1}^{n} E(X_i) \right| < \varepsilon \right\} = 1.$$

成立的问题.

定义 5.2　设 $\{X_n\}$ 是一随机变量序列, 其数学期望 $E(X_n)$ 存在, $n = 1, 2, \cdots$, 令 $\varepsilon_n = \frac{1}{n} \sum_{i=1}^{n} X_i$, 若 $\varepsilon_n - E(\varepsilon_n) \xrightarrow{P} 0$, 则称随机变量序列 $\{X_n\}$ 服从**大数定律**(或大数法则).

定理 5.2　(切比雪夫大数定律)

设 $X_1, X_2, \cdots, X_n, \cdots$ 是相互独立的随机变量序列, 如果存在常数 C, 使得
$$D(X_i) \leqslant C, \quad i = 1, 2, \cdots,$$

则此随机变量序列 $\{X_n\}$ 服从大数定律. 即对任意的 $\varepsilon > 0$, 有
$$\lim_{n \to \infty} P\left\{ \left| \frac{1}{n} \sum_{i=1}^{n} X_i - \frac{1}{n} \sum_{i=1}^{n} E(X_i) \right| < \varepsilon \right\} = 1.$$

证明　因为随机变量序列 $\{X_n\}$ 相互独立，故

$$D\left(\frac{1}{n}\sum_{i=1}^{n}X_i\right)=\frac{1}{n^2}\sum_{i=1}^{n}D(X_i)\leqslant\frac{C}{n}$$

于是，由切比雪夫不等式得到

$$P\left\{\left|\frac{1}{n}\sum_{i=1}^{n}X_i-\frac{1}{n}\sum_{i=1}^{n}E(X_i)\right|<\varepsilon\right\}\geqslant1-\frac{D\left(\frac{1}{n}\sum_{i=1}^{n}X_i\right)}{\varepsilon^2}\geqslant1-\frac{C}{n\varepsilon^2}.$$

所以

$$1\geqslant P\left\{\left|\frac{1}{n}\sum_{i=1}^{n}X_i-\frac{1}{n}\sum_{i=1}^{n}E(X_i)\right|<\varepsilon\right\}\geqslant1-\frac{C}{n\varepsilon^2}.$$

在上式中令 $n\to\infty$，即得

$$\lim_{n\to\infty}P\left\{\left|\frac{1}{n}\sum_{i=1}^{n}X_i-\frac{1}{n}\sum_{i=1}^{n}E(X_i)\right|<\varepsilon\right\}=1.$$

定理得证.

例 5.2　设 $\{X_n,n=1,2,\cdots\}$ 为相互独立的随机变量序列，且 $P\{X_n=\pm2^n\}=\frac{1}{2^{2n+1}}$，$P\{X_n=0\}=1-\frac{1}{2^{2n}}$，$n=1,2,\cdots$，试证明 $\{X_n\}$ 服从大数定律.

证明　由题意知 $X_n,n=1,2,\cdots$ 是相互独立的随机变量序列，且

$$E(X_n)=2^n\times\frac{1}{2^{2n+1}}-2^n\times\left(\frac{1}{2^{2n+1}}\right)+0\times\left(1-\frac{1}{2^{2n}}\right)=0,$$

$$D(X_n)=2^{2n}\times\frac{1}{2^{2n+1}}+2^{2n}\times\frac{1}{2^{2n+1}}+0\times\left(1-\frac{1}{2^{2n}}\right)=1.$$

所以，随机变量序列 $\{X_n\}$ 满足切比雪夫大数定律的所有条件，故 $\{X_n\}$ 服从大数定律.

定理 5.3（贝努里大数定律）

设 N_A 是 n 重贝努里试验中事件 A 发生的次数，p 是事件 A 在每次试验中发生的概率，则对任意的实数 $\varepsilon>0$，有

$$\lim_{n\to\infty}P\left\{\left|\frac{N_A}{n}-p\right|<\varepsilon\right\}=1.$$

实际上这就是频率稳定性的严格数学描述，前面已由切比雪夫不等式推导得到，下面利用切比雪夫大数定律来证明.

证明　引进随机变量 X_i（如式（5.1.3）），则 $X_1,X_2,\cdots,X_n,\cdots$ 为相互独立且均服从（0—1）分布的随机变量序列，又显然有

$$N_A=X_1+X_2+\cdots+X_n,$$

$$E(X_i) = p, \qquad D(X_i) = p(1-p) \leqslant \frac{1}{4}, \qquad i = 1, 2, \cdots,$$

所以，$X_1, X_2, \cdots, X_n, \cdots$ 满足切比雪夫大数定律的所有条件，故由切比雪夫大数定律得

$$\lim_{n \to \infty} P\left\{ \left| \frac{1}{n} \sum_{i=1}^{n} X_i - \frac{1}{n} \sum_{i=1}^{n} E(X_i) \right| < \varepsilon \right\} = \lim_{n \to \infty} P\left\{ \left| \frac{N_A}{n} - p \right| < \varepsilon \right\} = 1 .$$

定理 5.2 与 5.3 都是通过切比雪夫不等式建立起来的，它们都要求方差的存在性，但对满足独立同分布的随机变量序列，并不需要有这个要求，这就是著名的辛钦大数定律.

定理 5.4（辛钦大数定律）

设 $X_1, X_2, \cdots, X_n, \cdots$ 是独立同分布的随机变量序列，且

$$E(X_i) = \mu , \qquad i = 1, 2, \cdots,$$

则对任意的实数 $\varepsilon > 0$，有

$$\lim_{n \to \infty} P\left\{ \left| \frac{1}{n} \sum_{i=1}^{n} X_i - \mu \right| < \varepsilon \right\} = 1 .$$

辛钦大数定律的证明超过了我们的知识范围. 辛钦大数定律在数理统计中发挥着重要作用，它是参数估计的理论基础. 它在实际中应用非常广泛，如对某物体的重量作 n 次测量，得到 n 个测量值 $x_1, x_2, \cdots, x_n$. 由于种种原因，每次测量都会产生误差，这些结果可以看作 n 个独立随机变量 $X_1, X_2, \cdots, X_n$（显然，它们服从同一分布），于是，由辛钦大数定理可知，当 n 充分大时，可用这 n 次测量结果 $x_1, x_2, \cdots, x_n$ 的算术平均值作为这个随机变量 X 的期望的近似值.

5.2　中心极限定理

在对大量随机现象的研究中发现，如果一个量是由大量相互独立的随机因素影响所造成的，而每一个个别因素在总的影响中所起的作用较小，那么这种量通常都服从或近似服从正态分布.

所谓中心极限定理，就是研究在什么条件下，随机变量序列 $\{X_n\}$ 的如下形式的分布函数

$$F_n(x) = P\left\{ \frac{\sum_{i=1}^{n} [X_i - E(X_i)]}{\sqrt{D(\sum_{i=1}^{n} X_i)}} \leqslant x \right\}$$

收敛到标准正态分布的分布函数.

定义 5.3　凡使 $F_n(x) \xrightarrow{n \to \infty} \Phi(x)$ 一致成立的定理都称为中心极限定理，相

应地称随机变量序列 $\{X_n\}$ 服从中心极限定理.

由于

$$\frac{\sum\limits_{i=1}^{n}[X_i - E(X_i)]}{\sqrt{D(\sum\limits_{i=1}^{n}X_i)}}$$

本质上是随机变量序列的有限和. 因此，中心极限定理本质上就是研究随机变量序列的有限和，在什么条件下，它的极限分布是标准正态分布的问题.

令

$$\varepsilon_n = \frac{\sum\limits_{i=1}^{n}[X_i - E(X_i)]}{\sqrt{D(\sum\limits_{i=1}^{n}X_i)}} \ , \qquad n = 1, 2, \cdots,$$

则

$$E(\varepsilon_n) = 0 \ , \quad D(\varepsilon_n) = 1, \qquad n = 1, 2, \cdots.$$

所以，ε_n 实际上是 $\sum\limits_{i=1}^{n}X_i$ 经标准化后的随机变量序列.

下面介绍两个重要的中心极限定理.

定理 5.5（独立同分布情形下的中心极限定理）

设 $X_1, X_2, \cdots, X_n$ 是独立同分布的随机变量序列，且

$$E(X_i) = \mu, \quad D(X_i) = \sigma^2 \neq 0 \ , \qquad i = 1, 2 \cdots.$$

记

$$\varepsilon_n = \frac{\sum\limits_{i=1}^{n}\left[X_i - E(X_i)\right]}{\sqrt{D\left(\sum\limits_{i=1}^{n}X_i\right)}} = \frac{\sum\limits_{i=1}^{n}X_i - n\mu}{\sqrt{n}\sigma} \ ,$$

则对任意实数 x，有 $\lim\limits_{n \to +\infty} P\{\varepsilon_n \leqslant x\} = \Phi(x) = \int_{-\infty}^{x} \frac{1}{\sqrt{2\pi}} e^{-\frac{t^2}{2}} dt$.

证明略.

此定理告诉我们，不论 $X_1, X_2, \cdots, X_n, \cdots$ 原来服从什么分布，只要它们是独立同分布，则当 n 充分大时，总可以近似地认为：

$$\frac{\sum\limits_{i=1}^{n}X_i - n\mu}{\sqrt{n}\sigma} \sim N(0, 1) \ ,$$

或

$$\sum\limits_{i=1}^{n}X_i \sim N(n\mu, n\sigma^2) \ .$$

注：一般地，当 n 充分大时，我们用以下近似等式计算概率

（1）　$P\{a < \dfrac{\sum\limits_{i=1}^{n} X_i - n\mu}{\sqrt{n}\sigma} \leqslant b\} \approx \Phi(b) - \Phi(a)$ ，　　　　　　　　　　（5.2.1）

（2）　$P\{a < \sum\limits_{i=1}^{n} X_i \leqslant b\} = P\{\dfrac{a - n\mu}{\sqrt{n}\sigma} < \dfrac{\sum\limits_{i=1}^{n} X_i - n\mu}{\sqrt{n}\sigma} \leqslant \dfrac{b - n\mu}{\sqrt{n}\sigma}\}$

$$\approx \Phi(\dfrac{b - n\mu}{\sqrt{n}\sigma}) - \Phi(\dfrac{a - n\mu}{\sqrt{n}\sigma}) .$$　　　　　　（5.2.2）

例 5.3　一加法器同时收到 20 个噪声电压 V_i，设它们是相互独立的随机变量，且都在区间 $(0,10)$ 上服从均匀分布，记 $V = \sum\limits_{i=1}^{20} V_i$ ，求 $P(V > 105)$.

解　因为 $V_i \sim U(0,10)$ ，易知

$$E(V_i) = \frac{0 + 10}{2} = 5 ,$$

$$D(V_i) = \frac{1}{12}(10 - 0)^2 = \frac{100}{12}, \quad i = 1, 2, \cdots, 20 .$$

由定理 5.5 知，随机变量　$V_{20} = \dfrac{\sum\limits_{i=1}^{20} V_i - 20 E(V_i)}{\sqrt{D(\sum\limits_{i=1}^{20} V_i)}} = \dfrac{V - 20 \times 5}{\sqrt{20} \times \sqrt{\dfrac{100}{12}}}$

近似服从标准正态分布 $N(0,1)$，

于是　　　　　$P(V > 105) = P(\dfrac{V - 20 \times 5}{\sqrt{20} \times \sqrt{\dfrac{100}{12}}} > \dfrac{105 - 20 \times 5}{\sqrt{20} \times \sqrt{\dfrac{100}{12}}})$

$$= P(\dfrac{V - 100}{10 \times \sqrt{\dfrac{5}{3}}} > 0.387) \approx 1 - \Phi(0.387) \approx 0.348$$

即　　　　　　　　　　$P(V > 105) \approx 0.348 .$

定理 5.6（德莫佛—拉普拉斯中心极限定理）

设 N_A 是 n 次独立重复试验中事件 A 发生的次数，p 是每次试验事件 A 发生的概率，$N_A \sim B(n, p)$，则对任意有限区间 $(a, b]$，有

$$\lim_{n \to \infty} P\{a < \dfrac{N_A - np}{\sqrt{np(1-p)}} \leqslant b\} = \Phi(b) - \Phi(a) .$$

证明　引进随机变量 X_i（如式（5.1.3）），则 N_A 看成是 n 个相互独立且均服从（0—1）分布的随机变量 $X_1, X_2, \cdots, X_n$ 的和，即

$$N_A = X_1 + X_2 + \cdots + X_n ,$$

且 $$E(X_i) = p , \quad D(X_i) = p(1-p), \quad i = 1,2,\cdots,n .$$

由定理 5.5 得

$$\lim_{n\to\infty} P\{ \frac{N_A - np}{\sqrt{np(1-p)}} \leqslant x \} = \Phi(x) ,$$

于是对有限区间 $(a,b]$，有

$$\lim_{n\to\infty} P\{ a < \frac{N_A - np}{\sqrt{np(1-p)}} \leqslant b \} = \Phi(b) - \Phi(a) .$$

注：一般地，当 n 充分大时，我们用以下近似等式计算概率

（1） $\quad P\{ a < \frac{N_A - np}{\sqrt{np(1-p)}} \leqslant b \} \approx \Phi(b) - \Phi(a) \quad ;$ （5.2.3）

（2） $\mathrm{P}\{ a < N_A \leqslant b \} = P\{ \frac{a - np}{\sqrt{np(1-p)}} < \frac{N_A - np}{\sqrt{np(1-p)}} \leqslant \frac{b - np}{\sqrt{np(1-p)}} \}$

$$\approx \Phi\left(\frac{b - np}{\sqrt{np(1-p)}} \right) - \Phi\left(\frac{a - np}{\sqrt{np(1-p)}} \right) .$$ （5.2.4）

    例 5.4 某单位设置一电话总机，共有 200 台电话分机，设每个电话分机有 5%的时间要使用外线通话．假定每个分机是否使用外线是相互独立的，问总机要多少条外线才能以 90%的概率让每个分机在需要使用外线时可供使用．

    解 将每个电话分机是否要使用外线看作一次试验，由题设条件可知，这些试验是相互独立的，将 200 台电话分机使用外线的数目记为 X，则 X 是一个随机变量，且 $X \sim B(200, \frac{5}{100})$；现在要求满足等式

$$P(X \leqslant k) = \frac{90}{100}$$

的最小的正整数 k．

$$P\{X \leqslant k\} = P\left\{ \frac{X - np}{\sqrt{np(1-p)}} \leqslant \frac{k - np}{\sqrt{np(1-p)}} \right\} ,$$

由中心极限定理

$$P(X \leqslant k) \approx \Phi\left(\frac{k - np}{\sqrt{np(1-p)}} \right) = \Phi\left(\frac{k - 200 \times \frac{5}{100}}{\sqrt{200 \times \frac{5}{100} \times \frac{95}{100}}} \right)$$

$$= \Phi\left(\frac{k - 10}{3.1} \right) = 0.9 .$$

所以 $\quad \frac{k - 10}{3.1} = 1.28 , \qquad k = 13.97$

因此取 $\qquad k = [13.97] + 1 = 14$.

故总机至少要 14 条外线，才能以 90%的概率保证每个分机在需要使用外线时可供使用.

例 5.5 设有一批电话机，其次品率为 $\dfrac{1}{6}$ ，现从这批电话机中任意抽取 300 台，试计算次品件数在 40～60 之间的概率.

解 设任意抽取的 300 台电话机中的次品数为 N_A ，则 N_A 可看作是 300 次重复独立试验中次品出现的次数，而每次试验次品出现的概率为 $\dfrac{1}{6}$ ，所以

$$N_A \sim B(300, \frac{1}{6}) ,$$

所求的概率为

$$P\{40 \leqslant N_A \leqslant 60\} = P\left\{ \frac{40-np}{\sqrt{np(1-p)}} \leqslant \frac{N_A - np}{\sqrt{np(1-p)}} \leqslant \frac{60-np}{\sqrt{np(1-p)}} \right\}$$

由式（5.2.4）得

$$P\{40 < N_A \leqslant 60\} \approx \Phi(\frac{60-50}{5\sqrt{5/3}}) - \Phi(\frac{40-50}{5\sqrt{5/3}}) = \Phi(1.55) - \Phi(-1.55)$$

$$= 2\Phi(1.55) - 1 = 2 \times 0.9394 - 1 = 0.8788 .$$

习 题 五

1．设随机变量 X_n 服从柯西分布，其概率密度为 $f_n(x) = \dfrac{n}{\pi(1+n^2x^2)}$ ，用定义证明：当 $n \to \infty$ 时， $X_n \xrightarrow{P} 0$.

2．设随机变量 X 的数学期望 $E(X) = \mu$ ，方差 $D(X) = \sigma^2$ ，利用切比雪夫不等式，试估计概率 $P\{|X-\mu| \geqslant 3\sigma\}$.如果 $X \sim N(\mu, \sigma^2)$ ，试对这个估计值和直接计算所得结果进行比较.

3．设 $\{X_n\}$ 为相互独立的随机变量序列，

$$P\left\{X_n = \pm\sqrt{n}\right\} = \frac{1}{n}, \; P\left\{X_n = 0\right\} = 1 - \frac{2}{n}, \; n = 2,3,\cdots .$$

证明 $\{X_n\}$ 服从大数定律.

4．在 n 重贝努里试验中，若已知每次试验事件 A 的概率为 0.75 ，试利用切比雪夫不等式估计 n ，使 A 出现的频率在 0.74～0.76 之间的概率不小于 0.90 .

5．据以往经验，某种电器元件的寿命服从均值为 100 h 的指数分布. 现随机地取 16 只，设它们的寿命是相互独立的，求在这 16 只元件的寿命总和大于 1920h 的概率.

6. 计算器在进行加法时，将每个加数舍入最靠近它的整数. 设所有的舍入误差相互独立且在 $(-0.5, 0.5)$ 上服从均匀分布.

（1）若将 1200 个数相加，问误差总和的绝对值超过 10 的概率是多少？

（2）最多可以有几个数相加，使得误差总和的绝对值小于 10 的概率不小于 0.90？

7. 一复杂的系统由 100 个相互独立起作用的部件所组成，在整个运行期间每个部件损坏的概率为 0.10，为了使整个系统起作用，至少需要有 85 个部件正常工作，求整个系统起作用的概率.

8. 一复杂的系统由 n 个相互独立起作用的部件所组成，在整个运行期间每个部件的可靠性（即部件正常工作的概率）为 0.90，且必须至少有 80% 的部件正常工作才能使整个系统起作用，问 n 至少为多大时，才能使整个系统的可靠性不低于 0.95.

9. 某种电子器件的寿命（小时）具有数学期望 μ（未知），方差 $\sigma^2 = 400$. 为了估计 μ，随机地取 n 只这种器件，在时刻 $t = 0$ 时投入测试（设测试是相互独立的）直到失效，测得寿命为 $X_1, X_2, \cdots, X_n$，以 $\overline{X} = \dfrac{1}{n}\sum_{i=1}^{n} X_i$ 作为 μ 的估计，为了使 $P\{|\overline{X} - \mu| < 1\} \geqslant 0.95$，问 n 至少为多少？

10. 证明：在独立试验序列中，当试验次数 n 充分大时，下列近似公式

$$\beta = P\left\{\left|\frac{X_n}{n} - p\right| < \varepsilon\right\} \approx 2\varPhi\left(\varepsilon\sqrt{\frac{n}{pq}}\right) - 1$$

成立，其中 X_n 是试验中事件 A 发生的次数，p 是一次试验中事件 A 发生的概率，$q = 1 - p$，ε 是任意给定的正数.

11. 保险公司为了估计企业的利润，需要计算各种概率. 若一年中某类投保者中每个人死亡的概率等于 0.005，现有这类投保者 10000 人. 试求在未来一年中在这些投保人中死亡人数不超过 70 人的概率.

12. 某保险公司多年统计资料表明，在索赔户中，被盗索赔户占 20%，以 X 表示在随机抽查的 100 个索赔户中，因被盗向保险公司索赔的户数.

（1）写出 X 的概率分布.

（2）利用中心极限定理，求被盗索赔户不少于 14 户且不多于 30 户的概率的近似值.

第 6 章 样本及抽样分布

数理统计（mathematical statisics）是一门具有广泛应用、内容丰富的学科，它以概率论为理论基础，根据试验或观察得到的数据，采用统计的方法对所研究的对象的客观规律性作出种种估计和推断．数理统计主要包括两部分内容，其一是如何收集整理数据，包括抽样方法和试验方法设计等的研究；其二是统计推断，即研究如何对已取得的数据进行分析研究，从而对所研究的对象的性质、特点作出合理的推断．本教材只介绍统计中所使用的统计推断的基本概念和方法以及抽样分布、参数估计和假设检验．

在概率论中，我们引进随机变量，利用随机变量研究随机试验的各种性质，一般假设其分布是已知的，研究它的数字特征，讨论随机变量的函数的分布，介绍各种常用的分布以及其统计规律性．在数理统计中，我们研究的随机变量，一般其分布是未知的，我们通过对所研究的随机变量进行重复独立的观察，得到很多观察值，对这些观察值进行研究分析，从而对所研究的随机变量的分布做出各种合理的推断．本章我们首先介绍数理统计中常用的一些基本概念，然后介绍常用的抽样分布和几个重要的抽样分布定理．

6.1 总体和样本

我们把研究对象的某项数量指标的全体称为**总体（total）**，总体中的每一个元素称为**个体（individaul）**．例如，我们要研究某厂生产的手机集成块的质量，在正常生产情况下，生产的集成块的平均使用寿命是稳定的．当然我们不能对每件产品进行测试，通常的方法是从整批的产品中取一些来测试，然后用得到的数据来推断该批产品的平均寿命．那么，该厂生产的集成块的寿命就是总体，每一个集成块的寿命就是个体．代表总体的指标是一个随机变量 X．所以总体就是指某个随机变量 X 可能取值的全体．

从总体中抽取一个个体，就是对代表总体的随机变量进行一次试验，得到一个试验数据. 从总体中抽取若干个个体, 就是对代表总体的随机变量进行若干次试验, 得到一组试验数据. 从总体中抽取若干个个体进行若干次试验或观察的过程称为**抽样试验**, 抽取若干个个体的过程称为**抽样**. 抽取的若干个个体称为**样本（sample）**, 样本中所含个体的数量称为**样本容量**, 抽样试验得到的一组数据, 称为**样本值**. 一般地我们从总体中抽取样本都假设满足两个条件:（1）代表性: 要求每个个体与总体同分布;（2）独立性: 即每次抽样取得的结果既不影响其他抽取的结果, 也不受其他各次抽样结果的影响. 满足以上两个条件的抽样称为简单随机抽样. 如此得到的样本称为**简单随机样本**, 简称为**样本**. 因此, 我们有如下的定义.

定义 6.1 设 X 是具有分布函数 F 的随机变量, 若 $X_1, X_2, \cdots, X_n$ 是具有分布函数 F 的相互独立的随机变量, 则称 $X_1, X_2, \cdots, X_n$ 为来自总体 X 的容量为 n 的**简单随机样本**, 简称**样本**. 样本的观察值 $x_1, x_2, \cdots, x_n$ 称为**样本值**.

由样本的定义可知, 若 $X_1, X_2, \cdots, X_n$ 为来自总体 X（分布函数是 F）的样本, 则 $X_1, X_2, \cdots, X_n$ 的联合分布函数为

$$F(x_1, x_2, \cdots x_n) = \prod_{i=1}^{n} F(x_i).$$

若总体 X 是离散型随机变量, 则 $X_1, X_2, \cdots, X_n$ 的联合分布律为

$$P(X_1 = x_1, X_2 = x_2, \cdots, X_n = x_n) = \prod_{i=1}^{n} P(X_i = x_i).$$

例如, 设总体 X 服从两点分布 $B(1, p)$, 即 $P(X = 1) = p, P(X = 0) = 1 - p$, 其中 p 是未知参数, $X_1, X_2, \cdots, X_n$ 是来自 X 的简单随机样本. 因两点分布的分布律为

$$P(X = x) = p^x (1 - p)^{1-x}, \quad x = 0, 1.$$

所以, $X_1, X_2, \cdots, X_n$ 的联合分布律为

$$P(X_1 = x_1, X_2 = x_2, \cdots X_n = x_n) = \prod_{i=1}^{n} P(X_i = x_i) = \prod_{i=1}^{n} [p^{x_i} (1 - p)^{1-x_i}]$$

$$= p^{\sum_{i=1}^{n} x_i} (1 - p)^{n - \sum_{i=1}^{n} x_i}, \quad x_i = 0, 1, \quad i = 1, 2, \cdots, n.$$

又若总体 X 是连续型随机变量, 且概率密度函数是 $f(x)$, 则 $X_1, X_2, \cdots, X_n$ 的联合概率密度函数为

$$f(x_1, x_2, \cdots x_n) = \prod_{i=1}^{n} f(x_i).$$

例如, 对灯泡寿命进行 n 次重复独立观察, 设灯泡的寿命 X 服从参数为 λ 的指数分布, 得到的观察值为 $x_1, x_2, \cdots, x_n$, $X_1, X_2, \cdots, X_n$ 为来自总体 X 的一个容量为 n 的简单随机样本. 那么 $X_1, X_2, \cdots, X_n$ 的联合概率密度函数为

$$f(x_1, x_2, \cdots x_n) = \prod_{i=1}^{n} f(x_i) = \begin{cases} \lambda^n \mathrm{e}^{-\lambda \sum\limits_{i=1}^{n} x_i}, & x_i \geqslant 0, \ i = 1, 2, \cdots, n, \\ 0, & \text{其他.} \end{cases}$$

6.2　抽样分布

6.2.1　常用统计量

样本是进行统计推断的依据,在应用时,人们往往不是直接使用样本本身,而是对不同的问题,构造样本的某个函数,利用这些样本的函数进行统计推断.

定义 6.2　设 $X_1, X_2, \cdots, X_n$ 为来自总体 X 的一个简单随机样本,$g(X_1, X_2, \cdots, X_n)$ 是 $X_1, X_2, \cdots, X_n$ 的函数. 若 g 中不含任何未知参数,则称 $g(X_1, X_2, \cdots, X_n)$ 是一个**统计量**(statistic).

因为 $X_1, X_2, \cdots, X_n$ 为来自总体 X 的一个简单随机样本,所以都是随机变量,而统计量是 $X_1, X_2, \cdots, X_n$ 的函数,所以它也是随机变量. 设 $x_1, x_2, \cdots, x_n$ 是对应于样本 $X_1, X_2, \cdots, X_n$ 的样本值,则称 $g(x_1, x_2, \cdots x_n)$ 是对应于 $g(X_1, X_2, \cdots, X_n)$ 的观察值.

例 6.1　设总体 X 服从两点分布 $B(1, p)$,即 $P(X = 1) = p$,$P(X = 0) = 1 - p$,其中 p 是未知参数,$X_1, X_2, \cdots, X_n$ 是来自 X 的简单随机样本. 请指出以下的表达式 $X_1 + X_2$,$\max\limits_{1 \leqslant i \leqslant n} X_i$,$X_3 + 2p$,$(X_2 - p)^2$ 中哪些是统计量,哪些不是,为什么?

解　因 $X_1, X_2, \cdots, X_n$ 是样本,所以 $X_1 + X_2$,$\max\limits_{1 \leqslant i \leqslant n} X_i$ 是统计量;$X_3 + 2p$,$(X_2 - p)^2$ 不是统计量,因为含有未知参数 p.

下面我们着重介绍几个统计中常用的统计量.

定义 6.3　设 $X_1, X_2, \cdots, X_n$ 为来自总体 X 的一个简单随机样本,$x_1, x_2, \cdots, x_n$ 是对应于该样本的样本值.

称　$\overline{X} = \dfrac{1}{n} \sum\limits_{i=1}^{n} X_i$　为**样本均值**(sample mean);

称　$S^2 = \dfrac{1}{n-1} \sum\limits_{i=1}^{n} (X_i - \overline{X})^2$　为**样本方差**(sample variance);

称　$S = \sqrt{S^2} = \sqrt{\dfrac{1}{n-1} \sum\limits_{i=1}^{n} (X_i - \overline{X})^2}$　为**样本标准差**;

称　$A_k = \dfrac{1}{n} \sum\limits_{i=1}^{n} X_i^k \quad k = 1, 2, \cdots$　为 **k 阶(原点)矩**;

称　$B_k = \dfrac{1}{n} \sum\limits_{i=1}^{n} (X_i - \overline{X})^k \quad k = 1, 2, \cdots$　为 **k 阶中心矩**.

它们的观察值分别为

$$\overline{x} = \frac{1}{n}\sum_{i=1}^{n}x_i \, ,$$

$$s^2 = \frac{1}{n-1}\sum_{i=1}^{n}(x_i - \overline{x})^2 \, ,$$

$$s = \sqrt{s^2} = \sqrt{\frac{1}{n-1}\sum_{i=1}^{n}(x_i - \overline{x})^2} \, ,$$

$$a_k = \frac{1}{n}\sum_{i=1}^{n}x_i^k \, , \qquad k = 1,2,\cdots,$$

$$b_k = \frac{1}{n}\sum_{i=1}^{n}(x_i - \overline{x})^k \, , \quad k = 1,2,\cdots.$$

注：$S^2 = \dfrac{1}{n-1}\sum\limits_{i=1}^{n}(X_i - \overline{X})^2 = \dfrac{1}{n-1}\left[\sum\limits_{i=1}^{n}X_i^2 - n\overline{X}^2\right]$；

$$B_2 = \frac{n-1}{n}S^2 = \frac{1}{n}\sum_{i=1}^{n}X_i^2 - (\overline{X})^2 = A_2 - A_1^2 \, .$$

一般地，当 X 的 k 阶矩 $E(X^k) = \mu_k$ 存在，根据辛钦大数定律，当 $n \to \infty$ 时，$A_k \xrightarrow{\ P\ } \mu_k$. 这是第 7 章所要介绍的矩估计法的理论根据.

6.2.2 经验分布函数

定义 6.4 设 $X_1, X_2, \cdots, X_n$ 是来自总体 X 的简单随机样本，$S(x)$ 表示 $X_1, X_2, \cdots, X_n$ 中不大于 x 的随机变量的个数，称 $F_n(x) = \dfrac{1}{n}S(x)$，$-\infty < x < +\infty$ 为总体 X 的**经验分布函数**（empirical distribution function）.

例如，设总体 X 具有一个样本 $1,2,2,3$，则经验分布函数为

$$F_4(x) = \begin{cases} 0, & x < 1, \\ \dfrac{1}{4}, & 1 \leqslant x < 2, \\ \dfrac{3}{4}, & 2 \leqslant x < 3, \\ 1, & x \geqslant 3. \end{cases}$$

一般地，设 $x_1, x_2, \cdots, x_n$ 是总体 X 的一个容量为 n 的样本值，把它们从小到大重新排列为 $x_{(1)} \leqslant x_{(2)} \cdots \leqslant x_{(n)}$，则经验分布函数为

$$F_n(x) = \begin{cases} 0, & x < x_{(1)}, \\ \dfrac{k}{n}, & x_{(k)} \leqslant x < x_{(k+1)}, \\ 1, & x \geqslant x_{(n)}. \end{cases}$$

对于经验分布函数 $F_n(x)$，格里汶科（Glivenko）在 1933 年证明了以下的结果：对于任一实数 x，当 $n \to \infty$ 时，$F_n(x)$ 以概率 1 一致收敛于总体的分布函数 $F(x)$．因此，对于任一实数 x，当 n 充分大时，经验分布函数的任何一个观察值 $F_n(x)$ 与 $F(x)$ 只有微小的差别，从而实际上可用 $F_n(x)$ 来近似代替 $F(x)$．

下面的定理对于统计分析极为重要．

定理 6.1 设 $X_1, X_2, \cdots, X_n$ 是来自总体 X 的样本，若 $E(X) = \mu, D(X) = \sigma^2$，则有

（1） $E(\overline{X}) = E(X) = \mu$，

（2） $D(\overline{X}) = \dfrac{D(X)}{n} = \dfrac{\sigma^2}{n}$，

（3） $E(S^2) = D(X) = \sigma^2$．

证明 因为 X_i 与总体 X 同分布，所以有

$$E(X_i) = E(X), D(X_i) = D(X)，\quad i = 1, 2, \cdots n．$$

因此

（1） $E(\overline{X}) = E[\dfrac{1}{n}\sum_{i=1}^{n} X_i] = \dfrac{1}{n}\sum_{i=1}^{n} E(X_i) = \mu$；

（2） $D(\overline{X}) = D[\dfrac{1}{n}\sum_{i=1}^{n} X_i] = \dfrac{1}{n^2}\sum_{i=1}^{n} D(X_i) = \dfrac{\sigma^2}{n}$；

（3） $E(S^2) = E[\dfrac{1}{n-1}\sum_{i=1}^{n}(X_i - \overline{X})^2]$

$$= \dfrac{1}{n-1}[\sum_{i=1}^{n} E(X_i^2) - nE(\overline{X}^2)]$$

$$= \dfrac{n}{n-1}\{D(X) + [E(X)]^2 - D(\overline{X}) - [E(\overline{X})]^2\}$$

$$= \dfrac{n}{n-1}[\sigma^2 + \mu^2 - \dfrac{\sigma^2}{n} - \mu^2)] = \sigma^2．$$

6.2.3 三个重要的抽样分布

统计量的分布称为抽样分布，在使用统计量进行统计推断时，通常需要它的分布，当总体分布已知时，抽样分布是确定的．下面我们介绍来自正态总体的三个重要统计量的分布．

1. χ^2 分布（chi-square distribution）

设 $X_1, X_2, \cdots, X_n$ 是来自正态总体 $N(0,1)$ 的简单随机样本，则称统计量 $X = X_1^2 + X_2^2 + \cdots + X_n^2$ 服从自由度为 n 的 χ^2 分布，记为 $X \sim \chi^2(n)$．

可以证明，自由度为 n 的 χ^2 分布的概率密度函数为

$$f(y) = \begin{cases} \dfrac{1}{2^{n/2}\, \Gamma(n/2)} y^{n/2-1} \mathrm{e}^{-y/2}, & y > 0, \\ 0, & y \leqslant 0. \end{cases}$$

其中 $\Gamma(n/2)$ 是伽玛函数 $\Gamma(x)$ 的函数值，伽玛函数的定义为

$$\Gamma(x) = \int_0^{+\infty} t^{x-1} \mathrm{e}^{-t} \mathrm{d}t \,,$$

由分部积分可得

$$\Gamma(x+1) = x\Gamma(x) \,.$$

以下是 $\Gamma(x)$ 的几个特殊函数值：

$$\Gamma(1) = 1\,; \quad \Gamma(n+1) = n!\,; \quad \Gamma\left(\frac{1}{2}\right) = \sqrt{\pi} \,.$$

特别地，当 $X_1 \sim N(0,1)$ 时，由第 2 章的例 2.26 知，X_1^2 的概率密度函数为

$$f(y) = \begin{cases} \dfrac{1}{\sqrt{2\pi}} y^{-1/2} \mathrm{e}^{-y/2}, & y > 0, \\ 0, & y \leqslant 0. \end{cases}$$

它就是自由度 $n=1$ 的 χ^2 分布的概率密度函数.

所以 $\qquad\qquad\qquad\qquad\qquad X_1^2 \sim \chi^2(1) \,.$

当自由度 $n=2$ 时的 χ^2 分布的概率密度函数为

$$f(y) = \begin{cases} \dfrac{1}{2} \mathrm{e}^{-y/2}, & y > 0, \\ 0, & y \leqslant 0. \end{cases}$$

它与 $\lambda = 1/2$ 的指数分布的概率密度函数是一致的.

χ^2 分布的概率密度函数的图形如图 6.1 所示.

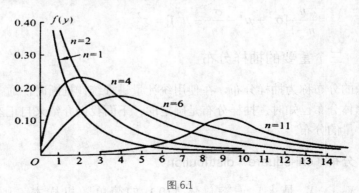

图 6.1

性质 1 可加性 若 $X \sim \chi^2(n_1)$，$Y \sim \chi^2(n_2)$，且 X 与 Y 相互独立，则有

$$X + Y \sim \chi^2(n_1 + n_2).$$

证明略

性质 2 若 $X \sim \chi^2(n)$，则有 $E(X) = n$，$D(X) = 2n$.

证明 由 χ^2 分布的定义知，X 可表示为

$$X = X_1^2 + X_2^2 + \cdots + X_n^2, \qquad \text{其中 } X_i \sim N(0,1) \text{ 且相互独立，} i = 1, 2, \cdots, n.$$

所以，$\quad E(X_i^2) = D(X_i) + [E(X_i)]^2 = 1$，

$$E(X_i^4) = \int_{-\infty}^{+\infty} x^4 \frac{1}{\sqrt{2\pi}} e^{-\frac{x^2}{2}} \mathrm{d}x$$

$$= \frac{1}{\sqrt{2\pi}} (-x^3 e^{-x^2/2}) \Big|_{-\infty}^{+\infty} + 3 \int_{-\infty}^{+\infty} x^2 \frac{1}{\sqrt{2\pi}} e^{-\frac{x^2}{2}} \mathrm{d}x$$

$$= 3E(X_i^2) = 3,$$

$$D(X_i^2) = E(X_i^4) - [E(X_i^2)]^2 = 3 - 1 = 2, \qquad i = 1, 2, \cdots, n.$$

因此，$\quad E(X) = E(\sum_{i=1}^{n} X_i^2) = \sum_{i=1}^{n} E(X_i^2) = n$，

$$D(X) = D(\sum_{i=1}^{n} X_i^2) = \sum_{i=1}^{n} D(X_i^2) = 2n.$$

下面我们来介绍数理统计中常用的上 α 分位点的定义.

定义 6.5 设 $Z \sim N(0,1)$，称满足条件 $P(Z \geqslant z_\alpha) = \alpha$（$0 < \alpha < 1$）的点 z_α 为标准正态分布的上 α 分位点.

几个常用的 z_α 的值为：

$$z_{0.05} = 1.645, \quad z_{0.025} = 1.96, \quad z_{0.01} = 2.33, \quad z_{0.005} = 2.58.$$

注：(1) $\Phi(z_\alpha) = P(Z \leqslant z_\alpha) = 1 - P(Z \geqslant z_\alpha) = 1 - \alpha$；

(2) $z_{1-\alpha} = -z_\alpha$.

定义 6.6 对于给定的 $\alpha(0 < \alpha < 1)$，称满足条件 $P(\chi^2 \geqslant \chi_\alpha^2(n)) = \alpha$ 的点 $\chi_\alpha^2(n)$ 为自由度是 n 的 χ^2 分布的上 α 分位点.

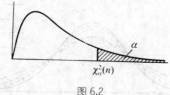

图 6.2

例如，对于 $\alpha = 0.95$，自由度为 10 的 χ^2 分布，可查表得它的上 α 分位点为

$$\chi_{0.95}^2(10) = 3.940,$$

对于 $\alpha = 0.025$，自由度为 10 的 χ^2 分布，可查表得它的上 α 分位点为

$$\chi_{0.025}^2(10) = 20.483 .$$

特别地，当 n 充分大时，$\chi_\alpha^2(n) \approx \dfrac{1}{2}[z_\alpha + \sqrt{2n-1}]^2$.

例如 $\qquad \chi_{0.05}^2(50) \approx \dfrac{1}{2}(1.645 + \sqrt{99})^2 = 67.221 ,$

查表 $\qquad\qquad \chi_{0.05}^2(50) = 67.505 .$

例 6.2 设 X_1, X_2, X_3, X_4 是来自正态总体 $N(0,1)$ 的简单随机样本，且 $Y = a(X_1 - 2X_2)^2 + b(3X_3 - 4X_4)^2$ 服从自由度为 2 的 χ^2 分布，求 a, b 的值.

解 令 $\quad Y_1 = \sqrt{a}(X_1 - 2X_2)$ ，$Y_2 = \sqrt{b}(3X_3 - 4X_4)$.

显然 Y_1 与 Y_2 相互独立，且 Y_1 和 Y_2 均服从正态分布.

因为 $\qquad\qquad Y_1^2 + Y_2^2 \sim \chi^2(2) ,$

所以 $\qquad D(Y_1) = D[\sqrt{a}(X_1 - 2X_2)] = 5a = 1 ,$

$\qquad\qquad D(Y_2) = D[\sqrt{b}(3X_3 - 4X_4)] = 25b = 1 .$

于是 $\qquad a = \dfrac{1}{5}$，$b = \dfrac{1}{25}$

2. t 分布(t-distribution)

设 $X \sim N(0,1)$ ，$Y \sim \chi^2(n)$ ，且 X 与 Y 相互独立，则称随机变量 $T = \dfrac{X}{\sqrt{Y/n}}$ 服从自由度为 n 的 t 分布，记为 $T \sim t(n)$.

可以证明，自由度为 n 的 t 分布的概率密度函数为

$$h(t) = \frac{\Gamma[(n+1)/2]}{\sqrt{n\pi}\,\Gamma(n/2)}(1 + \frac{t^2}{n})^{-(n+1)/2} .$$

显然，$h(t)$ 是关于 t 的偶函数.

当 n 充分大时，其图形近似于标准正态随机变量密度函数的图形.

图 6.3 所示是 t 分布的概率密度函数的图形.

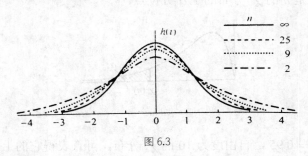

图 6.3

注：英国统计学家（戈塞特）Gosset 在 1908 年以 student 为笔名发表的论文中首次提出 t 分布，所以 t 分布也称为学生(Student)分布.

定义 6.7 对于给定的 $\alpha(0 < \alpha < 1)$，称满足条件 $P(T \geqslant t_\alpha(n)) = \alpha$ 的点 $t_\alpha(n)$ 为 t 分布的上 α 分位点.

t 分布有如下性质：

性质 1 $\quad \lim\limits_{n\to\infty} h(t) = \dfrac{1}{\sqrt{2\pi}} \mathrm{e}^{-t^2/2}$.

性质 2 $\quad t_{1-\alpha}(n) = -t_\alpha(n)$.

性质 3 $\quad$ 若 $T \sim t(n)$，则 $E(T) = 0$，$D(T) = \dfrac{n}{n-2}$，$\quad n > 2$.

由于 t 分布的概率密度函数是偶函数，所以 $E(T) = 0$，而方差的计算比较复杂，此处省略其证明.

3. F 分布 (F-distribution)

设 $U \sim \chi^2(n_1)$，$V \sim \chi^2(n_2)$，且 U 与 V 独立，则称随机变量 $F = \dfrac{U/n_1}{V/n_2}$ 服从自由度为 (n_1, n_2) 的 F 分布，记为 $F \sim F(n_1, n_2)$，其中称 n_1 为第一自由度，称 n_2 为第二自由度.

可以证明，自由度为 (n_1, n_2) 的 F 分布的概率密度函数为

$$\Psi(y) = \begin{cases} \dfrac{\Gamma[(n_1+n_2)/2](n_1/n_2)^{n_1/2}\, y^{(n_1/2)-1}}{\Gamma(n_1/2)\Gamma(n_2/2)[1+(n_1 y/n_2)]^{(n_1+n_2)/2}}, & y > 0, \\ 0, & y \leqslant 0. \end{cases}$$

图 6.4 所示是 F 分布的概率密度函数的图形.

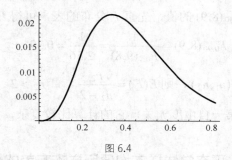

图 6.4

定义 6.8 对于给定的 $\alpha(0 < \alpha < 1)$，称满足条件 $P(F \geqslant F_\alpha(n_1, n_2)) = \alpha$ 的点 $F_\alpha(n_1, n_2)$ 为 F 分布的上 α 分位点.

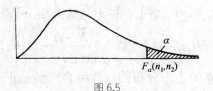

图 6.5

$F_\alpha(n_1, n_2)$ 的值可查表，例如查 F 分布的表可得 $F_{0.025}(9,8) = 4.36$．

F 分布有如下性质：

性质 1 若 $F \sim F(n_1, n_2)$，则 $\dfrac{1}{F} \sim F(n_2, n_1)$．

由 F 分布的定义可知，性质 1 成立．

性质 2 $F_{1-\alpha}(n_1, n_2) = \dfrac{1}{F_\alpha(n_2, n_1)}$．

证明
$$1 - \alpha = P(F > F_{1-\alpha}(n_1, n_2))$$
$$= P\left(\frac{1}{F} < \frac{1}{F_{1-\alpha}(n_1, n_2)}\right)$$
$$= 1 - P\left(\frac{1}{F} \geqslant \frac{1}{F_{1-\alpha}(n_1, n_2)}\right),$$

故
$$P\left(\frac{1}{F} \geqslant \frac{1}{F_{1-\alpha}(n_1, n_2)}\right) = \alpha\ ;$$

又
$$\frac{1}{F} \sim F(n_2, n_1),$$
$$P\left(\frac{1}{F} \geqslant F_\alpha(n_2, n_1)\right) = \alpha,$$

所以
$$F_{1-\alpha}(n_1, n_2) = \frac{1}{F_\alpha(n_2, n_1)}.$$

因对较小的 α，在 F 分布表中查不到 $F_{1-\alpha}(n_1, n_2)$，所以要得到它的值，只能通过以上等式才能得到．

例如，要得到 $F_{0.90}(8,9)$ 的值，先查 F 分布的表，可得 $F_{0.1}(9,8) = 2.56$，

从而
$$F_{0.90}(8,9) = \frac{1}{F_{0.1}(9,8)} = \frac{1}{2.56} = 0.39.$$

性质 3 若 $F \sim F(n_1, n_2)$，则 $E(F) = \dfrac{n_2}{n_2 - 2}$，$\quad n_2 > 2$．

F 分布的期望与第一自由度无关，它的计算比较复杂，此处省略其证明．

6.3 正态总体样本均值与样本方差的分布

下面我们介绍统计中常用的抽样分布定理．它们是进行统计推断的主要工具，我们必须熟练掌握．

定理 6.2 设 $X_1, X_2, \cdots, X_n$ 是来自正态总体 $N(\mu, \sigma^2)$ 的样本，则有
$$\overline{X} \sim N\left(\mu, \frac{\sigma^2}{n}\right) \quad \text{或} \quad \frac{\overline{X} - \mu}{\sigma / \sqrt{n}} \sim N(0, 1).$$

证明 因相互独立的正态分布的线性组合仍然是正态分布，所以只要求出

它的期望和方差.

而
$$E(\frac{1}{n}\sum_{i=1}^{n}X_i) = \mu ,$$

$$D(\frac{1}{n}\sum_{i=1}^{n}X_i) = \frac{1}{n^2}\sum_{i=1}^{n}D(X_i) = \frac{\sigma^2}{n} .$$

因此有，$\overline{X} \sim N(\mu, \frac{\sigma^2}{n})$　　或　　$\frac{\overline{X} - \mu}{\sigma/\sqrt{n}} \sim N(0,1)$.

例 6.3 若总体 X 服从正态分布 $N(1, 0.2^2)$ ，$X_1, X_2, \cdots, X_n$ 是来自该总体的样本，要使样本均值 $\overline{X}$ 满足不等式 $P(0.9 \leqslant \overline{X} \leqslant 1.1) \geqslant 0.95$ ，求样本容量 n 最少应取多少？

解　　因　$\overline{X} \sim N(1, \frac{0.04}{n})$ ，

故　　$P(0.9 \leqslant \overline{X} \leqslant 1.1) = P(\sqrt{n} \cdot \frac{0.9-1}{0.2} \leqslant \sqrt{n} \cdot \frac{\overline{X}-1}{0.2} \leqslant \sqrt{n} \cdot \frac{1.1-1}{0.2})$,

$$= \Phi(0.5\sqrt{n}) - \Phi(-0.5\sqrt{n})$$

$$= 2\Phi(0.5\sqrt{n}) - 1 \geqslant 0.95$$

即　　　　$\Phi(0.5\sqrt{n}) \geqslant 0.975$,

于是　　　　$0.5\sqrt{n} \geqslant 1.96$,

所以　　　　$n \geqslant 15.3664$,

因此，样本容量 n 最少应取 16.

定理 6.3 设 $X_1, X_2, \cdots, X_n$ 是来自正态总体 $N(\mu, \sigma^2)$ 的样本，$\overline{X}, S^2$ 分别是样本均值和样本方差，则

（1）　　　$\dfrac{(n-1)S^2}{\sigma^2} \sim \chi^2(n-1)$;

（2）　　　$\overline{X}$ 与 S^2 相互独立.

证明 （1）　令 $Z_i = \dfrac{X_i - \mu}{\sigma} \sim N(0,1)$ ，$(i = 1, 2, \cdots n)$ ，$\overline{Z} = \dfrac{\overline{X} - \mu}{\sigma}$ ，且 Z_i 相互独立，

$$\frac{(n-1)S^2}{\sigma^2} = \sum_{i=1}^{n}[\frac{X_i - \mu - (\overline{X} - \mu)}{\sigma}]^2 = \sum_{i=1}^{n}(Z_i - \overline{Z})^2 = \sum_{i=1}^{n}Z_i^2 - n\overline{Z}^2 .$$

令 $Y = AZ = \begin{bmatrix} 1/\sqrt{n} \cdots & 1/\sqrt{n} \\ * & * \vdots & \vdots \\ \cdots & \cdots \cdots & \cdots \\ * & \cdots \cdots & * \end{bmatrix}\begin{bmatrix} Z_1 \\ \vdots \\ \vdots \\ Z_n \end{bmatrix}$ ，其中 $A'A = I$ ，

则　　$Y_i = \sum_{j=1}^{n}a_{ij}Z_j, i = 1, 2, \cdots, n$ ，故 $Y_1, Y_2, \cdots, Y_n$ 也服从正态分布，

且 $E(Y_i) = \sum_{j=1}^{n} a_{ij} E(Z_j) = 0, i = 1, 2, \cdots, n$,

$$Cov(Y_i, Y_k) = Cov(\sum_{j=1}^{n} a_{ij} Z_j, \sum_{l=1}^{n} a_{kl} Z_l) = \sum_{j=1}^{n} \sum_{l=1}^{n} a_{ij} a_{kl} Cov(Z_j, Z_l) = \delta_{ik}$$.

其中 $\delta_{ik} = \begin{cases} 1, & i = k, \\ 0, & i \neq k. \end{cases}$

故 $Y_1, Y_2, \cdots, Y_n$ 两两不相关，又 $Y_1, Y_2, \cdots, Y_n$ 服从正态分布，所以 $Y_1, Y_2, \cdots, Y_n$ 相互独立且都服从标准正态分布，故 $\sum_{i=2}^{n} Y_i^2 \sim \chi^2(n-1)$,

又 $Y_1 = \frac{1}{\sqrt{n}} \sum_{i=1}^{n} Z_i = \sqrt{n} \cdot \overline{Z}$, $Y'Y = Z'A'AZ = Z'Z = \sum_{i=1}^{n} Z_i^2$,

所以 $\frac{(n-1)S^2}{\sigma^2} = \sum_{i=1}^{n} Z_i^2 - n\overline{Z}^2 = Y'Y - Y_1^2 = \sum_{i=2}^{n} Y_i^2 \sim \chi^2(n-1)$.

（2）而 $\overline{X} = \sigma\overline{Z} + \mu = \frac{\sigma Y_1}{\sqrt{n}} + \mu$ 只与 Y_1 有关，$S^2 = \frac{\sigma^2}{(n-1)} \sum_{i=2}^{n} Y_i^2$ 只与 $Y_2, \cdots, Y_n$ 有关，所以 $\overline{X}$ 与 S^2 相互独立.

例 6.4 设在总体 $N(\mu, \sigma^2)$ 中抽取一容量为 16 的样本，其中 μ, σ^2 均为未知.
（1）求 $P(\frac{S^2}{\sigma^2} \geqslant 2.04)$ ，其中 S^2 为样本方差，（2）设 $\sigma^2 = 1$ ，求 $D(S^2)$.

解（1）因为 $\frac{15S^2}{\sigma^2} \sim \chi^2(15)$,

所以 $P(\frac{S^2}{\sigma^2} \geqslant 2.04) = P(\frac{15S^2}{\sigma^2} \geqslant 15 \times 2.04)$

$$= P(\frac{15S^2}{\sigma^2} \geqslant 30.6) \approx 0.01$$,

（2）因为 $D(\frac{15S^2}{\sigma^2}) = D(15S^2) = 2 \times 15 = 30$,

所以 $D(S^2) = \frac{1}{15^2} \times 30 = \frac{2}{15}$.

定理 6.4 设 $X_1, X_2, \cdots, X_n$ 是来自正态总体 $N(\mu, \sigma^2)$ 的样本，$\overline{X}, S^2$ 分别是样本均值和样本方差，则 $\frac{\overline{X} - \mu}{S/\sqrt{n}} \sim t(n-1)$.

证明 因 $\frac{\overline{X} - \mu}{\sigma/\sqrt{n}} \sim N(0,1)$ ， $\frac{(n-1)S^2}{\sigma^2} \sim \chi^2(n-1)$ 且两者独立，则由 t 分布的定义知

$$\frac{\overline{X} - \mu}{\sigma / \sqrt{n}} \Big/ \sqrt{\frac{(n-1)S^2}{\sigma^2(n-1)}} \sim t(n-1) ,$$

即

$$\frac{\overline{X} - \mu}{S / \sqrt{n}} \sim t(n-1) .$$

例 6.5 设 X_1, X_2, X_3, X_4 是来自正态总体 $N(0, \sigma^2)$ 的样本，试证明

$$\frac{\sqrt{3} X_1}{\sqrt{X_2^2 + X_3^2 + X_4^2}} \sim t(3) .$$

证明 根据 t 分布的定义，只要找一个服从标准正态分布的随机变量作分子，找一个与分子独立的自由度是 3 的 χ^2 分布作分母，就可以构造自由度是 3 的 t 分布.

因为 $\quad \dfrac{X_1}{\sigma} \sim N(0,1) , \qquad \dfrac{X_2^2 + X_3^2 + X_4^2}{\sigma^2} \sim \chi^2(3) ,$

且 $\dfrac{X_1}{\sigma}$ 与 $\dfrac{X_2^2 + X_3^2 + X_4^2}{\sigma^2}$ 独立，根据 t 分布的定义知：

$$\frac{X_1 / \sigma}{\sqrt{[(X_2^2 + X_3^2 + X_4^2)/\sigma^2]/3}} = \frac{\sqrt{3} X_1}{\sqrt{X_2^2 + X_3^2 + X_4^2}} \sim t(3) .$$

定理 6.5 设 $X_1, X_2, \cdots, X_{n_1}$ 是来自正态总体 $N(\mu_1, \sigma^2)$（其中 σ^2 未知）的样本，$Y_1, Y_2, \cdots, Y_{n_2}$ 是来自正态总体 $N(\mu_2, \sigma^2)$ 的样本，且两个样本相互独立. $\overline{X}, S_1^2$ 是正态总体 $N(\mu_1, \sigma^2)$ 的样本均值和样本方差；$\overline{Y}, S_2^2$ 是正态总体 $N(\mu_2, \sigma^2)$ 的样本均值和样本方差，则有

$$\frac{\overline{X} - \overline{Y} - (\mu_1 - \mu_2)}{S_w \sqrt{\dfrac{1}{n_1} + \dfrac{1}{n_2}}} \sim t(n_1 + n_2 - 2) ,$$

其中，$S_w^2 = \dfrac{(n_1 - 1)S_1^2 + (n_2 - 1)S_2^2}{n_1 + n_2 - 2} , \quad S_w = \sqrt{S_w^2} .$

证明 因为 $\quad \overline{X} \sim N(\mu_1, \dfrac{\sigma^2}{n_1}) , \quad \overline{Y} \sim N(\mu_2, \dfrac{\sigma^2}{n_2}) ;$

故 $\quad \overline{X} - \overline{Y} \sim N(\mu_1 - \mu_2, \dfrac{\sigma^2}{n_1} + \dfrac{\sigma^2}{n_2}) ,$

所以 $\quad U = \dfrac{\overline{X} - \overline{Y} - (\mu_1 - \mu_2)}{\sigma \sqrt{\dfrac{1}{n_1} + \dfrac{1}{n_2}}} \sim N(0, 1) .$

又 $\quad \dfrac{(n_1 - 1)S_1^2}{\sigma^2} \sim \chi^2(n_1 - 1) ; \quad \dfrac{(n_2 - 1)S_2^2}{\sigma^2} \sim \chi^2(n_2 - 1) ,$

故 $$V = \frac{(n_1-1)S_1^2}{\sigma^2} + \frac{(n_2-1)S_2^2}{\sigma^2} \sim \chi^2(n_1+n_2-2).$$

又易知，U 与 V 相互独立，所以

$$\frac{U}{\sqrt{V/(n_1+n_2-2)}} = \frac{\overline{X}-\overline{Y}-(\mu_1-\mu_2)}{S_w\sqrt{\frac{1}{n_1}+\frac{1}{n_2}}} \sim t(n_1+n_2-2).$$

定理 6.6 设 $X_1, X_2, \cdots, X_{n_1}$ 是来自正态总体 $N(\mu_1, \sigma_1^2)$ 的样本，$Y_1, Y_2, \cdots, Y_{n_2}$ 是来自正态总体 $N(\mu_2, \sigma_2^2)$ 的样本，且两个样本相互独立，S_1^2，S_2^2 分别是正态总体 $N(\mu_1, \sigma_1^2)$ 和正态总体 $N(\mu_2, \sigma_2^2)$ 的样本方差，则有

$$\frac{S_1^2/\sigma_1^2}{S_2^2/\sigma_2^2} \sim F(n_1-1, n_2-1).$$

证明 由定理 6.3 知

$$\frac{(n_1-1)S_1^2}{\sigma_1^2} \sim \chi^2(n_1-1); \quad \frac{(n_2-1)S_2^2}{\sigma_2^2} \sim \chi^2(n_2-1),$$

由于 S_1^2 与 S_2^2 相互独立，因而 $\dfrac{(n_1-1)S_1^2}{\sigma_1^2}$ 与 $\dfrac{(n_2-1)S_2^2}{\sigma_2^2}$ 相互独立，则由 F 分布的定义知

$$\frac{((n_1-1)S_1^2/\sigma_1^2)/(n_1-1)}{((n_2-1)S_2^2/\sigma_2^2)/(n_2-1)} \sim F(n_1-1, n_2-1),$$

即 $$\frac{S_1^2/\sigma_1^2}{S_2^2/\sigma_2^2} \sim F(n_1-1, n_2-1).$$

例 6.6 设 $T = \dfrac{X}{\sqrt{Y/n}}$ 服从自由度为 n 的 t 分布，试证明：$T^2 \sim F(1,n)$ 分布.

证明 由 t 分布的定义可得

$$T^2 = \left(\frac{X}{\sqrt{Y/n}}\right)^2 = \frac{X^2/1}{Y/n},$$

因为 $X \sim N(0,1)$，　　　　所以 $X^2 \sim \chi^2(1)$.

又 $Y \sim \chi^2(n)$，且 X^2 与 Y 相互独立，则由 F 分布的定义知

$$T^2 \sim F(1,n).$$

习　题　六

1. 自总体 X 抽得一个容量为 5 的样本 8,2,5,3,7,求样本均值 $\overline{x}$ 和样本方差 S^2 及经验分布函数 $F_5(x)$.

2. 在总体 $X \sim N(80, 20^2)$ 中随机地抽取一容量为 100 的样本，问样本均值与

总体均值之差的绝对值小于 3 的概率是多少?

3. 在总体 $X \sim N(12,4)$ 中随机地抽取一容量为 5 的样本 $X_1, X_2, \cdots, X_5$.

（1）求样本均值与总体均值之差的绝对值大于 1 的概率.

（2）求概率 $P\{\max(X_1, X_2, \cdots, X_5) > 15\}$.

（3）求概率 $P\{\min(X_1, X_2, \cdots, X_5) < 10\}$.

4. 从正态总体 $N(3,6^2)$ 中抽取容量为 n 的样本,如果要求 $P(1 < \overline{X} < 5) \geqslant 0.95$,问样本容量 n 至少应取多大?

5. 设 $X_1, X_2, \cdots, X_n$ 是来自参数为 λ 的泊松总体 $X \sim \pi(\lambda)$ 的一个简单随机样本,$\overline{X}$ 与 S^2 分别为样本均值与样本方差.

（1）求样本 $X_1, X_2, \cdots, X_n$ 的联合分布律.

（2）求 $E(\overline{X}), D(\overline{X}), E(S^2)$.

6. 设 $X_1, X_2, \cdots, X_{10}$ 是取自正态总体 $N(0,0.3^2)$ 的简单随机样本,求概率 $P\{\sum_{i=1}^{10} X_i^2 > 1.44\}$.

7. 设 $X_1, X_2, \cdots, X_{16}$ 是来自具有 $\chi^2(n)$ 分布的总体的样本,$\overline{X}$ 与 S^2 分别为样本均值与样本方差,求 $E(\overline{X}), D(\overline{X}), E(S^2)$.

8. 设 X_1, X_2, X_3, X_4, X_5 是来自正态总体 $N(0,1)$ 的简单随机样本.

（1）试给出常数 C,使得 $C(X_1^2 + X_2^2)$ 服从 χ^2 分布,并指出它的自由度.

（2）试给出常数 d,使得 $d\dfrac{X_1 + X_2}{\sqrt{X_3^2 + X_4^2 + X_5^2}}$ 服从 t 分布,并指出它的自由度.

9. 设在总体 $N(\mu, 2^2)$ 中抽取一容量为 16 的样本,这里 μ 为未知.

（1）求 $P\{S^2 < 6.6656\}$,其中 S^2 为样本方差.

（2）求 $D(S^2)$.

第 7 章 参数估计

7.1 点估计

统计推断是数理统计的基本内容，即根据样本的信息来推断总体的特征和性质．统计推断有很多内容，本教材只介绍参数估计和假设检验．

设总体 X 的分布函数形式已知，但它的一个或多个参数未知，用总体 X 的一个样本值来估计总体未知参数的值的问题称为参数的点估计（point estimation）问题．

例 7.1 某炸药厂一天中发生火情的次数 X 是一个随机变量，设它服从参数为 λ 的泊松分布，根据以下的样本值，试估计参数 λ．其中 n 表示总共 250 天，N_k 表示发生事故的天数．

X	0	1	2	3	4	5	6	
N_k	75	90	54	22	6	2	1	$n = 250$

解 由于 X 服从泊松分布，所以 $\lambda = E(X)$，我们想到用样本均值来估计总体的均值，$\bar{x} = \dfrac{1}{250}(90 + 2 \times 45 + 3 \times 22 + 4 \times 6 + 5 \times 2 + 6 \times 1) = 1.22$，于是得到 λ 的估计值为 1.22．

点估计问题的一般提法是：设总体 X 的分布函数 $F(x; \theta)$ 的形式已知，θ 是未知参数，$X_1, X_2, \cdots, X_n$ 是来自总体 X 的一个样本，$x_1, x_2, \cdots, x_n$ 是它的样本值．点估计就是要构造一个适当的统计量 $\hat{\theta}(X_1, X_2, \cdots, X_n)$，用它的观察值 $\hat{\theta}(x_1, x_2, \cdots, x_n)$ 来估计总体 X 的未知参数 θ．我们称 $\hat{\theta}(X_1, X_2, \cdots, X_n)$ 为 θ 的估计量，称 $\hat{\theta}(x_1, x_2, \cdots, x_n)$ 为 θ 的估计值．

下面我们给出求点估计的两种常用方法：一是矩估计法，二是最大似然估计法．

7.1.1　矩估计法

设 $X_1,X_2,\cdots,X_n$ 是来自总体 X 的一个简单随机样本，如果总体 X 的 l 阶矩 $E(X^l)$ 存在，根据辛钦大数定律，样本 l 阶矩 A_l 依概率收敛到相应的总体矩．因此，我们用样本矩作为相应的总体矩的估计量，这种估计方法称为**矩估计**（moment estimation）法．

矩估计的具体做法如下，若总体中含有 k 个未知参数 $\theta_1,\theta_2,\cdots,\theta_k$ ，令

$$E(X^l) = A_l = \frac{1}{n}\sum_{i=1}^{n} X_i^l, \qquad l=1,2,\cdots,k .$$

从中解出 $\theta_1,\theta_2,\cdots,\theta_k$ （如果可以求解的话），我们用它的解 $\hat{\theta}_1,\hat{\theta}_2,\cdots,\hat{\theta}_k$ 分别作为 $\theta_1,\theta_2,\cdots,\theta_k$ 的估计量．这种估计量称为矩估计量，矩估计量的观察值称为矩估计值．

需要说明的是：一般地，若总体中只有一个未知参数，只要令 $E(X)=\overline{X}$ ，从中解出未知参数即可．例如在例 7.1 中，我们用样本均值来估计总体均值，估计量为 $\hat{\lambda}=\dfrac{1}{n}\sum_{k=1}^{n} X_k$ ，估计值 $\hat{\lambda}=\dfrac{1}{n}\sum_{k=1}^{n} x_k =1.22$ ．若总体中有两个未知参数，则要令 $\begin{cases} E(X)=A_1 \\ E(X^2)=A_2 \end{cases}$ ，从中解出未知参数即可．

例 7.2　设总体 X 在 $[a,b]$ 上服从均匀分布，a,b 是未知参数，$X_1,X_2,\cdots,X_n$ 是来自 X 的一个样本，试求 a,b 的矩估计量．

解　X 的期望为 $E(X)=\dfrac{a+b}{2}$ ，

又　　$E(X^2)=D(X)+[E(X)]^2 = \dfrac{(b-a)^2}{12} + \dfrac{(a+b)^2}{4}$ ．

令　　$E(X)=A_1$ ，　　$E(X^2)=A_2$ ，

即　　$\begin{cases} a+b=2A_1, \\ b-a=\sqrt{12(A_2-A_1^2)}=2\sqrt{3B_2}. \end{cases}$

于是 a,b 的矩估计量分别为

$$\hat{a}=\overline{X}-\sqrt{3B_2}, \qquad \hat{b}=\overline{X}+\sqrt{3B_2} .$$

例 7.3　设总体 X 的均值 μ 和方差 σ^2 都存在，且 $\sigma^2>0$ ，但 μ,σ^2 都未知，$X_1,X_2,\cdots,X_n$ 是来自 X 的一个样本，试求 μ,σ^2 的矩估计量．

解　由　$\begin{cases} E(X)=\mu, \\ E(X^2)=D(X)+[E(X)]^2 = \sigma^2+\mu^2. \end{cases}$

令　　$\begin{cases} E(X)=A_1, \\ E(X^2)=A_2. \end{cases}$

解得
$$\begin{cases} \hat{\mu} = A_1 = \overline{X}, \\ \hat{\sigma}^2 = A_2 - A_1^2 = \dfrac{1}{n}\sum_{i=1}^{n}(X_i - \overline{X})^2 = B_2. \end{cases}$$

若 $X \sim N(\mu, \sigma^2)$，μ, σ^2 未知，则 μ 和 σ^2 的矩估计量分别为
$$\begin{cases} \hat{\mu} = \overline{X}, \\ \hat{\sigma}^2 = \dfrac{1}{n}\sum_{i=1}^{n}(X_i - \overline{X})^2 = B_2. \end{cases}$$

这个例子说明，不论总体是什么分布，总体均值的矩估计量都是样本均值 $\overline{X}$，总体方差的矩估计量都是样本的二阶中心矩 B_2.

矩估计法的优点是简单易行，并不需要事先知道总体是什么分布. 缺点是，当总体类型已知时，没有充分利用分布提供的信息. 一般场合下，矩估计量不具有唯一性，其主要原因在于建立矩估计法方程时，选取哪些总体矩用相应样本矩代替存在一定的随意性.

7.1.2 最大似然估计法

最大似然估计法是求点估计的另一种方法，最早由高斯提出，后来费歇尔（Fisher）于 1912 年重新提出，并证明了这个方法的一些性质. 它是建立在最大似然原则基础上的一种估计方法. 其基本原理是：用使概率达到最大的参数值来估计未知参数.

一般地，若总体 X 是离散型的随机变量，其分布律为 $P(X = x) = p(x;\theta)$，其中 θ 是未知参数，$X_1, X_2, \cdots, X_n$ 是来自 X 的一个样本，又设 $x_1, x_2, \cdots, x_n$ 是相应的样本值，则事件 $\{X_1 = x_1, X_2 = x_2, \cdots X_n = x_n\}$ 发生的概率为
$$P(X_1 = x_1)P(X_2 = x_2)\cdots P(X_n = x_n) = \prod_{i=1}^{n} P(X_i = x_i) = \prod_{i=1}^{n} p(x_i;\theta)$$

记
$$L(\theta) = L(x_1, x_2, \cdots x_n; \theta) = \prod_{i=1}^{n} p(x_i;\theta),$$

它是 θ 的函数，我们称 $L(\theta)$ 是总体为离散型的样本的**似然函数**（**likelihood function**）. 固定样本值 $x_1, x_2, \cdots, x_n$，取使得 $L(\theta)$ 达到最大的参数值 $\hat{\theta}(x_1, x_2, \cdots, x_n)$ 作为 θ 的估计，这种方法称为最大似然估计（maximum likelihood estimation）法. 称 $\hat{\theta}(x_1, x_2, \cdots, x_n)$ 为 θ 的最大似然估计值，称 $\hat{\theta}(X_1, X_2, \cdots, X_n)$ 为 θ 的最大似然估计量.

若总体 X 是连续型的随机变量，其密度函数为 $f(x;\theta)$，$X_1, X_2, \cdots, X_n$ 是来自 X 的一个样本，又设 $x_1, x_2, \cdots, x_n$ 是它的样本值，则随机变量 $(X_1, X_2, \cdots, X_n)$ 落在点 $(x_1, x_2, \cdots, x_n)$ 的边长为 $\mathrm{d}x_1, \mathrm{d}x_2, \cdots, \mathrm{d}x_n$ 的邻域内的概率近似为

$$\prod_{i=1}^{n}[f(x_i;\theta)\mathrm{d}x_i] = \prod_{i=1}^{n}f(x_i;\theta)\prod_{i=1}^{n}\mathrm{d}x_i .$$

要选取 $\hat{\theta}$ 使得上式达到最大. 因 $\prod_{i=1}^{n}\mathrm{d}x_i$ 与 θ 无关,因此只需考虑函数

$$L(\theta) = L(x_1,x_2,\cdots x_n;\theta) = \prod_{i=1}^{n}f(x_i;\theta) .$$

它是 θ 的函数,称 $L(\theta)$ 是总体为连续型的样本的**似然函数**;若有 $\hat{\theta}(x_1,x_2,\cdots,x_n)$,使得

$$L(\hat{\theta}) = L(x_1,x_2,\cdots x_n;\hat{\theta}) = \max L(x_1,x_2,\cdots x_n;\theta) ,$$

则称 $\hat{\theta}(x_1,x_2,\cdots,x_n)$ 为最大似然估计值,称 $\hat{\theta}(X_1,X_2,\cdots,X_n)$ 为最大似然估计量.

这样,问题归结为求似然函数 $L(\theta)$ 的最大值问题. 当 $L(\theta)$ 关于 θ 可微时,要使

$$L(\theta) = L(x_1,x_2,\cdots x_n;\theta)$$

达到最大值,必须满足

$$\frac{\mathrm{d}L(\theta)}{\mathrm{d}\theta} = 0 .$$

由于 $\ln x$ 是增函数,因此 $L(\theta)$ 与 $\ln L(\theta)$ 在相同点达到最大. 所以一般是对 $L(\theta)$ 取对数,然后令 $\frac{\mathrm{d}}{\mathrm{d}\theta}\ln L(\theta) = 0$,从中求出 θ 的估计值.

例 7.4 设 $X \sim B(1,p)$,$X_1,X_2,\cdots,X_n$ 是来自 X 的一个样本,试求参数 p 的最大似然估计量.

解 设 $x_1,x_2,\cdots,x_n$ 是 $X_1,X_2,\cdots,X_n$ 的一个样本值,X 的分布律为

$$P(X=x) = p^x(1-p)^{1-x} , \quad x = 0,1 .$$

故似然函数为 $\quad L(p) = \prod_{i=1}^{n}p^{x_i}(1-p)^{1-x_i} = p^{\sum\limits_{i=1}^{n}x_i}(1-p)^{n-\sum\limits_{i=1}^{n}x_i} ,$

对 $L(p)$ 取对数,则有

$$\ln L(p) = (\sum_{i=1}^{n}x_i)\ln p + (n-\sum_{i=1}^{n}x_i)\ln(1-p) ,$$

令

$$\frac{\mathrm{d}}{\mathrm{d}p}\ln L(p) = \frac{\sum\limits_{i=1}^{n}x_i}{p} - \frac{n-\sum\limits_{i=1}^{n}x_i}{1-p} = 0 ,$$

解得

$$\hat{p} = \frac{1}{n}\sum_{i=1}^{n}x_i = \bar{x} ,$$

所以,p 的最大似然估计量为 $\quad \hat{p} = \frac{1}{n}\sum_{i=1}^{n}X_i = \overline{X} .$

若总体分布中含有 k 个未知参数 $\theta_1, \theta_2, \cdots, \theta_k$，我们只要令 $\ln L(\theta_1, \theta_2, \cdots \theta_k)$ 关于这些参数的偏导数（设它们都存在）均等于零，即

$$\begin{cases} \dfrac{\partial}{\partial \theta_1} \ln L = 0 \\ \cdots\cdots \\ \dfrac{\partial}{\partial \theta_k} \ln L = 0 \end{cases}$$

从中解出 $\theta_1, \theta_2, \cdots, \theta_k$，就可以得到参数 $\theta_1, \theta_2, \cdots, \theta_k$ 的最大似然估计值.

例 7.5 设 $X \sim N(\mu, \sigma^2)$，μ, σ^2 是未知参数，$X_1, X_2, \cdots, X_n$ 是来自 X 的一个样本.（1）求 μ, σ^2 的最大似然估计量 $\hat{\mu}$ 和 $\hat{\sigma}^2$；（2）计算 $E(\hat{\sigma}^2)$ 和 $D(\hat{\sigma}^2)$.

解 （1）似然函数为

$$L(\mu, \sigma^2) = \prod_{i=1}^{n} \frac{1}{\sqrt{2\pi}\sigma} \exp[\frac{-1}{2\sigma^2}(x_i - \mu)^2],$$

而

$$\ln L(\mu, \sigma^2) = -\frac{n}{2} \ln(2\pi) - \frac{n}{2} \ln \sigma^2 - \frac{1}{2\sigma^2} \sum_{i=1}^{n} (x_i - \mu)^2,$$

令

$$\begin{cases} \dfrac{\partial}{\partial \mu} \ln L = \dfrac{1}{\sigma^2}[\sum_{i=1}^{n} x_i - n\mu] = 0 \\ \dfrac{\partial}{\partial \sigma^2} \ln L = -\dfrac{n}{2\sigma^2} + \dfrac{1}{2(\sigma^2)^2} \sum_{i=1}^{n} (x_i - \mu)^2 = 0 \end{cases},$$

解得

$$\mu = \frac{1}{n} \sum_{i=1}^{n} x_i = \overline{x} \quad , \quad \sigma^2 = \frac{1}{n} \sum_{i=1}^{n} (x_i - \overline{x})^2 .$$

因此，μ 和 σ^2 的最大似然估计量分别为

$$\hat{\mu} = \frac{1}{n} \sum_{i=1}^{n} X_i = \overline{X}, \quad \hat{\sigma}^2 = \frac{1}{n} \sum_{i=1}^{n} (X_i - \overline{X})^2 = B_2 .$$

（2）因为

$$\hat{\sigma}^2 = \frac{1}{n} \sum_{i=1}^{n} (X_i - \overline{X})^2 = \frac{\sigma^2}{n} \cdot \frac{(n-1)S^2}{\sigma^2},$$

而

$$\frac{(n-1)S^2}{\sigma^2} \sim \chi^2(n-1),$$

所以

$$E(\hat{\sigma}^2) = \frac{\sigma^2}{n} E(\frac{(n-1)S^2}{\sigma^2}) = \frac{\sigma^2}{n} \times (n-1) = \frac{n-1}{n} \sigma^2,$$

$$D(\hat{\sigma}^2) = \frac{\sigma^4}{n^2} D(\frac{(n-1)S^2}{\sigma^2}) = \frac{\sigma^4}{n^2} \times 2(n-1) = \frac{2(n-1)\sigma^4}{n^2} .$$

需要注意的是：当 $\mu = \mu_0$ 已知，要求 σ^2 的最大似然估计量时，只要构造似然

函数

$$L(\sigma^2) = \prod_{i=1}^{n} \frac{1}{\sqrt{2\pi}\sigma} \exp[\frac{-1}{2\sigma^2}(x_i - \mu_0)^2],$$

而　　　　$\ln L(\sigma^2) = -\frac{n}{2}\ln(2\pi) - \frac{n}{2}\ln\sigma^2 - \frac{1}{2\sigma^2}\sum_{i=1}^{n}(x_i - \mu_0)^2,$

令　　　　$\frac{\mathrm{d}}{\mathrm{d}\sigma^2}\ln L = -\frac{n}{2\sigma^2} + \frac{1}{2(\sigma^2)^2}\sum_{i=1}^{n}(x_i - \mu_0)^2 = 0,$

解得 σ^2 的最大似然估计值为　　　$\hat{\sigma}^2 = \frac{1}{n}\sum_{i=1}^{n}(x_i - \mu_0)^2,$

所以 σ^2 的最大似然估计量为　$\hat{\sigma}^2 = \frac{1}{n}\sum_{i=1}^{n}(X_i - \mu_0)^2.$

而　　　　$\sum_{i=1}^{n}\frac{(X_i - \mu_0)^2}{\sigma^2} \sim \chi^2(n),$

又　　　　$\hat{\sigma}^2 = \frac{\sigma^2}{n}\sum_{i=1}^{n}\frac{(X_i - \mu_0)^2}{\sigma^2}.$

因此

$$E(\hat{\sigma}^2) = \frac{\sigma^2}{n}E(\sum_{i=1}^{n}\frac{(X_i - \mu_0)^2}{\sigma^2}) = \frac{\sigma^2}{n} \times n = \sigma^2,$$

$$D(\hat{\sigma}^2) = \frac{\sigma^4}{n^2}D(\frac{\sum_{i=1}^{n}(X_i - \mu_0)^2}{\sigma^2}) = \frac{\sigma^4}{n^2} \times 2n = \frac{2\sigma^4}{n}.$$

值得提出的是，如果通过求导的方法不能求出未知参数的估计值，我们可以用最大似然原则来求.

例 7.6　设总体 X 在 $[a,b]$ 上服从均匀分布，a,b 是未知参数，$x_1, x_2, \cdots, x_n$ 是总体的一个样本值，求 a,b 的最大似然估计量.

解　记 $x_{(1)} = \min(x_1, x_2, \cdots x_n)$，　　$x_{(n)} = \max(x_1, x_2, \cdots x_n)$.
因为　$a \leqslant x_1, x_2, \cdots, x_n \leqslant b$　等价于 $a \leqslant x_{(1)}, x_{(n)} \leqslant b$，

则似然函数为　　$L(a,b) = \begin{cases} \dfrac{1}{(b-a)^n}, & a \leqslant x_{(1)}, b \geqslant x_{(n)} \\ 0, & \text{其他.} \end{cases}$

对于满足条件 $a \leqslant x_{(1)}, x_{(n)} \leqslant b$ 的任意 a,b 有

$$L(a,b) = \frac{1}{(b-a)^n} \leqslant \frac{1}{(x_{(n)} - x_{(1)})^n},$$

即 $L(a,b)$ 在 $a = x_{(1)}, b = x_{(n)}$ 时达到最大值，

故 a,b 的最大似然估计值分别为　　$\hat{a} = x_{(1)} = \min_{1 \leqslant i \leqslant n} x_i,\quad \hat{b} = x_{(n)} = \max_{1 \leqslant i \leqslant n} x_i,$

a,b 的最大似然估计量分别为　　　$\hat{a} = \min\limits_{1 \leqslant i \leqslant n} X_i, \quad \hat{b} = \max\limits_{1 \leqslant i \leqslant n} X_i.$

例 7.7　设某种电子器件的寿命 T 服从双参数的指数分布，其密度为

$$f(t) = \begin{cases} \dfrac{1}{\theta} \mathrm{e}^{-(x-c)/\theta}, & x \geqslant c, \\ 0, & \text{其他}. \end{cases}$$

其中 $c, \theta\ (c, \theta > 0)$ 为未知参数. 从一批这种电子器件中随机抽取 n 件进行寿命试验，设它们的失效时间为 $x_1, x_2, \cdots, x_n$. 求 c 和 θ 最大似然估计量.

解　似然函数为

$$L(c, \theta) = \prod_{i=1}^{n} \frac{1}{\theta} \mathrm{e}^{-(x_i - c)/\theta}, \quad x_i \geqslant c, \ i = 1, 2, \cdots, n.$$

$$= \frac{1}{\theta^n} \mathrm{e}^{-\sum\limits_{i=1}^{n}(x_i - c)/\theta}, \quad \min_{1 \leqslant i \leqslant n} x_i \geqslant c.$$

当 $\min\limits_{1 \leqslant i \leqslant n} x_i \geqslant c$ 时，$\ln L(c, \theta) = -n \ln \theta - \dfrac{1}{\theta} \sum\limits_{i=1}^{n}(x_i - c)$，

则有　　　　　$\dfrac{\partial \ln L(c, \theta)}{\partial c} = \dfrac{n}{\theta} > 0$，　　　　　　　　　　　　　　　(7.1.1)

$$\frac{\partial \ln L(c, \theta)}{\partial \theta} = -\frac{n}{\theta} + \frac{1}{\theta^2} \sum_{i=1}^{n}(x_i - c) = 0. \tag{7.1.2}$$

由(7.1.1)式知 $L(c, \theta)$ 关于 c 是增函数，又 c 必须满足 $c \leqslant \min\limits_{1 \leqslant i \leqslant n} x_i$，

所以 c 的最大似然估计值为　　　$\hat{c} = \min\limits_{1 \leqslant i \leqslant n} x_i$

又由(7.1.2)式得　　　　　　　$\hat{\theta} = \dfrac{1}{n} \sum\limits_{i=1}^{n} x_i - \hat{c}$.

所以，θ 的最大似然估计值为　$\hat{\theta} = \overline{x} - \min\limits_{1 \leqslant i \leqslant n} x_i$.

综上知

c 的最大似然估计量为　　$\hat{c} = \min\limits_{1 \leqslant i \leqslant n} X_i$，

θ 的最大似然估计量为　　$\hat{\theta} = \overline{X} - \min\limits_{1 \leqslant i \leqslant n} X_i$.

7.2　估计量的评选标准

从 7.1 节的例 7.2 和例 7.6 可以看出，对于同一参数，用不同的估计方法求出的估计量可能不相同，而且原则上都可以作为参数的估计量. 我们自然要问，采用哪一个估计量为好呢？这就涉及用什么样的标准来评价估计量的问题. 估计量是随机变量，对于不同的样本值会得到不同的估计值，因而在考虑估计量的好坏

时，应从整体性能来衡量，而不能看它在个别样本下的表现如何．下面介绍三个最常用的评定估计量好坏的标准．

7.2.1　无偏性

设 $X_1, X_2, \cdots, X_n$ 是总体 X 的一个样本，$\theta \in \Theta$ 是含在总体分布中的待估参数，这里 Θ 是 θ 的取值范围．我们希望估计量的值在未知参数真值附近摆动，而它的期望值等于未知参数的真值，因此我们有如下的定义．

定义 7.1　若估计量 $\hat{\theta} = \hat{\theta}(X_1, X_2, \cdots, X_n)$ 的数学期望 $E(\hat{\theta})$ 存在，且对于任何 $\theta \in \Theta$ 有 $E(\hat{\theta}) = \theta$，则称 $\hat{\theta}$ 是 θ 的**无偏估计**（unbiased estimation）**量**，否则称 $\hat{\theta}$ 是 θ 的**有偏估计量**．

估计量无偏性的实际意义是指没有系统偏差．如果我们用样本均值作为总体均值的估计时，虽无法说明一次估计所产生的偏差，但这种偏差随机地在 0 的周围波动，对同一统计问题大量重复使用不会产生系统偏差．

例如，由第 6 章我们知道 $E(\overline{X}) = \mu, E(S^2) = \sigma^2$，即不论总体是什么分布，样本均值 $\overline{X}$ 是总体均值的无偏估计量；样本方差 $S^2 = \dfrac{1}{n-1}\sum\limits_{i=1}^{n}(X_i - \overline{X})^2$ 是总体方差 σ^2 的无偏估计量，而估计量 $B_2 = \dfrac{1}{n}\sum\limits_{i=1}^{n}(X_i - \overline{X})^2$ 却不是 σ^2 的无偏估计，因此我们一般取 S^2 作为 σ^2 的估计量．

例 7.8　设总体的 k 阶矩 $\mu_k = E(X^k)$ $(k \geqslant 1)$ 存在，又设 $X_1, X_2, \cdots, X_n$ 是总体 X 的一个样本．证明不论总体服从什么分布，$A_k = \dfrac{1}{n}\sum\limits_{i=1}^{n}X_i^k$ 都是总体 k 阶矩 μ_k 的无偏估计量．

证明　因 $X_1, X_2, \cdots, X_n$ 与 X 同分布，故有
$$E(X_i^k) = E(X^k) = \mu_k, \quad i = 1, 2, \cdots, n.$$
所以
$$E(A_k) = \frac{1}{n}\sum_{i=1}^{n}E(X_i^k) = \mu_k.$$
根据定义 7.1 知，A_k 是总体 k 阶矩 μ_k 的无偏估计量．

例 7.9　设总体 X 服从指数分布，其概率密度函数为
$$f(x) = \begin{cases} \dfrac{1}{\theta}\mathrm{e}^{-\frac{x}{\theta}}, & x > 0, \\ 0, & \text{其他}. \end{cases}$$
其中 $\theta > 0$ 为未知参数，又设 $X_1, X_2, \cdots, X_n$ 是来自总体 X 的一个样本，记 $Z = \min(X_1, X_2, \cdots, X_n)$．试证：$\overline{X}$ 和 nZ 都是 θ 的无偏估计量．

证明　因为 $E(\overline{X}) = E(X) = \theta$，所以 $\overline{X}$ 是 θ 的无偏估计量．

利用第 3 章的知识，可求得 $Z = \min(X_1, X_2, \cdots, X_n)$ 的概率密度为

$$f_{\min}(x) = \begin{cases} \dfrac{n}{\theta} e^{-\frac{nx}{\theta}}, & x > 0, \\ 0, & \text{其他}. \end{cases}$$

即 Z 服从参数 $\lambda = \dfrac{n}{\theta}$ 的指数分布，从而有

$$E(Z) = \frac{\theta}{n}.$$

所以 $E(nZ) = \theta$，即 nZ 也是 θ 的无偏估计量.

从以上例题可知，一个未知参数可以有不同的无偏估计量.

例 7.10 设 $X_1, X_2, \cdots, X_n$ 是来自总体 X 的一个样本，又设 $E(X) = \mu$，$D(X) = \sigma^2$.

（1）试确定常数 C，使得 $C \displaystyle\sum_{i=1}^{n-1}(X_{i+1} - X_i)^2$ 为 σ^2 的无偏估计；

（2）试确定常数 C，使得 $(\overline{X})^2 - CS^2$ 为 μ^2 的无偏估计.

解 （1）因为 $E(X_i) = E(X) = \mu, D(X_i) = D(X) = \sigma^2$，
所以有

$$E\Big[C\sum_{i=1}^{n-1}(X_{i+1} - X_i)^2\Big] = CE\Big[\sum_{i=1}^{n-1}(X_{i+1} - \mu + \mu - X_i)^2\Big]$$

$$= CE\Big\{\sum_{i=1}^{n-1}[(X_{i+1} - \mu)^2 + (\mu - X_i)^2 + 2(X_{i+1} - \mu)(\mu - X_i)]\Big\}$$

$$= CE\Big\{\sum_{i=1}^{n-1}[(X_{i+1} - \mu)^2 + (\mu - X_i)^2]\Big\}$$

$$= C\sum_{i=1}^{n-1}[D(X_{i+1}) + D(X_i)] = 2C(n-1)\sigma^2.$$

要使它是 σ^2 的无偏估计，即 $2C(n-1)\sigma^2 = \sigma^2$，

因此 $\qquad C = \dfrac{1}{2(n-1)}$.

（2）$E[(\overline{X})^2 - CS^2] = E(\overline{X}^2) - CE(S^2)$

$$= D(\overline{X}) + (E\overline{X})^2 - C\sigma^2 = (\frac{1}{n} - C)\sigma^2 + \mu^2.$$

要使它是 μ^2 的无偏估计，即 $(\dfrac{1}{n} - C)\sigma^2 + \mu^2 = \mu^2$

因此 $\qquad C = \dfrac{1}{n}$.

7.2.2 有效性

下面我们来比较参数 θ 的两个无偏估计量 $\hat{\theta}_1$ 和 $\hat{\theta}_2$ 的优劣. 如果在样本容量相同的情况下, $\hat{\theta}_1$ 的观察值较 $\hat{\theta}_2$ 的观察值更集中在真值附近, 那么我们认为 $\hat{\theta}_1$ 比 $\hat{\theta}_2$ 更好. 由于方差是随机变量与其数学期望的偏离程度的度量, 所以对无偏估计量来说, 以方差小的为好. 这就引出了以下有效性的标准.

定义 7.2 设 $\hat{\theta}_1$ 和 $\hat{\theta}_2$ 都是 θ 的无偏估计量, 若 $D(\hat{\theta}_1) < D(\hat{\theta}_2)$, 则称 $\hat{\theta}_1$ 比 $\hat{\theta}_2$ 有效.

例 7.11 对于例 7.9 中的两个无偏估计量 $\overline{X}$ 和 nZ, 试证 $n > 1$ 时, $\overline{X}$ 比 nZ 更有效.

证明 $D(\overline{X}) = \dfrac{D(X)}{n} = \dfrac{\theta^2}{n}$,

而 $D(Z) = \dfrac{\theta^2}{n^2}$, 所以 $D(nZ) = n^2 D(Z) = \theta^2$.

故当 $n > 1$ 时, $D(\overline{X}) < D(nZ)$,

因此, $\overline{X}$ 是比 nZ 更有效的无偏估计量.

例 7.12 设总体 X 是均值为 θ 的指数分布, X_1, X_2, X_3, X_4 是来自总体 X 的样本, 其中 θ 未知. 设有估计量

$$T_1 = \frac{1}{6}(X_1 + X_2) + \frac{1}{3}(X_3 + X_4),$$

$$T_2 = \frac{1}{5}(X_1 + 2X_2 + 3X_3 + 4X_4),$$

$$T_3 = \frac{1}{4}(X_1 + X_2 + X_3 + X_4).$$

（1）指出 T_1, T_2, T_3 中哪几个是 θ 的无偏估计量;

（2）在上述 θ 的无偏估计量中指出哪一个较为有效.

解（1）对于指数分布的总体, $E(X_i) = \theta$, $1 \leqslant i \leqslant 4$,

$$D(X_i) = \theta^2, \quad 1 \leqslant i \leqslant 4.$$

所以 $E(T_1) = \dfrac{1}{6}[E(X_1) + E(X_2)] + \dfrac{1}{3}[E(X_3) + E(X_4)] = \theta$,

$$E(T_2) = \frac{1}{5}[E(X_1) + 2E(X_2) + 3E(X_3) + 4E(X_4)] = 2\theta,$$

$$E(T_3) = \frac{1}{4}[E(X_1) + E(X_2) + E(X_3) + E(X_4)] = \theta.$$

因此, T_1, T_3 是 θ 的无偏估计量.

（2）$D(T_1) = \dfrac{1}{36}[D(X_1) + D(X_2)] + \dfrac{1}{9}[D(X_3) + D(X_4)] = \dfrac{5}{18}\theta^2$,

$$D(T_3) = \frac{1}{16}[D(X_1) + D(X_2) + D(X_3) + D(X_4)] = \frac{1}{4}\theta^2 ,$$

所以 $$D(T_3) < D(T_1) ,$$

因此，估计量 T_3 较 T_1 有效.

对于无偏估计量，它的方差越小，估计越有效. 但方差能不能无限小到零呢？答案是否定的. 已经证明了任何一个无偏估计量的方差都有一个下界

$$D(\hat{\theta}) \geqslant \frac{1}{nE[\frac{\partial \ln f(x,\theta)}{\partial \theta}]^2} = \frac{1}{nI(\theta)} = G ,$$

其中 $I(\theta) = E[\frac{\partial \ln f(x,\theta)}{\partial \theta}]^2$ 称为费歇尔（Fisher）信息量，$\frac{1}{nI(\theta)}$ 称为罗-克拉美（Rao-Cramer）下界.

定义 7.3　凡是能达到 Rao-Cramer 下界的无偏估计量称为最小方差无偏估计量.

例 7.13　设总体为两点分布 $B(1,p)$. 证明 $\overline{X}$ 作为参数 p 的估计量是达到罗-克拉美（Rao-Cramer）下界的无偏估计量.

证明　两点分布的分布律可以写为 $f(x,p) = p^x(1-p)^{1-x}, \quad x = 0,1$.

则 $$\ln f(x,p) = x\ln p + (1-x)\ln(1-p) ,$$

$$\frac{\mathrm{d}\ln f(x,p)}{\mathrm{d}p} = \frac{x}{p} - \frac{1-x}{1-p} ,$$

$$I(p) = E[\frac{\mathrm{d}\ln f(x,p)}{\mathrm{d}p}]^2 = E[\frac{x}{p} - \frac{1-x}{1-p}]^2$$

$$= P(X=0)(\frac{1}{1-p})^2 + P(X=1)\frac{1}{p^2} = \frac{1}{p(1-p)} ,$$

$$G = \frac{1}{nI(p)} = \frac{p(1-p)}{n} ,$$

而 $$D(\overline{X}) = \frac{D(X)}{n} = \frac{p(1-p)}{n} = G .$$

所以，$\overline{X}$ 作为参数 p 的估计量是能达到罗-克拉美下界的无偏估计量. $\overline{X}$ 是参数 p 的最小方差无偏估计量，又称为最佳无偏估计.

例 7.14　设总体为正态总体 $N(\mu,\sigma^2)$. 证明 $\overline{X}$ 作为参数 μ 的估计量是达到罗-克拉美（Rao-Cramer）下界的无偏估计量.

证明　因为　$\ln f(x,\mu,\sigma^2) = \ln(\sqrt{2\pi}\sigma) - \frac{(x-\mu)^2}{2\sigma^2}$

$$\frac{\partial \ln f(x,\mu,\sigma^2)}{\partial \mu} = \frac{x-\mu}{\sigma^2}$$

$$I(\mu) = E\left[\frac{\partial \ln f(x, \mu, \sigma^2)}{\partial \mu}\right]^2 = \int_{-\infty}^{+\infty} \frac{(x-\mu)^2}{\sigma^4} \frac{1}{\sqrt{2\pi}\sigma} e^{-\frac{(x-\mu)^2}{2\sigma^2}} dx = \frac{1}{\sigma^2}$$

所以　　　　　　　$$G = \frac{1}{nI(\mu)} = \frac{\sigma^2}{n}$$

又　　　　　　　　$$D(\overline{X}) = \frac{D(X)}{n} = \frac{\sigma^2}{n} = G.$$

所以，$\overline{X}$ 作为参数 μ 的估计量是达到罗-克拉美下界的无偏估计量，即 $\overline{X}$ 是参数 μ 的最小方差无偏估计量，又称 $\overline{X}$ 是正态总体均值的最佳无偏估计量.

7.2.3　相合性

无偏性和有效性都是在样本容量固定的前提下提出的，我们希望随着样本容量的增大，一个估计量的值稳定于待估参数真值附近. 这就引出了以下相合性的标准.

定义 7.4　设 $\hat{\theta}(X_1, X_2, \cdots, X_n)$ 是参数 θ 的一个估计量，若当 $n \to \infty$ 时，$\hat{\theta}(X_1, X_2, \cdots, X_n)$ 依概率收敛于 θ，则称 $\hat{\theta}$ 是 θ 的**相合估计量**（consistent estimator）.

由辛钦大数定律知，样本 k 阶矩依概率收敛到总体 k 阶矩，所以用样本 k 阶矩来代替总体 k 阶矩得到的估计量都是相合估计量.

例 7.15　设总体 X 服从威布尔分布，其概率密度函数为

$$f(x, \theta) = \begin{cases} \dfrac{2}{\theta} x\, e^{-\frac{x^2}{\theta}}, & x \geqslant 0, \\ 0, & x < 0. \end{cases}$$

设 $X_1, X_2, \cdots, X_n$ 是来自总体 X 的简单随机样本，$x_1, x_2, \cdots, x_n$ 是相应的样本值.

（1）求参数 θ 的最大似然估计量，

（2）问 θ 的最大似然估计量是否是 θ 的无偏估计量？

（3）问 θ 的最大似然估计量是否是 θ 的相合估计量？

解　（1）因为　$L(\theta) = f(x_1, \theta) \cdots f(x_n, \theta)$

$$= \left(\frac{2}{\theta}\right)^n (x_1 \cdots x_n) e^{-\frac{\sum\limits_{i=1}^{n} x_i^2}{\theta}}$$

所以　　　$\ln L(\theta) = n \ln 2 - n \ln \theta + \ln(x_1 \cdots x_n) - \dfrac{1}{\theta} \sum\limits_{i=1}^{n} x_i^2$，

令　　　　　　　　$$\frac{d \ln L}{d \theta} = \frac{-n}{\theta} + \frac{1}{\theta^2} \sum_{i=1}^{n} x_i^2 = 0,$$

解得
$$\hat{\theta} = \frac{1}{n}\sum_{i=1}^{n} x_i^2 .$$

故 θ 的最大似然估计量为

$$\hat{\theta} = \frac{1}{n}\sum_{i=1}^{n} X_i^2 .$$

（2）因为 $E(\hat{\theta}) = E(\frac{1}{n}\sum_{i=1}^{n} X_i^2) = \frac{1}{n}\sum_{i=1}^{n} E(X_i^2) = E(X^2)$ ，

而 $\qquad E(X^2) = \int_0^{+\infty} x^2 \cdot \frac{2}{\theta} x e^{-\frac{x^2}{\theta}} dx = \theta ,$

因此 $\qquad E(\hat{\theta}) = E(X^2) = \theta .$

所以，$\hat{\theta}$ 是参数 θ 的无偏估计量.

（3）因为 $X_1, X_2, \cdots, X_n$ 独立同分布，故 $X_1^2, X_2^2, \cdots, X_n^2$ 独立同分布，

又 $\qquad E(X_i^2) = E(X^2) = \theta , \quad i = 1, 2, \cdots, n .$

由辛钦大数定律知，对任意的实数 $\varepsilon > 0$，有

$$\lim_{n \to \infty} P\left\{ \left| \frac{1}{n}\sum_{i=1}^{n} X_i^2 - \theta \right| < \varepsilon \right\} = 1 ,$$

即 $\qquad \lim_{n \to \infty} P(|\hat{\theta} - \theta| < \varepsilon) = 1 ,$

所以 $\qquad \hat{\theta} = \frac{1}{n}\sum_{i=1}^{n} X_i^2$ 是参数 θ 的相合估计量.

7.3 区间估计的概念

以上两节讨论的是未知参数的点估计，它只给出未知参数的一个估计值，此估计值仅仅是未知参数的一个近似值，它没有反映出这个近似值与参数真值的接近程度，亦即没有给出估计的精度，使用起来把握不大. 现在我们要给出一个区间，这个区间包含未知参数的可信程度是预先给定的，此区间的长度给出了估计的精度. 这就是我们将要讨论的**区间估计**（interval estimation）.

譬如，在估计某湖中鱼的数量的问题中，若我们根据一个实际样本，得到鱼数 N 的最大似然估计为 1000 条. 实际上，N 的真值可能大于 1000 条，也可能小于 1000 条. 若我们能给出一个区间，可以合理地相信 N 的真值位于其中，这样对鱼的数量的估计就有把握多了. 也就是说，我们希望确定一个区间，使我们能有比较高的可靠程度相信它包含参数真值. 这里所说的"可靠程度"是用概率来度量的，称为置信度或置信水平.

习惯上把置信水平记作 $1 - \alpha$，这里 α 是一个很小的正数. 下面我们给出置信区间的定义.

定义 7.5 设总体 X 的分布函数为 $F(x,\theta)$，其中 $\theta \in \Theta$（Θ 是 θ 的取值范围）是一个未知参数，对于给定的一个很小的正数 α，若由来自 X 的样本 $X_1, X_2, \cdots, X_n$ 确定的两个统计量 $\underline{\theta} = \underline{\theta}(X_1, X_2, \cdots, X_n)$ 和 $\overline{\theta} = \overline{\theta}(X_1, X_2, \cdots, X_n)$，对于任意的 $\theta \in \Theta$，满足

$$P\{\underline{\theta}(X_1, X_2, \cdots, X_n) < \theta < \overline{\theta}(X_1, X_2, \cdots, X_n)\} \geqslant 1-\alpha,$$

则称随机区间 $(\underline{\theta}, \overline{\theta})$ 是 θ 的置信水平为 $1-\alpha$ 的**置信区间**，分别称 $\underline{\theta}$ 和 $\overline{\theta}$ 为置信水平为 $1-\alpha$ 的双侧置信区间的**置信下限**和**置信上限**，称 $1-\alpha$ 为**置信水平**.

当 X 是连续型随机变量时，对于给定的 α，总是按 $P(\underline{\theta} < \theta < \overline{\theta}) = 1-\alpha$ 求出置信区间. 而当 X 是离散型随机变量时，对于给定的 α，常常找不到区间 $(\underline{\theta}, \overline{\theta})$ 使得 $P(\underline{\theta} < \theta < \overline{\theta})$ 恰好为 $1-\alpha$，此时我们去找区间 $(\underline{\theta}, \overline{\theta})$ 使得 $P(\underline{\theta} < \theta < \overline{\theta})$ 至少为 $1-\alpha$，且尽量接近 $1-\alpha$.

设总体 $X \sim N(\mu, \sigma^2)$，σ^2 为已知，μ 为未知，$X_1, X_2 \cdots, X_n$ 是来自 X 的样本，下面我们来求 μ 的置信水平为 $1-\alpha$ 的置信区间.

因 $\overline{X}$ 是 μ 的无偏估计，且有 $\dfrac{\overline{X} - \mu}{\sigma/\sqrt{n}} \sim N(0,1)$，

$\dfrac{\overline{X} - \mu}{\sigma/\sqrt{n}}$ 是含有 μ 且不含其他未知参数的随机变量，按照标准正态分布的上 α 分位点的定义知(见图 7.1)

$$P\left\{\left|\frac{\overline{X} - \mu}{\sigma/\sqrt{n}}\right| < z_{\alpha/2}\right\} = 1-\alpha.$$

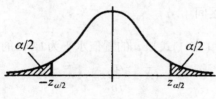

图 7.1

即

$$P\left\{\overline{X} - \frac{\sigma}{\sqrt{n}} z_{\alpha/2} < \mu < \overline{X} + \frac{\sigma}{\sqrt{n}} z_{\alpha/2}\right\} = 1-\alpha.$$

于是 μ 的置信水平为 $1-\alpha$ 的置信区间为 $\left(\overline{X} - \dfrac{\sigma}{\sqrt{n}} z_{\alpha/2},\ \overline{X} + \dfrac{\sigma}{\sqrt{n}} z_{\alpha/2}\right)$.

也可简记为

$$\left(\overline{X} \pm \frac{\sigma}{\sqrt{n}} z_{\alpha/2}\right). \tag{7.3.1}$$

需要指出的是，置信水平为 $1-\alpha$ 的置信区间不唯一. 例如，在上面的例子中，给定 $\alpha = 0.05$，我们可以有

$$P\{-z_{0.04} < \frac{\overline{X} - \mu}{\sigma/\sqrt{n}} < z_{0.01}\} = 0.95 ,$$

即

$$P\{\overline{X} - \frac{\sigma}{\sqrt{n}} z_{0.01} < \mu < \overline{X} + \frac{\sigma}{\sqrt{n}} z_{0.04}\} = 0.95 .$$

故 $(\overline{X} - \frac{\sigma}{\sqrt{n}} z_{0.01} , \overline{X} + \frac{\sigma}{\sqrt{n}} z_{0.04})$ 也是置信水平为 0.95 的一个置信区间.

但我们可以比较出两个置信区间的长短：

置信区间 $(\overline{X} \pm \frac{\sigma}{\sqrt{n}} z_{\alpha/2})$ 的长度为： $2 \times z_{0.025} \frac{\sigma}{\sqrt{n}} = 3.92 \frac{\sigma}{\sqrt{n}}$ ；

置信区间 $(\overline{X} - \frac{\sigma}{\sqrt{n}} z_{0.01}, \overline{X} + \frac{\sigma}{\sqrt{n}} z_{0.04})$ 的长度为： $\frac{\sigma}{\sqrt{n}}(z_{0.01} + z_{0.04}) = 4.08 \frac{\sigma}{\sqrt{n}}$.

因为置信区间长度短的精度高，所以对于标准正态分布来讲，对称的置信区间 $(\overline{X} \pm \frac{\sigma}{\sqrt{n}} z_{\alpha/2})$ 为最好.

7.4   正态总体均值与方差的区间估计

7.4.1   单个总体的情况

设给定置信水平为 $1-\alpha$ ， $X_1, X_2, \cdots, X_n$ 是来自 X 的样本， $\overline{X}, S^2$ 分别为样本均值和样本方差.

1. 均值 μ 的置信区间

（1） σ^2 为已知，由(7.3.1)式知 μ 的置信水平为 $1-\alpha$ 的一个置信区间为

$$(\overline{X} \pm \frac{\sigma}{\sqrt{n}} z_{\alpha/2}) .$$

例 7.16   某车间生产滚珠，从长期实践中知，滚珠直径 X 可以认为服从正态分布，其方差为 0.05，从某天的产品中随机抽取 6 个，测量得直径（单位：mm）如下：14.70，15.21，14.90，14.91，15.32，15.32. 试求 X 的均值 μ 的置信水平为 0.95 的置信区间.

解   依题意 $1-\alpha = 0.95$ ， $\alpha/2 = 0.025$ ，查表得 $z_{\alpha/2} = z_{0.025} = 1.96$ ，

又 $n = 6$ ， $\sigma^2 = 0.05$ ， $\overline{x} = \frac{1}{6} \sum_{i=1}^{6} x_i = 15.06$.

于是 μ 的置信度为 0.95 的一个置信区间为

$$(15.06 \pm \frac{\sqrt{0.05}}{\sqrt{6}} \times 1.96) ,$$

即 $\qquad (15.06 \pm 0.18) = (14.88, 15.24)$.

它的含义是：直径的均值在 14.88mm 与 15.24mm 之间，这个估计的可信度是 95%.

（2）σ^2 为未知，这时，不能用 $(\overline{X} \pm \dfrac{\sigma}{\sqrt{n}} z_{\alpha/2})$ 给出置信区间，因为它含有未

知参数 σ．但我们知道，样本方差 S^2 是 σ^2 的无偏估计量，用 S 代替 $\dfrac{\overline{X} - \mu}{\sigma/\sqrt{n}}$ 中的 σ，

由第 6 章的定理 6.4，我们知道 $\dfrac{\overline{X} - \mu}{S/\sqrt{n}} \sim t(n-1)$， 所以有

$$P\left\{ \left| \frac{\overline{X} - \mu}{S/\sqrt{n}} \right| < t_{\alpha/2}(n-1) \right\} = 1 - \alpha ,$$

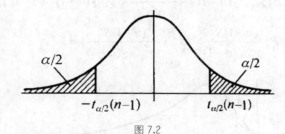

图 7.2

即 $\qquad P\left\{ \overline{X} - \dfrac{S}{\sqrt{n}} t_{\alpha/2}(n-1) < \mu < \overline{X} + \dfrac{S}{\sqrt{n}} t_{\alpha/2}(n-1) \right\} = 1 - \alpha$.

于是，μ 的置信水平为 $1 - \alpha$ 的一个置信区间为

$$\left(\overline{X} - \frac{S}{\sqrt{n}} t_{\alpha/2}(n-1) , \ \overline{X} + \frac{S}{\sqrt{n}} t_{\alpha/2}(n-1) \right) .$$

也可简记为 $\qquad \left(\overline{X} \pm \dfrac{S}{\sqrt{n}} t_{\alpha/2}(n-1) \right)$. $\qquad\qquad$ (7.4.1)

在实际问题中，一般方差是未知的，所以这种情形的区间估计是非常实用的.

例 7.17 设电子元件的寿命服从正态分布 $N(\mu, \sigma^2)$，抽样检查 10 个元件，得到样本均值 $\overline{x} = 1500$ 小时，样本标准差 $s = 14$ 小时，求总体均值 μ 的置信水平为 99% 的置信区间.

解 依题意 $1 - \alpha = 0.99$，$\alpha/2 = 0.005$，查表得 $t_{0.005}(9) = 3.2498$，又 $\overline{x} = 1500$，$s = 14$．因 σ^2 未知，故由式(7.4.1)知 μ 的置信水平为 0.99 的一个置信区间为

$$\left(1500 \pm \frac{14}{\sqrt{10}} \times 3.2498 \right) = (1500 \pm 14.39) ,$$

即 $\qquad (1485.61, 1514.39)$.

这个估计值的可信程度为 99%，若以此区间内的任一值作为均值 μ 的近似值，其

误差不大于 $2 \times \dfrac{14}{\sqrt{10}} \times 3.2498 = 28.78$ 小时.

2. 方差 σ^2 的置信区间

（1） μ 未知，因 σ^2 的无偏估计量为 S^2，由第 6 章的定理 6.3 知

$$\frac{(n-1)S^2}{\sigma^2} \sim \chi^2(n-1) .$$

$\dfrac{(n-1)S^2}{\sigma^2}$ 是含有 σ^2 且不含其他未知参数的随机变量，所以有

$$P\{\chi^2_{1-\alpha/2}(n-1) < \frac{(n-1)S^2}{\sigma^2} < \chi^2_{\alpha/2}(n-1)\} = 1-\alpha ,$$

即 $\qquad P\{\dfrac{(n-1)S^2}{\chi^2_{\alpha/2}(n-1)} < \sigma^2 < \dfrac{(n-1)S^2}{\chi^2_{1-\alpha/2}(n-1)}\} = 1-\alpha .$

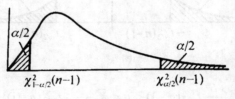

图 7.3

于是，方差 σ^2 的置信水平为 $1-\alpha$ 的一个置信区间为

$$\left(\frac{(n-1)S^2}{\chi^2_{\alpha/2}(n-1)}, \ \frac{(n-1)S^2}{\chi^2_{1-\alpha/2}(n-1)}\right) . \tag{7.4.2}$$

（2） $\mu = \mu_0$ 已知，因为 $\dfrac{\sum\limits_{i=1}^{n}(X_i - \mu_0)^2}{\sigma^2} \sim \chi^2(n)$，$\dfrac{\sum\limits_{i=1}^{n}(X_i - \mu_0)^2}{\sigma^2}$ 是含有 σ^2 且不含其他未知参数的随机变量，所以有

$$P\{\chi^2_{1-\alpha/2}(n) < \frac{\sum\limits_{i=1}^{n}(X_i - \mu_0)^2}{\sigma^2} < \chi^2_{\alpha/2}(n)\} = 1-\alpha ,$$

即 $\qquad P\{\dfrac{\sum\limits_{i=1}^{n}(X_i - \mu_0)^2}{\chi^2_{\alpha/2}(n)} < \sigma^2 < \dfrac{\sum\limits_{i=1}^{n}(X_i - \mu_0)^2}{\chi^2_{1-\alpha/2}(n)}\} = 1-\alpha .$

于是，方差 σ^2 的置信水平为 $1-\alpha$ 的一个置信区间为

$$\left(\frac{\sum_{i=1}^{n}(X_i - \mu_0)^2}{\chi_{\alpha/2}^2(n)}, \quad \frac{\sum_{i=1}^{n}(X_i - \mu_0)^2}{\chi_{1-\alpha/2}^2(n)}\right). \tag{7.4.3}$$

例 7.18 某厂生产的一批金属材料，其抗弯强度服从正态分布，今从这批金属材料中抽取 11 件测试，测得它们的抗弯强度为

42.5　42.7　43.0　42.3　43.4　44.5　44.0　43.8　44.1　43.9　43.7

求抗弯强度方差 σ^2 的置信水平为 0.9 的置信区间.

解 依题意 $1-\alpha = 0.9$，$\alpha/2 = 0.05$，$1-\alpha/2 = 0.95$，查表得 $\chi_{0.05}^2(10) = 18.307$，$\chi_{0.95}^2(10) = 3.940$，又 $n = 11$，$s^2 = 0.523$，由式(7.4.2)知，方差 σ^2 的一个置信水平为 0.9 的置信区间为

$$\left(\frac{10 \times 0.523}{\chi_{0.05}^2(10)}, \quad \frac{10 \times 0.523}{\chi_{0.95}^2(10)}\right) = (0.286, 1.327).$$

7.4.2　两个总体的情况

设 $X_1, X_2, \cdots, X_{n_1}$ 是来自正态总体 $N(\mu_1, \sigma_1^2)$ 的样本，$Y_1, Y_2, \cdots, Y_{n_2}$ 是来自正态总体 $N(\mu_2, \sigma_2^2)$ 的样本，这两个样本相互独立，且设 $\overline{X}, S_1^2$ 分别是正态总体 $N(\mu_1, \sigma_1^2)$ 的样本均值和样本方差，$\overline{Y}, S_2^2$ 分别是正态总体 $N(\mu_2, \sigma_2^2)$ 的样本均值和样本方差.

1. 两个总体均值差 $\mu_1 - \mu_2$ 的置信区间

（1）σ_1^2, σ_2^2 均为已知

因为 $\overline{X}, \overline{Y}$ 分别为 μ_1, μ_2 的无偏估计，故 $\overline{X} - \overline{Y}$ 是 $\mu_1 - \mu_2$ 的无偏估计，又 $\overline{X}$ 与 $\overline{Y}$ 相互独立，$\overline{X} \sim N(\mu_1, \sigma_1^2/n_1)$，$\overline{Y} \sim N(\mu_2, \sigma_2^2/n_2)$，所以有

$$\overline{X} - \overline{Y} \sim N(\mu_1 - \mu_2, \frac{\sigma_1^2}{n_1} + \frac{\sigma_2^2}{n_2}),$$

于是
$$\frac{(\overline{X} - \overline{Y}) - (\mu_1 - \mu_2)}{\sqrt{\dfrac{\sigma_1^2}{n_1} + \dfrac{\sigma_2^2}{n_2}}} \sim N(0,1).$$

由
$$P\left\{\left|\frac{(\overline{X} - \overline{Y}) - (\mu_1 - \mu_2)}{\sqrt{\dfrac{\sigma_1^2}{n_1} + \dfrac{\sigma_2^2}{n_2}}}\right| < z_{\alpha/2}\right\} = 1 - \alpha,$$

可得两个总体均值差 $\mu_1 - \mu_2$ 的置信水平为 $1-\alpha$ 的一个置信区间为

$$\left((\overline{X} - \overline{Y}) \pm z_{\alpha/2}\sqrt{\frac{\sigma_1^2}{n_1} + \frac{\sigma_2^2}{n_2}}\right). \tag{7.4.4}$$

（2）$\sigma_1^2 = \sigma_2^2 = \sigma^2$，但 σ^2 未知

由第 6 章的定理 6.5 知

$$\frac{(\overline{X} - \overline{Y}) - (\mu_1 - \mu_2)}{S_w\sqrt{\dfrac{1}{n_1} + \dfrac{1}{n_2}}} \sim t(n_1 + n_2 - 2).$$

由 $\qquad P\left\{\left|\dfrac{(\overline{X} - \overline{Y}) - (\mu_1 - \mu_2)}{S_w\sqrt{\dfrac{1}{n_1} + \dfrac{1}{n_2}}}\right| < t_{\alpha/2}(n_1 + n_2 - 2)\right\} = 1 - \alpha$ ，

可得两个总体均值差 $\mu_1 - \mu_2$ 的置信水平为 $1 - \alpha$ 的置信区间为

$$\left((\overline{X} - \overline{Y}) \pm t_{\alpha/2}(n_1 + n_2 - 2)S_w\sqrt{\frac{1}{n_1} + \frac{1}{n_2}}\right). \tag{7.4.5}$$

其中 $\quad S_w^2 = \dfrac{(n_1 - 1)S_1^2 + (n_2 - 1)S_2^2}{n_1 + n_2 - 2}$ ， $S_w = \sqrt{S_w^2}$.

例 7.19 为比较 I，II 两种型号步枪子弹的枪口速度，随机地取 I 型子弹 10 发，得到枪口速度的平均值为 $\overline{x}_1 = 500(\text{m/s})$，标准差 $s_1 = 1.10(\text{m/s})$；随机地取 II 型子弹 20 发，得到枪口速度的平均值为 $\overline{x}_2 = 496(\text{m/s})$ ，标准差 $s_2 = 1.20(\text{m/s})$. 假设两总体都可认为近似地服从正态分布，且生产过程可认为方差相等. 求两总体均值差 $\mu_1 - \mu_2$ 的置信水平为 0.95 的置信区间.

解 依 题 意 $\overline{x}_1 = 500$ ， $\overline{x}_2 = 496$ ， $1 - \alpha = 0.95$ ， $\alpha/2 = 0.025$ ， $n_1 = 10$, $n_2 = 20$, $n_1 + n_2 - 2 = 28$， 查表得 $t_{0.025}(28) = 2.048$.

又 $s_w = \sqrt{\dfrac{9 \times 1.10^2 + 19 \times 1.20^2}{28}} = 1.168$. 所以，由式(7.4.5)知，两个总体均值差 $\mu_1 - \mu_2$ 的一个置信水平为 0.95 的置信区间为

$$\left((\overline{x}_1 - \overline{x}_2) \pm t_{\alpha/2}(28)s_w\sqrt{\frac{1}{10} + \frac{1}{20}}\right) = (4 \pm 0.93)，$$

即 $\qquad\qquad\qquad (3.07, 4.93)$.

2. 两个总体方差比 σ_1^2 / σ_2^2 的置信区间

我们只讨论总体均值未知的情况，由第 6 章的定理 6.6 知

$$\frac{S_1^2 / \sigma_1^2}{S_2^2 / \sigma_2^2} \sim F(n_1 - 1, n_2 - 1).$$

由 $\qquad P\left\{F_{1-\alpha/2}(n_1 - 1, n_2 - 1) < \dfrac{S_1^2 / \sigma_1^2}{S_2^2 / \sigma_2^2} < F_{\alpha/2}(n_1 - 1, n_2 - 1)\right\} = 1 - \alpha$.

可得两个总体方差比 σ_1^2 / σ_2^2 的一个置信水平为 $1 - \alpha$ 的一个置信区间为

$$(\frac{S_1^2}{S_2^2} \cdot \frac{1}{F_{\alpha/2}(n_1-1,n_2-1)} , \frac{S_1^2}{S_2^2} \cdot \frac{1}{F_{1-\alpha/2}(n_1-1,n_2-1)}). \tag{7.4.6}$$

例 7.20 研究由机器 A 和机器 B 生产的钢管的内径，随机地抽取机器 A 生产的钢管 18 只，测得样本方差 $s_1^2 = 0.34(\text{mm}^2)$，随机地取机器 B 生产的钢管 13 只，测得样本方差 $s_2^2 = 0.29(\text{mm}^2)$，设两样本相互独立，且设由机器 A 和机器 B 生产的钢管的内径分别服从正态分布 $N(\mu_1,\sigma_1^2), N(\mu_2,\sigma_2^2)$，这里 $\mu_1,\sigma_1^2,\mu_2,\sigma_2^2$ 均未知．试求方差比 σ_1^2/σ_2^2 的置信水平为 0.90 的置信区间．

解 由式(7.4.6)知两个总体方差比 σ_1^2/σ_2^2 的置信水平为 $1-\alpha$ 的置信区间是

$$(\frac{s_1^2}{s_2^2} \cdot \frac{1}{F_{\alpha/2}(n_1-1,n_2-1)} , \frac{s_1^2}{s_2^2} \cdot \frac{1}{F_{1-\alpha/2}(n_1-1,n_2-1)}).$$

依题意 $\alpha = 0.10$，$\alpha/2 = 0.05$，$n_1 = 18$，$n_2 = 23$，$s_1^2 = 0.34$，$s_2^2 = 0.29$，

查表得 $F_{0.05}(17,12) = 2.59$，$F_{0.95}(17,12) = \dfrac{1}{F_{0.05}(12,17)} = \dfrac{1}{2.38}$．

故两总体方差比 σ_1^2/σ_2^2 的置信水平为 0.90 的置信区间为

$$(\frac{0.34}{0.29}\times\frac{1}{2.59} , \frac{0.34}{0.29}\times 2.38) = (0.4527 , 2.7903).$$

下面总结正态总体均值和方差的置信区间，如表 7.1 所列．

表 7.1　　　　　　　**正态总体均值和方差的置信区间**

估计的参数	参数的情况	随机变量和它的分布	置信水平为 $1-\alpha$ 的置信区间
μ	σ^2 已知	$Z = \dfrac{\overline{X}-\mu}{\sigma/\sqrt{n}} \sim N(0,1)$	$(\overline{X} - \dfrac{\sigma}{\sqrt{n}}z_{\alpha/2} , \overline{X} + \dfrac{\sigma}{\sqrt{n}}z_{\alpha/2})$
	σ^2 未知	$T = \dfrac{\overline{X}-\mu}{S/\sqrt{n}} \sim t(n-1)$	$(\overline{X} - \dfrac{S}{\sqrt{n}}t_{\alpha/2}(n-1) , \overline{X} + \dfrac{S}{\sqrt{n}}t_{\alpha/2}(n-1))$
σ^2	μ 未知	$\chi^2 = \dfrac{(n-1)S^2}{\sigma^2} \sim \chi^2(n-1)$	$(\dfrac{(n-1)S^2}{\chi_{\alpha/2}^2(n-1)} , \dfrac{(n-1)S^2}{\chi_{1-\alpha/2}^2(n-1)})$
σ^2	$\mu = \mu_0$ 已知	$\chi^2 = \dfrac{\sum_{i=1}^{n}(X_i-\mu_0)^2}{\sigma^2} \sim \chi^2(n)$	$(\dfrac{\sum_{i=1}^{n}(X_i-\mu_0)^2}{\chi_{\alpha/2}^2(n)} , \dfrac{\sum_{i=1}^{n}(X_i-\mu_0)^2}{\chi_{1-\alpha/2}^2(n)})$
$\mu_1-\mu_2$	σ_1^2,σ_2^2 已知	$\dfrac{\overline{X}-\overline{Y}-(\mu_1-\mu_2)}{\sqrt{\dfrac{\sigma_1^2}{n_1}+\dfrac{\sigma_2^2}{n_2}}} \sim N(0,1)$	$((\overline{X}-\overline{Y}) \pm z_{\alpha/2}\sqrt{\dfrac{\sigma_1^2}{n_1}+\dfrac{\sigma_2^2}{n_2}})$

续表

估计的参数	参数的情况	随机变量和它的分布	置信水平为 $1-\alpha$ 的置信区间
$\mu_1 - \mu_2$	$\sigma_1^2 = \sigma_2^2$ 未知	$\dfrac{\overline{X} - \overline{Y} - (\mu_1 - \mu_2)}{S_w\sqrt{\dfrac{1}{n_1} + \dfrac{1}{n_2}}} \sim t(n_1 + n_2 - 2)$	$\left((\overline{X} - \overline{Y}) \pm t_{\alpha/2}(n_1 + n_2 - 2)S_w\sqrt{\dfrac{1}{n_1} + \dfrac{1}{n_2}}\right)$
$\dfrac{\sigma_1^2}{\sigma_2^2}$	μ_1, μ_2 未知	$\dfrac{S_1^2/\sigma_1^2}{S_2^2/\sigma_2^2} \sim F(n_1 - 1, n_2 - 1)$	$\left(\dfrac{S_1^2}{S_2^2} \cdot \dfrac{1}{F_{\alpha/2}(n_1 - 1, n_2 - 1)}, \dfrac{S_1^2}{S_2^2} \cdot \dfrac{1}{F_{1-\alpha/2}(n_1 - 1, n_2 - 1)}\right)$

7.5 单侧置信区间

上述置信区间中置信限都是双侧的，但对于有些实际问题，人们关心的只是参数在一个方向的界限. 例如对于设备、元件的使用寿命来说，平均寿命过长没什么问题，过短就有问题了. 这时，可将置信上限取为 $+\infty$，而只着眼于置信下限，这样求得的置信区间叫单侧置信区间.

定义 7.6 对于给定的 $\alpha(0 < \alpha < 1)$，若由样本 $X_1, X_2, \cdots, X_n$ 确定的统计量 $\underline{\theta} = \underline{\theta}(X_1, X_2, \cdots, X_n)$，满足 $P\{\theta > \underline{\theta}\} \geqslant 1 - \alpha$，则称区间 $(\underline{\theta}, +\infty)$ 是 θ 的置信水平为 $1 - \alpha$ 的单侧置信区间，称 $\underline{\theta}$ 为 θ 的置信水平为 $1 - \alpha$ 的单侧置信下限.

又若由样本 $X_1, X_2, \cdots, X_n$ 确定的统计量 $\overline{\theta} = \overline{\theta}(X_1, X_2, \cdots, X_n)$，满足 $P\{\theta < \overline{\theta}\} \geqslant 1 - \alpha$，则称区间 $(-\infty, \overline{\theta})$ 是 θ 的置信水平为 $1 - \alpha$ 的单侧置信区间，称 $\overline{\theta}$ 为 θ 的置信水平为 $1 - \alpha$ 的单侧置信上限.

例如，对于正态总体 X，若均值 μ 和方差 σ^2 未知，设 $X_1, X_2, \cdots, X_n$ 是来自该总体的样本，因为

$$\frac{\overline{X} - \mu}{S/\sqrt{n}} \sim t(n-1),$$

所以

$$P\left\{\frac{\overline{X} - \mu}{S/\sqrt{n}} < t_\alpha(n-1)\right\} = 1 - \alpha,$$

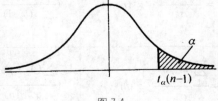

图 7.4

即

$$P\left\{\mu > \overline{X} - \frac{S}{\sqrt{n}}t_\alpha(n-1)\right\} = 1 - \alpha,$$

于是，μ 的置信水平为 $1-\alpha$ 的单侧置信区间为

$$\left(\overline{X} - \frac{S}{\sqrt{n}}t_\alpha(n-1),\ +\infty\right).$$

μ 的置信水平为 $1-\alpha$ 的单侧置信下限是 $\underline{\mu} = \overline{X} - \frac{S}{\sqrt{n}}t_\alpha(n-1)$.

例 7.21 从某校学生中随机地抽取 10 人作身高试验，测得身高如下：

1.60 1.65 1.58 1.65 1.70 1.50 1.63 1.68 1.58 1.62

设学生身高服从正态分布. 求学生身高平均值的置信水平为 0.95 的单侧置信下限.

解 学生身高平均值的置信水平为 0.95 的单侧的置信下限为

$$\overline{X} - \frac{S}{\sqrt{n}}t_\alpha(n-1).$$

现在 $1-\alpha = 0.95$, $n=10$, $t_\alpha(n-1) = t_{0.05}(9) = 1.8331$，经计算 $\bar{x} = 1.619$, $s = 0.05762$. 则学生身高平均值的置信水平为 0.95 的单侧置信下限为

$$\bar{x} - \frac{s}{\sqrt{n}}t_\alpha(n-1) = 1.584.$$

下面我们来求方差的置信水平为 $1-\alpha$ 的单侧置信区间.

因为 $$\frac{(n-1)S^2}{\sigma^2} \sim \chi^2(n-1).$$

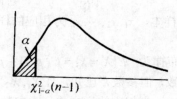

图 7.5

由 $$P\left\{\frac{(n-1)S^2}{\sigma^2} > \chi^2_{1-\alpha}(n-1)\right\} = 1-\alpha,$$

得 $$P\left\{\sigma^2 < \frac{(n-1)S^2}{\chi^2_{1-\alpha}(n-1)}\right\} = 1-\alpha.$$

于是我们得到 σ^2 的置信水平为 $1-\alpha$ 的单侧置信区间为

$$\left(0,\ \frac{(n-1)S^2}{\chi^2_{1-\alpha}(n-1)}\right),$$

即 σ^2 的置信水平为 $1-\alpha$ 的单侧置信上限为 $\overline{\sigma^2} = \frac{(n-1)S^2}{\chi^2_{1-\alpha}(n-1)}$.

总之，求正态总体的单侧置信区间，只要把相应的双侧置信区间中的分位点改为

单边的即可.

例如:

σ^2 已知时, μ 的置信水平为 $1-\alpha$ 的置信上、下限分别为

$$\bar{\mu} = \bar{X} + \frac{\sigma}{\sqrt{n}} z_{\alpha}, \qquad \underline{\mu} = \bar{X} - \frac{\sigma}{\sqrt{n}} z_{\alpha}.$$

σ^2 未知时, μ 的置信水平为 $1-\alpha$ 的置信上、下限分别为

$$\bar{\mu} = \bar{X} + \frac{S}{\sqrt{n}} t_{\alpha}(n-1), \qquad \underline{\mu} = \bar{X} - \frac{S}{\sqrt{n}} t_{\alpha}(n-1).$$

μ 未知时, σ^2 的置信水平为 $1-\alpha$ 的单侧置信上下限分别为

$$\overline{\sigma^2} = \frac{(n-1)S^2}{\chi_{1-\alpha}^2(n-1)}, \qquad \underline{\sigma^2} = \frac{(n-1)S^2}{\chi_{\alpha}^2(n-1)}.$$

习 题 七

1. 随机地取 8 只活塞环, 测得它们的直径为（以 mm 计）

$$74.1 \quad 74.5 \quad 74.3 \quad 74.1 \quad 74.0 \quad 73.8 \quad 74.6 \quad 74.2$$

试求总体均值 μ 及方差 σ^2 的矩估计值, 并求样本方差.

2. 设总体 X 的密度函数为 $f(x) = \begin{cases} \theta c^{\theta} x^{-(\theta+1)}, & x > c, \\ 0, & \text{其他}. \end{cases}$ 且 $X_1, X_2, \cdots, X_n$ 是来自总体 X 的一个简单随机样本, $x_1, x_2, \cdots, x_n$ 为相应的样本值. 求参数 θ 的矩估计量和最大似然估计量.

3. 已知总体 X 的分布律为 $P\{X=x\} = C_k^x p^x (1-p)^{k-x}$, $x = 0, 1, 2, \cdots, k$. 其中 $p\,(0 < p < 1)$ 是未知参数, 但参数 k 已知, 且 $X_1, X_2, \cdots, X_n$ 是来自总体 X 的一个简单随机样本, $x_1, x_2, \cdots, x_n$ 为相应的样本值. 求参数 p 的矩估计量和最大似然估计量.

4. 设总体 X 具有分布律

X	1	2	3
p	θ^2	$2\theta(1-\theta)$	$(1-\theta)^2$

其中 $\theta(0 < \theta < 1)$ 为未知参数. 已知取得了样本值 $x_1 = 1, x_2 = 2, x_3 = 3, x_4 = 2$. 试求参数 θ 的矩估计值和最大似然估计值.

5. 验证第 6 章定理 6.5 中的统计量

$$S_w^2 = \frac{n_1-1}{n_1+n_2-2} S_1^2 + \frac{n_2-1}{n_1+n_2-2} S_2^2 = \frac{(n_1-1)S_1^2 + (n_2-1)S_2^2}{n_1+n_2-2}$$

是两总体公共方差 σ^2 的无偏估计量（S_w^2 称为 σ^2 的合并估计）.

6. 设总体 X 的数学期望为 μ, $X_1, X_2, \cdots, X_n$ 是来自总体 X 的样本,

$a_1, a_2, \cdots, a_n$ 是任意常数，验证 $\dfrac{\sum\limits_{i=1}^{n} a_i X_i}{\sum\limits_{i=1}^{n} a_i}$ （其中 $\sum\limits_{i=1}^{n} a_i \neq 0$）是 μ 的无偏估计量.

7．设从均值为 μ，方差为 $\sigma^2 > 0$ 的总体中，分别抽取容量为 n_1, n_2 的两个独立样本．$\overline{X_1}$ 和 $\overline{X_2}$ 分别是两个样本的样本均值．试证：对于任意常数 $a, b(a+b=1)$，$Y = a\overline{X_1} + b\overline{X_2}$ 都是 μ 的无偏估计量，并确定常数 a, b，使 $D(Y)$ 达到最小.

8．设总体 X 的密度函数为 $f(x, \theta) = \begin{cases} \dfrac{1}{\theta}, & 0 < x < \theta; \\ 0, & \text{其他.} \end{cases}$

其中 θ 未知，$X_1, X_2, \cdots, X_n$ 是来自总体 X 的简单随机样本.

（1）试证 $\hat{\theta}_1 = \dfrac{n+1}{n} \max_{1 \leqslant i \leqslant n} X_i$ 和 $\hat{\theta}_2 = (n+1) \min_{1 \leqslant i \leqslant n} X_i$ 都是 θ 的无偏估计量.

（2）问上述两个估计量中哪个方差较小？

9．设总体 X 的密度函数为 $f(x, \theta) = \begin{cases} \dfrac{k}{\theta} x^{k-1} \mathrm{e}^{-\frac{x^k}{\theta}}, & x > 0, \\ 0, & x \leqslant 0. \end{cases}$（$k \geqslant 2$），

$X_1, X_2, \cdots, X_n$ 是来自总体 X 的简单随机样本.

（1）求参数 θ 的最大似然估计.

（2）问它是否是无偏的？

（3）问它是否是 θ 的相合的估计量？

10．设总体 X 的概率密度函数为

$$f(x, \theta) = \begin{cases} \dfrac{1}{\theta} \mathrm{e}^{-\frac{x}{\theta}}, & x > 0, \\ 0, & x \leqslant 0. \end{cases}$$

其中 θ 未知，且 $X_1, X_2, \cdots, X_n$ 是来自总体 X 的简单随机样本.

（1）求参数 θ 的最大似然估计量 $\hat{\theta}$.

（2）证明 $\hat{\theta}$ 是 θ 的无偏估计量.

（3）证明 $\hat{\theta}$ 是达到罗-克拉美下界的无偏估计量.

11．设 $X_1, X_2, \cdots, X_n$ 是总体 $X \sim N(\mu, \sigma^2)$ 的简单随机样本，记 $\overline{X} = \dfrac{1}{n} \sum\limits_{i=1}^{n} X_i$，

$S^2 = \dfrac{1}{n-1} \sum\limits_{i=1}^{n} (X_i - \overline{X})^2$，$T = \overline{X}^2 - \dfrac{1}{n} S^2$.

（1）证明 T 是 μ^2 的无偏估计量.

（2）当 $\mu = 0, \sigma = 1$ 时，求 $D(T)$.

12. 有某种清漆的 9 个样品，其干燥时间（以小时计）分别为

6.0　　5.7　　5.8　　6.5　　7.0　　6.3　　5.6　　6.1　　5.0

设干燥时间总体服从正态分布 $N(\mu, \sigma^2)$.

（1）若已知 $\sigma = 0.6$（h），

① 求 μ 的置信水平为 0.95 的置信区间.

② 求 μ 的置信水平为 0.95 的单侧置信上限.

（2）若 σ 未知，

① 求 μ 的置信水平为 0.95 的置信区间.

② 求 μ 的置信水平为 0.95 的单侧置信上限.

13. 使用金球测定引力常数（单位：$10^{-11} \mathrm{m}^3 \cdot \mathrm{kg}^{-1} \cdot \mathrm{s}^{-2}$）的观察值为

6.683　　6.681　　6.676　　6.678　　6.679　　6.672.

设测定值总体为 $N(\mu, \sigma^2)$，μ, σ^2 均未知. 求 σ^2 的置信水平为 0.90 的置信区间.

14. 研究两种固体燃料火箭推进器的燃烧率. 设两者都服从正态分布，并且已知燃烧率的标准差均为 $0.05 \mathrm{cm}/\mathrm{s}$，取样本容量为 $n_1 = n_2 = 20$ 的样本，得燃烧率的样本均值分别为 $\overline{x_1} = 18 \mathrm{cm}/\mathrm{s}$，$\overline{x_2} = 24 \mathrm{cm}/\mathrm{s}$. 设两样本独立，求两燃烧率总体均值差 $\mu_1 - \mu_2$ 的置信水平为 0.99 的置信区间.

15. 设两位化验员 A, B 独立地对某种聚合物的含氯量用相同的方法各作 10 次测定，其测定值的样本方差依次为 $s_A^2 = 0.5419, s_B^2 = 0.6065$. 设 σ_A^2, σ_B^2 分别为 A, B 所测定的测定值总体的方差，设两总体均为正态分布且两样本独立.

（1）求方差比 $\dfrac{\sigma_A^2}{\sigma_B^2}$ 的置信水平为 0.95 的置信区间.

（2）求方差比 $\dfrac{\sigma_A^2}{\sigma_B^2}$ 的置信水平为 0.95 的单侧置信上限.

16. 随机地从 A 批导线中抽取 4 根，又从 B 批导线中抽取 5 根，测得电阻（Ω）值分别为

A 批导线：　　0.143　　0.142　　0.143　　0.137，

B 批导线：　　0.140　　0.142　　0.136　　0.138　　0.140.

设测定数据分别来自分布 $N(\mu_1, \sigma^2), N(\mu_2, \sigma^2)$，且两样本相互独立. 又 μ_1, μ_2, σ^2 均为未知. 试求均值差 $\mu_1 - \mu_2$ 的置信水平为 0.95 的单侧置信下限.

第 8 章 假设检验

在第 7 章，我们介绍了参数估计，总体参数既可以用一个数来估计（点估计），又可以用一个区间来估计（区间估计）. 然而实际中经常面对关于参数的两个矛盾的命题，如何选择？例如，某一天要检查一个工厂的产品次品率是否低于 5%，某药品的疗效是否在 90% 以上等. 这些问题就需要我们首先给出一个假设，然后根据已知的数据进行推证，从而做出没有充分理由拒绝原来的假设或有充分证据拒绝原来的假设的结论. 这是另一类重要的统计推断问题——假设检验（Hypothesis Testing）. 在总体分布完全未知或只知其形式，但不知其参数的情况下，为了推断总体的某些性质，提出某些关于总体的某个假设. 例如提出总体服从泊松分布的假设；又如，对于正态总体提出数学期望等于 μ_0 的假设等. 前者是关于分布的假设检验问题；后者是关于未知参数的假设检验问题. 本章主要介绍关于未知参数的假设检验问题. 假设检验就是根据样本的观察值，对提出的假设作出如下判断：是接受，还是拒绝.

8.1 假设检验的基本概念

8.1.1 双边假设检验

例 8.1 根据长期的经验和资料的分析，某砖瓦厂所生产的砖的"抗断强度"服从正态分布，方差 $\sigma^2 = 1.21$. 今从该厂生产的一批砖中，随机抽取 6 块，测得抗断强度（kg/cm^2）如下：

    32.56   29.66   31.64   30.00   31.87   31.03.

问这一批砖的平均抗断强度可否认为是 32.50 kg/cm^2？

我们关心砖的平均抗断强度是否为 32.50 kg/cm^2. 答案有两种可能：不能拒绝砖的平均抗断强度 $\mu = 32.5$，或拒绝 $\mu = 32.5$. 为此，我们提出假设 H_0：可以认为砖的平均抗断强度是 32.50 kg/cm^2（$\mu = 32.5$）；与之对立的假设 H_1：不能认为砖的平均抗断强度是 32.50 kg/cm^2（$\mu \neq 32.5$）. 我们的任务是利用所获得的样本值 $x_1, x_2, x_3, x_4, x_5, x_6$，去判断命题 H_0 是否成立.

上面的例子是要根据实际问题，提出一个假设 H_0，然后以观测数据（即样本值）为依据，采取一定的方法，去推证提出的假设是否成立. 用统计学的语言描述如下：

（1）有一个总体 X，即所考察的那一大批砖的抗断强度，并假设 $X \sim N(\mu, 1.21)$；

（2）根据需要，提出一个命题（假设）H_0：砖的平均抗断强度可以认为是 32.50 kg/cm^2（$\mu = 32.5$）. 这个命题的正确与否完全取决于总体的未知参数值；

（3）从总体中抽取样本值，即抽出的那 6 块砖所测得的抗断强度 $x_1, x_2, x_3, x_4, x_5, x_6$；

（4）利用样本值去判断（检验）命题 H_0 是否成立.

这就是假设检验问题. **假设检验**（hypothesis testing）指的是依据样本信息判断或检验关于总体的某个假设是否正确.

原假设和备择假设

原假设 H_0（null hypothesis）：根据实际问题提出的假设. 原假设是检验前提的假设.

备择假设 H_1（alternative hypothesis）：当原假设被拒绝后而接受的假设.

在假设检验问题中，不仅要明确原假设 H_0 是什么，而且要明确备择假设 H_1 是什么. 给定了 H_0 和 H_1 就是给定了一个检验问题：(H_0, H_1).

需要说明的是原假设通常是应该受到保护的，没有充足的证据是不能被拒绝的（维持原样）. 备择假设可能是我们真正感兴趣的，作为做检验的人，你的关心（信念或所希望的结局）应被表达在备择假设中（故又称研究性假设）.

一旦建立了原假设和备择假设，我们将在原假设正确的前提下进行工作，直到有充分的证据拒绝它. 统计学家费歇尔（Fisher）是这样解释的：有一个命题，称之为"原假设"，其含义是所关心的效应不存在，设计试验的唯一目的是寻求否定原假设的证据. 费歇尔（Fisher）强调原假设不能被证明，只能被否定.

对于例 8.1，我们设总体 $X \sim N(\mu, 1.21)$，问题是根据样本值来判断 $\mu = 32.5$ 还是 $\mu \neq 32.5$. 为了解决此问题，我们要先提出以下假设：

原假设 $H_0 : \mu = \mu_0 = 32.5$；　　　　备择假设 $H_1 : \mu \neq \mu_0 = 32.5$.

这种类型的备择假设 H_1，表示 μ 可能大于 μ_0，也可能小于 μ_0，称为双边**备择假设**，而称形如 $H_0 : \mu = \mu_0$，$H_1 : \mu \neq \mu_0$ 的假设检验为**双边假设检验**.

当 H_0 为真时，观察值的平均值 $\bar{x}$ 与 μ_0 的偏差 $|\bar{x} - \mu_0|$ 一般不应很大，若偏差很大，我们就有理由怀疑原假设 H_0 的正确性，从而拒绝假设 H_0. 而衡量 $|\bar{x} - \mu_0|$ 的大小，可归结为衡量 $\dfrac{|\bar{x} - \mu_0|}{\sigma/\sqrt{n}}$ 的大小. 所以当观察值满足 $\dfrac{|\bar{x} - \mu_0|}{\sigma/\sqrt{n}} \geq k$ 时，我们

就拒绝 H_0；当观察值满足 $\dfrac{|\bar{x}-\mu_0|}{\sigma/\sqrt{n}}<k$ 时，我们就接受 H_0.

　　然而，由于作出判断的依据只有一个样本，一般不可能包含总体的全部信息，所以当 H_0 为真时，有可能作出拒绝 H_0 的判断. 这是一种错误，将犯这种错误的概率记为 $P\{$拒绝 $H_0|H_0$ 为真$\}$，我们希望将犯这类错误的概率控制在一个很小的范围内，一般不超过小正数 α，(其中一般 $\alpha=0.01, 0.05, \cdots$)，称此小正数 α 为显著性水平，即

$$P\{\text{拒绝 } H_0\,|\,H_0 \text{ 为真}\} \leqslant \alpha.$$

令

$$P\{\dfrac{|\bar{X}-\mu_0|}{\sigma/\sqrt{n}}\geqslant k \ \big|\,H_0 \text{为真}\}=\alpha,$$

因为统计量 $\dfrac{\bar{X}-\mu_0}{\sigma/\sqrt{n}}\sim N(0,1)$，所以 $k=z_{\alpha/2}$.（如图 8.1 所示）

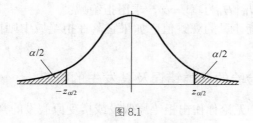

图 8.1

　　综上可知：当观察值满足 $\dfrac{|\bar{x}-\mu_0|}{\sigma/\sqrt{n}}\geqslant k=z_{\alpha/2}$ 时，我们就拒绝 H_0；当观察值满足 $\dfrac{|\bar{x}-\mu_0|}{\sigma/\sqrt{n}}<k=z_{\alpha/2}$ 时，我们就接受 H_0. 即当统计量的观察值落在区域 $W=\{\dfrac{|\bar{x}-\mu_0|}{\sigma/\sqrt{n}}\geqslant z_{\alpha/2}\}$ 中时，我们就拒绝 H_0，区域 W 是拒绝的范围.

　　在上例中，取 $\alpha=0.05$，则 $k=z_{0.05/2}=1.96$，又 $n=6, \sigma^2=1.21, \bar{x}=31.127$，于是有 $\dfrac{|\bar{x}-\mu_0|}{\sigma/\sqrt{n}}=3.057>1.96$，因此拒绝 H_0，即认为砖的平均抗断强度不是 32.50 kg/cm^2.

　　上述检验法则是符合实际推断原理的. 因为当 α 很小时，若 H_0 为真，$\left\{\dfrac{|\bar{X}-\mu_0|}{\sigma/\sqrt{n}}\geqslant z_{\alpha/2}\right\}$ 是一个小概率事件，根据实际推断原理，就可以认为：如果 H_0 为真，则由一次试验得到的观察值满足不等式 $\dfrac{|\bar{x}-\mu_0|}{\sigma/\sqrt{n}}\geqslant z_{\alpha/2}$ 是几乎不会发生的. 而现在在一次抽样中得到的样本值竟然满足 $\dfrac{|\bar{x}-\mu_0|}{\sigma/\sqrt{n}}\geqslant z_{\alpha/2}$，因此我们有理由

怀疑原假设 H_0 的正确性. 若在一次抽样中得到的样本值没有满足 $\dfrac{|\bar{x} - \mu_0|}{\sigma / \sqrt{n}} \geqslant z_{\alpha/2}$,
此时我们就没有理由拒绝原假设 H_0, 因此只能接受原假设 H_0. 这也说明, 在假设检验中, 接受假设 H_0 并不意味着 H_0 一定正确, 只是差异还不够显著, 不足以否定 H_0.

定义 8.1   称满足 $P\{$ 拒绝 $H_0 | H_0$ 为真 $\} \leqslant \alpha$ 的正数 α 为**显著性水平**; 称统计量 $\dfrac{\bar{X} - \mu_0}{\sigma_0 / \sqrt{n}}$ 为**检验统计量**; 称 H_0 为**原假设**; 称 H_1 为**备择假设**; 称区域 W 为**拒绝域**, 称拒绝域的边界点为**临界点**.

综上所述, 我们把处理参数的假设检验问题的步骤归纳如下:

（1）根据实际问题的要求, 提出原假设 H_0 和备择假设 H_1;

（2）确定检验统计量和拒绝域的形式;

（3）按 $P\{$ 拒绝 $H_0 | H_0$ 为真 $\} = \alpha$, 求出拒绝域;

（4）计算检验统计量的观察值, 如果它落在拒绝域中则拒绝 H_0, 否则接受 H_0.

8.1.2   假设检验的两类错误及其发生的概率

在假设检验中, 无论你作出拒绝原假设或接受原假设的判断, 都有可能犯错误. 这个结论可能让你吓一跳: 无论采取什么样的决策都可能是正确的, 同时也可能是错误的. 既然如此, 那还要假设检验干什么? 请注意, 概率论本身就是研究随机现象的, 因此它的结论无不带有随机性. 正如我们所说 "小概率事件在一次试验中几乎不可能发生", 这 "几乎" 就带有随机性. 我们对原假设作出拒绝还是接受的判断都是根据小概率事件原理, 因此犯错误和不犯错误的可能性都是存在的. 若两者的可能性各占一半, 那么 "假设检验" 确实没有任何价值. 事实上, 犯错误的概率是很小的. 这样, "假设检验" 才成为检验某种猜想可靠程度的一种优良方法.

第 I 类错误（type I error）——"弃真": 当 H_0 为真时, 拒绝 H_0.

由前面的讨论知, 记犯第 I 类错误的概率为 $P\{$ 拒绝 $H_0 | H_0$ 为真 $\} \leqslant \alpha$.

第 II 类错误（type II error）——"取伪": 当 H_0 为假时, 接受 H_0.

记犯第 II 类错误的概率为 $P\{$ 接受 $H_0 | H_0$ 为假 $\} \leqslant \beta$.

我们当然希望犯两类错误的概率越小越好. 遗憾的是, 对给定的样本容量 n 来讲, 一般来说, 两类错误是互相关联的. 当样本容量固定时, 如果要减少犯第 I 类错误的概率, 就会导致犯第 II 类错误的概率增大; 如果要减少犯第 II 类错误的概率, 就会导致犯第 I 类错误的概率增大. 因此不能做到犯两类错误的概率都同时减小. 要同时降低两类错误的概率或者要在显著性水平 α 不变的条件下降低 β, 需要增加样本容量.

只控制犯第 I 类错误的概率 α（显著性水平），而不考虑犯第 II 类错误的概率的检验称为**显著性检验**.

显著性水平是事先选定的. 通常取 $\alpha = 0.01, 0.05, 0.1$. 一般地，人们常把 $\alpha = 0.05$ 时拒绝 H_0 称为是显著的，而把在 $\alpha = 0.01$ 时拒绝 H_0 称为是高度显著的.

根据以往的经验，在非常相信原假设是真的，而犯第 II 类错误又不会造成大的影响或后果时，α 就可以取得小一些. 如果第 II 类错误带来的影响较大，需要严格控制犯第 II 类错误的概率，此时 α 可以选得适当大一些.

控制犯第 I 类错误的概率，我们一般令 $P(拒绝 H_0 \mid H_0 为真) \leqslant \alpha$，因此，犯第 I 类错误的概率的上界就是显著性水平 α.

下面我们对检验统计量为 $\dfrac{\overline{X} - \mu_0}{\sigma / \sqrt{n}}$ 时，求出犯第 II 类错误的概率 β.

当 H_0 不真时，$\mu \neq \mu_0$，我们设 $\mu = \mu_1$，即 $X \sim N(\mu_1, \sigma^2)$.

所以
$$\frac{\overline{X} - \mu_1}{\sigma / \sqrt{n}} \sim N(0,1)，$$

故　　$\beta = P\{接受 H_0 \mid H_0 不真\} = P\left\{ -z_{\alpha/2} < \dfrac{\overline{X} - \mu_0}{\sigma / \sqrt{n}} < z_{\alpha/2} \right\}$

$= P\left\{ -z_{\alpha/2} < \dfrac{\overline{X} - \mu_1 + \mu_1 - \mu_0}{\sigma / \sqrt{n}} < z_{\alpha/2} \right\} = P\left\{ -a - z_{\alpha/2} < \dfrac{\overline{X} - \mu_1}{\sigma / \sqrt{n}} < -a + z_{\alpha/2} \right\}$

$= \Phi(-a + z_{\alpha/2}) - \Phi(-a - z_{\alpha/2}) = \Phi(-a + z_{\alpha/2}) + \Phi(a + z_{\alpha/2}) - 1.$

其中：　　$a = \dfrac{\mu_1 - \mu_0}{\sigma / \sqrt{n}}$.

8.1.3　单边假设检验

在实际问题中，我们往往只关心总体的均值是否增大或减小. 例如，试验新工艺以提高材料的抗压程度，这时我们希望总体的均值应该越大越好. 如果我们能判断用新工艺生产的材料的均值较以往生产的材料的抗压程度有显著提高，则可考虑采用新工艺. 此时，我们需要检验假设 $H_0 : \mu \leqslant \mu_0$，$H_1 : \mu > \mu_0$，我们把它称为**右边检验**. 但有时需要检验假设 $H_0 : \mu \geqslant \mu_0$，$H_1 : \mu < \mu_0$，我们把它称为**左边检验**. 左边检验和右边检验统称为**单边假设检验**.

设总体 $X \sim N(\mu, \sigma^2)$，σ^2 已知，$X_1, X_2, \cdots, X_n$ 是来自 X 的样本，给定显著性水平 α，我们来求右边检验 $H_0 : \mu \leqslant \mu_0$，$H_1 : \mu > \mu_0$ 的拒绝域.

因为 H_0 中的所有的 μ 都要比 H_1 中的 μ 小，当 H_1 为真时，观察值 $\overline{x}$ 往往偏大，因此，拒绝域的形式为　　　　$\overline{x} \geqslant k$　　　（k 是某常数）.

下面来确定常数 k.

由于 $\qquad P\{拒绝H_0\,|\,H_0为真\} = P\{\overline{X} \geqslant k\} = P\{\dfrac{\overline{X}-\mu_0}{\sigma/\sqrt{n}} \geqslant \dfrac{k-\mu_0}{\sigma/\sqrt{n}}\}$，

当 H_0 为真时，$\mu \leqslant \mu_0$，此时有

$$\{\dfrac{\overline{X}-\mu_0}{\sigma/\sqrt{n}} \geqslant \dfrac{k-\mu_0}{\sigma/\sqrt{n}}\} \subset \{\dfrac{\overline{X}-\mu}{\sigma/\sqrt{n}} \geqslant \dfrac{k-\mu_0}{\sigma/\sqrt{n}}\}.$$

所以

$$P\{拒绝H_0\,|\,H_0为真\} = P\{\dfrac{\overline{X}-\mu_0}{\sigma/\sqrt{n}} \geqslant \dfrac{k-\mu_0}{\sigma/\sqrt{n}}\} \leqslant P\{\dfrac{\overline{X}-\mu}{\sigma/\sqrt{n}} \geqslant \dfrac{k-\mu_0}{\sigma/\sqrt{n}}\},$$

要使 $P\{$ 拒绝 $H_0\,|\,H_0$ 为真 $\} \leqslant \alpha$，只要令

$$P\{\dfrac{\overline{X}-\mu}{\sigma/\sqrt{n}} \geqslant \dfrac{k-\mu_0}{\sigma/\sqrt{n}}\} = \alpha,$$

因为 $\dfrac{\overline{X}-\mu}{\sigma/\sqrt{n}} \sim N(0,1)$，所以 $\qquad \dfrac{k-\mu_0}{\sigma/\sqrt{n}} = z_\alpha.$

于是 $$k = \mu_0 + \dfrac{\sigma}{\sqrt{n}} z_\alpha.$$

因此拒绝域为 $$\overline{x} \geqslant \mu_0 + \dfrac{\sigma}{\sqrt{n}} z_\alpha,$$

即 $$z = \dfrac{\overline{x}-\mu_0}{\sigma/\sqrt{n}} \geqslant z_\alpha.$$

类似地，我们可以求得左边检验问题 $H_0: \mu \geqslant \mu_0$，$H_1: \mu < \mu_0$ 的拒绝域为

$$z = \dfrac{\overline{x}-\mu_0}{\sigma/\sqrt{n}} \leqslant -z_\alpha.$$

例 8.2 某工厂生产的固体燃料推进器的燃烧率服从正态分布 $N(40, 2^2)$，现用新方法生产了一批推进器，从中取 25 只，测得样本均值为 41.25cm/s．设在新方法下标准差仍为 2cm/s．问这批推进器的燃烧率是否较以前的推进器的燃烧率有显著的提高？取显著性水平 $\alpha = 0.05$．

解 按题意提出假设：$H_0: \mu \leqslant \mu_0 = 40$，$\quad H_1: \mu > 40$．

这是右边检验问题，拒绝域为 $z = \dfrac{\overline{x}-\mu_0}{\sigma/\sqrt{n}} \geqslant z_{0.05} = 1.645$．

现在 $z = \dfrac{41.25-40}{2/\sqrt{25}} = 3.125 > 1.645$，$z$ 的值落在拒绝域中，所以在显著性水平 $\alpha = 0.05$ 下拒绝 H_0，即认为这批推进器的燃烧率较以前的推进器的燃烧率有显著的提高．

8.1.4 假设检验与置信区间的关系

以正态总体的均值的假设检验为例，关键是找拒绝域，使得当 H_0 成立时，

事件 $\left\{ \left| \dfrac{\overline{X} - \mu_0}{\sigma/\sqrt{n}} \right| \geqslant z_{\alpha/2} \right\}$ 是小概率事件，一旦抽样结果使小概率事件发生了，我们就否定原假设.

例如，对正态总体 $N(\mu, \sigma^2)$，σ^2 已知，检验 $H_0: \mu = \mu_0$，$H_1: \mu \neq \mu_0$.

我们已知道，上述问题的显著性水平为 α 检验的接受域为 $\left\{ \left| \dfrac{\overline{x} - \mu_0}{\sigma/\sqrt{n}} \right| < z_{\alpha/2} \right\}$，此不等式可记为

$$\overline{x} - \frac{\sigma}{\sqrt{n}} z_{\alpha/2} < \mu_0 < \overline{x} + \frac{\sigma}{\sqrt{n}} z_{\alpha/2} .$$

参数的区间估计则是找一个随机区间 D，使得 D 中包含待估参数的真值是一个大概率事件. 对正态总体 $N(\mu, \sigma^2)$，σ^2 已知，对应置信区间为

$$\left(\overline{X} - \frac{\sigma}{\sqrt{n}} z_{\alpha/2} , \ \overline{X} + \frac{\sigma}{\sqrt{n}} z_{\alpha/2} \right) .$$

我们可以看到，以上两个区间相同. 显然，若 μ_0 在接受域外，则拒绝 H_0；若 μ_0 落在接受域内时，则接受 H_0. 或者说没有被拒绝的全体构成此参数的接受域. 这一结论具有普遍性.

当然从实际应用看，区间估计与假设检验是不同的. 作区间估计时，应该有相当大的把握，即以较大的概率 $1 - \alpha$ 相信未知参数的真值落在置信区间内；而假设检验是要在已经给出的关于未知参数的某个假设情况下，控制不能接受这一结论的容忍界限.

8.2 单个正态总体均值和方差的假设检验

8.2.1 单个正态总体均值的假设检验

（1） σ^2 已知，关于 μ 的检验（Z 检验）

在 8.1.1 中我们已讨论过正态总体 $N(\mu, \sigma^2)$，当 σ^2 已知时关于 μ 的检验问题. 为了方便读者阅读，下面我们再来完整地叙述一遍.

求检验问题 $H_0: \mu = \mu_0$，$H_1: \mu \neq \mu_0$ 的拒绝域.

当 H_0 为真时，用 $\dfrac{\overline{X} - \mu_0}{\sigma/\sqrt{n}}$ 作为检验统计量，由于 $\dfrac{\overline{X} - \mu_0}{\sigma/\sqrt{n}} \sim N(0,1)$，用它来确定拒绝域，这种检验称为 Z 检验.

因为当 H_0 为真时，检验统计量

$$Z = \frac{\overline{X} - \mu_0}{\sigma/\sqrt{n}} \sim N(0,1) .$$

由 $P\{$拒绝$H_0 \mid H_0$为真$\} = P\{\dfrac{|\overline{X} - \mu_0|}{\sigma / \sqrt{n}} \geqslant k\} = \alpha$，　　得 $k = z_{\alpha/2}$．（见图 8.1 所示）

因此，拒绝域为 　　　　　　　　$|z| = \dfrac{|\overline{x} - \mu_0|}{\sigma / \sqrt{n}} \geqslant z_{\alpha/2}$．

类似，可得

检验问题 $H_0 : \mu \leqslant \mu_0$，　$H_1 : \mu > \mu_0$ 的拒绝域为 $z = \dfrac{\overline{x} - \mu_0}{\sigma / \sqrt{n}} \geqslant z_{\alpha}$，

检验问题 $H_0 : \mu \geqslant \mu_0$，　$H_1 : \mu < \mu_0$ 的拒绝域为 $z = \dfrac{\overline{x} - \mu_0}{\sigma / \sqrt{n}} \leqslant -z_{\alpha}$．

注：以上三类检验的检验统计量都是　$Z = \dfrac{\overline{X} - \mu_0}{\sigma / \sqrt{n}}$．

（2）σ^2 未知，关于 μ 的检验(t 检验)

对于正态总体 $N(\mu, \sigma^2)$，其中 μ, σ^2 未知，考虑检验问题
$$H_0 : \mu = \mu_0, \quad H_1 : \mu \neq \mu_0$$
的拒绝域（显著性水平为 α）．

因 S^2 是 σ^2 的无偏估计量，故我们用 S 代替 σ，用 $T = \dfrac{\overline{X} - \mu_0}{S / \sqrt{n}}$ 作为检验统计量．

由于当 H_0 为真时 $T = \dfrac{\overline{X} - \mu_0}{S / \sqrt{n}} \sim t(n-1)$，用它来确定拒绝域，这种检验称为 t 检验．

当 T 的观察值 $t = \dfrac{\overline{x} - \mu_0}{s / \sqrt{n}}$ 的绝对值过分大时就拒绝 H_0，即拒绝域的形式为

$$|t| = \dfrac{|\overline{x} - \mu_0|}{s / \sqrt{n}} \geqslant k．$$

因为当 H_0 为真时，有 　　　　　$T = \dfrac{\overline{X} - \mu_0}{S / \sqrt{n}} \sim t(n-1)$．

所以，由　$P\{$拒绝$H_0 \mid H_0$为真$\} = P\{\dfrac{|\overline{X} - \mu_0|}{S / \sqrt{n}} \geqslant k\} = \alpha$．

得 　　　　　　　　　$k = t_{\alpha/2}(n-1)$．　　　　（如图 8.2 所示）

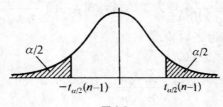

图 8.2

因此，拒绝域为 $|t| = \dfrac{|\bar{x} - \mu_0|}{s/\sqrt{n}} \geqslant t_{\alpha/2}(n-1)$.

例 8.3 根据长期资料分析，钢筋强度服从正态分布. 今测得六炉钢的钢筋强度分别为：48.5，49.0，53.5，49.5，56.0，52.5. 问能否认为其强度的均值为 52.0（$\alpha = 0.05$）？

解 按题意需检验假设

$$H_0 : \mu = 52.0 , \qquad H_1 : \mu \neq 52.0 .$$

取检验统计量 $T = \dfrac{\bar{X} - 52.0}{S/\sqrt{n}}$.

拒绝域为 $|t| = \dfrac{|\bar{x} - \mu_0|}{s/\sqrt{n}} \geqslant t_{\alpha/2}(n-1) = t_{0.025}(5) = 2.57$.

根据题干给出的数据，计算得 $|T|$ 的观察值为 $|t| = |-0.41| = 0.41 < 2.57$.
所以接受原假设 H_0，即认为钢筋的强度的均值为 52.0.

下面对于正态总体 $N(\mu, \sigma^2)$，其中 σ^2 未知时，我们来讨论 μ 的单边检验问题的拒绝域.

设 $X_1, X_2, \cdots, X_n$ 是来自总体 $X \sim N(\mu, \sigma^2)$ 的一个样本，给定显著性水平 α，下面来求右边检验问题 $H_0 : \mu \leqslant \mu_0$，$H_1 : \mu > \mu_0$ 的拒绝域.

因为 H_0 中的所有的 μ 都要比 H_1 中的 μ 小，所以当 H_1 为真时，观察值 $\bar{x}$ 往往偏大，因此，拒绝域的形式为

$$t = \frac{\bar{x} - \mu_0}{s/\sqrt{n}} \geqslant k .$$

因为当 H_0 为真时，$\mu \leqslant \mu_0$，此时有

$$\left\{ \frac{\bar{X} - \mu_0}{S/\sqrt{n}} \geqslant k \right\} \subset \left\{ \frac{\bar{X} - \mu}{S/\sqrt{n}} \geqslant k \right\} .$$

所以有 $P\{拒绝 H_0 \mid H_0 为真\} = P\left\{ \dfrac{\bar{X} - \mu_0}{S/\sqrt{n}} \geqslant k \right\} \leqslant P\left\{ \dfrac{\bar{X} - \mu}{S/\sqrt{n}} \geqslant k \right\}$.

要使 $P\{拒绝 H_0 \mid H_0 为真\} \leqslant \alpha$，只要令 $P\left\{ \dfrac{\bar{X} - \mu}{S/\sqrt{n}} \geqslant k \right\} = \alpha$，

又显然有 $P\left\{ \dfrac{\bar{X} - \mu}{S/\sqrt{n}} \geqslant t_{\alpha}(n-1) \right\} = \alpha$，（如图 8.3 所示）

所以 $k = t_{\alpha}(n-1)$.

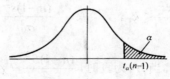

图 8.3

因此，我们得到右边检验问题 $H_0: \mu \leqslant \mu_0$，$H_1: \mu > \mu_0$ 的拒绝域为

$$t = \frac{\overline{x} - \mu_0}{s/\sqrt{n}} \geqslant t_\alpha(n-1).$$

类似，可以得到左边检验问题 $H_0: \mu \geqslant \mu_0$，$H_1: \mu < \mu_0$ 的拒绝域为

$$t = \frac{\overline{x} - \mu_0}{s/\sqrt{n}} \leqslant -t_\alpha(n-1).$$

注：以上三类检验的检验统计量都是 $T = \dfrac{\overline{X} - \mu_0}{S/\sqrt{n}}$.

例 8.4 某种电子元件的寿命 X 服从正态分布，均值和方差都未知，现测得 16 只元件的寿命如下：

$$159 \quad 280 \quad 101 \quad 212 \quad 224 \quad 379 \quad 179 \quad 264$$
$$222 \quad 362 \quad 168 \quad 250 \quad 149 \quad 260 \quad 485 \quad 170.$$

问是否有理由认为该种元件的平均寿命大于 225（h）？（显著性水平为 $\alpha = 0.05$）

解 按题意需检验假设：$H_0: \mu \leqslant \mu_0 = 225$，$H_1: \mu > 225$.
这是右边检验问题，拒绝域为

$$t = \frac{\overline{x} - \mu_0}{s/\sqrt{n}} \geqslant t_\alpha(n-1) = t_{0.05}(15) = 1.7531.$$

又根据题干数据，计算得 $\overline{x} = 241.5$，$s = 98.7259$，

因此 $\qquad t = \dfrac{\overline{x} - \mu_0}{s/\sqrt{n}} = \dfrac{241.5 - 225}{98.7259/\sqrt{16}} = 0.6685 < 1.7531.$

t 的值没有落在拒绝域中，故接受 H_0，即认为元件的平均寿命不大于 225（h）.

8.2.2 单个正态总体方差的假设检验

设总体 $X \sim N(\mu, \sigma^2), \mu, \sigma^2$ 未知，$X_1, X_2, \cdots, X_n$ 是来自总体 X 的样本，给定显著性水平 α，我们来求检验问题 $H_0: \sigma^2 = \sigma_0^2$，$H_1: \sigma^2 \neq \sigma_0^2$ 的拒绝域.

因为 S^2 是 σ^2 的无偏估计，故当 H_0 为真时，样本方差的观察值 s^2 与 σ_0^2 的比值应在 1 附近摆动，不应过分小于 1 或过分大于 1，因此拒绝域的形式是

$$\frac{s^2}{\sigma_0^2} \leqslant k_1^1, \qquad \text{或} \qquad \frac{s^2}{\sigma_0^2} \geqslant k_2^1.$$

显然拒绝域的形式也可写成

$$\frac{(n-1)s^2}{\sigma_0^2} \leqslant k_1, \qquad \text{或} \qquad \frac{(n-1)s^2}{\sigma_0^2} \geqslant k_2$$

由第 6 章的定理 6.3 知，当 H_0 为真时，$\dfrac{(n-1)S^2}{\sigma_0^2} \sim \chi^2(n-1)$. 取 $\chi^2 = \dfrac{(n-1)S^2}{\sigma_0^2}$

作为检验统计量，用它来确定拒绝域，这种检验称为 χ^2 检验.

因为 $P\{拒绝H_0 \mid H_0为真\} = P\left\{\left(\dfrac{(n-1)S^2}{\sigma_0^2} \leqslant k_1\right) \cup \left(\dfrac{(n-1)S^2}{\sigma_0^2} \geqslant k_2\right)\right\} = \alpha$ ，

一般地，为了方便我们取

$$P\left\{\dfrac{(n-1)S^2}{\sigma_0^2} \leqslant k_1\right\} = \dfrac{\alpha}{2} ， \qquad P\left\{\dfrac{(n-1)S^2}{\sigma_0^2} \geqslant k_2\right\} = \dfrac{\alpha}{2} .$$

所以 $\quad k_1 = \chi^2_{1-\alpha/2}(n-1)$ ， $\quad k_2 = \chi^2_{\alpha/2}(n-1)$.（如图 8.4 所示）

因此，拒绝域为

$$\dfrac{(n-1)s^2}{\sigma_0^2} \leqslant \chi^2_{1-\alpha/2}(n-1) \quad 或 \quad \dfrac{(n-1)s^2}{\sigma_0^2} \geqslant \chi^2_{\alpha/2}(n-1) .$$

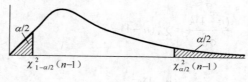

图 8.4

例 8.5 某厂生产的某种型号的电池，其寿命（单位：小时）长期以来服从方差 $\sigma^2 = 5000$ 的正态分布. 现有一批这种电池，从它的生产情况来看，寿命的波动性有所改变，现随机取 30 只电池，测出其寿命的样本方差 $s^2 = 8000$. 根据这一数据能否推断这批电池的寿命的波动性较以往有显著变化（$\alpha = 0.05$）？

解 根据题意，我们要在显著性水平 $\alpha = 0.05$ 下检验假设

$$H_0: \sigma^2 = \sigma_0^2 = 5000 ， \qquad H_1: \sigma^2 \neq \sigma_0^2 = 5000 .$$

检验统计量为 $\qquad\qquad \chi^2 = \dfrac{(n-1)S^2}{\sigma_0^2} .$

拒绝域为 $\qquad \dfrac{(n-1)s^2}{\sigma_0^2} \leqslant \chi^2_{1-\alpha/2}(n-1) = \chi^2_{0.975}(29) = 16.047 ，$

或 $\qquad\qquad \dfrac{(n-1)s^2}{\sigma_0^2} \geqslant \chi^2_{\alpha/2}(n-1) = \chi^2_{0.025}(29) = 45.722$.

由观察值 $s^2 = 8000$ 得 $\chi^2 = \dfrac{(n-1)s^2}{\sigma_0^2} = \dfrac{29 \times 8000}{5000} = 46.4 > 45.722$. χ^2 的值落在拒绝域中，故我们拒绝 H_0，即认为这批电池的寿命的波动性较以往有显著变化.

下面我们来求右边检验问题 $H_0: \sigma^2 \leqslant \sigma_0^2$，$H_1: \sigma^2 > \sigma_0^2$（显著性水平为 α）的拒绝域.

当 H_1 为真时，S^2 的观察值 s^2 往往偏大，因此拒绝域的形式为 $s^2 \geqslant k$，

因为 $\qquad P\{拒绝H_0 \mid H_0为真\} = P\{S^2 \geqslant k\}$

$$= P\left\{\frac{(n-1)S^2}{\sigma_0^2} \geqslant \frac{(n-1)k}{\sigma_0^2}\right\}.$$

当 H_0 为真时，$\sigma^2 \leqslant \sigma_0^2$，于是有

$$\left\{\frac{(n-1)S^2}{\sigma_0^2} \geqslant \frac{(n-1)k}{\sigma_0^2}\right\} \subset \left\{\frac{(n-1)S^2}{\sigma^2} \geqslant \frac{(n-1)k}{\sigma_0^2}\right\}.$$

所以，$P\{拒绝H_0 \mid H_0为真\} = P\left\{\frac{(n-1)S^2}{\sigma_0^2} \geqslant \frac{(n-1)k}{\sigma_0^2}\right\} \leqslant P\left\{\frac{(n-1)S^2}{\sigma^2} \geqslant \frac{(n-1)k}{\sigma_0^2}\right\}.$

要使 $P\{拒绝H_0 \mid H_0为真\} \leqslant \alpha$，只要令 $P\left\{\frac{(n-1)S^2}{\sigma^2} \geqslant \frac{(n-1)k}{\sigma_0^2}\right\} = \alpha$ 即可.

又因为 $\qquad \dfrac{(n-1)S^2}{\sigma^2} \sim \chi^2(n-1)$,

于是 $\qquad \dfrac{(n-1)k}{\sigma_0^2} = \chi_\alpha^2(n-1)$.

因此，拒绝域为

$$\chi^2 = \frac{(n-1)s^2}{\sigma_0^2} \geqslant \chi_\alpha^2(n-1).$$

类似，我们可以得到左边检验问题 $H_0: \sigma^2 \geqslant \sigma_0^2$，$H_1: \sigma^2 < \sigma_0^2$ 的拒绝域为

$$\chi^2 = \frac{(n-1)s^2}{\sigma_0^2} \leqslant \chi_{1-\alpha}^2(n-1).$$

注：以上三类检验的检验统计量都是 $\chi^2 = \dfrac{(n-1)S^2}{\sigma_0^2}$.

8.3 两个正态总体均值和方差的假设检验

8.3.1 两个正态总体均值差的假设检验

在实际中我们常常遇到的问题是：来自两个正态总体的样本均值是否有差异？因此我们需检验两个正态总体的样本均值差是否是某个常数.

（1）设 $X_1, X_2, \cdots, X_{n_1}$ 是来自正态总体 $N(\mu_1, \sigma_1^2)$ 的样本，$Y_1, Y_2, \cdots, Y_{n_2}$ 是来自正态总体 $N(\mu_2, \sigma_2^2)$ 的样本，且设两样本独立，σ_1^2, σ_2^2 已知，取显著性水平为 α.

我们来求检验问题 $H_0: \mu_1 - \mu_2 = \delta$，$H_1: \mu_1 - \mu_2 \neq \delta$ 的拒绝域.

显然，由两样本独立可知 $\overline{X}$ 与 $\overline{Y}$ 相互独立，且 $\overline{X} \sim N(\mu_1, \sigma_1^2/n_1)$，

$\overline{Y} \sim N(\mu_2, \sigma_2^2/n_2)$，所以 $\overline{X} - \overline{Y} \sim N\left(\mu_1 - \mu_2, \dfrac{\sigma_1^2}{n_1} + \dfrac{\sigma_2^2}{n_2}\right)$，

即

$$\frac{\overline{X} - \overline{Y} - (\mu_1 - \mu_2)}{\sqrt{\dfrac{\sigma_1^2}{n_1} + \dfrac{\sigma_2^2}{n_2}}} \sim N(0,1).$$

当 H_0 为真时，$\mu_1 - \mu_2 = \delta$，取检验统计量为 $Z = \dfrac{\overline{X} - \overline{Y} - \delta}{\sqrt{\dfrac{\sigma_1^2}{n_1} + \dfrac{\sigma_2^2}{n_2}}}$，

拒绝域的形式为

$$\frac{\overline{x} - \overline{y} - \delta}{\sqrt{\dfrac{\sigma_1^2}{n_1} + \dfrac{\sigma_2^2}{n_2}}} \geqslant k.$$

由 $P\{拒绝H_0 \mid H_0为真\} = P\left\{ \dfrac{\left| \overline{X} - \overline{Y} - \delta \right|}{\sqrt{\dfrac{\sigma_1^2}{n_1} + \dfrac{\sigma_2^2}{n_2}}} \geqslant k \right\} = \alpha$，得 $k = z_{\alpha/2}$，

因此，拒绝域为

$$|z| = \frac{\left| \overline{x} - \overline{y} - \delta \right|}{\sqrt{\dfrac{\sigma_1^2}{n_1} + \dfrac{\sigma_2^2}{n_2}}} \geqslant z_{\alpha/2}.$$

（2）设 $X_1, X_2, \cdots, X_{n_1}$ 是来自正态总体 $N(\mu_1, \sigma^2)$ 的样本，$Y_1, Y_2, \cdots, Y_{n_2}$ 是来自正态总体 $N(\mu_2, \sigma^2)$ 的样本，两总体的方差都是 σ^2 但未知，且设两样本独立.

我们来求检验问题 $H_0 : \mu_1 - \mu_2 = \delta$，$H_1 : \mu_1 - \mu_2 \neq \delta$ 的拒绝域.

根据第 6 章的定理 6.5，我们知道随机变量 $\dfrac{\overline{X} - \overline{Y} - (\mu_1 - \mu_2)}{s_w \sqrt{\dfrac{1}{n_1} + \dfrac{1}{n_2}}} \sim t(n_1 + n_2 - 2)$

当 H_0 为真时，$\mu_1 - \mu_2 = \delta$，取检验统计量为 $T = \dfrac{\overline{X} - \overline{Y} - \delta}{s_w \sqrt{\dfrac{1}{n_1} + \dfrac{1}{n_2}}} \sim t(n_1 + n_2 - 2)$，

其中 $S_w^2 = \dfrac{(n_1 - 1)S_1^2 + (n_2 - 1)S_2^2}{n_1 + n_2 - 2}$，$S_w = \sqrt{S_w^2}$

拒绝域的形式为

$$t = \frac{\left| \overline{x} - \overline{y} - \delta \right|}{s_w \sqrt{\dfrac{1}{n_1} + \dfrac{1}{n_2}}} \geqslant k.$$

由

$$P\{拒绝H_0 \mid H_0为真\} = P\left\{ \frac{\left| \overline{X} - \overline{Y} - \delta \right|}{s_w \sqrt{\dfrac{1}{n_1} + \dfrac{1}{n_2}}} \geqslant k \right\} = \alpha,$$

可得 $\qquad k = t_{\alpha/2}(n_1 + n_2 - 2)$ ，

因此，拒绝域为 $\qquad |t| = \dfrac{\left|\overline{x} - \overline{y} - \delta\right|}{s_w\sqrt{\dfrac{1}{n_1} + \dfrac{1}{n_2}}} \geq t_{\alpha/2}(n_1 + n_2 - 2)$ ．

在实际工作中，我们往往需要检验两个总体的均值是否相等，也就是 $\delta = 0$ 的情况．

例8.6 对用两种不同热处理加工的金属材料做抗拉强度试验，得到数据如下：

方法 1   31，34，29，26，32，35，38，34，30，29，32，31；

方法 2   26，24，28，29，30，29，32，26，31，29，32，28．

设两种热处理加工的金属材料抗拉强度都服从正态分布，且方差相等．比较两种方法所得金属材料的平均抗拉强度有无显著差异？（取 $\alpha = 0.05$）

解 记两总体的正态分布为 $X \sim N(\mu_1, \sigma^2)$ ，$Y \sim N(\mu_2, \sigma^2)$ ，

按题意需检验假设：$H_0 : \mu_1 - \mu_2 = 0$ ，$H_1 : \mu_1 - \mu_2 \neq 0$ ．

检验统计量为 $\qquad T = \dfrac{\overline{X} - \overline{Y}}{s_w\sqrt{\dfrac{1}{n_1} + \dfrac{1}{n_2}}}$ ，

拒绝域为 $\qquad |t| = \dfrac{\left|\overline{x} - \overline{y}\right|}{s_w\sqrt{\dfrac{1}{n_1} + \dfrac{1}{n_2}}} \geq t_{\alpha/2}(n_1 + n_2 - 2) = t_{0.025}(22) = 2.074$ ．

根据题干数据计算得：

$$\overline{x} = 31.75, \quad \overline{y} = 28.67, \quad (n_1 - 1)s_1^2 = 112.25, \quad (n_2 - 1)s_2^2 = 66.64, \quad s_w = 2.85 .$$

$$|t| = \frac{\left|\overline{x} - \overline{y}\right|}{s_w\sqrt{\dfrac{1}{n_1} + \dfrac{1}{n_2}}} = \frac{31.75 - 28.67}{2.85\sqrt{1/6}} = 2.647 > 2.074 .$$

因为 t 的值落在拒绝域中，故拒绝 H_0 ，即认为两种方法所得金属材料的平均抗拉强度有显著差异．

应该指出：在实际工作中，我们往往得到的是来自两个正态总体的两组数据，要检验两个正态总体的均值是否相等．这时我们必须先检验这两个总体的方差是否相等．如果方差相等，则我们可以用检验两个正态总体的均值是否相等的方法来检验；如果方差不等，也就是出现异方差性，怎么办？克服异方差性的方法很多，最直接的办法是增加样本容量．当容量大于 45 以后，我们可以用 s_1^2 近似代替 σ_1^2 ，用 s_2^2 近似代替 σ_2^2 ，问题就转化为 σ_1^2, σ_2^2 已知的情况．

关于两个正态总体均值差的单边检验的拒绝域的求法，类似于前面关于单个正态总体的单边检验的拒绝域的求法，我们不再一一推导．具体结果见表 8.1．

8.3.2 两个正态总体方差的假设检验

下面我们来讨论两个正态总体方差的假设检验问题. 设 $X_1, X_2, \cdots, X_{n_1}$ 是来自正态总体 $N(\mu_1, \sigma_1^2)$ 的样本, $Y_1, Y_2, \cdots, Y_{n_2}$ 是来自正态总体 $N(\mu_2, \sigma_2^2)$ 的样本, 且两个样本相互独立, S_1^2, S_2^2 分别是正态总体 $N(\mu_1, \sigma_1^2)$ 和 $N(\mu_2, \sigma_2^2)$ 的样本方差, 且设 $\mu_1, \sigma_1^2, \mu_2, \sigma_2^2$ 都未知, 现在要检验假设 (显著性水平为 α)

$$H_0: \sigma_1^2 = \sigma_2^2, \quad H_1: \sigma_1^2 \neq \sigma_2^2.$$

因 S_1^2 是 σ_1^2 的无偏估计, S_2^2 是 σ_2^2 的无偏估计, 故当 H_0 为真时, 样本方差的观察值 s_1^2 与 s_2^2 的比值应在 1 附近摆动, 不应过分大于 1 或过分小于 1, 于是拒绝域的形式应是 $\dfrac{s_1^2}{s_2^2} \leqslant k_1$ 或 $\dfrac{s_1^2}{s_2^2} \geqslant k_2$.

由第 6 章的定理 6.6 知, 当 H_0 为真时, $\sigma_1^2 = \sigma_2^2$, 所以 $\dfrac{S_1^2}{S_2^2} \sim F(n_1 - 1, n_2 - 1)$. 取 $\dfrac{S_1^2}{S_2^2}$ 为检验统计量, 用它来确定拒绝域, 这种检验称为 F 检验.

根据 $P\{拒绝 H_0 \mid H_0 为真\} = P\left\{ \left(\dfrac{S_1^2}{S_2^2} \leqslant k_1 \right) \bigcup \left(\dfrac{S_1^2}{S_2^2} \geqslant k_2 \right) \right\} = \alpha$,

一般地取 $P\{\dfrac{S_1^2}{S_2^2} \leqslant k_1\} = \dfrac{\alpha}{2}$, $P\{\dfrac{S_1^2}{S_2^2} \geqslant k_2\} = \dfrac{\alpha}{2}$.

所以 $k_1 = F_{1-\alpha/2}(n_1 - 1, n_2 - 1)$, $k_2 = F_{\alpha/2}(n_1 - 1, n_2 - 1)$.

因此, 拒绝域为 $\dfrac{s_1^2}{s_2^2} \leqslant F_{1-\alpha/2}(n_1 - 1, n_2 - 1)$ 或 $\dfrac{s_1^2}{s_2^2} \geqslant F_{\alpha/2}(n_1 - 1, n_2 - 1)$.

例 8.7   两台机床加工同一种零件, 分别取 6 个和 9 个零件测量其长度, 计算得 $s_1^2 = 0.345$, $s_2^2 = 0.357$, 假设零件长度服从正态分布, 问: 是否认为两台机床加工的零件长度的方差无显著差异? (取 $\alpha = 0.05$)

解   此问题的原假设为 $H_0: \sigma_1^2 = \sigma_2^2$, 备择假设为 $H_1: \sigma_1^2 \neq \sigma_2^2$.

选择检验统计量 $F = \dfrac{S_1^2}{S_2^2} \sim F(5, 8)$,

拒绝域为

$$\frac{s_1^2}{s_2^2} \leqslant F_{1-\alpha/2}(n_1 - 1, n_2 - 1) = F_{0.975}(5, 8) = \frac{1}{F_{0.025}(8, 5)} = 0.1479,$$

或 $\dfrac{s_1^2}{s_2^2} \geqslant F_{\alpha/2}(n_1 - 1, n_2 - 1) = F_{0.05}(5, 8) = 4.82$.

根据题干数据得 $F = \dfrac{s_1^2}{s_2^2} = \dfrac{0.345}{0.357} = 0.9664$, 该值没有落在拒绝域内, 所以接受 H_0,

即认为两台机床加工的零件长度的方差无显著差异.

下面我们来求两个正态总体方差右边检验问题 $H_0 : \sigma_1^2 \leqslant \sigma_2^2$, $H_1 : \sigma_1^2 > \sigma_2^2$（显著性水平为 α）的拒绝域.

因为 S_1^2 是 σ_1^2 的无偏估计，S_2^2 是 σ_2^2 的无偏估计，当 H_0 为真时，$E(S_1^2) = \sigma_1^2 \leqslant \sigma_2^2 = E(S_2^2)$；当 H_1 为真时，$E(S_1^2) = \sigma_1^2 > \sigma_2^2 = E(S_2^2)$. 因此，当 H_1 为真时，比值 $\dfrac{S_1^2}{S_2^2}$ 有偏大的趋势，故拒绝域的形式为 $\dfrac{S_1^2}{S_2^2} \geqslant k$. 下面我们来求常数 k.

当 H_0 为真时，$\sigma_1^2 \leqslant \sigma_2^2$，所以有 $\left\{\dfrac{S_1^2}{S_2^2} \geqslant k\right\} \subset \left\{\dfrac{S_1^2}{S_2^2} \Big/ \dfrac{\sigma_1^2}{\sigma_2^2} \geqslant k\right\}$.

因此，$P\{$拒绝$H_0 \mid H_0$为真$\} = P\left\{\dfrac{S_1^2}{S_2^2} \geqslant k\right\} \leqslant P\left\{\dfrac{S_1^2}{S_2^2} \Big/ \dfrac{\sigma_1^2}{\sigma_2^2} \geqslant k\right\}$.

于是，要使 $P($拒绝$H_0 \mid H_0$为真$) \leqslant \alpha$，只要令 $P\left\{\dfrac{S_1^2}{S_2^2} \Big/ \dfrac{\sigma_1^2}{\sigma_2^2} \geqslant k\right\} = \alpha$ 即可.

由第 6 章的定理 6.6 知：$\dfrac{S_1^2}{S_2^2} \Big/ \dfrac{\sigma_1^2}{\sigma_2^2} \sim F(n_1 - 1, n_2 - 1)$，

所以 $k = F_\alpha(n_1 - 1, n_2 - 1)$.

因此右边检验问题 $H_0 : \sigma_1^2 \leqslant \sigma_2^2$, $H_1 : \sigma_1^2 > \sigma_2^2$ 的拒绝域为

$$\frac{s_1^2}{s_2^2} \geqslant F_\alpha(n_1 - 1, n_2 - 1).$$

类似，我们可以得到左边检验问题 $H_0 : \sigma_1^2 \geqslant \sigma_2^2$, $H_1 : \sigma_1^2 < \sigma_2^2$ 的拒绝域为

$$\frac{s_1^2}{s_2^2} \leqslant F_{1-\alpha}(n_1 - 1, n_2 - 1).$$

注：以上三类检验的检验统计量都是 $F = \dfrac{S_1^2}{S_2^2}$.

例 8.8 研究由甲车床和乙车床生产的钢管的内径，随机抽取甲车床生产的管子 13 只，测得样本方差 $s_1^2 = 0.085(\text{mm}^2)$；随机抽取乙车床生产的管子 18 只，测得样本方差 $s_2^2 = 0.030(\text{mm}^2)$. 设两样本相互独立，且分别服从正态分布 $N(\mu_1, \sigma_1^2)$，$N(\mu_2, \sigma_2^2)$，这里 $\mu_1, \sigma_1^2, \mu_2, \sigma_2^2$ 未知. 能否判定工作时乙车床比甲车床更稳定？（取 $\alpha = 0.1$）

解 由题意我们需检验假设

$$H_0 : \sigma_1^2 \leqslant \sigma_2^2, \quad H_1 : \sigma_1^2 > \sigma_2^2.$$

选择检验统计量 $F = \dfrac{S_1^2}{S_2^2}$，

拒绝域为 $\dfrac{s_1^2}{s_2^2} \geqslant F_\alpha(n_1 - 1, n_2 - 1) = F_{0.1}(12, 17) = 1.96$.

根据题干数据得 $F = \dfrac{s_1^2}{s_2^2} = \dfrac{0.085}{0.030} = 2.83 > 1.96$，$\dfrac{s_1^2}{s_2^2}$ 落在拒绝域内，所以拒绝 H_0，接受 H_1，即认为工作时乙车床比甲车床更稳定.

下面我们把正态总体均值和方差的假设检验的几种情况列表如下：

表 8.1　　　关于正态总体均值和方差的假设检验（显著性水平为 α）

		原假设 H_0 和备择假设 H_1	检验统计量	拒绝域
1	σ^2 已知	$H_0 : \mu = \mu_0,\quad H_1 : \mu \neq \mu_0$ $H_0 : \mu \leqslant \mu_0,\quad H_1 : \mu > \mu_0$ $H_0 : \mu \geqslant \mu_0,\quad H_1 : \mu < \mu_0$	$Z = \dfrac{\overline{X} - \mu_0}{\sigma / \sqrt{n}}$	$\lvert z \rvert \geqslant z_{\alpha/2}$ $z \geqslant z_\alpha$ $z \leqslant -z_\alpha$
2	σ^2 未知	$H_0 : \mu = \mu_0,\quad H_1 : \mu \neq \mu_0$ $H_0 : \mu \leqslant \mu_0,\quad H_1 : \mu > \mu_0$ $H_0 : \mu \geqslant \mu_0,\quad H_1 : \mu < \mu_0$	$T = \dfrac{\overline{X} - \mu_0}{S / \sqrt{n}}$	$\lvert t \rvert \geqslant t_{\alpha/2}(n-1)$ $t \geqslant t_\alpha(n-1)$ $t \leqslant -t_\alpha(n-1)$
3	σ_1^2, σ_2^2 已知	$H_0 : \mu_1 - \mu_2 = \delta,\quad H_1 : \mu_1 - \mu_2 \neq \delta$ $H_0 : \mu_1 - \mu_2 \leqslant \delta,\quad H_1 : \mu_1 - \mu_2 > \delta$ $H_0 : \mu_1 - \mu_2 \geqslant \delta,\quad H_1 : \mu_1 - \mu_2 < \delta$	$Z = \dfrac{\overline{X} - \overline{Y} - \delta}{\sqrt{\dfrac{\sigma_1^2}{n_1} + \dfrac{\sigma_2^2}{n_2}}}$	$\lvert z \rvert \geqslant z_{\alpha/2}$ $z \geqslant z_\alpha$ $z \leqslant -z_\alpha$
4	σ_1^2, σ_2^2 未知，但 $\sigma_1^2 = \sigma_2^2$	$H_0 : \mu_1 - \mu_2 = \delta,\quad H_1 : \mu_1 - \mu_2 \neq \delta$ $H_0 : \mu_1 - \mu_2 \leqslant \delta,\quad H_1 : \mu_1 - \mu_2 > \delta$ $H_0 : \mu_1 - \mu_2 \geqslant \delta,\quad H_1 : \mu_1 - \mu_2 < \delta$	$T = \dfrac{\overline{X} - \overline{Y} - \delta}{s_w \sqrt{\dfrac{1}{n_1} + \dfrac{1}{n_2}}}$	$\lvert t \rvert \geqslant t_{\alpha/2}(n_1 + n_2 - 2)$ $t \geqslant t_\alpha(n_1 + n_2 - 2)$ $t \leqslant -t_\alpha(n_1 + n_2 - 2)$
5	μ 未知	$H_0 : \sigma^2 = \sigma_0^2,\quad H_1 : \sigma^2 \neq \sigma_0^2$ $H_0 : \sigma^2 \leqslant \sigma_0^2,\quad H_1 : \sigma^2 > \sigma_0^2$ $H_0 : \sigma^2 \geqslant \sigma_0^2,\quad H_1 : \sigma^2 < \sigma_0^2$	$\chi^2 = \dfrac{(n-1)S^2}{\sigma_0^2}$	$\chi^2 \geqslant \chi_{\alpha/2}^2(n-1)$ 或 $\chi^2 \leqslant \chi_{1-\alpha/2}^2(n-1)$ $\chi^2 \geqslant \chi_\alpha^2(n-1)$ $\chi^2 \leqslant \chi_{1-\alpha}^2(n-1)$
6	μ_1, μ_2 未知	$H_0 : \sigma_1^2 = \sigma_2^2,\quad H_1 : \sigma_1^2 \neq \sigma_2^2$ $H_0 : \sigma_1^2 \leqslant \sigma_2^2,\quad H_1 : \sigma_1^2 > \sigma_2^2$ $H_0 : \sigma_1^2 \geqslant \sigma_2^2,\quad H_1 : \sigma_1^2 < \sigma_2^2$	$F = \dfrac{S_1^2}{S_2^2}$	$\dfrac{s_1^2}{s_2^2} \geqslant F_{\alpha/2}(n_1-1, n_2-1)$ 或 $\dfrac{s_1^2}{s_2^2} \leqslant F_{1-\alpha/2}(n_1-1, n_2-1)$ $\dfrac{s_1^2}{s_2^2} \geqslant F_\alpha(n_1-1, n_2-1)$ $\dfrac{s_1^2}{s_2^2} \leqslant F_{1-\alpha}(n_1-1, n_2-1)$

8.4　非参数假设检验

前 3 节我们讨论了参数的假设检验问题，在假设总体分布的形式是已知的情况下，所检验的是未知参数，而在许多实际问题中，总体分布是未知的. 对总体分布所作的检验称为非参数的假设检验. 下面我们将讨论两种重要的非参数假设检验问题.

8.4.1 χ^2 拟合优度检验

在总体分布未知时，我们的任务是根据样本来检验关于总体分布的假设. 如

H_0：总体服从泊松分布，

H_1：总体不服从泊松分布.

我们先假设总体中不含未知参数，将随机变量可能的取值范围分成 k 个两两不相交的区间，以 f_i 表示样本观察值落在第 i 个区间内的个数，则 f_i/n 表示频率. 另一方面，在 H_0 成立的条件下，我们可以求出随机变量落在第 i 个区间内的概率 p_i. 频率 f_i/n 与概率 p_i 会有差异. 但在 H_0 为真时，当试验次数增加，这种差异不应太大，因此，$(f_i/n - p_i)^2$ 也不应太大. 我们用统计量 $\chi^2 = \sum\limits_{i=1}^{k} k_i (\frac{f_i}{n} - p_i)^2$ 来衡量样本与 H_0 中所假设的分布的吻合程度.

统计学家皮尔逊证明了如果取 $k_i = \dfrac{n}{p_i}, i = 1, 2, \cdots, k$，则 $\chi^2 = \sum\limits_{i=1}^{k} \dfrac{n}{p_i} (\frac{f_i}{n} - p_i)^2$ 近似服从 χ^2 分布.

当 H_0 中所假设的分布函数中包含未知参数时，需要先利用样本求出未知参数的最大似然估计，以估计值作为参数值，然后根据 H_0 中所假设的分布函数，求出 p_i 的估计值，用 $\hat{p}_i$ 代替 p_i，取 $\chi^2 = \sum\limits_{i=1}^{k} \dfrac{n}{\hat{p}_i} (\frac{f_i}{n} - \hat{p}_i)^2 = \sum\limits_{i=1}^{k} \dfrac{(f_i - n\hat{p}_i)^2}{n\hat{p}_i}$ 作为检验统计量.

皮尔逊证明了如下的定理：

定理 8.1 若 n 充分大，（$n \geqslant 50$），则当 H_0 为真时，统计量 $\chi^2 = \sum\limits_{i=1}^{k} \dfrac{(f_i - np_i)^2}{np_i} \overset{近似}{\sim} \chi^2(k-1)$，而统计量 $\chi^2 = \sum\limits_{i=1}^{k} \dfrac{(f_i - n\hat{p}_i)^2}{n\hat{p}_i} \overset{近似}{\sim} \chi^2(k-r-1)$，其中 r 是被估计的参数的个数.

根据上面的讨论，当 H_0 为真时，统计量 χ^2 的观察值不应太大，因此在显著性水平 α 下，H_0 的拒绝域为

$$\chi^2 \geqslant \chi_\alpha^2(k-r-1).$$

这就是拟合优度检验，即皮尔逊检验法. 皮尔逊检验法在使用时必须注意两点：一是 n 要足够大，二是每个 $n\hat{p}_i$ 要满足 $n\hat{p}_i \geqslant 5$，否则应合并组，以满足这一要求.

例 8.9 自 1965 年 1 月 1 日至 1971 年 2 月 9 日共 2231 天中，全世界记录到震级 4 级及以上的地震共计 162 次，统计如下.

相继两次地震间隔天数	0～4	5～9	10～14	15～19	20～24	25～29	30～34	35～39	40以上
出现的频数	50	31	26	17	10	8	6	6	8

试检验相继两次地震间隔的天数是否服从指数分布（$\alpha = 0.05$）.

解 按题意需检验假设

$$H_0: f(x) = f_0(x) = \begin{cases} \dfrac{1}{\theta}e^{-\frac{x}{\theta}}, & x>0, \\ 0, & x \leqslant 0. \end{cases} \qquad H_1: f(x) \neq f_0(x).$$

因 θ 未知，用最大似然估计得到 θ 的估计值为 $\hat{\theta} = \overline{X} = \dfrac{2231}{162} = 13.7716$.

我们先把区间 $[0,+\infty)$ 分为 9 个互不重叠的小区间，

$$A_1 = [0,4.5), A_2 = [4.5,9.5), \cdots, A_9 = [39.5,\infty),$$

若 H_0 为真，X 的分布函数的估计为

$$\hat{F}(x) = \begin{cases} 1 - e^{-\frac{x}{13.7716}}, & x>0, \\ 0, & \text{其他.} \end{cases}$$

由此可以得到概率的估计值 $\hat{p}_i = P(A_i) = P(a_i \leqslant X < a_{i+1})$.

我们将计算结果列表如下：

A_i	f_i	$\hat{p}_i$	$n\hat{p}_i$	$(f_i - n\hat{p}_i)^2 / n\hat{p}_i$
$A_1: 0 \leqslant x < 4.5$	50	0.2788	45.1656	0.5175
$A_2: 4.5 \leqslant x < 9.5$	31	0.2196	35.5752	0.5884
$A_3: 9.5 \leqslant x < 14.5$	26	0.1527	24.7374	0.0644
$A_4: 14.5 \leqslant x < 19.5$	17	0.1062	17.2044	0.0024
$A_5: 19.5 \leqslant x < 24.5$	10	0.0739	11.9718	0.3248
$A_6: 24.5 \leqslant x < 29.5$	8	0.0514	8.3268	0.0126
$A_7: 29.5 \leqslant x < 34.5$	6	0.0358	5.7996	0.0069
$A_8: 34.5 \leqslant x < 39.5$	6	0.0248	4.0176 ⎱13.2192	0.0461
$A_9: 39.5 \leqslant x < \infty$	8	0.0568	9.2016 ⎰	

其中 $k=8, r=1, \alpha=0.05, \chi_\alpha^2(k-r-1) = \chi_{0.05}^2(6) = 12.592$，

由于 $\chi^2 = 1.5633 < 12.592 = \chi_{0.05}^2(6)$，

故在显著性水平 $\alpha = 0.05$ 下接受 H_0，认为总体服从指数分布.

8.4.2 偏度和峰度检验

根据中心极限定理，当 n 充分大时，n 个相互独立的随机变量的和近似服从正态分布，因此，当研究一连续总体时，人们往往先考虑是否服从正态分布. 上

面介绍的皮尔逊检验法虽然是检验总体分布的一般方法，但用它来检验正态总体时，犯第 II 类错误的概率往往较大，而根据统计学家的研究，认为下面介绍的偏度和峰度检验法较好地解决了这个问题．这种检验法的理论根据是正态分布曲线是对称的，且陡缓适当，为此，我们引进偏度和峰度的定义．标准化的随机变量 X 的三阶矩和四阶矩分别称为随机变量 X 的偏度和峰度．

即

$$\xi = E[\frac{X - E(X)}{\sqrt{D(X)}}]^3 = \frac{E[X - E(X)]^3}{[D(X)]^{3/2}} \text{ 称为偏度（skewness），}$$

$$\eta = E[\frac{X - E(X)}{\sqrt{D(X)}}]^4 = \frac{E[X - E(X)]^4}{[D(X)]^2} \text{ 称为峰度（kurtosis）.}$$

当随机变量 X 服从正态分布时，$\xi = 0, \eta = 3$．

ξ, η 的矩估计量分别为 $G_1 = B_3 / B_2^{3/2}$，$G_2 = B_4 / B_2^2$，分别称为样本偏度和样本峰度．

当总体服从正态分布时，已经证明了当 n 充分大时，近似地有

$$G_1 \sim N(0, \frac{6(n-2)}{(n+1)(n+3)}),$$

$$G_2 \sim N(3 - \frac{6}{n+1}, \frac{24(n-2)(n-3)}{(n+1)^2(n+3)(n+5)}).$$

因此，当 n 充分大时 G_1 与 $\xi = 0$ 的偏离不应太大，G_2 与 $\eta = 3$ 的偏离不应太大．

所以，对于原假设 $H_0 : X$ 服从正态分布，它的拒绝域的形式为

$$|g_1| \geqslant k_1 \text{ 或 } |g_2 - 3 + \frac{6}{n+1}| \geqslant k_2,$$

其中 g_1, g_2 分别是 G_1, G_2 的观察值．

取显著性水平为 α，由 $P\{|G_1| \geqslant k_1\} = \frac{\alpha}{2}$ 可得，$k_1 = z_{\alpha/4}\sqrt{\frac{6(n-2)}{(n+1)(n+3)}}$；

由 $P\{|G_2 - 3 + \frac{6}{n+1}| \geqslant k_2\} = \frac{\alpha}{2}$ 可得，$k_2 = z_{\alpha/4}\sqrt{\frac{24(n-2)(n-3)}{(n+1)^2(n+3)(n+5)}}$．

例 8.10 试用偏度、峰度检验法检验下列数据是否来自正态总体（取 $\alpha = 0.1$）．

141	148	132	138	154	142	150	146	155	158
150	140	147	148	144	150	149	145	149	158
143	141	144	144	126	140	144	142	141	140
145	135	147	146	141	136	140	146	142	137
148	154	137	139	143	140	131	143	141	149
148	135	148	152	143	144	141	143	147	146
150	132	142	142	143	153	149	146	149	138

142　149　142　137　134　144　146　147　140　142
140　137　152　145.

解　按题意需检验假设：H_0：总体服从正态分布；H_1：总体不服从正态分布.

现在　　$\alpha = 0.1$, $n = 84$, $\sigma_1 = \sqrt{\dfrac{6(n-2)}{(n+1)(n+3)}} = 0.2579$,

$$\sigma_2 = \sqrt{\frac{24(n-2)(n-3)}{(n+1)^2(n+3)(n+5)}} = 0.4892, \quad \mu_2 = 3 - \frac{6}{n+1} = 2.9294,$$

$$A_1 = 143.7738, \quad A_2 = 20726.13, \quad A_3 = 2987099, \quad A_4 = 4.316426 \times 10^8,$$

$$B_2 = A_2 - A_1^2 = 35.2246, \quad B_3 = A_3 - 3A_1A_2 + 2A_1^3 = -28.5,$$

$$B_4 = A_4 - 4A_1A_3 + 6A_2A_1^2 - 3A_1^4 = 3840,$$

$$g_1 = -0.1363, \quad g_2 = 3.0948.$$

而 $z_{\alpha/4} = z_{0.025} = 1.96$,

拒绝域为：$|g_1/\sigma_1| \geqslant z_{\alpha/4}$；$|(g_2 - \mu_2)/\sigma_2| \geqslant z_{\alpha/4}$,

而　　　　　　　　$|g_1/\sigma_1| = 0.5285 < 1.96$, $|(g_2 - \mu_2)/\sigma_2| = 0.3381 < 1.96$.

故接受 H_0，认为数据来自正态总体.

上面的检验法称为偏度、峰度检验法. 使用时以样本容量大于 100 为宜.

习 题 八

1. 某批矿砂的 5 个样品的镍含量，经测定为（%）

　　　　　　3.25　3.27　3.24　3.26　3.24.

设测定值总体服从正态分布，但参数均未知. 问在 $\alpha = 0.01$ 下能否接受假设：这批矿砂的镍含量的均值为 3.25.

2. 要求一种元件平均使用寿命不得低于 1000h，生产者从一批这种元件中随机地抽取 25 件，测得其寿命的平均值为 950h. 已知该种元件寿命服从标准差为 $\sigma = 100\,\mathrm{h}$ 的正态分布. 试在显著性水平 $\alpha = 0.05$ 下判定这批元件是否合格？设总体均值 μ，μ 未知，即需检验假设：$H_0 : \mu \geqslant 1000$, $H_1 : \mu < 1000$.

3. 下表分别给出两个文学家马克•吐温的 8 篇小品文以及斯诺特格拉斯的 10 篇小品文中由 3 个字母组成的单字的比例.

| 马克•吐温 | 0.225 | 0.262 | 0.217 | 0.240 | 0.230 | 0.229 | 0.235 | 0.217 | |
| 斯诺特格拉斯 | 0.209 | 0.205 | 0.196 | 0.210 | 0.202 | 0.207 | 0.224 | 0.223 | 0.220 0.201 |

设两组数据分别来自正态总体，且两总体方差相等，但参数未知. 两样本相互独立. 问两个作家所写的小品文中包含由 3 个字母组成的单字的比例是否有显著的差异（$\alpha = 0.05$）？

4. 在 20 世纪 70 年代后期人们发现，在酿造啤酒时，麦芽干燥过程中会形成致癌物质亚硝基二甲胺（NDMA）. 到了 20 世纪 80 年代初期开发了一种新的麦芽干燥过程. 下面给出分别在新老两种过程中形成的 NDMA 含量（以 10 亿份中的份数计）.

老过程	6	4	5	5	6	5	5	6	4	6	7	4
新过程	2	1	2	2	1	0	3	2	1	0	1	3

设两样本独立且分别来自方差相等的正态总体，但参数未知.分别以 μ_1, μ_2 记对应于老、新过程的总体的均值.

试检验假设 $H_0 : \mu_1 - \mu_2 \leqslant 2$, $H_1 : \mu_1 - \mu_2 > 2$（取 $\alpha = 0.05$）.

5. 随机地选取 8 个人，分别测量了他们在早晨起床时和晚上就寝时的身高（cm），得到以下的数据.

序号	1	2	3	4	5	6	7	8
早晨(x_i)	172	168	180	181	160	163	165	177
晚上(y_i)	172	167	177	179	159	161	166	175

设各对数据的差 D_i 是来自正态总体 $N(\mu_D, \sigma_D^2)$ 的样本，μ_D, σ_D^2 均未知. 问在 $\alpha = 0.05$ 下能否可以认为早晨的身高比晚上的身高要高？

6. 某厂使用两种不同的原料 A, B 生产同一类型产品. 各在一周的产品中取样进行分析比较. 取使用原料 A 生产的样品 220 件，测得平均重量为 2.46（kg），样本方差 $s = 0.57$（kg）. 取使用原料 B 生产的样品 205 件，测得平均重量为 2.55（kg），样本方差 $s = 0.48$（kg）. 设这两个样本独立且分别来自正态总体 $N(\mu_A, \sigma_A^2)$ 和 $N(\mu_B, \sigma_B^2)$，问在水平 $\alpha = 0.05$ 下能否认为使用原料 B 生产的产品平均重量较使用原料 A 生产的为大？

7. 某种导线，要求其电阻的标准差不得超过 0.005（Ω）. 今在生产的一批导线中取样品 9 根，测得 $s = 0.007$（Ω）. 总体为正态分布，参数均为未知. 问在水平 $\alpha = 0.05$ 下能否认为这批导线的标准差显著地偏大？

8. 测得两批电子器件的样品的电阻（Ω）为

A批(x)	0.140	0.138	0.143	0.143	0.144	0.137
B批(y)	0.135	0.140	0.142	0.136	0.138	0.140

设这两批器件的电阻值总体分别服从正态分布 $N(\mu_1, \sigma_1^2)$ 和 $N(\mu_2, \sigma_2^2)$，$\mu_1, \mu_2, \sigma_1^2, \sigma_2^2$ 均为未知，且两样本独立.

（1）试在水平 $\alpha = 0.05$ 下检验假设 $H_0 : \sigma_1^2 = \sigma_2^2$, $H_1 : \sigma_1^2 \neq \sigma_2^2$.

（2）试在水平 $\alpha = 0.05$ 下检验假设 $H_0' : \mu_1 = \mu_2$, $H_1' : \mu_1 \neq \mu_2$.

9. 如果一个矩形的宽度 w 与长度 l 的长度比 $\dfrac{w}{l} = \dfrac{1}{2}(\sqrt{5} - 1) \approx 0.618$，这样的矩形称为黄金矩形. 这种尺寸的矩形使人们看上去有良好的感觉. 现代的建筑构件（如窗架）、工艺品（如图片镜框），甚至司机的驾照、商业的信用卡等常常都是采用黄金矩形. 下面列出某工艺品工厂随机取的 20 个矩形的宽度与长度的比值.

0.693　0.749　0.654　0.670　0.662　0.672　0.615　0.606　0.690
0.628　0.668　0.611　0.606　0.609　0.601　0.553　0.570　0.844
0.576　0.933

设这一工厂生产的矩形的宽度与长度的比值服从正态分布，其均值为 μ，方差为 σ^2，μ,σ^2 均未知. 试检验假设（取 $\alpha = 0.05$）

（1）H_0: $\mu = 0.618$，H_1: $\mu \neq 0.618$.

（2）$H_0 : \sigma^2 = 0.11^2$，$H_1 : \sigma^2 \neq 0.11^2$.

10. 有两台机器生产金属部件. 分别在两台机器所生产的部件中各取一容量为 $n_1 = 60, n_2 = 40$ 的样本，测得部件重量（以 kg 计）的样本方差分别为 $s_1^2 = 15.46, s_2^2 = 9.66$. 设两样本独立. 两总体分别服从正态分布 $N(\mu_1, \sigma_1^2)$ 和 $N(\mu_2, \sigma_2^2)$，$\mu_1, \mu_2, \sigma_1^2, \sigma_2^2$ 均为未知，且两样本独立.

试在水平 $\alpha = 0.05$ 下检验假设 $H_0 : \sigma_1^2 \leqslant \sigma_2^2$，$H_1 : \sigma_1^2 > \sigma_2^2$.

11. 从某锌矿的东、西两支矿脉中，各抽取样本容量分别为 9 与 8 的样本进行测试，得样本含锌平均数及样本方差如下.

东支：$n_1 = 9, \overline{x} = 0.230, s_1^2 = 0.1337$.

西支：$n_2 = 8, \overline{y} = 0.0269, s_2^2 = 0.1736$.

若东、西两支矿脉的含锌量都服从正态分布，问东、西两支矿脉含锌量的平均值是否可以看作一样（$\alpha = 0.05$）？

第9章 随机过程引论

9.1 随机过程的概念

9.1.1 随机过程的概念

在概率论中，为了描述随机现象，我们定义了一个或有限个随机变量（或随机向量），即对随机试验中每一个基本事件 $e \in S$（S 为样本空间），可用一个或几个数来描述. 但还有许多随机现象，其随机试验的结果 e，仅用一个或几个数来描述是不够的. 有些随机现象还必须研究它的发展过程，这种随机现象对应于一次随机试验，其结果需要用时间 t（或某参数 t）的一个函数来描述，这就必须用一族随机变量才能刻划这种随机现象的全部统计规律性. 通常我们称这样的随机变量族为随机过程.

为了进一步理解随机过程的概念，我们来看一个例子，关于接收机的输出噪声电压问题. 假如对接收机的输出噪声电压作"长时间的一次"观察时，可能得到如图 9.1 中所示的某一条起伏波形 $x_1(t)$，实际上在试验结果中出现的噪声电压具体波形也可能是 $x_2(t)$ 或 $x_3(t)$，…. 具体波形的形状事先不知道，但必为所有可能波形中的某一个，而所有可能的波形 $x_1(t)$，$x_2(t)$，…，$x_n(t)$，…的集合构成了随机过程 $X(t)$. $x_1(t)$，$x_2(t)$，…，$x_n(t)$，…都是确知的时间函数，我们通常把它们称作随机过程的**样本函数**或**物理实现**. 在一次试验结果中，随机过程必取其中一个样本函数，但究竟取哪一个则带有随机性. 这就是说，在试验前，不能确定出现哪一个样本函数. 但在大量的观察中所得样本函数是具有统计规律性的. 因此，随机过程既是时间 t 的函数，也是随机试验可能结果 e 的函数，可记为 $X(t, e)$，类似于随机变量的定义，可给出随机过程的如下两个定义.

定义 9.1 设 E 是随机试验，样本空间为 $S = \{e\}$，若对每个样本点 $e \in S$，总

有一个时间函数 $X(t,e)$，$t \in T$ 与它相对应. 这样对于所有的 $e \in S$ 所得到的一族时间 t 的函数 $\{X(t,e)，t \in T\}$ 称为**随机过程**（stochastic process），简记为 $\{X(t),t \in T\}$. 称族中的时间函数为这个随机过程的**样本函数**（sample function）.

T 是参数 t 的变化范围，称为**参数集**（parameter set）. 通常表示时间.

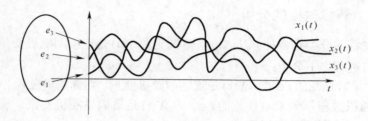

图 9.1

有关定义 9.1 的几点说明如下：

（1）对于一个特定的试验结果 e_i，则 $X(t,e_i)$ 是仅依赖于 t 的函数，是随机过程的样本函数，它是随机过程的一次物理实现. 随机过程 $X(t)$ 的样本函数用 $x(t)$ 表示，以避免与随机过程的记号 $X(t)$ 相混. 因此随机过程也可以看作对每个 $e \in S$，依某种规律对应一个参数 t 的函数 $X(t,e)$，即在概率空间上定义了一个随机函数.

（2）当 $t \in T$，$e \in S$ 都固定时，$X(t,e)$ 为一数值，称此数值为随机过程在 t 时刻的某一确定的状态.

（3）对于每一个特定的时间 t_i，$X(t_i,e)$ 的值取决于 e，所以 $X(t_i,e)$ 是个随机变量（见图 9.2），称此随机变量为随机过程在 $t = t_i$ 时的**状态变量**（state variable），简称**状态**（state）. 所有可能的状态所构成的集合称为**状态空间**（state space），记为 I. 因此，随机过程 $\{X(t),t \in T\}$ 又可以看成是依赖于时间 t 的一族随机变量. 于是，得到随机变量的另一种定义，具体见定义 9.2.

定义 9.2 设参数集为 T，如果对于每个给定的 $t \in T$，有一个随机变量 $X(t)$ 与之对应，变动 $t \in T$，则得到一族随机变量，称此随机变量族 $\{X(t)，t \in T\}$ 为**随机过程**.

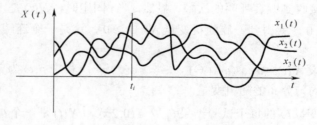

图 9.2

定义 9.1 与定义 9.2 是随机过程的两种不同的描述方式，它们在本质上是一致的．在理论分析时往往采用随机变量族的描述方式，而在实际测量和数据处理中往往以样本函数族的描述方式作为出发点．这两种描述方式在理论和实际方面是互为补充的．

9.1.2 随机过程的分类

随机过程的分类有多种方法，依据随机变量 $X(t)$ 是连续型随机变量或离散型随机变量可进行如下分类．

（1）如果对任意的 $t \in T$，$X(t)$ 是连续型随机变量，则称随机过程 $\{X(t), t \in T\}$ 为**连续型随机过程**；如果对任意的 $t \in T$，$X(t)$ 是离散型随机变量，称随机过程 $\{X(t), t \in T\}$ 为**离散型随机过程**．

以参数集 T 是连续或离散可进行以下分类．

（2）当参数集 T 为有限区间或无限区间时，则称 $\{X(t), t \in T\}$ 是**连续参数随机过程**（以后若没特别指出，随机过程一词总是指连续参数随机过程）．若参数集为离散集合，则称 $X(t)$ 为**随机序列**；若随机序列的状态空间还是离散的，则称为**离散参数链**．

综上（1）、（2），随机过程根据其状态空间 I 和参数集 T 的连续或离散进行的分类如表 9.1 所列．

表 9.1

参数集 T	状态空间 I	
	离　散　型	连　续　型
连续集	离散型随机过程	连续型随机过程
离散集	离散参数链	随机序列

随机过程的分类，除了按参数集 T 与状态空间 I 是否连续外，还可以进一步根据过程 $\{X(t), t \in T\}$ 的概率性质进行分类，如独立增量过程、马尔可夫过程、平稳过程等．

例 9.1　对电话总机接收到顾客呼叫的次数进行观察，以 $N(t)$ 表示在 $[0, t)$ 时间内电话总机接收到顾客呼叫的次数．显然，当 t 固定时，$N(t)$ 是一个随机变量；而对于一切 $t \geqslant 0$，就得到一族随机变量 $N(t), t \geqslant 0$，这是一个连续参数、离散状态的随机过程．

例 9.2　设 $X(t) = a\cos(\omega t + \Theta)$，$-\infty < t < +\infty$，其中 a, ω 为常数，Θ 是在 $(0, 2\pi)$ 内服从均匀分布的随机变量．

对于随机变量 Θ 的每个试验结果 θ_i，$\theta_i \in (0, 2\pi)$，$X(t)$ 是一个 t 的函数，见图 9.3，其图形是一条正弦曲线(一个样本函数或一次物理实现)．

对于每一个固定的时刻 $t_i \in (-\infty, +\infty)$，$X(t_i) = a\cos(\omega t_i + \Theta)$ 是随机变量 Θ 的函数，因而，$X(t_i)$ 也是随机变量．对于一切 $t \in T$，便得到一族随机变量 $\{X(t), t \in T\}$．所以 $X(t)$ 是一个连续参数、连续状态的随机过程．通常称 $X(t) = a\cos(\omega t + \Theta)$ 为**随机相位正弦波**（**random phase sinusoidal wave**）．图 9.3 为随机相位正弦波的几个典型样本函数．

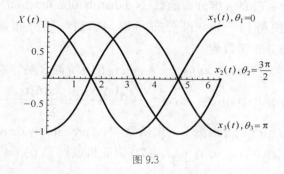

图 9.3

9.2 随机过程的统计描述

9.2.1 随机过程的分布

前面已指出，对任一固定时刻 t，随机过程 $X(t)$ 是通常的随机变量，所以可以用研究随机变量的方法来研究随机过程的统计特性．但是随机过程是一族随机变量，所以需要用有限维分布函数族来描述随机过程的统计特性．

设 $\{X(t), t \in T\}$ 为随机过程，对给定的时刻 $t \in T$，称 $X(t)$ 的分布函数

$$F_1(x, t) = P\{X(t) \leqslant x\} \tag{9.2.1}$$

为随机过程 $\{X(t), t \in T\}$ 的**一维分布函数**（A d distribution function），它是 x 和 t 的二元函数．变动 $t \in T$ 就可得到一族分布函数 $\{F_1(x, t), t \in T\}$，称这一族分布函数为随机过程 $\{X(t), t \in T\}$ 的**一维分布函数族**．

若 $F_1(x; t)$ 对 x 的偏导数存在，则称偏导数

$$f_1(x; t) = \frac{\partial F_1(x, t)}{\partial x}$$

为随机过程 $\{X(t), t \in T\}$ 的**一维概率密度函数**（one dimension probability density），称 $\{f_1(x, t), t \in T\}$ 为随机过程 $\{X(t), t \in T\}$ 的**一维概率密度函数族**．

显然，随机过程的一维分布函数和一维概率密度具有普通随机变量的分布函数和概率密度的各种性质，其差别仅在于前者是时间 t 的函数．

由于一维分布函数族只能描述随机过程 $\{X(t),t\in T\}$ 在各个孤立时刻的统计特性. 为了描述随机过程在不同时刻的状态之间的联系，需要用 n 个不同时刻 $t_1,t_2,\cdots,t_n\in T$ 所对应的 n 个随机变量 $X(t_1)$，$X(t_2)$，$\cdots$，$X(t_n)$ 的联合分布函数来描述.

称 $F_n(x_1,x_2,\cdots,x_n;t_1,t_2,\cdots,t_n)=P\{X(t_1)\leqslant x_1,X(t_2)\leqslant x_2,\cdots,X(t_n)\leqslant x_n\}$ (9.2.2)

为随机过程 $\{X(t),t\in T\}$ 的 **n 维分布函数**（N d distribution function）. 当 $t_1,t_2,\cdots,t_n$ 取遍参数集 T 时，便得到一族 n 维分布函数. 称这一族分布函数为随机过程 $\{X(t),t\in T\}$ 的 n 维分布函数族.

若 $F_n(x_1,x_2,\cdots,x_n;t_1,t_2,\cdots,t_n)$ 对 $x_1,x_2,\cdots,x_n$ 的 n 阶混合偏导数存在，则称

$$f_n(x_1,x_2,\cdots,x_n;t_1,t_2,\cdots,t_n)=\frac{\partial^n F_n(x_1,x_2,\cdots,x_n;t_1,t_2,\cdots,t_n)}{\partial x_1\cdots\partial x_n}$$

为随机过程 $\{X(t),t\in T\}$ 的 **n 维概率密度函数**（N d probability density function），称 $\{f_n(x_1,x_2,\cdots,x_n;t_1,t_2,\cdots,t_n);\ t_1,t_2,\cdots,t_n\in T\}$ 为随机过程 $\{X(t),t\in T\}$ 的 **n 维概率密度函数族**.

所有有限维分布函数的集合 $\{F_n(x_1,x_2,\cdots,x_n;t_1,t_2,\cdots,t_n),\ t_1,t_2,\cdots,t_n\in T,n\geqslant 1\}$ 称为随机过程 $\{X(t),t\in T\}$ 的 **有限维分布函数族**. 相应的所有有限维概率密度函数的集合 $\{f_n(x_1,x_2,\cdots,x_n;t_1,t_2,\cdots,t_n),\ t_1,\ t_2,\cdots,t_n\in T,n\geqslant 1\}$ 称为随机过程 $\{X(t),t\in T\}$ 的 **有限维概率密度函数族**. 它们不仅描述了随机过程在某一时刻的统计特性，而且对不同时刻的相互关系也给予了描述.

由有限维分布函数的定义易见，有限维分布函数有以下两个性质.

（1）对称性

$$F_n(x_1,\cdots,x_n;t_1,\cdots,t_n)=F_n(x_{i_1},\cdots,x_{i_n};t_{i_1},\cdots,t_{i_n}),$$

其中 $t_{i_1},\cdots,t_{i_n}$ 为 $t_1,\cdots,t_n$ 的任一排列，且均属于 T，$n=1,2\cdots,$；

（2）相容性

$$F_n(x_1,\cdots,x_m,\infty,\cdots,\infty;t_1,\cdots,t_m,\cdots,t_n)=F_m(x_1,\cdots,x_m;t_1,\cdots,t_m),\quad m<n.$$

由性质（2）可见，已知 n 维分布函数族，可以求得维数比 n 低的分布函数族，反过来不一定成立.

另外，n 维分布函数族，也只能近似地描述随机过程的统计特性. 显然 n 越大，n 维分布函数族描述随机过程的特性也愈趋完善. 数学家科尔莫戈罗夫（Kolmogorov）证明了以下定理：随机过程的有限维分布函数族，完全地确定了随机过程的统计特性. 此外，他还证明了：对给定的满足对称性和相容性条件的有限维分布函数族，一定存在一个相对应的随机过程. 这就是随机过程的存在性问题.

9.2.2　随机过程的数字特征

虽然随机过程的有限维分布函数族可以完整地描述随机过程的统计特性，但是，在实际应用中要确定随机过程的有限维分布函数族却是比较困难的，有时甚至是不可能的，而在许多实际应用中往往只要研究若干个常用的数字特征就能满足要求．下面，仿照对随机变量的研究方法讨论随机过程的几个重要的数字特征．

对于随机变量来说，常用到的数字特征是数学期望、方差、协方差、相关系数等．相应地对于随机过程来说，常用到的数字特征是均值函数、方差函数、协方差函数、相关函数等，它们可以由随机变量的数字特征导出，但是一般不再是确定的数值，而是一个确定的时间函数．

1.　均值函数

设随机过程 $\{X(t),\ t \in T\}$ 的一维分布函数为 $F_1(x; t)$，$X(t)$ 是过程在固定时刻 $t \in T$ 的随机变量，它的数学期望（若存在） $E[X(t)]$，一般情况下依赖于 t，而且是 t 的函数，称此函数为**均值函数（mean value function）**，记为 $\mu_X(t)$，即

$$\mu_X(t) = E[X(t)] \tag{9.2.3}$$

显然 $\mu_X(t)$ 是一个平均函数，它表示随机过程 $X(t)$ 的波动中心，如图 9.4 所示．图中细线表示随机过程的各个样本函数，粗线表示均值函数．

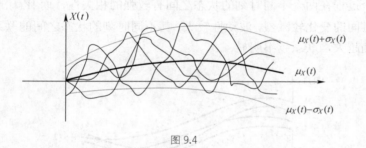

图 9.4

这里 $\mu_X(t)$ 是随机过程 $\{X(t), t \in T\}$ 的所有样本函数在时刻 t 的函数值的平均值，通常称这种平均为**统计平均（statistical average）**，又称**集平均（ensemble average）**，应注意与后面第 11 章引入的时间平均概念相区别．

2.　均方值函数与方差函数

称随机变量 $X(t)$ 的二阶（原点）矩（若存在）

$$E[X^2(t)] \tag{9.2.4}$$

为随机过程 $\{X(t), t \in T\}$ 的**均方值函数（mean square value function）**．记为

$\psi_X^2(t)$. 即 $\quad \psi_X^2(t) = E[X^2(t)]$.

另外，如果对每一个 $t \in T$，随机过程 $\{X(t), t \in T\}$ 的二阶矩 $E[X^2(t)]$ 都存在，则称其为**二阶矩过程**.

称随机变量 $X(t)$ 的二阶中心矩

$$E\{[X(t) - \mu_X(t)]^2\} \tag{9.2.5}$$

为随机过程 $\{X(t), t \in T\}$ 的**方差函数**（**variance function**）. 记为 $\sigma_X^2(t)$ 或 $D[X(t)]$.
即

$$D[X(t)] = \sigma_X^2(t) = E\{[X(t) - \mu_X(t)]^2\}$$

$\sigma_X^2(t)$ 是 t 的函数，它描述了随机过程诸样本函数对均值函数 $\mu_X(t)$ 的偏离程度，如图 9.4 所示.

$\sigma_X^2(t)$ 是非负函数，它的平方根称为随机过程的**均方差函数**（**mean square error function**）. 即

$$\sigma_X(t) = \sqrt{\sigma_X^2(t)} = \sqrt{D[X(t)]}$$

3. 相关函数

均值和方差刻画了随机过程在各个时刻的统计特性，但不能描述过程在不同时刻之间的相关关系. 这一点可通过图 9.5 所示的两个随机过程 $\{X(t), t \in T\}$ 和 $\{Y(t), t \in T\}$ 来说明，从直观上看，它们具有大致相同的均值函数和方差函数. 但两者的内部结构却有非常明显的差别，其中 $\{X(t), t \in T\}$ 的样本函数随时间变化较缓慢，这个过程在两个不同时刻的状态之间有较强的相关性，而 $\{Y(t), t \in T\}$ 的样本函数随时间的变化较激烈，波动性较大，其不同时刻的状态之间的联系不明显，且时刻间隔越大，联系越不明显.

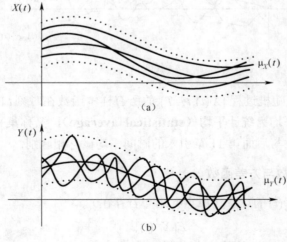

图 9.5

因此，必须引入描述随机过程 $\{X(t),t\in T\}$ 在不同时刻之间相关程度的数字特征. 自相关函数（简称相关函数）就是用来描述随机过程两个不同时刻状态之间内在联系的重要数字特征.

对任意 $t_1,t_2\in T$，称随机变量 $X(t_1)$ 与 $X(t_2)$ 的混合原点矩（若存在）

$$E[X(t_1)X(t_2)] \tag{9.2.6}$$

为随机过程 $\{X(t),t\in T\}$ 的**自相关函数**（**autocorrelation function**），简称**相关函数**（**correlation function**），记为 $R_X(t_1,t_2)$，即 $\quad R_X(t_1,t_2)=E[X(t_1)X(t_2)]$

相关函数反映了随机过程 $\{X(t),t\in T\}$ 在任意两个时刻状态之间的相关程度.

若取 $t_1=t_2=t$，则有

$$R_X(t_1,t_2)=R_X(t,t)=E[X^2(t)]. \tag{9.2.7}$$

此时相关函数即为均方值函数，换言之，$\{X(t),t\in T\}$ 的均方值函数是其自相关函数的特例.

对任意 $t_1,t_2\in T$，称随机变量 $X(t_1)$ 和 $X(t_2)$ 的协方差

$$Cov(X(t_1),X(t_2))=E\{[X(t_1)-\mu_X(t_1)][X(t_2)-\mu_X(t_2)]\} \tag{9.2.8}$$

为随机过程的**自协方差函数**（**autocovariance function**），简称**协方差函数**（**covariance function**），记为 $C_X(t_1,t_2)$.

即 $\quad C_X(t_1,t_2)=Cov(X(t_1),X(t_2))$

它反映了 $\{X(t),t\in T\}$ 在任意两个不同时刻 t_1 和 t_2 的起伏值之间的相关程度.

相关函数与协方差函数之间有下列关系：

$$C_X(t_1,t_2)=R_X(t_1,t_2)-\mu_X(t_1)\mu_X(t_2). \tag{9.2.9}$$

根据协方差函数的定义式展开即可得式（9.2.9）（请读者自己验证）.

如果在（9.2.9）式中，令 $t_1=t_2=t$，得

$$C_X(t,t)=\sigma_X^2(t)=R_X(t,t)-\mu_X^2(t). \tag{9.2.10}$$

此时协方差函数就是方差函数.

特别，当随机过程的均值函数 $\mu_X(t)=0$ 时，则 $C_X(t_1,t_2)=R_X(t_1,t_2)$.

从这些关系式可以看出，均值函数 $\mu_X(t)$ 和相关函数 $R_X(t_1,t_2)$ 是最基本的两个数字特征，其他数字特征，如协方差函数 $C_X(t_1,t_2)$ 及方差函数 $\sigma_X^2(t)$ 都可以由它们确定.

从理论的角度来看，仅仅研究均值函数和相关函数是不能代替对整个随机过程的研究的，但是由于它们确实刻画了随机过程的主要统计特性，而且比有限维分布函数族易于观察及计算，因而对应用课题而言，他们常常能够起到重要作用.

例 9.3 设随机过程 $X(t)=At$，$t\in T=(-\infty,+\infty)$，其中 A 为在 $(0,1)$ 上服从均匀分布的随机变量. 求随机过程 $X(t)$ 的均值函数、相关函数、协方差函数和方差函数.

解 因为随机变量 $A\sim U(0,1)$，所以它的期望和方差分别为

$$EA=\frac{1}{2}，\quad DA=\frac{1}{12}$$

（1）均值函数：

$$\mu_X(t) = E[X(t)] = E[At] = t \times E(A) = t \times \frac{1}{2} = \frac{t}{2}$$

（2）自相关函数：

$$R_X(t_1, t_2) = E[(At_1)(At_2)] = t_1 t_2 E(A^2)$$
$$= t_1 t_2 \{D(A) + [E(A)]^2\}$$
$$= t_1 t_2 [\frac{1}{12} + \frac{1}{4}] = \frac{1}{3} t_1 t_2$$

（3）协方差函数：

$$C_X(t_1, t_2) = R_X(t_1, t_2) - \mu_X(t_1)\mu_X(t_2)$$
$$= \frac{t_1 t_2}{3} - \frac{t_1}{2} \times \frac{t_2}{2} = \frac{t_1 t_2}{12}$$

（4）方差函数：

$$\sigma_X^2(t) = C_X(t, t) = \frac{t^2}{12}$$

例 9.4 求随机相位正弦波（例 9.2）的均值函数、方差函数、相关函数和协方差函数.

解 由题设，Θ 的概率密度函数为

$$f(\theta) = \begin{cases} \dfrac{1}{2\pi}, & 0 < \theta < 2\pi, \\ 0, & \text{其他.} \end{cases}$$

（1）均值函数：

$$\mu_X(t) = E[X(t)] = E[a\cos(\omega t + \Theta)]$$
$$= \int_0^{2\pi} a\cos(\omega t + \theta) \times \frac{1}{2\pi} \mathrm{d}\theta = 0$$

（2）相关函数：

$$R_X(t_1, t_2) = E[a^2 \cos(\omega t_1 + \Theta)\cos(\omega t_2 + \Theta)]$$
$$= \int_0^{2\pi} a^2 \cos(\omega t_1 + \theta)\cos(\omega t_2 + \theta) \cdot \frac{1}{2\pi} \mathrm{d}\theta$$
$$= \frac{a^2}{2} \cos\omega(t_2 - t_1)$$

令 $\tau = (t_2 - t_1)$，则有

$$R_X(t_1, t_2) = \frac{a^2}{2} \cos\omega\tau.$$

（3）由(9.2.9)式得协方差函数

$$C_X(t_1, t_2) = R_X(t_1, t_2) - \mu_X(t_1)\mu_X(t_2) = \frac{a^2}{2}\cos(\omega\tau).$$

（4）再由(9.2.10)式得方差函数

$$\sigma_X^2(t) = C_X(t,t) = \frac{a^2}{2} \quad (\text{相当于 } \tau = 0).$$

例 9.5 设随机过程

$$X(t) = Y\cos(\theta t) + Z\sin(\theta t), \quad t > 0$$

其中，Y 与 Z 是相互独立的随机变量，且 $EY = EZ = 0$，$DY = DZ = \sigma^2$，求 $\{X(t), t > 0\}$ 的均值函数、相关函数.

解 由数学期望的性质得，均值函数为

$$\mu_X(t) = E[Y\cos(\theta t) + Z\sin(\theta t)]$$

$$= \cos(\theta t)EY + \sin(\theta t)EZ = 0$$

又因为 Y 与 Z 相互独立，且 $EY = EZ = 0$，$DY = DZ = \sigma^2$，则

$$E(YZ) = E(ZY) = EY \cdot EZ = 0$$

$$E(Y^2) = E(Z^2) = DY + (EY)^2 = DY = \sigma^2$$

所以有 $R_X(t_1, t_2) = E\{X(t_1)X(t_2)\}$

$$= E\{[Y\cos(\theta t_1) + Z\sin(\theta t_1)][Y\cos(\theta t_2) + Z\sin(\theta t_2)\}$$

$$= \cos(\theta t_1)\cos(\theta t_2)E(Y^2) + \sin(\theta t_1)\sin(\theta t_2)E(Z^2)$$

$$= \sigma^2\cos[(t_2 - t_1)\theta]$$

4．互相关函数

在通信领域里，信号在传输过程中往往伴随着噪声干扰，因而接收到的是信号和噪声的叠加，一般它们都是随机过程. 这时除了对它们各自的统计特性加以研究以外，还必须对它们的联合特性加以研究，互相关函数就是描述两个随机过程之间相关程度的数字特征.

称随机过程 $\{X(t), t \in T\}$ 与 $\{Y(t), t \in T\}$ 在任意两个不同时刻 $t_1, t_2 \in T$ 的随机变量 $X(t_1)$ 与 $Y(t_2)$ 的二阶混合原点矩（若存在）

$$E[X(t_1)Y(t_2)] \tag{9.2.11}$$

为 随 机 过 程 $\{X(t), t \in T\}$ 与 $\{Y(t), t \in T\}$ 的 **互 相 关 函 数** （**cross-correlation function**）. 记为 $R_{XY}(t_1, t_2)$.

而称它们的二阶混合中心矩

$$E\{[X(t_1) - \mu_X(t_1)][Y(t_2) - \mu_Y(t_2)]\} \tag{9.2.12}$$

为 随 机 过 程 $\{X(t), t \in T\}$ 与 $\{Y(t), t \in T\}$ 的 **互 协 方 差 函 数** （**cross covariance function**）. 记为 $C_{XY}(t_1, t_2)$.

显然，互相关函数与互协方差函数有以下关系：

$$C_{XY}(t_1, t_2) = R_{XY}(t_1, t_2) - \mu_X(t_1)\mu_Y(t_2) \tag{9.2.13}$$

若对任意的 t_1, t_2，有

$$C_{XY}(t_1, t_2) = 0,$$

即

$$R_{XY}(t_1, t_2) = E[X(t_1)Y(t_2)] = \mu_X(t_1)\mu_Y(t_2) = E[X(t_1)]E[Y(t_2)],$$

则称随机过程 $\{X(t), t \in T\}$ 与 $\{Y(t), t \in T\}$ 互不相关（**uncorrelated**）.

若对任意的 t_1, t_2，有

$$R_{XY}(t_1, t_2) = 0$$

或

$$C_{XY}(t_1, t_2) = -\mu_X(t_1)\mu_Y(t_2),$$

则称随机过程 $\{X(t), t \in T\}$ 与 $\{Y(t), t \in T\}$ **相互正交**（**orthogonal**）.

易知，当 $\mu_X(t) = \mu_Y(t) = 0$，两随机过程不相关与相互正交是等价的. 若两个随机过程相互独立，则它们必然互不相关，反之不一定成立.

例 9.6　设某接收机收到周期信号电压 $S(t)$ 和噪声电压 $N(t)$，且设 $E[N(t)] = 0$，$N(t)$ 与 $S(t)$ 互不相关，试导出输出电压 $V(t) = S(t) + N(t)$ 的均值函数、自相关函数与输入电压的数字特征之间的关系.

解　$\mu_V(t) = E[S(t) + N(t)] = E[S(t)] + E[N(t)] = E[S(t)] = \mu_S(t)$，

$$R_V(t_1, t_2) = E\{[S(t_1) + N(t_1)][S(t_2) + N(t_2)]\}$$

$$= E[S(t_1)S(t_2)] + E[S(t_1)N(t_2)] + E[N(t_1)S(t_2)] + E[N(t_1)N(t_2)],$$

由于 $N(t)$ 与 $S(t)$ 互不相关，所以有

$$E[S(t_1)N(t_2)] = E[S(t_1)]E[N(t_2)] = 0,$$
$$E[N(t_1)S(t_2)] = E[N(t_1)]E[S(t_2)] = 0,$$

于是可得

$$R_V(t_1, t_2) = R_S(t_1, t_2) + R_N(t_1, t_2).$$

9.3　几种重要的随机过程

9.3.1　独立增量过程

定义 9.3　设二阶矩过程 $\{X(t), t \geq 0\}$，称随机变量 $X(t) - X(s), 0 \leq s < t$，为随机过程在区间 $(s, t]$ 上的增量，若对任意正整数 n 和任意给定的 $0 \leq t_1 < t_2 < \cdots < t_n$，过程的增量 $X(t_2) - X(t_1), \cdots, X(t_n) - X(t_{n-1})$ 是相互独立的，则称 $\{X(t), t \geq 0\}$ 为**独立增量过程**（**independent incremental process**）或**可加过程**（**add process**）.

直观地说，这一过程具有"在互不重叠的区间上，状态的增量是相互独立的"这一特征.

对于独立增量过程，可以证明：在 $X(0) = 0$ 的条件下，它的有限维分布函数族可由增量的分布所确定（证明超出了本书的要求）.

设 $\{X(t); t \in T\}$ 为独立增量过程，如果增量 $X(t_i) - X(t_{i-1})$ 的分布只与时间间隔 $t_i - t_{i-1}$ $(t_i > t_{i-1})$ 有关而与起点 t_{i-1} 无关，则称 $X(t)$ 为**齐次独立增量过程**（增量具有平稳性）.

例 9.7　考虑某种设备一直使用到损坏为止，然后换上同类型的设备，假设设备的使用寿命是随机变量，记为 X，则相继换上的设备寿命是与 X 同分布的独立随机变量 $X_1, X_2, \cdots$，其中 X_k 为第 k 个设备的使用寿命. 设 $N(t)$ 为在时间段 $[0,t]$ 内更换设备的件数，则 $\{N(t), t \ge 0\}$ 是随机过程，对于任意的 $0 \le t_1 < t_2 < \cdots < t_n$，$N(t_1), N(t_2) - N(t_1), \cdots, N(t_n) - N(t_{n-1})$ 分别表示在时间段 $(0, t_1]$，$(t_1, t_2]$，$\cdots$，$(t_{n-1}, t_n]$ 更换设备的件数，可以认为它们是相互独立的随机变量，所以 $\{N(t), t \ge 0\}$ 是独立增量过程，另外，对于任意的 $s < t$，$N(t) - N(s)$ 的分布仅依赖于 $t - s$，故 $\{N(t), t \ge 0\}$ 是齐次独立增量过程.

下面介绍两个典型的独立增量过程——泊松过程和维纳过程.

9.3.2　泊松过程

考虑事件：在 $(0, t]$ 时间间隔内电话总机接收到的顾客"呼叫"的次数；某服务系统在 $(0, t]$ 时间间隔内要求服务的顾客人次；机器在 $(0, t]$ 时间内发生故障的次数等. 这些事件的共同特点都是考虑在 $(0, t]$ 时间间隔内某类事件发生的次数，所有这些通常可用泊松过程来模拟.

为方便起见，我们把顾客、机器等看作时间轴上的质点，顾客到达服务站、机器出现故障等事件的发生相当于质点的出现. 于是抽象地说，我们研究的对象将是随时间的推移陆续地出现在时间轴上的许多质点所构成的随机质点流.

1. 计数过程

定义 9.4　以 $X(t), t \ge 0$ 表示在时间间隔 $(0, t]$ 内出现的质点数，则 $\{X(t), t \ge 0\}$ 是一状态取非负整数、时间参数连续的随机过程，称其为**计数过程**（**counting process**）.

很显然，计数过程满足下列条件：

（1）$X(t) \ge 0$；

（2）$X(t)$ 取正整数值；

（3）若 $s < t$，则 $X(s) \le X(t)$；

（4）当 $s < t$ 时，$X(t) - X(s)$ 等于区间 $(s, t]$ 出现的质点数.

如果计数过程 $\{X(t), t \ge 0\}$ 在不相重叠的时间间隔内，出现的质点数是相互独立的，则计数过程为独立增量过程.

如果计数过程 $\{X(t), t \ge 0\}$，对于任意的 $s < t$，区间 $(s, t]$ 内出现的质点数 $X(t) - X(s)$ 的分布仅依赖于 $t - s$，而与起点 t 无关，则计数过程是平稳增量过程.

它的每个样本函数是一个阶梯型函数，在每个随机点上产生单位为"1"的跳跃. 它的一个典型的样本函数如图 9.6 所示，图中 $t_1, t_2, \cdots$ 是质点依次出现的时刻.

如果将过程的增量 $X(t) - X(s)$ 记为 $X(s,t), 0 \leqslant s < t$，它表示时间间隔 $(s,t]$ 内出现的质点数，那么事件"在 $(s,t]$ 内出现 k 个质点"就可表示成 $\{X(s,t) = k\}$，其概率可记为

$$P_k(s,t) = P\{X(s,t) = k\}, \quad k = 0,1,2,\cdots$$

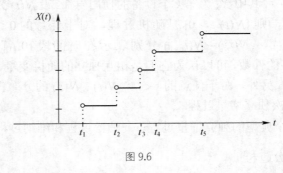

图 9.6

下面来介绍一类重要的计数过程——泊松过程.

2. 泊松过程

定义 9.5 若 $\{X(t), t \geqslant 0\}$ 为独立增量的计数过程，且 $X(0) = 0$，对任意 $t > s \geqslant 0$，过程的增量 $X(t) - X(s)$ 服从参数为 $\lambda(t-s)$ 的泊松分布，即有

$$P_k(s,t) = P\{X(s,t) = k\}$$
$$= \frac{[\lambda(t-s)]^k}{k!} \exp[-\lambda(t-s)] \tag{9.3.1}$$
$$k = 0,1,2,\cdots$$

则称 $\{X(t), t \geqslant 0\}$ 为强度是 λ 的**泊松过程**（**Poisson process**）.

可以证明，泊松过程 $\{X(t), t \geqslant 0\}$ 满足以下性质.

（1）对于任意时刻 $0 \leqslant t_1 < t_2 < \cdots < t_n$，事件在各区间段出现的次数
$$X(t_i, t_{i+1}) = X(t_{i+1}) - X(t_i) \quad, \quad i = 1,2,\cdots, n-1$$
是相互独立的；

（2）对于充分小的 Δt，事件出现 1 次的概率为
$$P_1(t, t+\Delta t) = P\{X(t, t+\Delta t) = 1\} = \lambda \Delta t + o(\Delta t) \tag{9.3.2}$$
式中，$o(\Delta t)$ 是当 $\Delta t \to 0$ 时，关于 Δt 的高阶无穷小量，常数 $\lambda > 0$；

（3）对充分小的 Δt 有
$$P\{X(t, t+\Delta t) \geqslant 2\} = \sum_{j=2}^{+\infty} P_j(t, t+\Delta t) = \sum_{j=2}^{+\infty} P\{X(t, t+\Delta t) = j\} = o(\Delta t) \tag{9.3.3}$$
即在 $(t, t+\Delta t]$ 内事件出现二次及二次以上的概率与出现一次的概率相比，可以忽略不计.

将(9.3.2)式和(9.3.3)式合起来可得到在 $(t, t + \Delta t]$ 内事件不发生（事件出现零次）的概率为

$$P_0(t, t + \Delta t) = 1 - P_1(t, t + \Delta t) - \sum_{j=2}^{+\infty} P_j(t, t + \Delta t) \tag{9.3.4}$$
$$= 1 - \lambda \Delta t + o(\Delta t).$$

泊松过程还有另外一种形式的定义，具体如下.

定义 9.6　若随机过程 $\{X(t), t \geq 0\}$ 满足以上性质（1）、（2）、（3），且 $X(0) = 0$，则称其为强度是 λ 的泊松过程.

此定义条件中的（1）表示 $X(t)$ 为独立增量过程，与定义 9.5 相同. 两定义所不同的是前者给出了增量的具体概率分布，而后者给出了在短时间间隔 Δt 内引起增量分布的极限性质.

定理 9.1　定义 9.5 与定义 9.6 是等价的.

证明　要由定义 9.6 推出定义 9.5，只要由(9.3.2)式和(9.3.3)式导出(9.3.1)式即可. 这可用数学归纳法通过确定概率 $P_k(s, t), (0 \leq s < t, k = 0, 1, 2, \cdots)$ 来证明之.

首先来确定 $P_0(s, t)$，为此对充分小的 $\Delta t > 0$，考虑

$$P_0(s, t + \Delta t) = P\{X(s, t + \Delta t) = 0\},$$

因为

$$\begin{aligned} X(s, t + \Delta t) &= X(t + \Delta t) - X(s) \\ &= X(t + \Delta t) - X(t) + X(t) - X(s) \\ &= X(t, t + \Delta t) + X(s, t) \end{aligned}$$

故

$$\begin{aligned} P_0(s, t + \Delta t) &= P\{X(t, t + \Delta t) + X(s, t) = 0\} \\ &= P\{X(s, t) = 0, X(t, t + \Delta t) = 0\} \end{aligned}$$

由条件式（1）可将上式写成

$$\begin{aligned} P_0(s, t + \Delta t) &= P\{X(s, t) = 0\} P\{X(t, t + \Delta t) = 0\} \\ &= P_0(s, t) P_0(t, t + \Delta t) \end{aligned}$$

将式（9.3.4）代入得

$$P_0(s, t + \Delta t) = P_0(s, t)[1 - \lambda \Delta t + o(\Delta t)]$$

所以

$$P_0(s, t + \Delta t) - P_0(s, t) = P_0(s, t)[-\lambda \Delta t - o(\Delta t)]$$

上式两边同时除以 Δt，并令 $\Delta t \to 0$ 得如下微分方程：

$$\frac{dP_0(s, t)}{dt} = -\lambda P_0(s, t) \tag{9.3.5}$$

由于 $P_0(s, s) = 1$，把它作为初始条件，即得微分方程的解为

$$P_0(s, t) = e^{-\lambda(t-s)}, t > s \tag{9.3.6}$$

因此，当 $k = 0$ 时，(9.3.1)式成立.

用同样的方法可以确定 $P_k(s,t), k \geqslant 1$.

根据事件概率公式和条件式（1）考虑：

$$
\begin{aligned}
P_k(s,t+\Delta t) &= P\{X(s,t+\Delta t)=k\} \\
&= P\{X(s,t)+X(t,t+\Delta t)=k\} \\
&= \sum_{j=0}^{k} P\{X(s,t)=k-j\}P\{X(t,t+\Delta t)=j\} \\
&= \sum_{j=0}^{k} P_{k-j}(s,t)P_j(t,t+\Delta t) .
\end{aligned}
$$

由于

$$
\sum_{j=2}^{k} P_{k-j}(s,t)P_j(t,t+\Delta t) \leqslant \sum_{j=2}^{k} P_j(t,t+\Delta t) = o(\Delta t) , (k \geqslant 2)
$$

将上式表示成

$$
\begin{aligned}
P_k(s,t+\Delta t) &= \sum_{j=0}^{k} P_{k-j}(s,t)P_j(t,t+\Delta t) \\
&= P_k(s,t)P_0(t,t+\Delta t) + P_{k-1}(s,t)P_1(t,t+\Delta t) + \sum_{j=2}^{k} P_{k-j}(s,t)P_j(t,t+\Delta t) \\
&= P_k(s,t)P_0(t,t+\Delta t) + P_{k-1}(s,t)P_1(t,t+\Delta t) + o(\Delta t)
\end{aligned}
$$

再将(9.3.2)式 $\sim$ (9.3.4)式代入得

$$
\begin{aligned}
P_k(s,t+\Delta t) &= P_k(s,t)[1-\lambda(\Delta t)+o(\Delta t)] + P_{k-1}(s,t)[\lambda(\Delta t)+o(\Delta t)] + o(\Delta t) \\
&= P_k(s,t) - \lambda P_k(s,t)(\Delta t) + \lambda P_{k-1}(s,t)(\Delta t) + o(\Delta t)
\end{aligned}
$$

所以

$$
P_k(s,t+\Delta t) - P_k(s,t) = -\lambda P_k(s,t)(\Delta t) + \lambda P_{k-1}(s,t)(\Delta t) + o(\Delta t)
$$

上式两边同时除以 Δt，并令 $\Delta t \to 0$，即得 $P_k(s,t)$ 所满足的微分方程：

$$
\frac{\mathrm{d}P_k(s,t)}{\mathrm{d}t} = -\lambda P_k(s,t) + \lambda P_{k-1}(s,t) \tag{9.3.7}
$$

因为 $P_0(s,s)=1$，所以有初始条件

$$
P_k(s,s)=0, k \geqslant 1 \tag{9.3.8}
$$

于是，在(9.3.7)式、(9.3.8)式中令 $k=1$，并利用已求出的 $P_0(s,t)$ 即可解出

$$
P_1(s,t) = \lambda(t-s)\mathrm{e}^{-\lambda(t-s)}, t>s
$$

假设 $k-1$ 时(9.3.1)式成立，即

$$
P_{k-1}(s,t) = \frac{[\lambda(t-s)]^{k-1}}{(k-1)!}\mathrm{e}^{-\lambda(t-s)}
$$

代入上述方程并利用初始条件，即可解得

$$
P_k(s,t) = \frac{[\lambda(t-s)]^{k}}{k!}\mathrm{e}^{-\lambda(t-s)}
$$

由数学归纳法可知(9.3.1)式成立.

要由定义 9.5 推出定义 9.6，只要由(9.3.1)式导出(9.3.2)式和(9.3.3)式即可.

事实上，由(9.3.1)式可得

$$P_1(t, t + \Delta t) = P\{X(t + \Delta t) - X(t) = 1\} = \lambda \Delta t \mathrm{e}^{-\lambda \Delta t} = \lambda \Delta t + o(\Delta t)$$

满足条件（1）的(9.3.2)式；

$$P\{X(t + \Delta t) - X(t) \geqslant 2\} = \sum_{k=2}^{\infty} \frac{(\lambda \Delta t)^k}{k!} \mathrm{e}^{-\lambda \Delta t}$$

$$= (\lambda \Delta t)^2 \sum_{k=2}^{\infty} \frac{(\lambda \Delta t)^{k-2}}{k!} \mathrm{e}^{-\lambda \Delta t} = o(\Delta t)$$

满足条件（1）的(9.3.2)式.

特别地，在(9.3.1)式中取 $s = 0$ 时，有

$$P_k(0, t) = \frac{(\lambda t)^k}{k!} \mathrm{e}^{-\lambda t}, \qquad t > 0, k = 0, 1, 2, \cdots \qquad (9.3.9)$$

该式表明，泊松过程对固定的 t，相应的随机变量 $X(t)$ 服从参数为 λt 的泊松分布，而 λt 也就是 $(0, t]$ 内事件出现次数的数学期望，所以 λ 是单位时间内事件出现次数的数学期望.

例 9.8 设 $\{X_1(t), t \geqslant 0\}$ 和 $\{X_2(t), t \geqslant 0\}$ 为两个相互独立的泊松过程，强度分别为 λ_1 和 λ_2，证明 $X(t) = X_1(t) + X_2(t)$ 是强度为 $\lambda_1 + \lambda_2$ 的泊松过程.

证明 首先，由题设条件易验证：$X(t) = 0$ 且 $\{X(t), t \geqslant 0\}$ 是独立增量的计数过程（请读者自己验证）.

对任意的 $t_2 > t_1 \geqslant 0$ 及正整数 $k \geqslant 0$

$$P\{X(t_2) - X(t_1) = k\} = P\{[X_1(t_2) + X_2(t_2)] - [X_1(t_1) + X_2(t_1)] = k\}$$

$$= P\{[X_1(t_2) - X_1(t_1)] + [X_2(t_2) - X_2(t_1)] = k\}$$

$$= \sum_{i=0}^{k} P\{X_1(t_2) - X_1(t_1) = i, X_2(t_2) - X_2(t_1) = k - i\}$$

$$= \sum_{i=0}^{k} P\{X_1(t_2) - X_1(t_1) = i\} \cdot P\{X_2(t_2) - X_2(t_1) = k - i\}$$

$$= \sum_{i=0}^{k} \frac{[\lambda_1(t_2 - t_1)]^i}{i!} \exp[-\lambda_1(t_2 - t_1)] \cdot \frac{[\lambda_2(t_2 - t_1)]^{k-i}}{(k-i)!} \exp[-\lambda_2(t_2 - t_1)]$$

$$= \sum_{i=0}^{k} \frac{\lambda_1^i \lambda_2^{k-i}}{i!(k-i)!} \cdot (t_2 - t_1)^k \exp[-(\lambda_1 + \lambda_2)(t_2 - t_1)]$$

$$= \frac{1}{k!} \sum_{i=0}^{k} C_k^i \lambda_1^i \lambda_2^{k-i} (t_2 - t_1)^k \exp[-(\lambda_1 + \lambda_2)(t_2 - t_1)]$$

$$= \frac{[(\lambda_1 + \lambda_2)(t_2 - t_1)]^k}{k!} \exp[-(\lambda_1 + \lambda_2)(t_2 - t_1)],$$

$$k = 0, 1, 2, \cdots.$$

由泊松过程定义 9.5 可知，$X(t)$ 是强度为 $\lambda_1 + \lambda_2$ 的泊松过程，命题得证.

4．泊松过程的统计特性

下面根据泊松过程的定义来导出它的几个常用的数字特征：均值函数、方差函数、相关函数和协方差函数．

设 $\{X(t), t > 0\}$ 是泊松过程，对任意的 $t_1, t_2 \in [0, \infty)$，且 $t_1 < t_2$，由定义 9.5 有
$$E[X(t_2) - X(t_1)] = D[X(t_2) - X(t_1)] = \lambda(t_2 - t_1) .$$
又由于 $X(0) = 0$，所以均值函数为
$$\mu_X(t) = E[X(t)] = E[X(t) - X(0)] = \lambda t .$$
于是，$\lambda = \dfrac{E[X(t)]}{t}$，即 λ 表示单位时间内事件发生的平均次数．

方差函数为
$$\sigma_X^2(t) = D[X(t)] = D[X(t) - X(0)] = \lambda t .$$
下面来求相关函数及协方差函数．

利用独立增量条件，当 $0 \leqslant t_1 < t_2$ 时，有
$$
\begin{aligned}
R_X(t_1, t_2) &= E[X(t_1)X(t_2)] \\
&= E\{X(t_1)[X(t_2) - X(t_1) + X(t_1)]\} \\
&= E\{[X(t_1) - X(0)][X(t_2) - X(t_1)]\} + E[X^2(t_1)] \\
&= E[X(t_1) - X(0)] \times E[X(t_2) - X(t_1)] + D[X(t_1)] + \{E[X(t_1)]\}^2 \\
&= \lambda t_1 \lambda(t_2 - t_1) + \lambda t_1 + (\lambda t_1)^2 \\
&= \lambda^2 t_1 t_2 + \lambda t_1 ,
\end{aligned}
$$
当 $0 \leqslant t_2 < t_1$ 时，类似可求得
$$R_X(t_1, t_2) = \lambda^2 t_1 t_2 + \lambda t_2 ,$$
于是，相关函数为
$$R_X(t_1, t_2) = \lambda^2 t_1 t_2 + \lambda \min(t_1, t_2) ,$$
协方差函数为
$$C_X(t_1, t_2) = R_X(t_1, t_2) - \mu_X(t_1)\mu_X(t_2) = \lambda \min(t_1, t_2) .$$

例 9.9 设 $\{X(t), t \geqslant 0\}$ 是泊松过程，且对于任意 $t_2 > t_1 \geqslant 0$，都有 $E[X(t_2) - X(t_1)] = 2(t_2 - t_1)$ 成立．

求：（1）$P\{X(1) = 2, X(3) = 4, X(5) = 5\}$；

（2）$P\{X(t_2) = j \mid X(t_1) = i\}$，$t_2 > t_1 \geqslant 0$；

解 由 $E[X(t_2) - X(t_1)] = 2(t_2 - t_1)$ 可知 $\lambda = 2$．

（1）$P\{X(1) = 2, X(3) = 4, X(5) = 5\}$
$$
\begin{aligned}
&= P\{X(1) - X(0) = 2, X(3) - X(1) = 2, X(5) - X(3) = 1\} \\
&= P\{X(1) - X(0) = 2\} \times P\{X(3) - X(1) = 2\} \times P\{X(5) - X(3) = 1\} \\
&= \frac{\lambda^2}{2!} e^{-\lambda} \times \frac{(2\lambda)^2}{2!} e^{-2\lambda} \times \frac{(2\lambda)^1}{1!} e^{-2\lambda}
\end{aligned}
$$

$$= 2\lambda^5 e^{-5\lambda} = 64e^{-10}$$

（2）$P\{X(t_2) = j \mid X(t_1) = i\} = \dfrac{P\{X(t_1) = i, X(t_2) = j\}}{P\{X(t_1) = i\}}$

$$= P\{X(t_2) - X(t_1) = j - i\}$$

$$= \begin{cases} \dfrac{[2(t_2 - t_1)]^{j-i}}{(j-i)!} e^{-2(t_2 - t_1)}, & j \geqslant i \\ 0, & j < i \end{cases}$$

5. 时间间隔与等待时间的分布

在实际问题中，例如研究放射性物质放射出 α 粒子时，除了要研究 $(0,t]$ 中放射出的 α 粒子数 $X(t)$ 外，有时还要对放射出的 α 粒子作计时试验.

下面介绍与泊松过程有关的两个随机变量，等待时间和时间间隔以及它们的概率分布.

设 $\{X(t), t \geqslant 0\}$ 是泊松过程，令 $X(t)$ 表示 t 时刻事件 A 发生的次数，$W_1, W_2, \cdots$ 分别表示第 1 次，第 2 次，……，事件 A 发生的时间，$T_n (n \geqslant 1)$ 表示从第 $n-1$ 次事件发生到第 n 次事件发生的时间间隔，如图 9.7 所示.

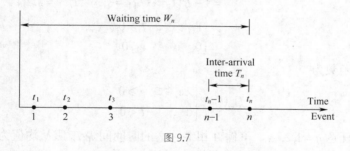

图 9.7

通常，称 W_n 为第 n 次事件 A 出现的时刻或第 n 次事件 A 的等待时间，T_n 是第 n 个时间间隔，它们都是随机变量.

定理 9.2 设 $\{X(t), t \geqslant 0\}$ 为具有参数 λ 的泊松过程，$\{T_n, n \geqslant 1\}$ 是对应的时间间隔序列，则随机变量 T_n 是独立同分布的均值为 λ^{-1} 的指数分布.

证明 首先注意，事件 $\{T_1 > t\}$ 发生当且仅当泊松过程在时间 $(0,t]$ 内没有事件发生，所以

$$P\{T_1 > t\} = P\{X(t) = 0\} = e^{-\lambda t}$$

即

$$F_{T_1}(t) = P\{T_1 \leqslant t\} = 1 - P\{T_1 > t\} = \begin{cases} 1 - e^{-\lambda t}, & t \geqslant 0 \\ 0, & t < 0 \end{cases}$$

所以 T_1 是服从均值为 λ^{-1} 的指数分布.

利用泊松过程的平稳独立增量性质，有

$$P\{T_2 > t|T_1 = s\} = P\{\text{过程在}(s,s+t]\text{内没有事件发生}|T_1 = s\}$$
$$= P\{\text{过程在}(s,s+t]\text{内没有事件发生}\}$$
$$= P\{X(t+s) - X(s) = 0\} = e^{-\lambda t}$$

即

$$F_{T_2}(t) = P\{T_2 \leqslant t\} = 1 - P\{T_2 > t\}$$
$$= 1 - P\{T_2 > t \mid T_1 = s\}$$
$$= \begin{cases} 1 - e^{-\lambda t}, & t \geqslant 0 \\ 0, & t < 0 \end{cases}$$

故 T_2 也是服从均值为 λ^{-1} 的指数分布.

同理，对任意的 $n \geqslant 1$ 和 $t, s_1, s_2, \cdots, s_{n-1} \geqslant 0$ 有

$$P\{T_n > t / T_1 = s_1, \cdots, T_{n-1} = s_{n-1}\}$$
$$= P\{X(t + s_1 + \cdots + s_{n-1}) - X(s_1 + s_2 + \cdots + s_{n-1}) = 0\} = e^{-\lambda t}$$

即

$$F_{T_n}(t) = P\{T_n \leqslant t\} = 1 - P\{T_n > t\}$$
$$= 1 - P\{T_n > t / T_1 = s_1, \cdots, T_{n-1} = s_{n-1}\} \tag{9.3.10}$$
$$= \begin{cases} 1 - e^{-\lambda t}, & t \geqslant 0 \\ 0, & t < 0 \end{cases}$$

其概率密度函数为

$$f_{T_n}(t) = \begin{cases} \lambda e^{-\lambda t}, & t \geqslant 0 \\ 0, & t < 0 \end{cases}$$

所以，对于任意 $n = 1, 2, \cdots$，事件 A 相继到达的时间间隔 T_n 服从均值为 λ^{-1} 的指数分布.

定理 9.3 设 $\{W_n, n \geqslant 1\}$ 是与泊松过程 $\{X(t), t \geqslant 0\}$ 对应的一个等待时间序列，则 W_n 服从参数为 n 与 λ 的 Γ 分布，其概率密度函数为

$$f_{W_n}(t) = \begin{cases} \lambda e^{-\lambda t} \dfrac{(\lambda t)^{n-1}}{(n-1)!}, & t \geqslant 0 \\ 0, & t < 0 \end{cases} \tag{9.3.11}$$

证明 注意到第 n 个事件在时刻 t 或之前发生当且仅当到时间 t 已发生的事件数至少是 n，即

$$\{X(t) \geqslant n\} \Leftrightarrow \{W_n \leqslant t\},$$

因此

$$F_{W_n}(t) = P\{W_n \leqslant t\} = P\{X(t) \geqslant n\} = \sum_{j=n}^{\infty} e^{-\lambda t} \frac{(\lambda t)^j}{j!}, \, t > 0,$$

当 $t \leqslant 0$, $F_{W_n}(t) = 0$

对上式求导，得到概率密度函数

$$f_{W_n}(t) = -\sum_{j=n}^{\infty} \lambda e^{-\lambda t} \frac{(\lambda t)^j}{j!} + \sum_{j=n}^{\infty} \lambda e^{-\lambda t} \frac{(\lambda t)^{j-1}}{(j-1)!}$$

$$= \lambda e^{-\lambda t} \frac{(\lambda t)^{n-1}}{(n-1)!} \quad t \geqslant 0,$$

$$f_{W_n}(t) = 0, \quad t \leqslant 0$$

此分布又称为爱尔兰分布.

当 $n = 1$ 时，

$$f_{W_1}(t) = \begin{cases} \lambda e^{-\lambda t}, & t > 0, \\ 0, & t \leqslant 0. \end{cases}$$

W_1 为指数分布，与 T_1 的分布相同.

6. 非齐次泊松过程

在泊松过程的定义中，关于平稳增量的条件是对计数过程的一种限制，在许多物理系统中是满足的，若时刻 t 到达的速率是 t 的函数，则关于平稳增量的条件应舍去，从而产生非齐次泊松过程的概念.

定义 9.7　称计数过程 $\{X(t), t \geqslant 0\}$ 为具有跳跃强度函数 $\lambda(t)$ 的**非齐次泊松过程**（**nonhomogeneous poisson process**），若它满足下列条件：

（1）　$X(0) = 0$；

（2）　$X(t)$ 是独立增量过程；

（3）　$P\{X(t+h) - X(t) = 1\} = \lambda(t)h + o(h)$，

　　　$P\{X(t+h) - X(t) \geqslant 2\} = o(h)$.

非齐次泊松过程的均值函数和自相关函数分别为

$$\mu_X(t) = E[X(t)] = \int_0^t \lambda(\tau) d\tau,$$

$$R_X(t_1, t_2) = \int_0^{\min(t_1, t_2)} \lambda(\tau) d\tau \left[1 + \int_0^{\max(t_1, t_2)} \lambda(\tau) d\tau \right].$$

对于非齐次泊松过程，其概率分布由下面定理给出.

定理 9.4　设 $\{X(t), t \geqslant 0\}$ 是具有均值函数为 $\mu_X(t) = \int_0^t \lambda(\tau) d\tau$ 的非齐次泊松过程，则有

$$P_k(s, t) = P\{X(s, t) = k\}$$

$$= \frac{[\int_0^t \lambda(\tau) d\tau]^k}{k!} \exp[-\int_{t_0}^t \lambda(\tau) d\tau], t > s \geqslant 0, k = 0, 1, 2, \cdots. \tag{9.3.12}$$

例 9.10 设 $\{X(t),t\geqslant 0\}$ 是具有跳跃强度函数 $\lambda(t)=\dfrac{1}{2}(1+\cos\omega t)$，$\omega\neq 0$ 的非齐次泊松过程，求 $E[X(t)]$ 和 $D[X(t)]$.

解 $E[X(t)]=\displaystyle\int_0^t\frac{1}{2}(1+\cos\omega t)\mathrm{d}t=\frac{1}{2}(t+\frac{\sin\omega t}{\omega})$,

$$D[X(t)]=E[X(t)]=\frac{1}{2}(t+\frac{\sin\omega t}{\omega}).$$

9.3.3 正态过程

定义 9.8 如果随机过程 $\{X(t),t\in T\}$ 的任何有限维分布都是正态分布，则称 $\{X(t),t\in T\}$ 为**正态过程**（**normal process**），或称**高斯过程**（**Gauss process**）.

由定义知，$X(t)$ 的 n 维联合概率密度函数为

$$f_n(x_1,x_2,\cdots,x_n;t_1,t_2,\cdots,t_n)=\frac{1}{(2\pi)^{n/2}\,|\,C\,|^{1/2}}\exp\{-\frac{1}{2}(x-\mu)^T C^{-1}(x-\mu)\} \qquad (9.3.13)$$

其中

$$x=\begin{pmatrix}x_1\\x_2\\\vdots\\x_n\end{pmatrix},\qquad \mu=\begin{pmatrix}\mu_X(t_1)\\\mu_X(t_2)\\\vdots\\\mu_X(t_n)\end{pmatrix}\qquad C=\begin{bmatrix}C_X(t_1,t_1)\ C_X(t_1,t_2)\ ...\ C_X(t_1,t_n)\\C_X(t_2,t_1)\ C_X(t_2,t_2)\ ...\ C_X(t_2,t_n)\\\vdots\qquad\vdots\qquad\vdots\qquad\vdots\\C_X(t_n,t_1)\ C_X(t_n,t_2)\ ...\ C_X(t_n,t_n)\end{bmatrix}$$

特点：

（1）在通信中应用广泛；

（2）正态过程只要知道其均值函数和协方差函数，即可确定其有限维分布.

正态过程在随机过程中起着中心的作用，与正态随机变量在概率论中所起的作用相类似，这一方面由于很多重要的随机过程可以用正态过程来近似，另一方面正态过程还具有很多良好的性质，对于正态过程来说，许多问题的解答比其他过程来得容易.

9.3.4 维纳过程（正态过程的一种特殊情况）

1. 物理背景

1827 年英国植物学家罗伯特·布朗在显微镜下观察漂浮在平静的液面上的微小粒子，发现它们不停地作不规则运动，这样的质点运动，称为布朗运动.

以 $X(t)$ 表示质点从时刻 $t=0$ 到时刻 $t>0$ 的位移的横坐标（同样也可以讨论纵坐标），且设 $X(0)=0$，根据爱因斯坦 1905 年提出的理论，微粒的这种运动完全由不规则分子随机撞击而引起，在不相重叠区间上碰撞次数与大小是相互独立

的，故在互不重叠区间上质点的位移是相互独立的，而质点在时段上位移可看作是许多微小位移之和，显然，根据中心极限定理，假定位移服从正态分布是合理的，再加上液面处于平衡状态，可理解为有均匀的独立增量. 综上所述，可引入如下维纳过程的定义.

注：维纳是首先从数学上研究布朗运动的数学家之一.

2. 维纳过程的定义

定义 9.9　设 $\{X(t), t \geqslant 0\}$ 是随机过程，如果它满足

（1）$X(0) = 0$；

（2）是独立增量过程；

（3）对于任意的 t_1, t_2，$t_2 > t_1 \geqslant 0$，增量 $X(t_2) - X(t_1)$ 服从均值为 0、方差为 $\sigma^2(t_2 - t_1)$ 的正态分布 $N(0, \sigma^2(t_2 - t_1))$，其中 σ 是正常数，则称此过程为参数是 σ^2 的**维纳过程**（**Wiener process**）.

这类过程常用于描述布朗运动、通信中的电流热噪声等. 图 9.8 给出了维纳过程的一个样本函数示意图.

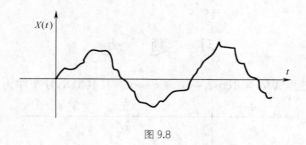

图 9.8

3. 维纳过程的统计特性

根据定义，对任意 $t > 0$，$X(t) - X(0) \sim N(0, \sigma^2 t)$，所以有

$$\mu_X(t) = E[X(t)] = 0,$$
$$\sigma_X^2(t) = D[X(t) - X(0)] = \sigma^2 t.$$

下面来求相关函数及协方差函数.

利用独立增量条件，当 $0 \leqslant t_1 < t_2$ 时，有

$$\begin{aligned}
R_X(t_1, t_2) = C_X(t_1, t_2) &= E[X(t_1)X(t_2)] \\
&= E\{X(t_1)[X(t_2) - X(t_1) + X(t_1)]\} \\
&= E\{[X(t_1) - X(0)][X(t_2) - X(t_1)]\} + E[X^2(t_1)] \\
&= E[X(t_1) - X(0)]E[X(t_2) - X(t_1)] + D[X(t_1)] \\
&= \sigma^2 t_1
\end{aligned}$$

当 $0 \leqslant t_2 < t_1$ 时，类似可求得

$$R_X(t_1, t_2) = \sigma^2 t_2,$$

于是，相关函数为

$$R_X(t_1, t_2) = \sigma^2 \min(t_1, t_2),$$

协方差函数为

$$C_X(t_1, t_2) = \sigma^2 \min(t_1, t_2).$$

例 9.11 设 $X(t) = \mathrm{e}^{-t} W(\mathrm{e}^{2t})$，其中 $\{W(t), t \in (0, +\infty)\}$ 为参数是 σ^2 的维纳过程，求 $\{X(t), t \in (0, +\infty)\}$ 的均值函数和协方差函数.

解 均值函数

$$\mu_X(t) = E[X(t)] = E[\mathrm{e}^{-t} W(\mathrm{e}^{2t})] = \mathrm{e}^{-t} E[W(\mathrm{e}^{2t})] = 0$$

协方差函数

$$
\begin{aligned}
C_X(t_1, t_2) &= R_X(t_1, t_2) - \mu_X(t_1)\mu_X(t_2) \\
&= E[\mathrm{e}^{-t_1} W(\mathrm{e}^{2t_1}) \mathrm{e}^{-t_2} W(\mathrm{e}^{2t_2})] \\
&= \mathrm{e}^{-(t_1+t_2)} E[W(\mathrm{e}^{2t_1}) W(\mathrm{e}^{2t_2})] \\
&= \mathrm{e}^{-(t_1+t_2)} \times \sigma^2 \min(\mathrm{e}^{2t_1}, \mathrm{e}^{2t_2}) \\
&= \sigma^2 \mathrm{e}^{-|t_2 - t_1|}.
\end{aligned}
$$

习 题 九

1. 设随机过程 $X(t) = A \cos t, -\infty < t < +\infty$，且其概率分布律为

A	1	2	3
P	$\frac{1}{3}$	$\frac{1}{3}$	$\frac{1}{3}$

试求一维分布函数 $F(x; \frac{\pi}{4}), F(x; \frac{\pi}{2})$.

2. 设随机过程 $X(t) = A \cos \omega t, t \in R$，其中 ω 为常数，$A \sim N(0,1)$，试求 $X(t)$ 的一维分布，并求其协方差函数.

3. 设 $X(t) = \mathrm{e}^{-At}, t > 0$，其中 A 为随机变量，在 $(0,1)$ 上服从均匀分布. 求 $X(t)$ 的均值函数、自相关函数及一维概率密度.

4. 给定随机过程 $\{X(t), t \in T\}$，x 是某一实数，定义另一个随机过程

$$Y(t) = \begin{cases} 1 & , X(t) \leqslant x \\ 0 & , X(t) < x \end{cases}$$

试用 $X(t)$ 的一维和二维分布函数表示 $Y(t)$ 的均值函数和自相关函数.

5. 已知随机过程 $\{X(t); t \in T\}$ 的均值函数 $\mu_x(t)$ 和协方差函数 $C_x(t_1, t_2)$，$\varphi(t)$ 是普通函数. 求随机过程 $Y(t) = X(t) + \varphi(t)$ 的均值函数和协方差函数.

6. 给定随机过程 $X(t)$ 的自相关函数 $R_X(t_1, t_2)$，α 为常数，令

$Y(t) = X(t+\alpha) - X(t)$. 试用 $R_X(t_1, t_2)$ 表示 $Y(t)$ 的自相关函数.

7. 设随机过程 $\{X(t), t \geq 0\}$ 为一独立增量过程，且 $X(0) = 0$，用 $F(t)$ 表示 $X(t)$ 的方差函数. 试证明 $X(t)$ 的协方差函数可表示为 $C_X(s, t) = F[\min(s, t)]$.

8. 某电话总机平均 2min 接到 1 次呼叫，以 $N(t)$ 表示时间区间 $(0, t]$ 内接到的呼叫次数. 设 $\{N(t), t \geq 0\}$ 是泊松过程，试求：

（1）1h 内的平均呼叫次数.

（2）1h 内恰好接到 30 次呼叫的概率.

9. 设 $\{X(t), t \geq 0\}$ 是泊松过程，且对任意 $t_2 > t_1 \geq 0, E[X(t_2) - X(t_1)] = 3(t_2 - t_1)$；

（1）求 $P\{X(1) = 2, X(4) = 6, X(6) = 7\}$.

（2）求 $P\{X(4) = 6 / X(1) = 2\}$.

10. 设 $\{N(t), t \geq 0\}$ 为泊松过程，证明对于 $s < t$，有

$$P\{N(s) = k / N(t) = n\} = \binom{n}{k} (\frac{s}{t})^k (1 - \frac{s}{t})^{n-k}.$$

11. 设 $N_1(t)$ 和 $N_2(t)$ 是强度分别为 λ_1, λ_2 的相互独立的泊松过程. 试证明 $X(t) = N_1(t) - N_2(t)$ 不是泊松过程.

12. 设 $X(t) = At + W(t)$，其中 $\{W(t), t \geq 0\}$ 是参数为 σ^2 的维纳过程，A 是与 $W(t)$ 相互独立的随机变量，且 $A \sim N(m, \sigma^2)$. 求 $X(t)$ 的均值函数、相关函数和协方差函数.

13. 设 $\{X(t), t \geq 0\}$ 是维纳过程，对任意 $t_2 > t_1 \geq 0$，有

$$D[X(t_2) - X(t_1)] = \sigma^2(t_2 - t_1),$$

（1）试写出过程的一维概率密度函数.

（2）若 $\sigma = 1$，求 $P\{X(4) > 1\}$.

第

10

章 **马尔可夫链**

马尔可夫过程是目前发展很快、应用很广的一种重要随机过程. 这类过程的特点是当过程在时刻 t_0 所处的状态为已知的条件下, 过程在时刻 $t(>t_0)$ 所处的状态仅与时刻 t_0 所处的状态有关, 而与过程在 t_0 时刻之前的状态无关, 这个特性称为无后效性.

无后效性用通俗的话来说, 就是 "已知过程的现在, 过程的将来只与现在有关而不依赖于过去".

马尔可夫过程按照其状态和时间参数是连续的还是离散的, 可分为三类: (1) 时间、状态都是离散的马尔可夫过程, 称为马尔可夫链; (2) 时间连续、状态离散的马尔可夫过程, 称为连续时间的马尔可夫链; (3) 时间、状态都连续的马尔可夫过程. 本章我们将着重讨论马尔可夫链.

10.1 马尔可夫链的概念及转移概率

10.1.1 马尔可夫链的定义

由于马尔可夫链的状态和时间参数都是离散的, 所以我们可不妨假设: 随机过程 $\{X(t), t \in T\}$ 的状态空间是由有限个或可列多个状态构成, 即状态空间为 $I = \{a_1, a_2, \cdots\}$; 过程只在时刻 $0, 1, 2, \cdots$ 发生状态转移, 即参数集为 $T = \{0, 1, 2, \cdots\}$.

将过程 $\{X(t), t \in T\}$ 在时刻 n 所处的状态 $X(n)$ 记为 X_n, 即 $X_n = X(n)$.

定义 10.1 若随机过程 $\{X_n, n \geqslant 0\}$ 在 $m+k$ $(k > 0)$ 时刻处在任一状态 $a_j \in I$ 的概率只与过程在 m 时刻所处的状态 $a_i \in I$ 有关, 而与过程在 m 时刻以前所处的状态无关, 即条件概率满足

$$P\{X_{m+k} = a_j \mid X_0 = a_{i_0}, X_1 = a_{i_1}, \cdots, X_{m-1} = a_{i_{m-1}}, X_m = a_i\}$$
$$= P\{X_{m+k} = a_j \mid X_m = a_i\} \tag{10.1.1}$$

则称随机过程 $\{X_n, n \geqslant 0\}$ 为马尔可夫链（**Markov chain**）, 简称马氏链.

10.1.2　马氏链的转移概率

将 (10.1.1)式右端记为 $p_{ij}(m, m+k)$，则称条件概率

$$p_{ij}(m, m+k) = P\{X_{m+k} = a_j \mid X_m = a_i\} \qquad (10.1.2)$$

为马氏链在 m 时刻过程处于状态 a_i 的条件下，在时刻 $m+k$ 过程转移到达状态 a_j 的**转移概率**（**transition probability**）。(10.1.2)式中 $i, j = 1, 2, \cdots$；m, k 为正整数.

一般而言，$p_{ij}(m, m+k)$ 不仅依赖于 a_i, a_j, k，而且还依赖于 m. 如果 $p_{ij}(m, m+k)$ 只与 a_i, a_j 及时间间距 k 有关，而与 m 无关，则称此马氏链为**齐次的**，并将转移概率记为 $p_{ij}(k)$，即

$$p_{ij}(k) = p_{ij}(m, m+k)$$

下面我们仅讨论齐次马氏链，并通常将"齐次"二字省去.

特别地，如果过程的参数集和状态空间均为非负整数集 $\{0, 1, 2, \cdots\}$，则 $p_{ij}(m, m+k)$ 表示马氏链"在 m 时刻过程处于状态 i 的条件下，在时刻 $m+k$ 过程转移到达状态 j"的条件概率.

即

$$p_{ij}(k) = p_{ij}(m, m+k) = P\{X_{m+k} = j \mid X_m = i\}$$

10.1.3　一步转移概率及其矩阵

在转移概率 $p_{ij}(m, m+k)$ 中取 $k = 1$ 时，则 $p_{ij}(m, m+1)$ 表示马氏链由状态 a_i 经过一步转移到达状态 a_j 的转移概率，记为 p_{ij}，

即

$$p_{ij} = p_{ij}(m, m+1) = P\{X_{m+1} = a_j \mid X_m = a_i\} \qquad (10.1.3)$$

称 p_{ij} 为马氏链的**一步转移概率**（step transition probability）.

由所有的一步转移概率 p_{ij} 构成的矩阵

$$
P = P(1) = (p_{ij}) =
\begin{matrix}
 & \begin{matrix} a_1 & a_2 & \cdots & a_j & \cdots \end{matrix} \\
\begin{matrix} a_1 \\ a_2 \\ \vdots \\ a_i \\ \vdots \end{matrix} &
\begin{pmatrix}
p_{11} & p_{12} & \cdots & p_{1j} & \cdots \\
p_{21} & p_{22} & \cdots & p_{2j} & \cdots \\
\vdots & \vdots & & \vdots & \\
p_{i1} & p_{i2} & & p_{ij} & \cdots \\
\vdots & \vdots & & \vdots &
\end{pmatrix}
\end{matrix}
$$

称为马氏链的**一步转移概率矩阵**. 此矩阵决定了马氏链状态转移的概率法则，并且具有下列两个基本性质：

（1）$p_{ij} \geqslant 0$，$a_i, a_j \in I$；

（2）$\sum\limits_{j=1}^{\infty} p_{ij} = 1$，$a_i \in I$.

上述两个性质由条件分布律的性质即可推得. 称任一具有这两个性质的元素组成的矩阵为**随机矩阵（random matrix）**.

例 10.1 有限制的一维简单随机游动：设一个质点在直线上的 5 个位置 0,1,2,3,4 之间随机游动. 其游动规则为：当它处在位置 1 或 2 或 3 时，都以1/3的概率向左移动一步，而以 2/3 的概率向右移动一步；当质点到达位置 0 时它以概率 1 返回位置 1；当质点到达位置 4 时它以概率 1 停留在该位置上. 称位置 0 为**反射壁（reflecting barrier）**，位置 4 为**吸收壁（absorbing barrier）**.

以 $X_n = j$ 表示 n 时刻质点所处的位置是 j，$j=0,1,2,3,4$，则 $\{X_n, n \geqslant 0\}$ 是一个齐次马氏链.

其状态空间为：$I=\{0,1,2,3,4\}$，其中状态 0 是反射状态，即质点一旦到达这种状态后，必然被反射回去，故称此状态为反射壁；状态 4 是吸收状态，即质点一旦到达这种状态后就被吸收住了，不再游动，故称此状态为吸收壁.

其一步转移概率矩阵为

$$P = P(1) = \begin{bmatrix} 0 & 1 & 0 & 0 & 0 \\ \dfrac{1}{3} & 0 & \dfrac{2}{3} & 0 & 0 \\ 0 & \dfrac{1}{3} & 0 & \dfrac{2}{3} & 0 \\ 0 & 0 & \dfrac{1}{3} & 0 & \dfrac{2}{3} \\ 0 & 0 & 0 & 0 & 1 \end{bmatrix}$$

其状态转移图如图 10.1 所示.

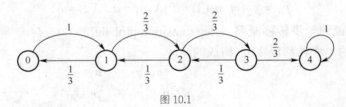

图 10.1

改变游动的概率规则，就可得到不同方式的随机游动和相应的马氏链.

例 10.2 两种状态的马氏链.

假设系统只有两种状态，状态空间为 $I=\{0,1\}$.

（1）若把状态 1 看作系统正常运行，则状态 0 可看作是系统处在故障状态. 假定 n 时刻系统处于正常状态，则下一步转移到故障状态的概率为 p；当 n 时刻系统处于故障状态，下一步转移到正常状态的概率为 q. 同时，假定每次转移不依赖于系统过去所处状态. 若以 X_n 表示 n 时刻系统所处的状态，则 $\{X_n, n \geqslant 0\}$ 是一个齐次马氏链，其一步转移概率矩阵为

$$P = \begin{array}{c} \\ 0 \\ 1 \end{array} \begin{array}{c} 0 \qquad 1 \\ \begin{pmatrix} 1-q & q \\ p & 1-p \end{pmatrix} \end{array}$$

（2）若把两个状态看作是 n 重贝努里试验的结果，将状态 0 看作第 n 次试验失败，概率为 q；状态 1 看作第 n 次试验成功，其概率为 p，且 $p+q=1$．X_n 表示第 n 次试验的结果．

由于试验是独立的，故此一步转移概率为

$$p_{ij} = P\{X_{n+1} = j \mid X_n = i\} = P\{X_{n+1} = j\} = \begin{cases} q & , \quad j = 0 \\ p & , \quad j = 1 \end{cases}, \quad i = 0,1.$$

故一步转移概率矩阵为

$$P = \begin{array}{c} \\ 0 \\ 1 \end{array} \begin{array}{c} 0 \quad 1 \\ \begin{bmatrix} q & p \\ q & p \end{bmatrix} \end{array}$$

例 10.3 艾伦非斯特模型

设一个坛子装有 c 个球，它们或是红色的，或是黑色的，从坛中随机地摸出一个球，并换入一个另一种颜色的球，以 X_n 表示第 n 次摸球后坛中的黑球数，试求 $\{X_n, n \geqslant 0\}$ 的一步转移概率．

解 因为无论怎样摸球、换球，黑球的个数只可能是 $0, 1, 2, \cdots, c$，所以状态空间为：$I = \{0, 1, 2, \cdots, c\}$．

当 $X_m = i$ 时，X_{m+1} 取值可能是 $i+1$，也可能是 $i-1$，由此可知该过程是一个齐次马氏链，且一步转移概率为

$$p_{ij} = \begin{cases} \dfrac{i}{c} & , \quad j = i-1 \\[2mm] \dfrac{c-i}{c} & , \quad j = i+1 \\[2mm] 0 & , \quad \text{其他} \end{cases}$$

10.2 多步转移概率的确定

10.2.1 n 步转移概率及其矩阵

在转移概率 $p_{ij}(m, m+k)$ 中取 $k = n$ 时，则可得到齐次马氏链的 n 步转移概率，记为 $p_{ij}(n)$，即

$$p_{ij}(n) = p_{ij}(m, m+n) = P\{X_{m+n} = a_j \mid X_m = a_i\}, \tag{10.2.1}$$

其对应的 n 步转移概率矩阵为

$$
P(n) = (p_{ij}(n)) =
\begin{array}{c}
 \\
a_1 \\
a_2 \\
\vdots \\
a_i \\
\vdots
\end{array}
\begin{array}{cccc}
a_1 & a_2 & \cdots & a_j & \cdots \\
\left(\begin{array}{ccccc}
p_{11}(n) & p_{12}(n) & \cdots & p_{1j}(n) & \cdots \\
p_{21}(n) & p_{22}(n) & \cdots & p_{2j}(n) & \cdots \\
\vdots & \vdots & & \vdots & \vdots \\
p_{i1}(n) & p_{i2}(n) & & p_{ij}(n) & \cdots \\
\vdots & \vdots & & \vdots &
\end{array}\right)
\end{array}
$$

显然，此矩阵是一个随机矩阵，同样具有如下性质：

（1）$p_{ij}(n) \geqslant 0$，　　$a_i, a_j \in I$；

（2）$\displaystyle\sum_{j=1}^{\infty} p_{ij}(n) = 1$，　$a_i \in I$.

当 $n=1$ 时，$p_{ij}(n)$ 就是一步转移概率矩阵.

为了讨论方便，通常还规定：

$$
p_{ij}(0) = p_{ij}(m,m) = \delta_{ij} = \begin{cases} 1, & i = j \\ 0, & i \neq j \end{cases} \tag{10.2.2}
$$

10.2.2 切普曼–科尔莫戈罗夫方程

定理 10.1　设 $\{X_n, n \geqslant 0\}$ 为齐次马氏链，则对任意的正整数 $n \geqslant 0$ 和 $a_i, a_j \in I$，有

$$
p_{ij}(n) = \sum_{r=1}^{\infty} p_{ir}(k) p_{rj}(n-k)，\qquad i,j = 1,2,\cdots \tag{10.2.3}
$$

或

$$
P(n) = P(k)P(n-k)， \tag{10.2.4}
$$

这就是著名的**切普曼–科尔莫戈罗夫（Chapmam-Kolmogorov）方程**，简称 **C-K 方程**.

证明　利用全概率公式及马尔可夫性，有

$$
\begin{aligned}
p_{ij}(n) &= P\{X_{m+n} = a_j \mid X_m = a_i\} \\
&= \frac{P\{X_m = a_i, X_{m+n} = a_j\}}{P\{X_m = a_i\}} \\
&= \frac{P\{X_m = a_i, \bigcup\limits_{r=1}^{\infty} X_{m+k} = a_r, X_{m+n} = a_j\}}{P\{X_m = a_i\}} \\
&= \frac{\sum\limits_{r=1}^{\infty} P\{X_m = a_i, X_{m+k} = a_r, X_{m+n} = a_j\}}{P\{X_m = a_i\}}
\end{aligned}
$$

$$= \frac{\sum_{r=1}^{\infty} P\{X_m = a_i, X_{m+k} = a_r\} \cdot P\{X_{m+n} = a_j \mid X_m = a_i, X_{m+k} = a_r\}}{P\{X_m = a_i\}}$$

$$= \sum_{r=1}^{\infty} \frac{P\{X_m = a_i, X_{m+k} = a_r\}}{P\{X_m = a_i\}} \cdot P\{X_{m+n} = a_j \mid X_{m+k} = a_r\}$$

$$= \sum_{r=1}^{\infty} P\{X_{m+k} = a_r \mid X_m = a_i\} \cdot P\{X_{m+n} = a_j \mid X_{m+k} = a_r\}$$

$$= \sum_{r=1}^{\infty} p_{ir}(k) p_{rj}(n-k), \qquad i, j = 1, 2, \cdots$$

即
$$p_{ij}(n) = \sum_{r=1}^{\infty} p_{ir}(k) p_{rj}(n-k), \qquad i, j = 1, 2, \cdots$$

利用矩阵形可表示为

$$P(n) = P(k)P(n-k)$$

在上式中，取 $k = 1$，则有：

当 $n = 2$ 时，$P(2) = P(1)P(1) = [P(1)]^2 = P^2$

当 $n = 3$ 时，$P(3) = P(1)P(2) = [P(1)]^3 = P^3$

一般地，当 n 为正整数时，就有

$$P(n) = [P(1)]^n = P^n$$

可见，齐次马氏链的多步转移概率完全由它的一步转移概率所决定．因此，在马氏链中，一步转移概率是最基本的，它完全确定了马氏链的状态转移的统计规律．

切普曼—科尔莫戈罗夫的直观解释是：系统从 m 时刻所处状态 a_i，经 n 步后转移到状态 a_j，可以分解为先经 k 步转移到状态 a_r $(a_r \in I)$，再经 $n-k$ 步转移到状态 a_j 的各事件之并，由于 a_r 不同，则各事件互不相容．所以系统从 m 时刻所处状态 a_i，经 n 步转移到状态 a_j 的概率等于先经 k 步转移到 a_r，再经 $n-k$ 步转移到 a_j 的各事件的概率之和，如图 10.2 所示．

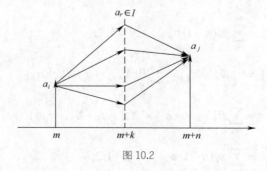

图 10.2

10.3 马氏链的有限维分布

10.3.1 初始概率与绝对概率

首先介绍 0 时刻系统处在某状态 a_j 的初始概率以及任一 n 时刻系统处于某一状态 a_j 的绝对概率等相关概念，然后再来确定马氏链的有限维分布.

定义 10.2 设 $\{X_n, n \geqslant 0\}$ 为马氏链，

称 $\qquad p_j(0) = P\{X_0 = a_j\}, \qquad a_j \in I, \ j = 1, 2, \cdots$

为马氏链的**初始概率**（**initial probability**）；

称 $\qquad p_j(n) = P\{X_n = a_j\}, \qquad a_j \in I, \ j = 1, 2, \cdots$

为**绝对概率**（**absolute probability**）.

并分别称 $\{p_j(0)，a_j \in I\}$ 和 $\{p_j(n)，a_j \in I\}$ 为马氏链的**初始分布**（**initial distribution**）和**绝对分布**（**absolute distribution**），且简记为 $\{p_j(0)\}$ 和 $\{p_j(n)\}$.

利用全概率公式可得绝对概率和初始概率之间的关系.

定理 10.2 设 $\{X_n, n \geqslant 0\}$ 为齐次马氏链，则对任意的 $a_j \in I$ 和 $n \geqslant 1$，绝对概率与初始概率的关系为

$$p_j(n) = \sum_{i=1}^{\infty} p_i(0) p_{ij}(n), \qquad j = 1, 2, \cdots \tag{10.3.1}$$

证明 $\quad p_j(n) = P\{X_n = a_j\} = \sum_{i=1}^{\infty} P\{X_0 = a_i, X_n = a_j\}$

$$= \sum_{i=1}^{\infty} P\{X_0 = a_i\} \times P\{X_n = a_j \mid X_0 = a_i\}$$

$$= \sum_{i=1}^{\infty} p_i(0) p_{ij}(n), \qquad j = 1, 2, \cdots$$

该定理表明任一 n 时刻的绝对概率，都可由初始概率和 n 步转移概率所确定.

推论 10.1 设 $\{X_n, n \geqslant 0\}$ 为齐次马氏链，则对任意的 $a_j \in I$ 和 $n \geqslant 1$，绝对概率具有下列性质

$$p_j(n) = \sum_{i=1}^{\infty} p_i(n-1) p_{ij}, \qquad j = 1, 2, \cdots \tag{10.3.2}$$

证明 $\quad p_j(n) = P\{X_n = a_j\} = \sum_{i=1}^{\infty} P\{X_{n-1} = a_i, X_n = a_j\}$

$$= \sum_{i=1}^{\infty} P\{X_{n-1} = a_i\} \times \{X_n = a_j \mid X_{n-1} = a_i\}$$

$$= \sum_{i=1}^{\infty} p_i(n-1) p_{ij}, \qquad j = 1, 2, \cdots.$$

初始分布和绝对分布也可用向量形式表示成

$$\vec{p}(0) = \left(p_1(0), p_2(0), \cdots, p_j(0), \cdots \right)$$

$$\vec{p}(n) = \left(p_1(n), p_2(n), \cdots, p_j(n), \cdots \right)$$

则(10.3.1)式和(10.3.2)式可表示为

$$\vec{p}(n) = \vec{p}(0)P(n)$$

$$\vec{p}(n) = \vec{p}(n-1)P$$

10.3.2　马氏链的有限维分布

定理 10.3　设 $\{X_n, n \geqslant 0\}$ 为齐次马氏链，则对任意 n $(n \geqslant 1)$ 个时刻 $0 \leqslant t_1 < t_2 < \cdots < t_n$ 及任意 n 个状态 $a_{i_1}, a_{i_2}, \cdots, a_{i_n} \in I$，有

$$P\{X_{t_1} = a_{i_1}, X_{t_2} = a_{i_2}, \cdots, X_{t_n} = a_{i_n}\}$$

$$= \sum_{i=1}^{\infty} p_i(0) \times p_{ii_1}(t_1) p_{i_1 i_2}(t_2 - t_1) \cdots p_{i_{n-1} i_n}(t_n - t_{n-1}) \tag{10.3.3}$$

证明　由概率的加法和乘法公式以及马尔可夫性，有

$$P\{X_{t_1} = a_{i_1}, X_{t_2} = a_{i_2}, \cdots, X_{t_n} = a_{i_n}\}$$

$$= P\{\bigcup_{i=1}^{\infty} X_0 = a_i, X_{t_1} = a_{i_1}, X_{t_2} = a_{i_2}, \cdots, X_{t_n} = a_{i_n}\}$$

$$= \sum_{i=1}^{\infty} P\{X_0 = a_i, X_{t_1} = a_{i_1}, X_{t_2} = a_{i_2}, \cdots, X_{t_n} = a_{i_n}\}$$

$$= \sum_{i=1}^{\infty} P\{X_0 = a_i\} \times P\{X_{t_1} = a_{i_1} \mid X_0 = a_i\} \times P\{X_{t_2} = a_{i_2} \mid X_0 = a_i, \ X_{t_1} = a_{i_1}\} \cdots$$

$$\times P\{X_{t_n} = a_{i_n} \mid X_0 = a_i, \ X_{t_1} = a_{i_1}, \cdots, X_{t_{n-1}} = a_{i_{n-1}}\}$$

$$= \sum_{i=1}^{\infty} P\{X_0 = a_i\} \times P\{X_{t_1} = a_{i_1} \mid X_0 = a_i\} \times P\{X_{t_2} = a_{i_2} \mid X_{t_1} = a_{i_1}\} \cdots$$

$$\cdot P\{X_{t_n} = a_{i_n} \mid X_{t_{n-1}} = a_{i_{n-1}}\}$$

$$= \sum_{i=1}^{\infty} p_i(0) \times p_{ii_1}(t_1) p_{i_1 i_2}(t_2 - t_1) \cdots p_{i_{n-1} i_n}(t_n - t_{n-1})$$

此定理说明，齐次马氏链的有限维分布完全由它的初始分布和转移概率所确定．因此，只要知道了齐次马氏链的初始分布和转移概率就可以描述马尔可夫链的统计特性．

推论 10.2　由定理 10.3 可得下列推论：

（1）　$P\{X_0 = a_{i_0}, X_1 = a_{i_1}, \cdots, X_n = a_{i_n}\} = p_{i_0}(0) p_{i_0 i_1} p_{i_1 i_2} \cdots p_{i_{n-1} i_n}$ \qquad (10.3.4)

（2）　$P\{X_1 = a_{i_1}, \cdots, X_n = a_{i_n} \mid X_0 = a_{i_0}\} = p_{i_0 i_1} p_{i_1 i_2} \cdots p_{i_{n-1} i_n}$ \qquad (10.3.5)

例 10.4 设 $\{X_n, n \geq 0\}$ 是具有三个状态 $I = \{0,1,2\}$ 的齐次马氏链，其一步转移概率矩阵为

$$P(1) = \begin{pmatrix} \dfrac{3}{4} & \dfrac{1}{4} & 0 \\[2mm] \dfrac{1}{4} & \dfrac{1}{2} & \dfrac{1}{4} \\[2mm] 0 & \dfrac{3}{4} & \dfrac{1}{4} \end{pmatrix}$$

初始分布为

$$p_j(0) = P\{X_0 = j\} = \frac{1}{3}, \quad j = 0, 1, 2.$$

试求：（1） $P\{X_0 = 0, X_2 = 1\}$；

（2） $P\{X_2 = 1\}$.

解 先求出二步转移概率矩阵：

$$P(2) = [P(1)]^2 = \begin{pmatrix} \dfrac{5}{8} & \dfrac{5}{16} & \dfrac{1}{16} \\[2mm] \dfrac{5}{16} & \dfrac{1}{2} & \dfrac{3}{16} \\[2mm] \dfrac{3}{16} & \dfrac{9}{16} & \dfrac{1}{4} \end{pmatrix}$$

由此得：

（1） $P\{X_0 = 0, X_2 = 1\} = P\{X_0 = 0\} \times P\{X_2 = 1 \mid X_0 = 0\}$

$$= p_0(0) p_{01}(2) = \frac{1}{3} \times \frac{5}{16} = \frac{5}{48}$$

（2） $P\{X_2 = 1\} = p_1(2) = \displaystyle\sum_{i=0}^{2} p_i(0) p_{i1}(2)$

$$= p_0(0) \times p_{01}(2) + p_1(0) \times p_{11}(2) + p_2(0) \times p_{21}(2)$$

$$= \frac{1}{3} \times \left(\frac{5}{16} + \frac{1}{2} + \frac{9}{16} \right) = \frac{11}{24}.$$

例 10.5 甲乙两人进行某种比赛，设每局比赛中甲胜的概率为 p，乙胜的概率为 q，平局的概率为 r $(p + q + r = 1)$. 设每局比赛后，胜者得 1 分，负者得 -1 分，平局不记分. 当两人中有一个得到 2 分时比赛结束. 以 $X_n, n \geq 1$ 表示比赛至第 n 局时甲获得的分数，则 $\{X_n, n \geq 1\}$ 为齐次马氏链.

（1）写出状态空间；

（2）求二步转移概率矩阵；

（3）求在甲获得 1 分的情况下，最多再赛 2 局就可以结束比赛的概率.

解：（1）状态空间 $I = \{-2, -1, 0, 1, 2\}$；

（2）一步转移矩阵为：

$$P(1) = \begin{array}{c} \\ -2 \\ -1 \\ 0 \\ 1 \\ 2 \end{array} \begin{array}{ccccc} -2 & -1 & 0 & 1 & 2 \\ \left(\begin{array}{ccccc} 1 & 0 & 0 & 0 & 0 \\ q & r & p & 0 & 0 \\ 0 & q & r & p & 0 \\ 0 & 0 & q & r & p \\ 0 & 0 & 0 & 0 & 1 \end{array} \right) \end{array}$$

二步转移概率矩阵为：

$$P(2) = \begin{array}{c} \\ -2 \\ -1 \\ 0 \\ 1 \\ 2 \end{array} \begin{array}{ccccc} -2 & -1 & 0 & 1 & 2 \\ \left(\begin{array}{ccccc} 1 & 0 & 0 & 0 & 0 \\ q+rp & r^2+pq & 2pr & p^2 & 0 \\ q^2 & 2rq & r^2+2pq & 2pr & p^2 \\ 0 & q^2 & 2rq & r^2+pq & p+pr \\ 0 & 0 & 0 & 0 & 1 \end{array} \right) \end{array}$$

（3）在甲获得 1 分的情况下，最多再赛 2 局就结束比赛，意味着甲最终获胜．于是，所求的概率为

$$p_{12}(2) = p + pr = p(1+r).$$

例 10.6 传输数字 0 和 1 的通信系统，每个数字的传输需经若干步骤．设每步传输正确的概率为 $9/10$，传输错误的概率为 $1/10$．

问：（1）数字 1 经三步传输后输出 1 的概率是多少？

（2）在某步输出 1 的条件下，又接连两步都传输出 1 的概率是多少？

（3）设初始分布为 $p_1(0) = P\{X_0 = 1\} = \alpha$，$p_0(0) = P\{X_0 = 0\} = 1 - \alpha$，又已知系统经 n 级传输后输出为 1，则原发数字也是 1 的概率为多少？

解 以 X_n 表示经 n 步传输后输出的数字，则 $\{X_n, n \geqslant 0\}$ 是一齐次马氏链，且状态空间为 $I = \{0,1\}$，其一步转移概率矩阵为

$$P = \begin{bmatrix} \dfrac{9}{10} & \dfrac{1}{10} \\[2mm] \dfrac{1}{10} & \dfrac{9}{10} \end{bmatrix}$$

由此可得二步及三步转移矩阵分别为

$$P(2) = [P(1)]^2 = \begin{bmatrix} \dfrac{82}{100} & \dfrac{18}{100} \\[2mm] \dfrac{18}{100} & \dfrac{82}{100} \end{bmatrix}$$

$$P(3) = [P(1)]^3 = \begin{bmatrix} \dfrac{756}{1000} & \dfrac{244}{1000} \\[2mm] \dfrac{244}{1000} & \dfrac{756}{1000} \end{bmatrix}$$

（1）由 $P(3)$ 知，所求概率为

$$p_{11}(3) = \frac{756}{1000} = 0.756 .$$

（2）由概率的乘法公式及马尔可夫性，有

$$P(X_{n+1} = 1, X_{n+2} = 1 \mid X_n = 1)$$

$$= P\{X_{n+1} = 1 \mid X_n = 1\} \times P\{X_{n+2} = 1 \mid X_n = 1, X_{n+1} = 1\}$$

$$= P\{X_{n+1} = 1 \mid X_n = 1\} \times P\{X_{n+2} = 1 \mid X_{n+1} = 1\}$$

$$= p_{11} p_{11} = (\frac{9}{10})^2 = 0.81 .$$

所以，在某步输出 1 的条件下，又接连两步都传输出 1 的概率为 0.81.

（3）首先利用线性代数的知识求出 n 步转移概率矩阵 $P(n) = P^n$

由于

$$P = P(1) = \begin{pmatrix} \dfrac{9}{10} & \dfrac{1}{10} \\ \dfrac{1}{10} & \dfrac{9}{10} \end{pmatrix}$$

由特征方程

$$|P - \lambda E| = 0$$

得到两个相异的特征值：

$$\lambda_1 = 1 , \quad \lambda_2 = \frac{4}{5}$$

再利用线性代数知识，将一步转移概率矩阵 P 表示成对角阵

$$\Lambda = \begin{pmatrix} 1 & 0 \\ 0 & \dfrac{4}{5} \end{pmatrix}$$

的相似矩阵.

具体方法是：求出 λ_1, λ_2 对应的特征向量

$$e_1 = \begin{pmatrix} \dfrac{1}{\sqrt{2}} \\ \dfrac{1}{\sqrt{2}} \end{pmatrix}, \quad e_2 = \begin{pmatrix} -\dfrac{1}{\sqrt{2}} \\ \dfrac{1}{\sqrt{2}} \end{pmatrix}$$

令

$$H = [e_1, e_2] = \begin{pmatrix} \dfrac{1}{\sqrt{2}} & -\dfrac{1}{\sqrt{2}} \\ \dfrac{1}{\sqrt{2}} & \dfrac{1}{\sqrt{2}} \end{pmatrix}$$

则

$$P = H \Lambda H^{-1}$$

于是，容易算得

$$P^n = (H \Lambda H^{-1})^n = H \Lambda^n H^{-1}$$

故 n 步转移概率矩阵为

$$P(n) = \begin{pmatrix} \dfrac{1}{2} + \dfrac{1}{2}\left(\dfrac{4}{5}\right)^n & \dfrac{1}{2} - \dfrac{1}{2}\left(\dfrac{4}{5}\right)^n \\ \dfrac{1}{2} - \dfrac{1}{2}\left(\dfrac{4}{5}\right)^n & \dfrac{1}{2} + \dfrac{1}{2}\left(\dfrac{4}{5}\right)^n \end{pmatrix}$$

根据贝叶斯公式，当已知系统经 n 级传输后输出为 1，原数字也是 1 的概率为

$$P\{X_0 = 1 \mid X_n = 1\} = \frac{P\{X_0 = 1\}P\{X_n = 1 \mid X_0 = 1\}}{P\{X_n = 1\}}$$

$$= \frac{p_1(0)p_{11}(n)}{p_0(0)p_{01}(n) + p_1(0)p_{11}(n)} = \frac{\alpha + \alpha\left(\dfrac{4}{5}\right)^n}{1 + (2\alpha - 1)\left(\dfrac{4}{5}\right)^n}$$

对于只有两个状态的马氏链，一步转移概率矩阵一般可表示为

$$\begin{array}{cc} & \begin{array}{cc} 0 & \quad 1 \end{array} \\ P = \begin{array}{c} 0 \\ 1 \end{array} & \begin{pmatrix} 1-q & q \\ p & 1-p \end{pmatrix} \end{array}, \quad 0 < p,\ q < 1$$

类似于上例的方法，可得 n 步转移概率矩阵为

$$P(n) = P^n = \begin{pmatrix} p_{00}(n) & p_{01}(n) \\ p_{10}(n) & p_{11}(n) \end{pmatrix}$$

$$= \frac{1}{p+q}\begin{pmatrix} p & q \\ p & q \end{pmatrix} + \frac{(1-p-q)^n}{p+q}\begin{pmatrix} q & -q \\ -p & p \end{pmatrix}, \quad n = 1, 2, \cdots$$

10.4 遍历性

10.4.1 遍历性的定义

定义 10.3 设 $\{X_n, n \geqslant 0\}$ 为齐次马氏链，若对任意状态 $a_i \in I$ 及 $a_j \in I$ 存在不依赖于 a_i 的常数 π_j，使得

$$\lim_{n \to +\infty} p_{ij}(n) = \pi_j \tag{10.4.1}$$

或

$$P(n) = P^n \xrightarrow[n \to +\infty]{} \begin{pmatrix} \pi_1 & \pi_2 & \cdots & \pi_j & \cdots \\ \pi_1 & \pi_2 & \cdots & \pi_j & \cdots \\ \cdots & \cdots & \cdots & \cdots & \cdots \\ \pi_1 & \pi_2 & \cdots & \pi_j & \cdots \\ \cdots & \cdots & \cdots & \cdots & \cdots \end{pmatrix} \tag{10.4.2}$$

则称此马氏链具有**遍历性（ergodicity）**. 又若 $\sum\limits_{j=1}^{\infty}\pi_j = 1$，则称 $\pi = (\pi_1, \pi_2, \cdots)$ 为此马氏链的**极限分布**.

遍历性可解释为：不论系统从哪一个状态出发，当转移步数 n 充分大后，转移到状态 a_j 的概率都接近于 π_j. 因此，当 n 很大时，就可反过来将 π_j 作为 $p_{ij}(n)$ 的近似值.

研究遍历性问题的中心是要确定在什么样的条件下马氏链才具有遍历性，以及如何求得 π_j，这个问题已彻底解决. 限于篇幅，我们仅就只有有限个状态的马氏链，即有限马氏链的遍历性给出一个充分条件.

10.4.2 有限马氏链具有遍历性的充分条件

定理 10.4 设 $\{X_n, n \geqslant 0\}$ 为有限马氏链，状态空间为 $I = \{a_1, a_2, \cdots, a_N\}$. 若存在正整数 m，使对任意状态 $a_i, a_j \in I$，都有

$$p_{ij}(m) > 0 , \qquad i, j = 1, 2, \cdots, N$$

则此链是遍历的，且有极限分布 $\pi = (\pi_1, \pi_2, \cdots, \pi_N)$，它是方程组

$$\pi = \pi P \text{ 或 } \pi_j = \sum_{i=1}^{N} \pi_i p_{ij} \qquad , j = 1, 2, \cdots, N \tag{10.4.3}$$

满足条件

$$\pi_j \geqslant 0 , \quad \sum_{j=1}^{N} \pi_j = 1 \tag{10.4.4}$$

的唯一解.

证明略.

定理 10.4 给出了判别有限状态马氏链具有遍历性的一个充分条件以及求 π_j 的方法. 按照定理，要证有限状态马氏链具有遍历性，只需找一正整数 m，使 m 步转移概率矩阵 $P(m)$ 无零元，而求 π_j 则化为求解方程组. 由方程组满足的条件可知 π_j，$j = 1, 2, \cdots, N$ 是一概率分布，称为马氏链的**极限分布（limit distributions）**.

10.4.3 平稳分布

大量事例表明，对一个有限状态的马氏链，如果存在正整数 m，使得对任意状态 $a_i, a_j \in I$，都有 $p_{ij}(m) > 0$ 时，经过一段时间后，过程将到达平稳（或平衡）状态，此后过程取那一个状态的概率不再随时间而变化. 为此，我们引入以下平稳分布的概念.

定义 10.4 对于齐次马氏链 $\{X_n, n \geqslant 0\}$，如果存在概率分布 $\{v_j\}$，$v_j \geqslant 0$，$\sum\limits_{j=1}^{\infty} v_j = 1$，且对任意状态 $a_j \in I$ 满足

$$v_j = \sum_{i=0}^{\infty} v_i p_{ij}, \quad j = 1, 2, \cdots \tag{10.4.5}$$

或

$$V = VP, \tag{10.4.6}$$

则称概率分布 $\{v_j\}$ 为**平稳分布（stationary distribution）**，称 X_n 具有**平稳性**.

对于平稳分布，若用平稳分布 π 作为马氏链的初始分布，即 $\vec{p}(0) = \pi$，则链在任意时刻的绝对分布 $\vec{p}(n)$ 永远与 π 一致.

事实上由 $\vec{p}(n) = \vec{p}(0)P(n)$ 和 $\pi = \pi P$，即得

$$\vec{p}(n) = \vec{p}(0)P(n) = \pi P^n = \pi P^{n-1} = \cdots = \pi P = \pi .$$

在定理 10.4 的条件下，马氏链的极限分布就是平稳分布，且是唯一的.

例 10.7　例 10.6 数字通信，其转移概率矩阵为

$$P(1) = \begin{pmatrix} \dfrac{9}{10} & \dfrac{1}{10} \\ \dfrac{1}{10} & \dfrac{9}{10} \end{pmatrix}$$

显然此链是遍历的. 下面求极限分布，由定理 10.4 得：

$$\begin{cases} (\pi_0, \pi_1) = (\pi_0, \pi_1) \begin{pmatrix} \dfrac{9}{10} & \dfrac{1}{10} \\ \dfrac{1}{10} & \dfrac{9}{10} \end{pmatrix} \\ \pi_0 + \pi_1 = 1 \end{cases}$$

于是，

$$\begin{cases} \pi_0 = \dfrac{9}{10}\pi_0 + \dfrac{1}{10}\pi_1 \\ \pi_1 = \dfrac{1}{10}\pi_0 + \dfrac{9}{10}\pi_1 \\ \pi_0 + \pi_1 = 1 \end{cases}$$

可得解为

$$\pi_0 = \pi_1 = \dfrac{1}{2} .$$

在前面 10.6 例中，我们已得到了 n 步转移矩阵为

$$P(n) = \begin{pmatrix} \dfrac{1}{2} + \dfrac{1}{2}\left(\dfrac{4}{5}\right)^n & \dfrac{1}{2} - \dfrac{1}{2}\left(\dfrac{4}{5}\right)^n \\ \dfrac{1}{2} - \dfrac{1}{2}\left(\dfrac{4}{5}\right)^n & \dfrac{1}{2} + \dfrac{1}{2}\left(\dfrac{4}{5}\right)^n \end{pmatrix}$$

令 $n \to +\infty$ 可得

$$\pi_0 = \lim_{n \to +\infty} p_{i0}(n) = \lim_{n \to +\infty} \left[\frac{1}{2} + (-1)^i \left(\frac{4}{5} \right)^n \right] = \frac{1}{2},$$

$$\pi_1 = \lim_{n \to \infty} p_{i1}(n) = \lim_{n \to \infty} \left[\frac{1}{2} - (-1)^i \left(\frac{4}{5} \right)^n \right] = \frac{1}{2}.$$

这与用方程得出的结果是一致的.

例 10.8　考虑直线上带反射壁的随机游动，如果质点只能取 1, 2, 3 三个点，一步转移概率矩阵为

$$P = \begin{pmatrix} q & p & 0 \\ q & 0 & p \\ 0 & q & p \end{pmatrix},$$

其中，$p > 0$，$q > 0$，$p + q = 1$. 问此链是否遍历？若遍历，求出极限分布.

解　首先计算二步转移概率矩阵

$$P(2) = P^2 = \begin{pmatrix} q^2 + pq & pq & p^2 \\ q^2 & 2pq & p^2 \\ q^2 & pq & pq + p^2 \end{pmatrix},$$

可见当 $m = 2$ 时，对任意的 $i, j \in \{1, 2, 3\}$ 有

$$p_{ij}(2) > 0.$$

由定理 10.4 可知，此链具有遍历性，即对任意的 $i = 1, 2, 3$，有

$$\lim_{n \to \infty} p_{ij}(n) = \pi_j \qquad j = 1, 2, 3.$$

下面求极限分布　π_j (j=1,2,3). 列出极限分布所满足的方程组

$$\begin{cases} \pi_1 = \pi_1 q + \pi_2 q \\ \pi_2 = \pi_1 p + \pi_3 q \\ \pi_3 = \pi_2 p + \pi_3 p \\ \pi_1 + \pi_2 + \pi_3 = 1 \end{cases}$$

$$\Rightarrow \begin{cases} \pi_2 = \dfrac{p}{q} \pi_1 \\ \pi_3 = \left(\dfrac{p}{q} \right)^2 \pi_1 \\ \pi_1 \left[1 + \dfrac{p}{q} + \left(\dfrac{p}{q} \right)^2 \right] = 1 \end{cases},$$

于是得：

$$\pi_1 = \left[1 + \frac{p}{q} + \left(\frac{p}{q}\right)^2\right]^{-1},$$

$$\pi_2 = \frac{p}{q}\left[1 + \frac{p}{q} + \left(\frac{p}{q}\right)^2\right]^{-1},$$

$$\pi_3 = \left(\frac{p}{q}\right)^2\left[1 + \frac{p}{q} + \left(\frac{p}{q}\right)^2\right]^{-1}.$$

当 $p = q = \frac{1}{2}$ 时，有 $\pi_1 = \pi_2 = \pi_3 = \frac{1}{3}$，这时极限分布为等概率分布，当 $p \neq q$ 时，可得

$$\pi_j = \frac{1 - \dfrac{p}{q}}{1 - \left(\dfrac{p}{q}\right)^3}\left(\frac{p}{q}\right)^{j-1}, \quad j = 1, 2, 3.$$

可见，当 $p > q$ 时，即表示质点向右的可能性大于向左的可能性，则 π_j 随 j 的增大而增大，也就是说，当质点游动相当长时，处于右边的状态可能性大于处于左边状态的可能性；而当 $p < q$ 时，则有相反的结果.

习 题 十

1. 直线上带完全反射壁的随机游动：设 $p > 0, q > 0, \gamma > 0$，且 $p + q + \gamma = 1$，质点只能处于 1，2，3，4，5 五个点的位置，当质点处于 2，3，4 时，下一时刻保留在原来位置的概率为 γ，右移一格的概率为 p，左移一格的概率为 q. 当质点在 1 位置时，下一时刻必定转移到 2 位置；当质点在 5 位置时，下一时刻必定转移到 4 位置. 记 X_n 表示第 n 时刻质点的位置. 试说明它是马尔科夫链，并写出它的一步转移概率矩阵.

2. 设 $X_0 = 1, X_1, X_2, \cdots, X_n \cdots$ 是相互独立且都以概率 $p(0 < p < 1)$ 取值 1，以概率 $q = 1 - p$ 取值 0 的随机变量序列，令 $S_n = \sum_{k=0}^{n} X_k$. 试说明 $\{S_n, n > 0\}$ 构成一马氏链，并写出它的状态空间和一步转移概率矩阵.

3. 一台计算机经常出现故障，每天观察一次计算机运行状态，"1"表示正常，"2"表示故障，X_n 表示计算机第 n 天运行状态，这是一个齐次马尔可夫链. 已知 $p_{11} = 0.8$，$p_{12} = 0.2$，$p_{21} = 0.4$，$p_{22} = 0.6$，如果第一天运行正常，试求连续四天计算机运行正常的概率及第二天运行不正常而第三天第四天运行正常的概率.

4. 设马尔可夫链具有状态空间 $I = \{1,2,3\}$，初始概率分布为

$$p_1(0) = \frac{1}{4}, p_2(0) = \frac{1}{2}, p_3(0) = \frac{1}{4},$$

且已知一步转移概率矩阵为

$$P = \begin{bmatrix} \dfrac{1}{4} & \dfrac{3}{4} & 0 \\[2mm] \dfrac{1}{3} & \dfrac{1}{3} & \dfrac{1}{3} \\[2mm] 0 & \dfrac{1}{4} & \dfrac{3}{4} \end{bmatrix}.$$

（1）计算 $P\{X_0 = 1, X_1 = 2, X_2 = 2\}$.

（2）试证：$P\{X_1 = 2, X_2 = 2 \mid X_0 = 1\} = p_{12} p_{22}$.

（3）计算 $p_{12}(2)$.

5．设具有三状态 0，1，2 的质点的一维随机游动，$X(n)$ 表示质点在 n 时刻所处的位置，则 $X(n)$ 是齐次马氏链，现已知它的一步转移概率矩阵为

$$P = \begin{bmatrix} q & p & 0 \\ q & 0 & p \\ 0 & q & p \end{bmatrix}$$

（1）求质点从状态 1 经二步、三步转移到状态 1 的概率.

（2）此链是否遍历？若遍历，求出极限分布.

6．设同类型产品装在两个盒内，盒 1 内有 8 个一等品和 2 个二等品，盒 2 内有 6 个一等品和 4 个二等品．作有放回的随机抽查，每次抽查一个，第一次在盒 1 内取，取到一等品继续在盒 1 内取，取到二等品，则在盒 2 内取．以 X_n 表示第 n 次取到产品的等级数，则 $\{X_n, n = 1, 2, 3 \cdots\}$ 是齐次马氏链.

（1）写出状态空间和转移概率矩阵.

（2）恰好第 3，5，8 次取到一等品的概率是多少？

（3）求过程的平稳分布.

7．将 2 个红球 4 个白球任意地放入甲、乙两个盒子中，每个盒子中放 3 个，现从每个盒子中各取一球，交换后放回盒中，以 X_n 表示经过 n 次交换后甲盒子中的红球数，则 $\{X_n, n \geqslant 0\}$ 是一齐次马尔可夫链，试求：

（1）一步转移概率矩阵.

（2）$\lim\limits_{n \to \infty} p_{ij}(n), j = 0, 1, 2$.

8．设齐次马氏链的转移矩阵为

$$P = \begin{bmatrix} \dfrac{2}{3} & \dfrac{1}{3} \\[2mm] \dfrac{1}{3} & \dfrac{2}{3} \end{bmatrix}.$$

证明

$$P(n) = P^n \xrightarrow[n \to \infty]{} \begin{bmatrix} \dfrac{1}{2} & \dfrac{1}{2} \\ \dfrac{1}{2} & \dfrac{1}{2} \end{bmatrix}.$$

9. 设 $X_n(n = 0,1,2\cdots)$ 是一个只有两个状态的齐次马氏链，已求得其 n 步转移概率矩阵为

$$P(n) = \begin{matrix} & \begin{matrix} 0 & \quad 1 \end{matrix} \\ \begin{matrix} 0 \\ 1 \end{matrix} & \begin{bmatrix} 1 & C_n \\ D_n & \dfrac{1}{2^n} \end{bmatrix} \end{matrix}$$

（1）求 C_n 和 D_n.

（2）此链是否具有遍历性？

（3）此链是否具有极限分布？如有，求出其极限分布.

10. 设马氏链的一步转移概率矩阵为

$$P = \begin{bmatrix} 1 & 0 & 0 \\ q & 0 & p \\ 0 & 0 & 1 \end{bmatrix}.$$

试证此链不是遍历的.

第11章 平稳随机过程

在自然科学和工程技术中，常遇到不同于马尔可夫过程的另一类随机过程，这类过程随时间的变化，不仅与它的当前情况有关，而且与它的过去情况也有关. 在那些过去情况对未来情况的发生有着很强作用的随机过程中，一类很重要的过程就是本章要介绍的平稳过程.

平稳过程是很重要、应用很广的一类过程，工程领域中所遇到的过程很多可以认为是平稳的. 例如，实际场合中的各种噪声和干扰，都可以认为是平稳的. 平稳过程是随机过程重点内容之一，本章主要在相关理论范围内讨论平稳过程的数字特征、各态历经性、相关函数的性质、功率谱密度和随机过程通过线性系统的分析.

11.1 平稳随机过程的概念

11.1.1 严平稳随机过程及其数字特征

定义 11.1 设 $\{X(t), t \in T\}$ 是随机过程，如果对任意的实数 h 和正整数 n ($n = 1, 2, \cdots$)，当 $t_1, t_2, \cdots, t_n \in T$，$t_1 + h, t_2 + h, \cdots, t_n + h \in T$ 时，$(X(t_1), X(t_2), \cdots, X(t_n))$ 与 $(X(t_1 + h), X(t_2 + h), \cdots, X(t_n + h))$ 具有相同的分布函数，即

$$F_n(x_1, x_2, \cdots, x_n; t_1, t_2, \cdots, t_n) = F_n(x_1, x_2, \cdots, x_n; t_1 + h, t_2 + h, \cdots, t_n + h) \qquad (11.1.1)$$

则称 $\{X(t), t \in T\}$ 为**严平稳随机过程**（**strictly stationary processes**）.

严平稳的含义：过程的统计特性与所选取的时间起点无关. 换句话说，整个过程的统计特征不随时间的推移而变化. 例如，今天我们所测得的某个平稳过程的统计特性，与以前所得到的该过程的统计特性是相同的.

若随机过程为连续型的，则 (11.1.1) 式等价于其概率密度函数满足

$$f_n(x_1, x_2, \cdots, x_n; t_1, t_2, \cdots, t_n) = f_n(x_1, \cdots, x_n; t_1 + h, t_2 + h, \cdots, t_n + h). \qquad (11.1.2)$$

下面仅以连续型为例来考虑平稳过程的一、二维概率密度函数及数字特性所

具有的特点.

在(11.1.2)式中，分别令 $n=1, h=-t_1$； $n=2, h=-t_1$，得

$$f_1(x\,;t_1) = f_1(x\,;t_1+h) = f_1(x\,;0) = f_1(x)\,, \tag{11.1.3}$$

$$f_2(x_1,x_2\,;t_1,t_2) = f_2(x_1,x_2\,;t_1+h,t_2+h) = f_2(x_1,x_2\,;0,t_2-t_1)\,,$$

记 $t_2 - t_1 = \tau$，则上式化为

$$f_2(x_1,x_2\,;t_1,t_2) = f_2(x_1,x_2\,;\tau)\,. \tag{11.1.4}$$

这表明，严平稳过程的一维概率密度函数与时间 t 无关，二维概率密度函数只与 t_1,t_2 的时间间隔 τ 有关，而与时间起点 t_1 无关.

由此可导出严平稳过程的数字特征：

$$E\big[X(t)\big] = \int_{-\infty}^{+\infty} x f_1(x)\mathrm{d}x_1 = \mu_X\,,$$

$$E[X^2(t)] = \int_{-\infty}^{+\infty} x^2 f_1(x)\mathrm{d}x = \psi_X^2\,,$$

$$D[X(t)] = \int_{-\infty}^{+\infty} (x-\mu_X)^2 f_1(x)\mathrm{d}x = \sigma_X^2\,,$$

$$E[X(t)X(t+\tau)] = \int_{-\infty}^{+\infty}\int_{-\infty}^{+\infty} x_1 x_2 f_2(x_1,x_2\,;\tau)\mathrm{d}x_1\mathrm{d}x_2 = R_X(\tau)\,,$$

$$E\big\{[X(t)-\mu_X][X(t+\tau)-\mu_X]\big\} = R_X(\tau) - \mu_X^2 = C_X(\tau)\,.$$

由一维、二维概率密度函数的特性可知，严平稳过程 $\{X(t),t\in T\}$ 的均值函数、均方值函数和方差函数（如果存在）均为常数；自相关函数和协方差函数只依赖于时间间隔 τ，而与时间的起点无关.

11.1.2 宽平稳随机过程

要确定一个随机过程的概率分布函数族，并且判定条件式(11.1.1)对一切 n 都成立，这在实际中是很困难的. 但了解其某些数字特征却是可能的，因而工程上根据实际需要往往只在相关理论范围内考虑平稳过程问题. 所谓相关理论是指只限于研究随机过程一、二阶矩的理论.

随机过程的一、二阶矩函数，虽然不能像多维概率分布那样全面地描述随机过程的统计特性，但它们在一定程度上相当有效地描述了随机过程的一些重要特性，对很多实际工程技术而言，依据这些重要特性就能解决问题了. 因此，我们下面来给出在相关理论范围内的平稳随机过程的定义.

定义 11.2 对二阶矩过程 $\{X(t),t\in T\}$，如果对任意 $t, t+\tau \in T$，有

$$E\big[X(t)\big] = \mu_X \quad \text{是常数，}$$

$$E\big[X(t)X(t+\tau)\big] = R_X(\tau) \quad \text{仅依赖 } \tau.$$

则称 $\{X(t),t\in T\}$ 为宽平稳随机过程（**wide stationary processes**）（或称广义平稳随机过程）.

由于宽平稳过程的定义只涉及一维、二维分布的有关数字特征，所以，一个

严平稳过程只要是二阶矩过程，它就是广义平稳的，反之，则不一定．但若 $\{X(t), t \in T\}$ 是正态过程则例外，因为它的概率密度函数可由均值和协方差矩阵完全确定．所以，如果正态过程的均值函数、自相关函数不随时间的推移而变化，则概率密度函数也不随时间的推移而改变．

顺便指出，今后凡是提到"平稳过程"，除特别指明外，通常都是指宽平稳随机过程．

当我们同时考虑两个平稳过程 $\{X(t), t \in T\}$ 和 $\{Y(t), t \in T\}$ 时，若它们的互相关函数仅是时间间隔 τ 的函数，即

$$E[X(t)Y(t+\tau)] = R_{XY}(\tau).$$

则称这两个过程是**联合平稳（joint smoothly）的**，此时互协方差函数 $C_{XY}(\tau)$ 也仅是 τ 的函数．

例 11.1 设 $\{X_n, n = 0, \pm 1, \pm 2, \cdots\}$ 是实的互不相关的随机变量序列，且 $E(X_n) = 0$，$D(X_n) = \sigma^2$，试讨论该随机序列的平稳性．

解 由题意 均值函数 $E(X_n) = 0$，

相关函数

$$R_X(n, n+\tau) = E(X_n X_{n+\tau}) = \begin{cases} E(X_n^2), & \tau = 0, \\ E(X_n)E(X_{n+\tau}), & \tau \neq 0. \end{cases}$$

$$= \begin{cases} D(X_n) + E^2(X_n), & \tau = 0, \\ 0, & \tau \neq 0. \end{cases}$$

$$= \begin{cases} \sigma^2, & \tau = 0, \\ 0, & \tau \neq 0. \end{cases} \quad \text{其中 } \tau \text{ 为整数.}$$

因为此随机序列的均值为常数，相关函数仅与 τ 有关，所以，它是平稳随机序列．

例 11.2 设随机过程 $X(t) = a\cos(\omega_0 t + \Theta)$，$-\infty < t < +\infty$，式中 a，ω_0 为常数，Θ 是在 $(0, 2\pi)$ 上服从均匀分布的随机变量．试证明：$\{X(t), t \in T\}$ 是平稳过程．

证明 由题意 Θ 的概率密度函数为

$$f(\theta) = \begin{cases} \dfrac{1}{2\pi}, & \theta \in (0, 2\pi) \\ 0, & \text{其他.} \end{cases}$$

所以，均值函数为

$$E[X(t)] = \int_0^{2\pi} a\cos(\omega_0 t + \theta) \times \frac{1}{2\pi} \mathrm{d}\theta = 0 \quad \text{是常数,}$$

而相关函数

$$R_X(t, t+\tau) = E[a\cos(\omega_0 t + \Theta) \times a\cos(\omega_0 t + \omega_0 \tau + \Theta)]$$

$$= \int_0^{2\pi} a^2 \cos(\omega_0 t + \theta)\cos(\omega_0 t + \omega_0 \tau + \theta) \times \frac{1}{2\pi}\mathrm{d}\theta$$

$$= \frac{a^2}{2}\cos(\omega_0\tau) \qquad \text{仅依赖于 } \tau.$$

因此，$\{X(t), t \in T\}$ 是平稳过程.

例 11.3 设 $S(t)$ 是一周期为 T 的周期函数，Θ 是在 $(0, T)$ 上服从均匀分布的随机变量. 称 $X(t) = S(t + \Theta)$，$-\infty < t < +\infty$，为随机相位周期过程. 试讨论它的平稳性.

解 由题意 Θ 的概率密度函数为

$$f(\theta) = \begin{cases} \dfrac{1}{T}, & \theta \in (0, T) \\ 0, & \text{其他.} \end{cases}$$

所以，均值函数为

$$E[X(t)] = E[S(t + \Theta)] = \int_0^T S(t + \theta) \cdot \frac{1}{T}\mathrm{d}\theta,$$

在上式中，令 $t + \theta = \varphi$，并利用 $S(t)$ 的周期性，可得

$$E[X(t)] = \frac{1}{T} \int_t^{T+t} S(\varphi)\mathrm{d}\varphi$$

$$= \frac{1}{T} \int_0^T S(\varphi)\mathrm{d}\varphi = \text{常数};$$

而相关函数

$$R_X(t, t+\tau) = E[X(t)X(t+\tau)] = E[S(t+\Theta)S(t+\tau+\Theta)]$$

$$= \int_0^T S(t+\theta)S(t+\tau+\theta) \times \frac{1}{T}\mathrm{d}\theta.$$

同样，令 $t + \theta = \varphi$，并利用 $S(t)$ 的周期性，可得

$$R_X(t, t+\tau) = \frac{1}{T} \int_t^{T+t} S(\varphi)S(\varphi+\tau)\mathrm{d}\varphi$$

$$= \frac{1}{T} \int_0^T S(\varphi)S(\varphi+\tau)\mathrm{d}\varphi.$$

此积分值仅与 τ 有关.

所以，随机相位周期过程 $X(t)$ 是平稳过程.

例 11.4 随机电报信号：若随机过程 $\{X(t)，t \in (-\infty, +\infty)\}$ 满足下列条件，则称它为**随机电报信号**（**random telegraph signals**）.

（1）相继取值为 $+I$ 或 $-I$，且

$$P\{X(t) = +I\} = P\{X(t) = -I\} = \frac{1}{2},$$

（2）在任意区间 $[t, t+\tau)$ 内信号变化的次数 $N(t, t+\tau)$ 服从参数为 $\lambda|\tau|$ 的泊松分布，即

$$P\{N(t, t+\tau) = k\} = \frac{(\lambda|\tau|)^k}{k!}\mathrm{e}^{-\lambda|\tau|}, k = 0, 1, 2, \cdots$$

这也表示在区间$[0,t)$，电报信号变化次数$\{N(t)$，$t \geqslant 0\}$是参数为λ的泊松过程．试讨论随机电报过程的平稳性．

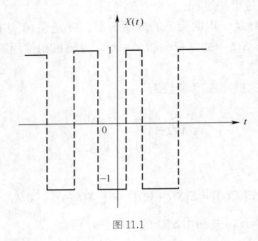

图 11.1

解 首先求均值函数

$$E[X(t)] = I \cdot P\{X(t)=I\} + (-I) \cdot P\{X(t)=-I\} = (+I) \cdot \frac{1}{2} + (-I) \cdot \frac{1}{2} = 0$$

再来计算相关函数．

若$X(t)$在$[t,t+\tau]$内变化偶数次，则$X(t)$和$X(t+\tau)$必同号，且乘积为I^2；若变号奇数次，则乘积为$-I^2$．

即

$$X(t)X(t+\tau) = \begin{cases} I^2, & N(t,t+\tau)\text{为偶数}, \\ -I^2, & N(t,t+\tau)\text{为奇数}. \end{cases}$$

所以

$$\begin{aligned} R_X(t,t+\tau) &= E[X(t)X(t+\tau)] \\ &= I^2 P\{X(t)X(t+\tau)=I^2\} + (-I^2)P\{X(t)X(t+\tau)=-I^2\} \\ &= I^2 \sum_{n=0}^{+\infty} P\{N(t,t+\tau)=2n\} + (-I^2)\sum_{n=0}^{+\infty} P\{N(t,t+\tau)=2n+1\}, \end{aligned}$$

于是，由泊松分布定义，得

$$\begin{aligned} R_X(t,t+\tau) &= I^2 \sum_{n=0}^{+\infty} \frac{(\lambda|\tau|)^{2n}}{(2n)!}e^{-\lambda|\tau|} - I^2 \sum_{n=0}^{+\infty} \frac{(\lambda|\tau|)^{2n+1}}{(2n+1)!}e^{-\lambda|\tau|} \\ &= I^2 e^{-\lambda|\tau|}\left\{ \sum_{n=0}^{+\infty} \frac{(-\lambda|\tau|)^{2n}}{(2n)!} + \sum_{n=0}^{+\infty} \frac{(-\lambda|\tau|)^{2n+1}}{(2n+1)!} \right\} \\ &= I^2 e^{-\lambda|\tau|} \sum_{k=0}^{+\infty} \frac{(-\lambda|\tau|)^k}{k!} = I^2 e^{-\lambda|\tau|} \cdot e^{-\lambda|\tau|} = I^2 e^{-2\lambda|\tau|}, \end{aligned}$$

即 $R_X(t, t + \tau) = I^2 e^{-2\lambda|\tau|}$，它仅与 τ 有关，而与 t 无关.

令 $\tau = 0$，则得

$$E[X^2(t)] = I^2 < +\infty .$$

所以，$\{X(t), -\infty < t < +\infty\}$ 是平稳过程，其相关函数图如图 11.2 所示.

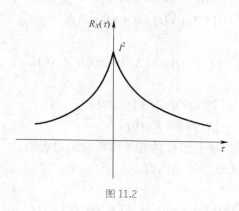

图 11.2

11.2 平稳过程相关函数的性质

前面已经指出，随机过程的基本数字特征是均值函数和相关函数. 对平稳过程而言，由于它的均值函数是常数，经中心化后为零，所以平稳随机过程的基本数字特征实际上就是相关函数.

此外，相关函数不仅可向我们提供随机过程各随机变量（状态）间的关联特征的信息，而且也是求取随机过程的"功率谱密度"（在 11.4 节介绍）以及从噪声中提取有用信息的工具. 为此，下面专门研究一下平稳过程相关函数的基本性质.

11.2.1 相关函数的性质

性质 1　$R_X(0) = E[X^2(t)] = \psi_X^2 \geqslant 0$.

即在相关函数 $R_X(\tau)$ 中令 $\tau = 0$，就得到平稳过程的均方值，后面还将指出 $R_X(0)$ 可表示平稳过程的"平均功率".

性质 2　$R_X(\tau)$ 是偶函数，即

$$R_X(\tau) = R_X(-\tau) ,$$

这是因为相关函数具有对称性

$$R_X(\tau) = E[X(t)X(t + \tau)] = E[X(t + \tau)X(t)] = R_X(-\tau) .$$

依据这个性质，在实际问题中只需计算或测量 $R_X(\tau)$ 在 $\tau \geqslant 0$ 的值即可.

性质 3 $\left|R_X(\tau)\right| \leqslant R_X(0)$

证明 因为

$$E\left[X(t) \pm X(t+\tau)\right]^2 \geqslant 0 \,,$$

即

$$E[X^2(t) \pm 2X(t)X(t+\tau) + X^2(t+\tau)] \geqslant 0 \,,$$

$$E[X^2(t)] \pm 2E[X(t)X(t+\tau)] + E[X^2(t+\tau)] \geqslant 0 \,,$$

对于平稳过程，有

$$E[X^2(t)] = E[X^2(t+\tau)] = R_X(0) \,,$$

代入上述不等式，得

$$2R_X(0) \pm 2R_X(\tau) \geqslant 0 \,,$$

所以，

$$\left|R_X(\tau)\right| \leqslant R_X(0) \,.$$

可见，当 $\tau = 0$ 时，平稳过程的相关函数取到最大值.

此性质还可由施瓦兹不等式推得.

事实上

$$[R_X(\tau)]^2 = \{E[X(t)X(t+\tau)]\}^2 \leqslant E[X^2(t)] \cdot E[X^2(t+\tau)] = [R_X(0)]^2 \,,$$

所以

$$\left|R_X(\tau)\right| \leqslant R_X(0) \,.$$

对于协方差函数，不难得到相同的结论.

$$\left|C_X(\tau)\right| \leqslant C_X(0) \quad 或 \quad \left|C_X(\tau)\right| \leqslant \sigma_X^2 \,.$$

性质 4 $R_X(\tau)$ 为非负定函数，即对任意实数 $\tau_1, \tau_2, \cdots, \tau_n \in T$ 和任意实值函数 $g(\tau)$，有

$$\sum_{i,j=1}^{n} R_X(\tau_i - \tau_j)g(\tau_i)g(\tau_j) \geqslant 0$$

事实上

$$\sum_{i,j=1}^{n} R_X(\tau_i - \tau_j)g(\tau_i)g(\tau_j)$$

$$= \sum_{i,j=1}^{n} E[X(\tau_i)X(\tau_j)]g(\tau_i)g(\tau_j)$$

$$= E\{\sum_{i,j}^{n} [X(\tau_i)X(\tau_j)]g(\tau_i)g(\tau_j)\}$$

$$= E\{[\sum_{i=1}^{n} X(\tau_i)g(\tau_i)]^2\} \geqslant 0 \,.$$

对于平稳过程而言，自相关函数的非负定性是最本质的，这是因为在理论上可以证明：任一连续函数，只要有非负定性，那么该函数必定是某平稳过程的自相关函数.

性质 5 若平稳过程 $\{X(t), -\infty < t < +\infty\}$ 满足条件 $X(t) = X(t+T)$，则称它为**周期平稳过程（cyclostationary process）**，其中 T 为平稳过程的周期. 平稳过程以 T 为周期的充要条件是自相关函数 $R_X(\tau)$ 是以 T 为周期的函数.

证明 必要性

$$R_X(\tau+T) = E[X(t)X(t+\tau+T)]$$
$$= E[X(t)X(t+\tau)] = R_X(\tau).$$

所以，自相关函数 $R_X(\tau)$ 是以 T 为周期的函数.

充分性

$$D[X(t+T) - X(t)] = E\{[X(t+T) - X(t)]^2\} - [E[X(t+T) - X(t)]]^2$$
$$= E[X^2(t+T)] + E[X^2(t)] - 2E[X(t)X(t+T)] - 0$$
$$= R_X(0) + R_X(0) - 2R_X(T)$$
$$= 2R_X(0) - 2R_X(0) = 0.$$

根据方差的性质可知

$$X(t+T) - X(t) = C = E[X(t+T) - X(t)] = 0,$$

所以

$$X(t+T) = X(t).$$

即 $\{X(t), -\infty < t < +\infty\}$ 是以 T 为周期的平稳过程.

性质 6 设平稳过程 $\{X(t), -\infty < t < +\infty\}$，如果当 τ 的绝对值充分大时，过程的状态 $X(t)$ 与 $X(t+\tau)$ 互不相关，则有

$$\lim_{|\tau| \to \infty} R_X(\tau) = \mu_X^2.$$

这是因为：从物理意义上说，当 τ 增大时 $X(t)$ 与 $X(t+\tau)$ 之间相关性会减弱，在 $|\tau| \to +\infty$ 的极限情况下，两者可以认为互不相关. 于是有

$$\lim_{|\tau| \to \infty} R_X(\tau) = \lim_{|\tau| \to \infty} E[X(t)X(t+\tau)]$$
$$= \lim_{|\tau| \to \infty} E[X(t)]E[X(t+\tau)]$$
$$= \mu_X^2.$$

若 $E[X(t)] = 0$，则有 $\lim\limits_{|\tau| \to \infty} R_X(\tau) = 0$.

例 11.5 设平稳过程 $\{X(t), -\infty < t < +\infty\}$，若当 τ 的绝对值充分大时，过程的状态 $X(t)$ 与 $X(t+\tau)$ 互不相关，且其相关函数为

$$R_X(\tau) = 25 + \frac{4}{1+6\tau^2}.$$

求 $X(t)$ 的均值.

解 由性质 6 得

$$\mu_X^2 = \lim_{|\tau| \to \infty} R_X(\tau) = 25,$$

所以

$$\mu_X = \pm 5.$$

性质 7　$R_X(\tau)$ 在 $(-\infty, +\infty)$ 连续的充要条件为 $R_X(\tau)$ 在 $\tau = 0$ 处连续.

此性质的证明超出本书的要求.

这一性质很有趣，对于平稳过程的相关函数 $R_X(\tau)$ 只要知道在 $\tau = 0$ 处连续，就可以得出对任意 τ 都连续，而一般连续函数是不具备这样的性质的.

11.2.2　互相关函数的性质

设 $\{X(t), t \in T\}$ 与 $\{Y(t), t \in T\}$ 为联合平稳过程，其互相关函数为

$$R_{XY}(\tau) = E[X(t)Y(t+\tau)].$$

$R_{XY}(\tau)$ 具有下列性质.

性质 1　　　　　　　　　$R_{XY}(\tau) = R_{YX}(-\tau).$

事实上

$$R_{XY}(\tau) = E[X(t)Y(t+\tau)] = E[Y(t+\tau)X(t)] = R_{YX}(-\tau).$$

性质 2　　　　　　　$\left| R_{XY}(\tau) \right|^2 \leqslant R_X(0)R_Y(0),$

$$\left| C_{XY}(\tau) \right|^2 \leqslant C_X(0)C_Y(0).$$

此性质可以由施瓦兹不等式推出.

性质 3　设 $Z(t) = X(t) + Y(t)$，其中 $\{X(t), t \in T\}$，$\{Y(t), t \in T\}$ 为联合平稳的，则 $\{Z(t), t \in T\}$ 也是平稳过程，且其相关函数为

$$R_Z(\tau) = R_X(\tau) + R_Y(\tau) + R_{XY}(\tau) + R_{YX}(\tau).$$

11.3　各态历经性

11.3.1　时间平均的概念

在实际应用中，确定随机过程的均值函数和自相关函数等一些数字特征是很重要的. 然而，要求这些数字特征需要知道随机过程的一维、二维概率分布函数，而这些分布函数一般在实际问题中是没有给出的. 为了获得这些数字特征，可以通过大量的观察试验，对大量的样本函数在特定时刻的取值利用统计方法求平均来得到数字特征的估计值，这种平均称为**统计平均或集平均**. 例如，可以把均值和自相关函数近似地表示为

$$E[X(t_1)] \approx \frac{1}{N} \sum_{i=1}^{N} x_i(t_1),$$

$$R_X(t_2 - t_1) \approx \frac{1}{N}\sum_{i=1}^{N} x_i(t_1)x_i(t_2).$$

一般来说，要使估计精确，就要增加试验次数，但在实际应用中，都希望试验次数愈少愈好，尤其是破坏性试验，不可能多做．于是产生这样的问题：能不能根据一次试验获得的一个样本函数来确定随机过程的数字特征呢？

本节给出的各态历经定理将证实：对平稳过程而言，只要满足一些较宽的条件，那么集平均（均值函数和相关函数等）实际上可以用一个样本函数在整个时间轴上的平均值来代替．这样，在解决实际问题时，就可以节约了大量的工作量．

对于这样的随机过程，我们说它具备各态历经性（ergodicity）或遍历性．

随机过程的各态历经性，可以理解为随机过程的每个样本函数都同样地历经了随机过程的各种可能状态．

因此，如果随机过程具有各态历经性，则从随机过程的任何一个样本函数都可以得到随机过程的全部统计信息，即任何一个样本函数的特性都可以充分地代表整个随机过程的统计特性．

下面首先引入随机过程的时间平均概念，然后给出各态历经过程的定义．

我们将随机过程沿整个时间轴的如下两种时间平均

$$\langle X(t)\rangle = \lim_{T\to\infty}\frac{1}{2T}\int_{-T}^{T} X(t)\mathrm{d}t , \tag{11.3.1}$$

$$\langle X(t)X(t+\tau)\rangle = \lim_{T\to\infty}\frac{1}{2T}\int_{-T}^{T} X(t)X(t+\tau)\mathrm{d}t ; \tag{11.3.2}$$

分别称作随机过程 $\{X(t), t\in T\}$ 的**时间均值**（**time mean**）和**时间相关函数**（**time related function**），它们一般都是随机变量．

11.3.2　平稳过程各态历经性的定义

定义 11.3　设 $\{X(t), t\in T\}$ 是一个平稳过程，

（1）如果 $\langle X(t)\rangle = E[X(t)] = \mu_X$，以概率 1 成立，则称 $\{X(t), t\in T\}$ 的**均值**具有各态历经性；

（2）如果 $\langle X(t)X(t+\tau)\rangle = E\big[X(t)X(t+\tau)\big] = R_X(\tau)$，以概率 1 成立，则称 $\{X(t), t\in T\}$ 的**自相关函数**具有各态历经性；

（3）如果 $\{X(t), t\in T\}$ 的均值和自相关函数都具有各态历经性，则称平稳过程 $\{X(t), t\in T\}$ 为**各态历经过程**（**ergodic process**），或称平稳过程 $\{X(t), t\in T\}$ 为**各态历经的**（**遍历的**）．

注意，定义中"以概率 1 成立"是对平稳过程 $\{X(t), t\in T\}$ 的所有样本函数来说的．

由上面的讨论可以知道，随机过程的时间平均是对给定的样本 e，样本函数对 t 的积分值再取平均，显然积分值依赖于样本 e. 因而随机过程的时间平均是个随机变量. 但对各态历经过程而言，$\langle X(t)\rangle$ 和 $\langle X(t)X(t+\tau)\rangle$ 不再依赖于样本 e，而是以概率 1 分别等于非随机的确定量 $E[X(t)]$ 和 $E[X(t)X(t+\tau)]$. 这表明各态历经过程中各样本函数的时间平均实际上可以认为是相同的，于是，对随机过程的时间平均也可以由样本函数的时间平均来表示，且可用任一个样本函数的时间平均代替整个随机过程的统计平均. 于是有

$$E[X(t)] = \lim_{T \to +\infty} \frac{1}{2T} \int_{-T}^{T} x(t)\mathrm{d}t ,$$

$$R_X(\tau) = \lim_{T \to +\infty} \frac{1}{2T} \int_{-T}^{T} x(t)x(t+\tau)\mathrm{d}t .$$

实际上，这也正是我们引出各态历经性概念的重要目的，它给许多实际问题的解决带来很大方便. 例如，测量接收机的噪声，用一般的方法，就需要在同一条件下对数量很多的相同接收机同时进行测量和记录，然后用统计方法计算出所需的数学期望、相关函数等数字特征. 若利用随机过程的各态历经性，则只要一部接收机，在不变的条件下，对其输出噪声做长时间的记录，然后用求时间平均的方法，即可求得数学期望和相关函数等数字特征. 由此可见，随机过程的各态历经性具有重要的意义. 由于实际中对随机过程的观察时间总是有限的，因而在用上式取时间平均时，只能用有限时间代替无限长的时间，这会给结果带来一定的误差.

另外，上述讨论也表明如果 $\{X(t), t \in T\}$ 是各态历经过程，则 $\{X(t), t \in T\}$ 必是平稳过程. 但是平稳过程在什么条件下才是各态历经的呢？下面讨论平稳随机过程具有各态历经性的充要条件.

11.3.3　平稳过程各态历经的充要条件

定理 11.1　设 $\{X(t), -\infty < t < +\infty\}$ 是一个平稳过程，则它的均值 μ_X 具有各态历经性的充要条件为

$$\lim_{T \to +\infty} \frac{1}{T} \int_0^{2T} \left(1 - \frac{\tau}{2T}\right) \left[R_X(\tau) - \mu_X^2 \right] \mathrm{d}\tau = 0 . \tag{11.3.3}$$

证明　由于 $\{X(t), -\infty < t < +\infty\}$ 是一个平稳过程，所以它的均值函数

$E[X(t)] = \mu_X$ 为常数. 而随机过程的时间平均 $\langle X(t)\rangle$ 是随机变量，可以计算其均值和方差.

均值为
$$E\left[\langle X(t)\rangle\right] = E\left[\lim_{T \to +\infty} \frac{1}{2T} \int_{-T}^{T} X(t)\mathrm{d}t\right]$$

$$= \lim_{T \to +\infty} \frac{1}{2T} \int_{-T}^{T} E[X(t)]\mathrm{d}t$$

$$= E[X(t)] = \mu_X , \tag{11.3.4}$$

方差为

$$D\big[\langle X(t)\rangle\big] = E\big[\langle X(t)\rangle - E\langle X(t)\rangle\big]^2 = E\big[\langle X(t)\rangle\big]^2 - \mu_X^2.$$

由方差的性质可知，若能证明 $D\big[\langle X(t)\rangle\big] = 0$，则随机变量 $\langle X(t)\rangle$ 依概率 1 等于其均值 $E[\langle X(t)\rangle]$.

结合(11.3.4)式可知，要证明 $\{X(t), -\infty < t < +\infty\}$ 的均值具有各态历经性，即 $\langle X(t)\rangle = E[X(t)]$ 依概率 1 成立，就等价于证明 $D[\langle X(t)\rangle] = 0$.

而
$$\begin{aligned}
E\big[\langle X(t)\rangle^2\big] &= E\left[\lim_{T\to+\infty} \frac{1}{2T}\int_{-T}^{T} X(t)\mathrm{d}t\right]^2 \\
&= \lim_{T\to+\infty} E\left[\frac{1}{4T^2}\int_{-T}^{T} X(t_1)\mathrm{d}t_1 \int_{-T}^{T} X(t_2)\mathrm{d}t_2\right] \\
&= \lim_{T\to+\infty} \frac{1}{4T^2}\int_{-T}^{T}\int_{-T}^{T} E\big[X(t_1)X(t_2)\big]\mathrm{d}t_1\mathrm{d}t_2 \\
&= \lim_{T\to+\infty} \frac{1}{4T^2}\int_{-T}^{T}\int_{-T}^{T} R_X(t_2-t_1)\mathrm{d}t_1\mathrm{d}t_2 ,
\end{aligned}$$

作变量代换
$$\begin{cases} \tau_1 = t_1 + t_2 \\ \tau_2 = t_2 - t_1 \end{cases},$$

此变换的雅可比式为
$$\left|\frac{\partial(t_1,t_2)}{\partial(\tau_1,\tau_2)}\right| = \frac{1}{2}.$$

在上述变换下，区域的变化由 $G_1 \Rightarrow G_2$，如图 11.3 所示. 于是
$$E\big[\langle X(t)\rangle^2\big] = \lim_{T\to+\infty} \frac{1}{4T^2}\iint_{G_2} \frac{1}{2}R_X(\tau_2)\mathrm{d}\tau_1\mathrm{d}\tau_2 .$$

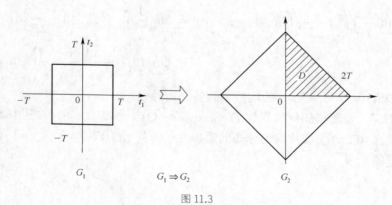

图 11.3

注意到被积函数 $R_X(\tau_2)$ 是 τ_2 的偶函数且与 τ_1 无关，因此积分值为 G_2 中阴影

区域 D 上积分值的 4 倍. 即

$$
\begin{aligned}
E\left[\langle X(t)\rangle^2\right] &= \lim_{T\to+\infty}\frac{4}{4T^2}\iint_D\frac{1}{2}R_X(\tau_2)\mathrm{d}\tau_1\mathrm{d}\tau_2 \\
&= \lim_{T\to+\infty}\frac{1}{2T^2}\int_0^{2T}\mathrm{d}\tau_2\int_0^{2T-\tau_2}R_X(\tau_2)\mathrm{d}\tau_1 \\
&= \lim_{T\to+\infty}\frac{1}{2T^2}\int_0^{2T}(2T-\tau_2)R_X(\tau_2)\mathrm{d}\tau_2
\end{aligned}
$$

令 $\tau_2=\tau$ ，得

$$
E\left[\langle X(t)\rangle^2\right] = \lim_{T\to+\infty}\frac{1}{T}\int_0^{2T}\left(1-\frac{\tau}{2T}\right)R_X(\tau)\mathrm{d}\tau .
$$

$$
\begin{aligned}
D\left[\langle X(t)\rangle\right] &= \lim_{T\to+\infty}\frac{1}{T}\int_0^{2T}\left(1-\frac{\tau}{2T}\right)R_X(\tau)\mathrm{d}\tau-\mu_X^2 \\
&= \lim_{T\to+\infty}\frac{1}{T}\int_0^{2T}\left(1-\frac{\tau}{2T}\right)\left[R_X(\tau)-\mu_X^2\right]\mathrm{d}\tau .
\end{aligned}
$$

这里利用了积分 $\dfrac{1}{T}\displaystyle\int_0^{2T}(1-\frac{\tau}{2T})\mathrm{d}\tau=1$. 所以，平稳过程 $\{X(t),-\infty<t<+\infty\}$ 的均值各态历经性的充要条件可以写成

$$
\lim_{T\to+\infty}\frac{1}{T}\int_0^{2T}\left(1-\frac{\tau}{2T}\right)\left[R_X(\tau)-\mu_X^2\right]\mathrm{d}\tau=0 .
$$

定理得证.

例 11.6 已知随机电报信号过程 $\{X(t),-\infty<t<+\infty\}$ ， $E[X(t)]=0$, $R_X(\tau)=I^2\mathrm{e}^{-\lambda|\tau|}$ ，问 $\{X(t),-\infty<t<+\infty\}$ 的均值是否具有各态历经性？

解 因为随机电报信号过程 $\{X(t),-\infty<t<+\infty\}$ 是平稳过程，将已知条件代入(11.3.3)式，得

$$
\begin{aligned}
\lim_{T\to+\infty}\frac{1}{T}\int_0^{2T}\left(1-\frac{\tau}{2T}\right)\left[R_X(\tau)-\mu_X^2\right]\mathrm{d}\tau &= \lim_{T\to+\infty}\frac{1}{T}\int_0^{2T}I^2\mathrm{e}^{-\lambda\tau}\left(1-\frac{\tau}{2T}\right)\mathrm{d}\tau \\
&= \lim_{T\to+\infty}I^2\left[\frac{1}{\lambda T}-\frac{1-\mathrm{e}^{-2\lambda T}}{2\lambda^2 T^2}\right]=0 ,
\end{aligned}
$$

所以，$\{X(t),-\infty<t<+\infty\}$ 的均值具有各态历经性.

例 11.7 设随机相位过程 $X(t)=a\cos(\omega t+\Theta)$ ， $-\infty<t<+\infty$ ，其中 a,ω 为常数， Θ 是在 $(0,2\pi)$ 上服从均匀分布的随机变量，问 $\{X(t),-\infty<t<+\infty\}$ 是否是各态历经过程？

解

因为

$$
E[X(t)]=\int_0^{2\pi}a\cos(\omega t+\theta)\cdot\frac{1}{2\pi}\mathrm{d}\theta=0 .
$$

$$
R_X(t,t+\tau)=E\left[a\cos(\omega t+\Theta)a\cos(\omega t+\omega\tau+\Theta)\right]
$$

$$= \int_0^{2\pi} a^2 \cos(\omega t + \theta) \cos(\omega t + \omega \tau + \theta) \cdot \frac{1}{2\pi} d\theta$$

$$= \frac{a^2}{2} \cos \omega \tau = R_X(\tau),$$

所以，$\{X(t), -\infty < t < \infty\}$ 是平稳过程.

又

$$\langle X(t) \rangle = \lim_{T \to +\infty} \frac{1}{2T} \int_{-T}^{T} a \cos(\omega t + \Theta) dt$$

$$= \lim_{T \to +\infty} \frac{a}{2T} \frac{\sin(\omega T + \Theta) - \sin(-\omega T + \Theta)}{\omega}$$

$$= 0,$$

故有

$$\langle X(t) \rangle = E[X(t)],$$

又因为

$$\langle X(t)X(t+\tau) \rangle = \lim_{T \to +\infty} \frac{1}{2T} \int_{-T}^{T} a^2 \cos(\omega t + \Theta) \cos(\omega t + \omega \tau + \Theta) dt$$

$$= \lim_{T \to +\infty} \frac{a^2}{2T} \int_{-T}^{T} \frac{1}{2} \left[\cos(\omega \tau) + \cos(2\omega t + \omega \tau + 2\Theta) \right] dt$$

$$= \frac{a^2}{2} \cos \omega \tau,$$

于是

$$\langle X(t)X(t+\tau) \rangle = R_X(\tau).$$

因为，过程 $\{X(t), -\infty < t < +\infty\}$ 的均值和相关函数都具有各态历经性，所以随机相位过程 $X(t) = a\cos(\omega t + \Theta)$ 是各态历经的.

在定理 11.1 的证明中，将 $X(t)$ 换成 $X(t)X(t+\tau)$，就可以得到以下相关函数具有各态历经性的充要条件.

定理 11.2（自相关函数各态历经定理）

平稳过程 $\{X(t), -\infty < t < +\infty\}$ 的相关函数 $R_X(\tau)$ 具有各态历经性的充要条件为

$$\lim_{T \to +\infty} \frac{1}{T} \int_0^{2T} \left(1 - \frac{\tau_1}{2T}\right)\left[B(\tau_1) - R_X^2(\tau)\right] d\tau_1 = 0, \tag{11.3.5}$$

其中

$$B(\tau_1) = E[X(t+\tau+\tau_1)X(t+\tau_1)X(t+\tau)X(t)]. \tag{11.3.6}$$

在实际应用中通常讨论的是时间为 $0 \leqslant t < +\infty$ 的平稳过程 $\{X(t), t \geqslant 0\}$，此时的时间平均和时间相关函数也需要 $X(t)$ 在 $0 \leqslant t < +\infty$ 范围内的值作定义. 类似于定理 11.1 和定理 11.2 有下面两个定理.

定理 11.3 设 $\{X(t), 0 \leqslant t < +\infty\}$ 是平稳过程，则它的均值 μ_X 具有各态历经性的充要条件为

$$\lim_{T \to +\infty} \frac{1}{T} \int_0^T \left(1 - \frac{\tau}{T}\right) \left[R_X(\tau) - \mu_X^2\right] d\tau = 0 . \tag{11.3.7}$$

定理 11.4 设 $\{X(t)，0 \leqslant t < +\infty\}$ 是平稳过程，则它的自相关函数 $R_X(\tau)$ 具有各态历经性的充要条件为

$$\lim_{T \to +\infty} \frac{1}{T} \int_0^T \left(1 - \frac{\tau_1}{T}\right) \left[B(\tau_1) - R_X^2(\tau)\right] d\tau_1 = 0 , \tag{11.3.8}$$

其中 $B(\tau_1)$ 同定理 11.2 所中给出.

11.4　平稳过程的功率谱密度

11.4.1　功率谱密度的概念

在信号与系统分析里，常常用傅里叶变换来求一个确定的时间函数的频率结构. 很自然会提出这样的问题，随机信号能不能进行傅里叶变换？随机信号是否也存在某种谱特性？回答是肯定的. 不过，在随机过程的情况下，必须进行某种处理后，才能应用傅里叶变换这个工具. 这是因为随机过程的样本函数不一定满足傅氏变换的绝对可积条件，即 $\int_{-\infty}^{+\infty} |x(t)| dt < +\infty$ 不一定成立. 此外，很多随机过程的样本函数极不规则，无法用方程来表示，这样，若想直接对随机过程进行谱分解是不行的. 本节主要讨论平稳过程的功率谱密度以及相关函数 $R_X(\tau)$ 的谱分析.

首先，简要介绍一下确定性信号函数 $x(t)$ 的频谱、能谱密度及功率谱密度等概念，然后引入随机过程的功率谱密度的概念.

1. 确定性信号函数的功率谱密度

设确定性信号函数 $x(t)$ 绝对可积，即 $\int_{-\infty}^{+\infty} |x(t)| dt < +\infty$，则 $x(t)$ 的傅氏变换存在，或者说 $x(t)$ 具有频谱

$$F_x(\omega) = \int_{-\infty}^{+\infty} x(t) e^{-i\omega t} dt , \tag{11.4.1}$$

一般地，$F_x(\omega)$ 是复值函数，有

$$F_x(-\omega) = \int_{-\infty}^{+\infty} x(t) e^{i\omega t} dt = F_x^*(\omega) , \qquad （"*" 表示复共轭）$$

$F_x(\omega)$ 的傅氏反变换为

$$x(t) = \frac{1}{2\pi} \int_{-\infty}^{+\infty} F_x(\omega) e^{i\omega t} d\omega , \tag{11.4.2}$$

由(11.4.1)式和(11.4.2)式可得

$$\int_{-\infty}^{+\infty} x^2(t)\mathrm{d}t = \int_{-\infty}^{+\infty} x(t)\{\frac{1}{2\pi} \int_{-\infty}^{+\infty} F_x(\omega)\mathrm{e}^{i\omega t}\mathrm{d}\omega\}\mathrm{d}t$$

$$= \frac{1}{2\pi} \int_{-\infty}^{+\infty} \left[\int_{-\infty}^{+\infty} x(t)\mathrm{e}^{i\omega t}\mathrm{d}t \right] F_x(\omega)\mathrm{d}\omega$$

$$= \frac{1}{2\pi} \int_{-\infty}^{+\infty} F_x^*(\omega) \cdot F_x(\omega)\mathrm{d}\omega ,$$

故

$$\int_{-\infty}^{+\infty} x^2(t)\mathrm{d}t = \frac{1}{2\pi} \int_{-\infty}^{+\infty} \left| F_x(\omega) \right|^2 \mathrm{d}\omega , \qquad (11.4.3)$$

(11.4.3)式称为**巴塞伐（Parseval）等式**.

若把确定性信号函数 $x(t)$ 看作是通过 1Ω 电阻上的电流或电压，根据电学中电功率公式 $W = I^2 R = U^2 / R$，则左边的积分表示消耗在 1Ω 电阻上的总能量，这是因为 $x^2(t)\mathrm{d}t$ 为时间 $(t, t+\mathrm{d}t)$ 中的电功，故右边积分中的被积函数 $\left| F_x(\omega) \right|^2$ 相应地就为**能谱密度**. 因此，巴塞伐公式可理解为总能量的谱表示式.

然而，工程技术中有许多重要的时间函数总能量是无限的，如周期信号函数，它们不满足傅氏变换的条件，但是尽管它们的总能量是无限的，它们的平均功率 $\lim\limits_{T\to\infty} \frac{1}{2T} \int_{-T}^{T} x^2(t)\mathrm{d}t$ 却是有限的. 为此，我们来考虑它们的平均功率和功率谱密度.

首先，对函数 $x(t)$ 作一截尾函数

$$x_T(t) = \begin{cases} x(t), & |t| \leqslant T, \\ 0, & |t| \geqslant T. \end{cases}$$

因为 $x_T(t)$ 有限，其傅氏变换存在，于是有

$$F_x(\omega, T) = \int_{-\infty}^{+\infty} x_T(t)\mathrm{e}^{-i\omega t}\mathrm{d}t = \int_{-T}^{T} x(t)\mathrm{e}^{-i\omega t}\mathrm{d}t ,$$

$F_x(\omega, T)$ 的傅氏反变换为

$$x_T(t) = \frac{1}{2\pi} \int_{-\infty}^{+\infty} F_x(\omega, T)\mathrm{e}^{i\omega t}\mathrm{d}\omega .$$

根据巴塞伐等式有

$$\int_{-T}^{T} x^2(t)\mathrm{d}t = \int_{-\infty}^{+\infty} x_T^2(t)\mathrm{d}t = \frac{1}{2\pi} \int_{-\infty}^{+\infty} \left| F_x(\omega, T) \right|^2 \mathrm{d}\omega ,$$

故

$$\lim_{T\to+\infty} \frac{1}{2T} \int_{-T}^{T} x^2(t)\mathrm{d}t = \lim_{T\to+\infty} \frac{1}{2\pi} \int_{-\infty}^{+\infty} \frac{1}{2T} \left| F_x(\omega, T) \right|^2 \mathrm{d}\omega$$

$$= \frac{1}{2\pi} \int_{-\infty}^{+\infty} \lim_{T\to+\infty} \frac{1}{2T} \left| F_x(\omega, T) \right|^2 \mathrm{d}\omega .$$

显然，上式左边可看作是 $x(t)$ 消耗在 1Ω 电阻上的平均功率，相应地称右边的被积函数 $\lim\limits_{T\to+\infty} \frac{1}{2T} \left| F_x(\omega, T) \right|^2$ 为功率谱密度.

以上讨论的是确定性信号函数的频谱分析，对于随机信号过程 $\{X(t), -\infty < t < +\infty\}$ 可作类似的分析.

2. 随机信号过程的功率谱密度

对随机过程 $\{X(t), t \in T\}$ 作截尾随机过程

$$X_T(t) = \begin{cases} X(t) & , \quad |t| \leqslant T \\ 0 & , \quad |t| \geqslant T \end{cases},$$

则存在傅氏变换

$$F_X(\omega, T) = \int_{-\infty}^{+\infty} X_T(t) e^{-i\omega t} dt = \int_{-T}^{T} X(t) e^{-i\omega t} dt , \tag{11.4.4}$$

利用傅氏反变换及巴塞伐等式可得

$$\int_{-T}^{T} X^2(t) dt = \int_{-\infty}^{+\infty} X_T^2(t) dt = \frac{1}{2\pi} \int_{-\infty}^{+\infty} |F_X(\omega, T)|^2 d\omega . \tag{11.4.5}$$

因为 $\{X(t), t \in T\}$ 是随机过程，故上式两边都是随机变量，要求取平均值，这时不仅要对时间区间 $[-T, T]$ 取平均，还要求取概率意义下的统计平均，于是有

$$\lim_{T \to +\infty} E\left[\frac{1}{2T} \int_{-T}^{T} X^2(t) dt \right] = \lim_{T \to +\infty} \frac{1}{2\pi} \int_{-\infty}^{+\infty} E\left[\frac{1}{2T} |F_X(\omega, T)|^2 \right] d\omega$$

$$= \frac{1}{2\pi} \int_{-\infty}^{+\infty} \lim_{T \to +\infty} \frac{1}{2T} E\left[|F_X(\omega, T)|^2 \right] d\omega \tag{11.4.6}$$

(11.4.6)式就是随机过程 $\{X(t), t \in T\}$ 的平均功率和功率密度关系的表达式. 称

$$Q = \lim_{T \to +\infty} E\left[\frac{1}{2T} \int_{-T}^{T} X^2(t) dt \right] \tag{11.4.7}$$

为 $\{X(t), t \in T\}$ 的**平均功率**（**average power**）.

由于 $\lim\limits_{T \to +\infty} E[\frac{1}{2T} \int_{-T}^{T} x^2(t) dt] = \lim\limits_{T \to +\infty} \frac{1}{2T} \int_{-T}^{T} E[x^2(t)] dt$，这说明随机过程的平均功率可以通过对随机过程的均方值求时间平均来得到. 称

$$S_X(\omega) = \lim_{T \to +\infty} \frac{1}{2T} E\left[|F_X(\omega, T)|^2 \right] \tag{11.4.8}$$

为随机过程 $\{X(t), t \in T\}$ 的**功率谱密度**（**power spectral density**），简称**功率谱**或**谱密度**，记为 $S_X(\omega)$.

从而，(11.4.7)式可表示成

$$Q = \frac{1}{2\pi} \int_{-\infty}^{+\infty} S_X(\omega) d\omega . \tag{11.4.9}$$

当 $\{X(t), t \in T\}$ 是平稳过程时，由于 $E[X^2(t)]$ 是与 t 无关的常数，此时 $\{X(t), t \in T\}$ 的平均功率可化成

$$Q = \lim_{T \to \infty} E\left[\frac{1}{2T}\int_{-T}^{T} X^2(t)\mathrm{d}t\right]$$

$$= \lim_{T \to \infty}\left[\frac{1}{2T}\int_{-T}^{T} E[X^2(t)]\mathrm{d}t\right]$$

$$= E[X^2(t)] = \psi_X^2 = R_X(0) . \tag{11.4.10}$$

由(11.4.10)式及(11.4.9)式可看出,平稳过程的平均功率等于该过程的均方值,也等于它的谱密度在频域上的积分,即得

$$\psi_X^2 = \frac{1}{2\pi}\int_{-\infty}^{+\infty} S_X(\omega)\mathrm{d}\omega . \tag{11.4.11}$$

(11.4.11)式表示平稳过程$\{X(t), t \in T\}$的平均功率的频谱展开式.

谱密度$S_X(\omega)$是从频率这个角度描述$\{X(t), t \in T\}$的统计规律的主要数字特征,它是平稳过程$\{X(t), t \in T\}$的平均功率关于频率的分布.

所以,平稳过程$\{X(t), t \in T\}$在(ω_1, ω_2)内的平均功率可表示为

$$\psi_X^2 = \frac{1}{2\pi}\int_{\omega_1}^{\omega_2} S_X(\omega)\mathrm{d}\omega .$$

例 11.8 设随机过程$X(t) = a\cos(\omega_0 t + \Theta), -\infty < t < +\infty$,其中$a, \omega_0$为常数,在以下两种情形下,求随机过程$\{X(t), t \in T\}$的平均功率.

(1) 如果Θ是在$(0, 2\pi)$上服从均匀分布的随机变量;

(2) 如果Θ是在$(0, \frac{\pi}{2})$上服从均匀分布的随机变量.

解 (1) 如果Θ是在$(0, 2\pi)$上服从均匀分布的随机变量,由前面例 11.2 可知,此随机过程$\{X(t), t \in T\}$是平稳过程,且相关函数为

$$R_X(\tau) = \frac{a^2}{2}\cos\omega_0\tau ,$$

于是由(11.4.10)式得$\{X(t), t \in T\}$的平均功率为

$$\psi_X^2 = R_X(0) = \frac{a^2}{2} .$$

(2) 因为

$$E[X^2(t)] = E[a^2\cos^2(\omega_0 t + \Theta)]$$

$$= E\left[\frac{a^2}{2} + \frac{a^2}{2}\cos(2\omega_0 t + 2\Theta)\right]$$

$$= \frac{a^2}{2} + \frac{a^2}{2}\int_0^{\frac{\pi}{2}} \cos(2\omega_0 t + 2\theta)\frac{2}{\pi}\mathrm{d}\theta$$

$$= \frac{a^2}{2} - \frac{a^2}{\pi}\sin(2\omega_0 t) ,$$

所以，$\{X(t), t \in T\}$ 不是平稳过程，由(11.4.7)式得 $\{X(t), t \in T\}$ 的平均功率为

$$
\begin{aligned}
Q &= \lim_{T \to +\infty} \frac{1}{2T} \int_{-T}^{T} E[X^2(t)] \mathrm{d}t \\
&= \lim_{T \to +\infty} \frac{1}{2T} \int_{-T}^{T} [\frac{a^2}{2} - \frac{a^2}{\pi} \sin(2\omega_0 t)] \mathrm{d}t \\
&= \frac{a^2}{2} .
\end{aligned}
$$

11.4.2 功率谱密度的性质

从前面的讨论可以看到，相关函数是从时间角度描述过程统计规律的最主要数字特征，而功率谱密度则是从频率角度描述过程统计规律的数字特征，二者描述的对象是一个，所以它们必定存在某种关系. 下面考虑谱密度 $S_X(\omega)$ 的性质.

性质 1 $S_X(\omega)$ 是 ω 的实的、非负偶函数.

事实上，在(11.4.8)式中

$$
\left| F_x(\omega, T) \right|^2 = F_x(\omega, T) F_x(-\omega, T)
$$

是 ω 的实的、非负的偶函数，所以它的均值的极限也必定是实的、非负的偶函数.

性质 2 $S_X(\omega)$ 和自相关函数 $R_X(\tau)$ 是一傅氏变化对，即

$$
\begin{cases}
S_X(\omega) = \int_{\infty}^{\infty} R_X(\tau) \mathrm{e}^{-i\omega\tau} \mathrm{d}\tau \\
R_X(\tau) = \frac{1}{2\pi} \int_{\infty}^{\infty} S_X(\omega) \mathrm{e}^{i\omega\tau} \mathrm{d}\omega
\end{cases}
\tag{11.4.12}
$$

称式（11.4.12）为**维纳-辛钦公式**（Wiener - XinQin formula）.

证明略.

当 $\{X(t), t \in T\}$ 为实平稳过程时，则

$$
S_X(\omega) = 2 \int_0^{+\infty} R_X(\tau) \cos \omega\tau \mathrm{d}\tau ,
$$

因为 $R_X(\tau)$ 为偶函数，所以有

$$
\begin{aligned}
S_X(\omega) &= \int_{-\infty}^{+\infty} R_X(\tau) \mathrm{e}^{-i\omega\tau} \mathrm{d}\tau \\
&= \int_{-\infty}^{+\infty} R_X(\tau) [\cos \omega\tau - i \sin \omega\tau] \mathrm{d}\tau \\
&= 2 \int_0^{+\infty} R_X(\tau) \cos \omega\tau \mathrm{d}\tau ,
\end{aligned}
$$

同样，因为 $S_X(\omega)$ 是 ω 的偶函数，有

$$
R_X(\tau) = \frac{1}{\pi} \int_0^{+\infty} S_X(\omega) \cos \omega\tau \mathrm{d}\omega .
$$

在工程领域中，由于只是在正的频率范围内进行测量，根据平稳过程的功率谱密度 $S_X(\omega)$ 的偶函数性质，可将负的频率范围内的值折算到正频率范围内，得

到所谓的"单边功率谱". 单边功率谱 $G_X(\omega)$ 定义为

$$G_X(\omega) = \begin{cases} 2\lim_{T\to\infty}\dfrac{1}{T}E\left[\left|\displaystyle\int_0^T X(t)\mathrm{e}^{-i\omega t}\mathrm{d}t\right|^2\right], & \omega \geqslant 0, \\ 0, & \omega < 0. \end{cases} \tag{11.4.13}$$

它与 $S_X(\omega)$ 有如下关系

$$G_X(\omega) = \begin{cases} 2S_X(\omega), & \omega \geqslant 0, \\ 0, & \omega < 0. \end{cases} \tag{11.4.14}$$

相应地 $S_X(\omega)$ 可称为"双边功率谱"(**bilateral power spectrum**), 它们的图形关系如图 11.4 所示.

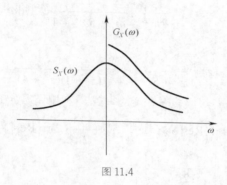

图 11.4

这相当于利用 $S_X(\omega)$ 为偶函数性质, 把负频率范围内的谱密度折算到正频率范围内.

性质 3 有理谱密度是实际应用中最常见的一类功率谱密度. 其形式必为

$$S_X(\omega) = S_0 \frac{\omega^{2n} + a_{2n-2}\omega^{2n-2} + \cdots + a_2\omega^2 + a_0}{\omega^{2m} + b_{2m-2}\omega^{2n-2} + \cdots + b_2\omega^2 + b_0}$$

式中 $S_0 > 0$. 以上有理函数的分子、分母只出现偶次项的原因是 $S_X(\omega)$ 为偶数. 又因为平均功率有限, 所以必须满足 $m > n$, 且分母应该无实根.

例 11.9 已知平稳过程的相关函数为 $R_X(\tau) = \mathrm{e}^{-a|\tau|}\cos\omega_0\tau$, 其中 $a > 0, \omega_0$ 为常数, 求功率谱密度 $S_X(\omega)$.

解 由维纳-辛钦公式, 得

$$\begin{aligned}
S_X(\omega) &= \int_{-\infty}^{+\infty} \mathrm{e}^{-a|\tau|}\cos\omega_0\tau \cdot \mathrm{e}^{-i\omega\tau}\mathrm{d}\tau \\
&= 2\int_0^{+\infty} \mathrm{e}^{-a\tau}\cos\omega_0\tau \cdot \cos\omega\tau\mathrm{d}\tau \\
&= \int_0^{+\infty} \mathrm{e}^{-a\tau}\left[\cos(\omega+\omega_0)\tau + \cos(\omega-\omega_0)\tau\right]\mathrm{d}\tau \\
&= \frac{a}{a^2 + (\omega+\omega_0)^2} + \frac{a}{a^2 + (\omega-\omega_0)^2}.
\end{aligned}$$

它们的图形见表 11.1.

注：如果在此例中令 $\omega_0 = 0$，则平稳过程的相关函数为 $R_X(\tau) = e^{-a|\tau|}$，而对应的功率谱密度为 $S_X(\omega) = \dfrac{2a}{a^2 + \omega^2}$.

例 11.10　已知平稳过程 $\{X(t), t \in T\}$ 具有如下功率谱密度

$$S_X(\omega) = \frac{1}{\omega^4 + 5\omega^2 + 4},$$

求平稳过程 $\{X(t), t \in T\}$ 的相关函数 $R_X(\tau)$ 及平均功率.

解　由维纳-辛钦公式和 $R_X(\tau)$ 的偶函数性质，得相关函数为

$$R_X(\tau) = R_X(|\tau|)$$

$$= \frac{1}{2\pi} \int_{-\infty}^{+\infty} \frac{1}{\omega^4 + 5\omega^2 + 4} e^{i\omega|\tau|} d\omega,$$

因为

$$S_X(z) = \frac{1}{z^4 + 5z^2 + 4} = \frac{1}{(z^2 + 1)(z^2 + 4)},$$

在上半 z 平面内有两个一级级点 $z = i$ 和 $z = 2i$，利用留数定理，

$$R_X(\tau) = \frac{1}{2\pi} \times 2\pi i \left\{ \text{Res}[S_X(z) e^{i|\tau|z}, i] \right\} + \frac{1}{2\pi} \times 2\pi i \left\{ \text{Res}[S_X(z) e^{i|\tau|z}, 2i] \right\}$$

$$= i \left\{ \frac{1}{6i} e^{-|\tau|} - \frac{1}{12i} e^{-2|\tau|} \right\}$$

$$= \frac{1}{6} \left(e^{-|\tau|} - \frac{1}{2} e^{-2|\tau|} \right)$$

由(11.4.10)式得平稳过程的平均功率为

$$\psi_X^2 = R_X(0) = \frac{1}{12}.$$

本例也可用傅里叶变换法求相关函数 $R_X(\tau)$.

通常先把 $S_X(\omega)$ 分解为部分分式，然后再通过傅里叶逆变换求得原函数.

$S_X(\omega)$ 可表示成部分分式

$$S_X(\omega) = \frac{1}{3} \left(\frac{1}{\omega^2 + 1} - \frac{1}{\omega^2 + 4} \right),$$

由于

$$R_X(\tau) = e^{-a|\tau|} \leftrightarrow S_X(\omega) = \frac{2a}{a^2 + \omega^2}$$

所以

$$R_X(\tau) = \mathcal{F}^{-1}\{S_X(\omega)\}$$

$$= \mathcal{F}^{-1} \left\{ \frac{1}{3} \left(\frac{1}{\omega^2 + 1} - \frac{1}{\omega^2 + 4} \right) \right\}$$

$$= \frac{1}{3} \mathcal{F}^{-1} \left\{ \frac{1}{\omega^2 + 1} \right\} - \frac{1}{3} \mathcal{F}^{-1} \left\{ \frac{1}{\omega^2 + 4} \right\}$$

$$= \frac{1}{3} \times \frac{1}{2} \mathrm{e}^{-|\tau|} - \frac{1}{3} \times \frac{1}{4} \mathrm{e}^{-2|\tau|}$$

$$= \frac{1}{6} \left(\mathrm{e}^{-|\tau|} - \frac{1}{2} \mathrm{e}^{-2|\tau|} \right).$$

由 $R_X(\tau)$ 求 $S_X(\omega)$，或反过来由 $S_X(\omega)$ 求 $R_X(\tau)$，也可以直接利用傅氏变换的性质，查傅氏变换表得到. 下表 11.1 列出了几个常见的平稳过程的相关函数及相应的功率谱密度.

表 11.1　　　　常见平稳过程的 $R_X(\tau)$ 和 $S_X(\omega)$

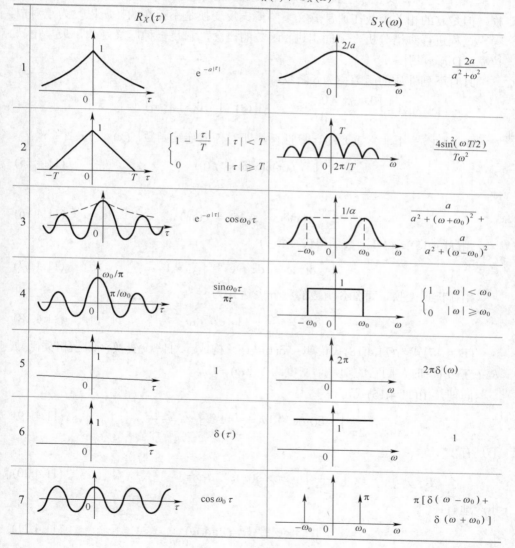

	$R_X(\tau)$		$S_X(\omega)$	
1		$\mathrm{e}^{-a|\tau|}$		$\dfrac{2a}{a^2+\omega^2}$
2		$\begin{cases} 1 - \dfrac{|\tau|}{T} & |\tau| < T \\ 0 & |\tau| \geqslant T \end{cases}$		$\dfrac{4\sin^2(\omega T/2)}{T\omega^2}$
3		$\mathrm{e}^{-a|\tau|}\cos\omega_0\tau$		$\dfrac{a}{a^2+(\omega+\omega_0)^2} +$ $\dfrac{a}{a^2+(\omega-\omega_0)^2}$
4		$\dfrac{\sin\omega_0\tau}{\pi\tau}$		$\begin{cases} 1 & |\omega| < \omega_0 \\ 0 & |\omega| \geqslant \omega_0 \end{cases}$
5		1		$2\pi\delta(\omega)$
6		$\delta(\tau)$		1
7		$\cos\omega_0\tau$		$\pi[\delta(\omega-\omega_0)+$ $\delta(\omega+\omega_0)]$

11.4.3 白噪声过程

定义 11.4 设 $\{X(t), t \in T\}$ 为平稳过程，如果

$$\mu_X(t) = 0, \qquad -\infty < t < +\infty$$

$$S_X(\omega) = S_0 > 0, \qquad -\infty < t < +\infty,$$

则称 $\{X(t),\ t \in T\}$ 为**白噪声过程**（**white noise process**），简称白噪声.

由于白噪声过程类似于白光的性质，其能量谱在各频率上的分布均匀，故有"白"噪声之称，又由于它的主要统计特性不随时间推移而改变，故它是平稳过程. 但是它的相关函数在通常意义下的傅氏反变换是不存在的. 所以，为了对白噪声过程进行频谱分析，下面引进 δ 函数的概念，它是一种广义函数，最早由狄拉克（Dirac）引入.

具有下列性质的函数称为 δ **函数**：

$$(1) \quad \delta(x) = \begin{cases} 0, & x \neq 0, \\ \infty, & x = 0. \end{cases} \qquad\qquad (2) \quad \int_{-\infty}^{+\infty} \delta(x)\,\mathrm{d}x = 1.$$

δ 函数有一个非常重要的运算性质，即对任何连续函数 $f(x)$，有

$$\int_{-\infty}^{+\infty} f(x)\delta(x)\mathrm{d}x = f(0), \tag{11.4.15}$$

或

$$\int_{-\infty}^{+\infty} f(x)\delta(x - x_0)\mathrm{d}x = f(x_0). \tag{11.4.16}$$

由(11.4.15)式得 δ 函数的傅氏变换为

$$\int_{-\infty}^{+\infty} \delta(\tau)\mathrm{e}^{-\mathrm{i}\omega\tau}\,\mathrm{d}\tau = \mathrm{e}^{-\mathrm{i}\omega\tau}\big|_{\tau=0} = 1, \tag{11.4.17}$$

由傅氏逆变换，可知 δ 函数的积分表达式为

$$\delta(\tau) = \frac{1}{2\pi}\int_{-\infty}^{+\infty} 1 \times \mathrm{e}^{\mathrm{i}\omega\tau}\mathrm{d}\omega \tag{11.4.18}$$

(11.4.17)式与(11.4.18)式说明：$\delta(\tau)$ 与 1 构成一对傅氏变换，即当相关函数 $R_X(\tau) = \delta(\tau)$ 时，则它的功率谱密度为 $S_X(\omega) = 1$.

同理，由(11.4.15)式可得

$$\frac{1}{2\pi}\int_{-\infty}^{+\infty} \delta(\omega)\mathrm{e}^{\mathrm{i}\omega\tau}\mathrm{d}\omega = \frac{1}{2\pi}\mathrm{e}^{\mathrm{i}\omega\tau}\big|_{\omega=0} = \frac{1}{2\pi}. \tag{11.4.19}$$

于是有

$$\frac{1}{2\pi}\int_{-\infty}^{+\infty} 2\pi \times \delta(\omega)\mathrm{e}^{\mathrm{i}\omega\tau}\mathrm{d}\omega = 1, \tag{11.4.20}$$

相应地有

$$\int_{-\infty}^{+\infty} 1 \times \mathrm{e}^{-\mathrm{i}\omega\tau}\mathrm{d}\tau = 2\pi\delta(\omega) \tag{11.4.21}$$

(11.4.20)式和(11.4.21)式说明 1 与 $2\pi\delta(\omega)$ 构成一对傅氏变换，即当相关函数

$R_X(\tau)=1$ 时，则它的功率谱密度为 $S_X(\omega)=2\pi\delta(\omega)$，它们的图形见表 11.1.

例 11.11　已知相关函数 $R_X(\tau)=a\cos\omega_0\tau$，其中 a,ω_0 为常数. 求功率谱密度 $S_X(\omega)$.

解　由由维纳-辛钦公式和欧拉公式，有

$$S_X(\omega)=\int_{-\infty}^{+\infty}R_X(\tau)\mathrm{e}^{-\mathrm{i}\omega\tau}\mathrm{d}\tau$$

$$=\int_{-\infty}^{+\infty}a\cos\omega_0\tau\mathrm{e}^{-\mathrm{i}\omega\tau}\mathrm{d}\tau$$

$$=\frac{a}{2}\int_{-\infty}^{+\infty}\left[\mathrm{e}^{\mathrm{i}\omega_0\tau}+\mathrm{e}^{-\mathrm{i}\omega_0\tau}\right]\mathrm{e}^{-\mathrm{i}\omega\tau}\mathrm{d}\tau$$

$$=\frac{a}{2}\left[\int_{-\infty}^{+\infty}\mathrm{e}^{-\mathrm{i}(\omega-\omega_0)\tau}\mathrm{d}\tau+\int_{-\infty}^{+\infty}\mathrm{e}^{-\mathrm{i}(\omega+\omega_0)\tau}\mathrm{d}\tau\right],$$

利用(11.4.21)式，即得

$$S_X(\omega)=\frac{a}{2}\times\left[2\pi\delta(\omega-\omega_0)+2\pi\delta(\omega+\omega_0)\right]$$

$$=a\pi\left[\delta(\omega-\omega_0)+\delta(\omega+\omega_0)\right]$$

$R_X(\tau)$ 与 $S_X(\omega)$ 的图形见表 11.1.

可见，当相关函数 $R_X(\tau)=a\cos(\omega_0\tau)$ 时，它的谱密度为 $S_X(\omega)=a\pi[\delta(\omega-\omega_0)+\delta(\omega+\omega_0)]$. 一般地，若 $R_X(\tau)=\sum_{i=1}^{n}a_i\cos(\omega_i\tau)$，则它的谱密度 $S_X(\omega)=\pi\sum_{i=1}^{n}a_i[\delta(\omega-\omega_i)+\delta(\omega+\omega_i)]$. 这说明，当自相关函数为常数或正弦型函数的平稳过程，其谱密度都是离散的.

11.4.4　互谱密度

设 $\{X(t),t\in T\}$ 和 $\{Y(t),t\in T\}$ 为联合平稳的两个平稳随机过程，互相关函数为 $R_{XY}(\tau)$，同样可以定义它们的互谱密度.

当 $R_{XY}(\tau)$ 满足

$$\int_{-\infty}^{+\infty}\left|R_{XY}(\tau)\right|\mathrm{d}\tau<\infty$$

时，则有 $R_{XY}(\tau)$ 的傅氏变换

$$S_{XY}(\omega)=\int_{-\infty}^{+\infty}R_{XY}(\tau)\mathrm{e}^{-\mathrm{i}\omega\tau}\mathrm{d}\tau,\tag{11.4.22}$$

称 $S_{XY}(\omega)$ 为**互谱密度**（**cross spectral density**）.

由傅氏反变换得

$$R_{XY}(\tau)=\frac{1}{2\pi}\int_{-\infty}^{+\infty}S_{XY}(\omega)\mathrm{e}^{\mathrm{i}\omega\tau}\mathrm{d}\tau,\tag{11.4.23}$$

这就是互相关函数的谱表达式.

注意：互谱密度一般不再是 ω 的实的、非负函数.

互谱密度具有下列性质：

性质 1 $S_{XY}(\omega) = \overline{S_{YX}(\omega)}$,

性质 2 $\mathrm{Re}[S_{XY}(\omega)]$ 是 ω 的偶函数，

$\quad\quad\quad$ $\mathrm{Im}[S_{XY}(\omega)]$ 是 ω 的奇函数.

性质 3 $|S_{XY}(\omega)|^2 \leqslant S_X(\omega)S_Y(\omega)$.

11.5 平稳过程通过线性系统的分析

作为平稳过程的应用之一，现在我们来讨论线性系统对随机输入的响应情况. 在自动控制、无线电技术、机械振动等方面，经常遇到的各类随机过程是与系统相联系的，所谓系统就是指能对各种输入按一定要求产生输出的装置，如放大器、滤波器、无源网络等都是系统. 本节所讨论的系统是指线性系统.

众所周知，线性动态系统分析的中心问题是：给定一个输入信号求输出响应. 在确定性信号输入的情况下，我们通常研究响应或输出的明确表达式，而对于随机信号输入的问题，要想得到输出的明确表示式是不可能的. 然而，正如前面所讨论的那样，一个随机过程可以方便地通过其相关函数、功率谱密度、均方值等统计特性来描述. 因此，本节要研究的基本问题是如何根据线性系统输入随机信号的统计特性及该系统的特性来确定该系统输出的统计特性.

首先简要回顾一下线性系统的基本理论.

11.5.1 时不变线性系统

一般系统的输出响应 $y(t)$ 与输入 $x(t)$ 之间的关系（见图 11.5），可表示为

$$y(t) = L[x(t)] \tag{11.5.1}$$

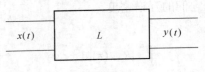

图 11.5

式中符号 L 是对输入信号 $x(t)$ 进行某种运算的标志，称为算子，它代表着各种数学运算方法，可以是加法、乘法、微分、积分和微分方程求解等数学运算.

若系统的输入和输出都是连续时间信号，则称该系统为连续时间系统；若系统的输入和输出都是离散时间信号，则称该系统为离散时间系统.

定义 11.5 称满足下列条件的算子为**线性算子（linear operator）**. 若 $y_1(t) = L[x_1(t)]$，$y_2(t) = L[x_2(t)]$，则对于任意常数 α 和 β 有

$$L[\alpha x_1(t) + \beta x_2(t)] = \alpha L[x_1(t)] + \beta L[x_2(t)] = \alpha y_1(t) + \beta y_2(t) \tag{11.5.2}$$

对于一个系统，若算子 L 为线性的，则该系统为**线性系统**（**linear system**）.

定义 11.6 若系统 L 有 $y(t) = L[x(t)]$，并对任一时间平移 τ 都有

$$y(t + \tau) = L[x(t + \tau)] \,,$$
$$(11.5.3)$$

则称此系统为**时不变系统**（**time-invariant systems**）. 若系统为线性的，则称该系统为**线性时不变系统**（**linear time-invariant systems**）.

例 11.12 微分算子 $L = \dfrac{\mathrm{d}}{\mathrm{d}t}$ 是线性时不变的.

解 设 $\qquad y(t) = L[x(t)] = \dfrac{\mathrm{d}}{\mathrm{d}t} x(t) \,,$

由导数运算性质知，微分算子满足线性条件，且

$$L[x(t + \tau)] = \frac{\mathrm{d}}{\mathrm{d}t} x(t + \tau) = \frac{\mathrm{d}x(t + \tau)}{\mathrm{d}(t + \tau)} = y(t + \tau) \,,$$

故微分算子是线性时不变的.

例 11.13 积分算子 $L = \displaystyle\int_{-\infty}^{t} (\quad) \mathrm{d}t$ 是线性时不变的.

解 设 $\qquad y(t) = L[x(t)] = \displaystyle\int_{-\infty}^{t} x(u)\mathrm{d}u \,, \qquad$ 且 $y(-\infty) = 0 \,,$

由积分运算性质知，积分算子满足线性条件，且

$$L[x(t + \tau)] = \int_{-\infty}^{t} x(u + \tau)\mathrm{d}u = \int_{-\infty}^{t} x(u + \tau)\mathrm{d}(u + \tau) = y(t + \tau) \,,$$

故积分算子是线性时不变的.

由上面的定义知，一个系统的线性性质，表现为该系统满足叠加性和比例性（$L[kx(t)] = kL[x(t)]$），系统的时不变性，表现为输入和输出的依赖关系不随时间的推移而变化. 因此，一个线性时不变系统，叠加原理的数学表达式为

$$y(t) = L\left[\sum_{k=1}^{n} a_k x_k(t) \right] = \sum_{k=1}^{n} a_k L[x_k(t)] = \sum_{k=1}^{n} a_k y_k(t) \,.$$

在工程实际应用中，常用到的是输入和输出可用下列线性微分方程来描述的系统：

$$b_n \frac{\mathrm{d}^n y(t)}{\mathrm{d}t^n} + b_{n-1} \frac{\mathrm{d}^{n-1} y(t)}{\mathrm{d}t^{n-1}} + \cdots + b_0 y(t) = a_m \frac{\mathrm{d}^m x(t)}{\mathrm{d}t^m} + a_{m-1} \frac{\mathrm{d}^{m-1} x(t)}{\mathrm{d}t^{m-1}} + \cdots + a_0 x(t) \,,$$

其中 $n > m$，$-\infty < t < +\infty$.

11.5.2 频率响应和脉冲响应

下面分别从时域和频域角度讨论线性时不变系统输入与输出的关系. 当系统输入端输入一个激励信号时，输出端出现一个对应的响应信号. 激励信号与响应信号之间的对应关系 L，又称为响应特性.

1. 频率响应函数

定理 11.5 设 L 为线性时不变系统，若输入一谐波信号 $x(t) = e^{i\omega t}$，则输出为

$$y(t) = L\left[e^{i\omega t}\right] = H(\omega)e^{i\omega t}, \tag{11.5.4}$$

其中

$$H(\omega) = L\left[e^{i\omega t}\right]\Big|_{t=0}.$$

证：令 $y(t) = L[e^{i\omega t}]$，由系统的线性时不变性，则对固定的 τ 和任意的 t，有

$$y(t+\tau) = L[e^{i\omega(t+\tau)}] = e^{i\omega\tau}L[e^{i\omega t}],$$

令 $t = 0$，得

$$y(\tau) = e^{i\omega\tau}L[e^{i\omega t}]|_{t=0} = H(\omega)e^{i\omega\tau}, \quad \text{证毕！}$$

意义：对线性时不变系统输入一谐波信号时，其输出也是同频率的谐波，只不过振幅和相位有所变化。$H(\omega)$ 表示了这个变化，称为系统的**频率响应函数**（**frequency response function**）。

例 11.14 设线性时不变系统 $L = \dfrac{d}{dt}$，求系统的频率响应函数。

解 系统的频率响应函数为

$$H(\omega) = L\left[e^{i\omega t}\right]\Big|_{t=0} = \frac{d}{dt}e^{i\omega t}\Big|_{t=0} = i\omega.$$

例 11.15 设线性时不变系统 $y(t) = \dfrac{1}{T}\displaystyle\int_{t-T}^{t} x(t)dt$，求系统的频率响应函数。

解 令 $x(t) = e^{i\omega t}$，

$$\Rightarrow y(t) = \frac{1}{T}\int_{t-T}^{t} e^{i\omega t}dt = \frac{1}{i\omega T}[e^{i\omega t} - e^{i\omega(t-T)}] = \frac{e^{i\omega t}}{i\omega T}[1 - e^{-i\omega T}].$$

由定理 11.5 得系统的频率响应函数为

$$H(\omega) = \frac{1 - e^{-i\omega T}}{i\omega T}.$$

2. 脉冲响应函数

根据函数的性质有

$$x(t) = \int_{-\infty}^{+\infty} x(\tau)\delta(t-\tau)d\tau, \tag{11.5.5}$$

将 (11.5.5) 式代入 (11.5.1) 式，并注意到 L 只对时间函数进行运算，有

$$y(t) = L\left[x(t)\right] = L\left[\int_{-\infty}^{+\infty} x(\tau)\delta(t-\tau)d\tau\right]$$

$$= \int_{-\infty}^{+\infty} x(\tau)L\left[\delta(t-\tau)\right]d\tau \tag{11.5.6}$$

$$= \int_{-\infty}^{+\infty} x(\tau)h(t-\tau)d\tau,$$

其中
$$h(t-\tau) = L\big[\delta(t-\tau)\big].$$

若输入 $x(t)$ 为表示脉冲的 δ 函数，则(11.5.6)式为

$$y(t) = \int_{-\infty}^{+\infty} \delta(\tau) \times h(t-\tau)\mathrm{d}\tau = h(t). \tag{11.5.7}$$

(11.5.7)式表明 $h(t)$ 是输入为脉冲时的输出，故称它为系统的**脉冲响应 (impulse response)**.

对(11.5.6)式作一些变换，可得

$$y(t) = \int_{-\infty}^{+\infty} x(t-\tau)h(\tau)\mathrm{d}\tau \tag{11.5.8}$$

上面(11.5.6)式和(11.5.8)式两式从时域描述了系统输入和输出间的关系，表明线性时不变系统的输出等于输入和脉冲响应的卷积，即

$$y(t) = h(t) * x(t) \tag{11.5.9}$$

3. 脉冲响应的傅氏变换

如果输入 $x(t)$，输出 $y(t)$ 和 $h(t)$ 绝对可积，则它们的傅里叶变换存在. 且它们的傅里叶变换分别为 $X(\omega)$、$Y(\omega)$ 和 $H(\omega)$，则有

$$X(\omega) = \int_{-\infty}^{+\infty} x(t)\mathrm{e}^{-\mathrm{i}\omega t}\mathrm{d}t , \tag{11.5.10}$$

$$x(t) = \frac{1}{2\pi}\int_{-\infty}^{+\infty} X(\omega)\mathrm{e}^{\mathrm{i}\omega t}\mathrm{d}\omega , \tag{11.5.11}$$

$$Y(\omega) = \int_{-\infty}^{+\infty} y(t)\mathrm{e}^{-\mathrm{i}\omega t}\mathrm{d}t , \tag{11.5.12}$$

$$y(t) = \frac{1}{2\pi}\int_{-\infty}^{+\infty} Y(\omega)\mathrm{e}^{\mathrm{i}\omega t}\mathrm{d}\omega , \tag{11.5.13}$$

$$H(\omega) = \int_{-\infty}^{+\infty} h(t)\mathrm{e}^{-\mathrm{i}\omega t}\mathrm{d}t , \tag{11.5.14}$$

$$h(t) = \frac{1}{2\pi}\int_{-\infty}^{+\infty} H(\omega)\mathrm{e}^{\mathrm{i}\omega t}\mathrm{d}\omega . \tag{11.5.15}$$

为了求出输入与输出之间的频谱关系，利用(11.5.11)式和(11.5.4)式

$$
\begin{aligned}
y(t) = L\big[x(t)\big] &= L\left[\frac{1}{2\pi}\int_{-\infty}^{+\infty} X(\omega)\mathrm{e}^{\mathrm{i}\omega t}\mathrm{d}\omega\right] \\
&= \frac{1}{2\pi}\int_{-\infty}^{+\infty} X(\omega)L\big[\mathrm{e}^{\mathrm{i}\omega t}\big]\mathrm{d}\omega \\
&= \frac{1}{2\pi}\int_{-\infty}^{+\infty} X(\omega) \times H(\omega)\mathrm{e}^{\mathrm{i}\omega t}\mathrm{d}\omega .
\end{aligned} \tag{11.5.16}
$$

比较(11.5.13)式和(11.5.16)式，得

$$Y(\omega) = H(\omega)X(\omega). \tag{11.5.17}$$

(11.5.17)式就是在频域上系统输入频谱 $X(\omega)$ 与输出频谱 $Y(\omega)$ 的关系式. 它表明线性时不变系统响应的傅氏变换等于输入信号的傅氏变换与系统脉冲响应的傅氏

变换的乘积. 它从频域角度给出了系统输入和输出的关系.

为了满足信号加入之前，系统不产生响应，脉冲响应函数应满足以下条件

$$h(t) = 0, \ t < 0,$$

满足此条件的系统称为**物理可实现系统**（**physical can achieve system**）.

相应有

$$y(t) = \int_0^\infty h(\tau)x(t-\tau)\mathrm{d}\tau \ ,$$

$$H(\omega) = \int_0^{+\infty} h(t)\mathrm{e}^{-\mathrm{i}\omega t}\mathrm{d}\tau \ .$$

例 11.16 设 $y(t) = \int_{-\infty}^{t} x(u)\mathrm{e}^{-a^2(t-u)}\mathrm{d}u$ ，求系统的脉冲响应.

解 系统的脉冲响应为

$$h(t) = \int_{-\infty}^{t} \delta(u)\mathrm{e}^{-a^2(t-u)}\mathrm{d}u$$

$$= \mathrm{e}^{-a^2 t}\int_{-\infty}^{t}\delta(u)\mathrm{e}^{a^2 u}\mathrm{d}u = \begin{cases} \mathrm{e}^{-a^2 t}, & t > 0 \\ 0, & t < 0 \end{cases}.$$

4. 线性系统输出的均值和相关函数

当系统的输入是一个随机过程 $\{X(t), t \in T\}$ 时，响应

$$Y(t) = \int_{-\infty}^{+\infty} h(t-\tau)X(\tau)\mathrm{d}\tau = \int_{-\infty}^{+\infty} h(\tau)X(t-\tau)\mathrm{d}\tau$$

一般也是一个随机过程. 在给定了输入随机过程的统计特性之后，便可来研究输出随机过程的统计特性. 对于随机信号，常用信号的统计特性——均值和相关函数来描述其输入和输出特性及二者的关系.

定理 11.6 设系统的输入是平稳随机过程 $\{X(t), t \in T\}$ ，且均值 μ_X ，自相关函数为 $R_X(\tau)$ ，则输出过程

$$Y(t) = \int_{-\infty}^{+\infty} X(t-\tau)h(\tau)\mathrm{d}\tau$$

的均值和相关函数分别为

$$m_Y(t) = m_X \int_{-\infty}^{+\infty} h(\tau)\mathrm{d}\tau = m_X H(0) = 常数 \ , \tag{11.5.18}$$

$$R_Y(t_1, t_2) = \int_{-\infty}^{+\infty}\int_{-\infty}^{+\infty} R_X(\tau - v + u)h(u)h(v)\mathrm{d}u\mathrm{d}v = R_Y(\tau), (\tau = t_2 - t_1). \tag{11.5.19}$$

证明 输出的均值为

$$m_Y(t) = E[Y(t)] = E\left[\int_{-\infty}^{+\infty} X(t-\tau)h(\tau)\mathrm{d}\tau\right]$$

$$= \int_{-\infty}^{+\infty} E[X(t-\tau)]h(\tau)\mathrm{d}\tau$$

$$= m_X \int_{-\infty}^{+\infty} h(\tau)\mathrm{d}\tau = m_X \cdot H(0) = 常数 \ ,$$

输出的自相关函数为

$$R_Y(t_1,t_2) = E\big[Y(t_1)Y(t_2)\big]$$

$$= E\bigg[\int_{-\infty}^{+\infty} X(t_1-u)h(u)\mathrm{d}u \cdot \int_{-\infty}^{+\infty} X(t_2-v)h(v)\mathrm{d}v\bigg]$$

$$= \int_{-\infty}^{+\infty}\int_{-\infty}^{+\infty} E\big[X(t_1-u)X(t_2-v)\big]h(u)h(v)\mathrm{d}u\mathrm{d}v$$

$$= \int_{-\infty}^{+\infty}\int_{-\infty}^{+\infty} R_X(\tau-v+u)h(u)h(v)\mathrm{d}u\mathrm{d}v$$

$$= R_X(\tau)*h(-\tau)*h(\tau) = R_Y(\tau). \tag{11.5.20}$$

其中，$\tau = t_2 - t_1$.

可见输出的均值是常数，而输出的相关函数与时间 t 无关，仅与时间差 τ 有关，所以输出仍是平稳过程.

另外平稳过程输出的相关性还可以由输入与输出的互相关函数表示

$$R_{XY}(\tau) = E\big[X(t)Y(t+\tau)\big]$$

$$= E\bigg[X(t)\int_{-\infty}^{+\infty} X(t+\tau-\lambda)h(\lambda)\mathrm{d}\lambda\bigg]$$

$$= \int_{-\infty}^{+\infty} E\big[X(t)X(t+\tau-\lambda)\big]h(\lambda)\mathrm{d}\lambda$$

$$= \int_{-\infty}^{+\infty} R_X(\tau-\lambda)h(\lambda)\mathrm{d}\lambda = R_X(\tau)*h(\tau). \tag{11.5.21}$$

从上式可以看出，输出的相关函数可以通过两次卷积产生，第一次是输入相关函数与脉冲响应的卷积，其结果是 $Y(t)$ 和 $X(t)$ 的互相关函数；第二次是 $R_{XY}(\tau)$ 与 $h(-\tau)$ 的卷积，其结果是 $R_Y(\tau)$. 它们的关系如图 11.6 所示.

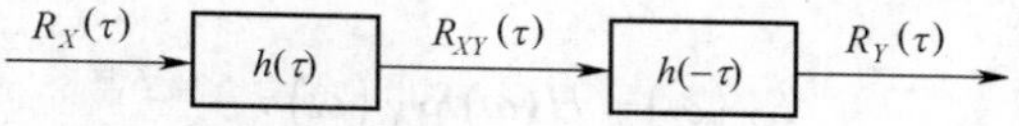

图 11.6

5. 线性系统输出的谱密度

当系统的输入、输出均为平稳随机信号时，由于输入和输出的功率谱是存在的，所以可以利用傅里叶变换来分析系统输出的功率谱密度与输入功率谱密度之间的关系.

定理 11.7 设输入平稳过程 $X(t)$ 具有谱密度 $S_X(\omega)$，则输出过程 $Y(t)$ 的谱密度为

$$S_Y(\omega) = |H(\omega)|^2 S_X(\omega), \tag{11.5.22}$$

式中 $H(\omega)$ 是系统的频率响应函数，其幅频特性的平方 $|H(\omega)|^2$ 称为系统的**频率增**

益因子（**frequency gain factor**）或功率传输函数（**power transmission function**）.

证明

$$S_Y(\omega) = \int_{-\infty}^{+\infty} R_Y(\tau)\mathrm{e}^{-\mathrm{i}\omega\tau}\mathrm{d}\tau$$

$$= \int_{-\infty}^{+\infty}\int_{-\infty}^{+\infty}\int_{-\infty}^{+\infty} R_X(\tau-v+u)h(u)h(v)\mathrm{d}u\mathrm{d}v]\mathrm{e}^{-\mathrm{i}\omega\tau}\mathrm{d}\tau,$$

令 $\tau - v + u = s$，

$$S_Y(\omega) = \int_{-\infty}^{+\infty}\int_{-\infty}^{+\infty}\int_{-\infty}^{+\infty} R_X(s)h(u)h(v)\mathrm{e}^{-\mathrm{i}\omega(s+v-u)}\mathrm{d}s\mathrm{d}u\mathrm{d}v$$

$$= \int_{-\infty}^{+\infty} R_X(s)\mathrm{e}^{-\mathrm{i}\omega s}\mathrm{d}s\int_{-\infty}^{+\infty} h(u)\mathrm{e}^{\mathrm{i}\omega u}\mathrm{d}u\int_{-\infty}^{+\infty} h(v)\mathrm{e}^{-\mathrm{i}\omega v}\mathrm{d}v$$

$$= S_X(\omega)\cdot H(-\omega)H(\omega) = \left|H(\omega)\right|^2 S_X(\omega),$$

或对(11.5.20)式两边取傅里叶变换，则有

$$S_Y(\omega) = S_X(\omega)\cdot H(-\omega)H(\omega) = \left|H(\omega)\right|^2 S_X(\omega).$$

(11.5.22)式表明：系统的输出谱密度等于输入功率谱密度与系统传输函数模的平方之积.

6. 线性系统输入输出之间的互谱密度

对(11.5.21)式两边取傅里叶变换，则得到输入和输出之间的互谱密度为

$$S_{XY}(\omega) = S_X(\omega)H(\omega),$$

同理得

$$S_{YX}(\omega) = S_X(\omega)H(-\omega),$$

利用系统输入与输出之间的互谱密度，又可将输出的功率谱密度函数写成

$$S_Y(\omega) = H(-\omega)S_{XY}(\omega),$$

或

$$S_Y(\omega) = H(\omega)S_{YX}(\omega).$$

例 11.17 如图 11.7 所示的 R-C 电路中，假设输入 $X(t)$ 是一白噪声电压，其自相关函数为 $R_X(\tau) = N_0\delta(\tau)$. 试求：

（1）输出电压 $Y(t)$ 的自相关函数；（2）输出电压 $Y(t)$ 的平均功率.

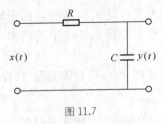

图 11.7

解 输入样本函数与输出样本函数满足微分方程

$$RC\frac{\mathrm{d}y(t)}{\mathrm{d}t} + y(t) = x(t) \;.$$

这是一个常系数线性微分方程，是一个线性时不变系统，取 $x(t) = \mathrm{e}^{\mathrm{i}\omega t}$，由定理 11.5 有

$$y(t) = H(\omega)\mathrm{e}^{\mathrm{i}\omega t} \;,$$

代入上式得

$$RC\frac{\mathrm{d}\left[H(\omega)\mathrm{e}^{\mathrm{i}\omega t}\right]}{\mathrm{d}t} + H(\omega)\mathrm{e}^{\mathrm{i}\omega t} = \mathrm{e}^{\mathrm{i}\omega t} \;,$$

该电路的频率响应函数为

$$H(\omega) = \frac{1}{\mathrm{i}\omega RC + 1} = \frac{\alpha}{\mathrm{i}\omega + \alpha} \;,$$

其中

$$\alpha = \frac{1}{RC} \;,$$

$$h(t) = \frac{1}{2\pi}\int_{-\infty}^{+\infty}\frac{\alpha}{\mathrm{i}\omega + \alpha}\mathrm{e}^{\mathrm{i}\omega t}\mathrm{d}\omega = \frac{1}{2\pi}\int_{-\infty}^{+\infty}\frac{\alpha\mathrm{e}^{\mathrm{i}\omega t}}{\mathrm{i}\left(\omega - \mathrm{i}\alpha\right)}\mathrm{d}\omega \;,$$

因为 $\dfrac{\alpha}{\mathrm{i}\left(\omega - \mathrm{i}\alpha\right)}$ 在上半平面有一阶极点，故当 $t > 0$ 时

$$h(t) = \frac{1}{2\pi}\mathrm{Res}(\mathrm{i}\alpha) = \frac{1}{2\pi}\times 2\pi\mathrm{i}\left[\frac{\alpha\mathrm{e}^{\mathrm{i}\cdot\mathrm{i}\alpha\cdot t}}{\mathrm{i}}\right] = \alpha\mathrm{e}^{-\alpha t} \;,$$

该电路的脉冲响应函数为

$$h(t) = \begin{cases} \alpha\mathrm{e}^{-\alpha t}, & t > 0 \\ 0, & t < 0 \end{cases} \;,$$

输出自相关函数为

$$\begin{aligned} R_Y(\tau) &= \int_{-\infty}^{+\infty}\int_{-\infty}^{+\infty}h(u)h(v)N_0\delta(\tau - v + u)\mathrm{d}u\mathrm{d}v \\ &= N_0\int_{-\infty}^{+\infty}h(u)\mathrm{d}u\int_{-\infty}^{+\infty}h(v)\delta(\tau - v + u)\mathrm{d}v \\ &= N_0\int_{-\infty}^{+\infty}h(u)\times h(u + \tau)\mathrm{d}u \\ &= \begin{cases} N_0\int_0^{+\infty}\alpha^2\mathrm{e}^{-\alpha u}\times\mathrm{e}^{-\alpha(u+\tau)}\mathrm{d}u, & \tau \geqslant 0 \\ N_0\int_\tau^{+\infty}\alpha^2\mathrm{e}^{-\alpha u}\times\mathrm{e}^{-\alpha(u+\tau)}\mathrm{d}u, & \tau < 0 \end{cases} \\ &= \begin{cases} \dfrac{\alpha N_0}{2}\mathrm{e}^{-\alpha\tau}, & \tau \geqslant 0 \\ \dfrac{\alpha N_0}{2}\mathrm{e}^{\alpha\tau}, & \tau < 0 \end{cases} = \frac{\alpha N_0}{2}\mathrm{e}^{-\alpha|\tau|}, \quad (-\infty < \tau < +\infty) \;, \end{aligned}$$

令 $\tau = 0$ 得输出的平均功率为

$$R_Y(0) = \frac{\alpha N_0}{2}.$$

练 习 十 一

1. 设 $X(t) = A\cos(\omega t + \Theta)$ ，A 为随机变量，具有瑞利分布，其密度函数为

$$f(x) = \begin{cases} \dfrac{x}{\sigma^2} e^{-\frac{x^2}{2\sigma^2}}, & x > 0, \\ 0, & x \leqslant 0. \end{cases}$$

Θ 是在 $(0, 2\pi)$ 上服从均匀分布且与 A 相互独立的随机变量，ω 为常数．问 $\{X(t), t \in T\}$ 是否是平稳随机过程？

2. 设 $\{Y(t), t \geqslant 0\}$ 是相继取值为 A 和 B 的随机过程（A, B 为任意常数），其值变化次数服从泊松分布（强度为 λ），即 $Y(t)$ 可表示为

$$Y(t) = \frac{B+A}{2} + \left(\frac{B-A}{2}\right) X(t),$$

其中 $\{X(t), t \in T\}$ 是相继取值为 ±1 的随机电报信号．证明 $\{Y(t), t \geqslant 0\}$ 是平稳过程．

3. 设随机过程 $Y(t) = A\sin(\omega t + \Theta)$ ，$-\infty < t < +\infty$ ，其中 ω 为常数，A 为标准正态随机变量，Θ 是在 $(0, 2\pi)$ 上服从均匀分布的随机变量，且 A 与 Θ 相互独立．

（1）求 $\{Y(t), t \in T\}$ 的均值函数、自相关函数．

（2）问 $\{Y(t), t \in T\}$ 是否是平稳过程？

4. 设 $X(t) = f(t + \Theta)$ ，$-\infty < t < +\infty$ ，其中 $f(t)$ 是以 l 为周期的周期函数，Θ 是在 $[0, l]$ 上服从均匀分布的随机变量．试证明 $\{X(t), t \in T\}$ 是平稳过程．

5. 设 $\{X(t), -\infty < t < +\infty\}$ 为平稳过程，其自相关函数 $R_X(\tau)$ 是以 T 为周期的函数．证明：$\{X(t), -\infty < t < +\infty\}$ 是周期为 T 的平稳过程．

6. 设平稳过程的自相关函数为 $R_X(\tau)$ ．

证明：$P\{|X(t+\tau) - X(t)| \geqslant a\} \leqslant 2[R_X(0) - R_X(\tau)] / a^2$ ．

7. 已知平稳过程 $\{X(t), t \in T\}$ 的谱密度为

$$S_X(\omega) = \frac{\omega^2 + 4}{\omega^4 + 10\omega^2 + 9},$$

求 $\{X(t), t \in T\}$ 的自相关函数和平均功率．

8. 已知平稳过程 $\{X(t), t \in T\}$ 的谱密度为

$$S_X(\omega) = \begin{cases} 8\delta(\omega) + 20\left(1 - \dfrac{|\omega|}{10}\right), & |\omega| \leqslant 10 \\ 0, & |\omega| > 10 \end{cases},$$

求 $\{X(t), t \in T\}$ 的自相关函数．

9. 已知平稳过程 $\{X(t), t \in T\}$ 的自相关函数为

$$R_X(\tau) = 4e^{-|\tau|} \cos \pi \tau + \cos 3\pi \tau.$$

求谱密度 $S_X(\omega)$.

10. 设 $\{X(t), t \in T\}$ 是平稳过程，而 $Y(t) = X(t) + X(t-T)$，T 是给定常数. 试证：

（1）$\{Y(t), t \in T\}$ 为平稳过程.

（2）$\{Y(t), t \in T\}$ 的谱密度 $S_Y(\omega) = 2S_X(\omega)(1 + \cos \omega T)$.

11. 设 $X(t) = A\cos \omega_0 t + B\sin \omega_0 t, (-\infty < t < +\infty)$，$\omega_0$ 为常数，A, B 为相互独立的随机变量，且 $A \sim N(0, \sigma^2)$，$B \sim N(0, \sigma^2)$.

（1）证明 $\{X(t), t \in T\}$ 为平稳过程.

（2）证明 $\{X(t), t \in T\}$ 具有均值各态历经性.

（3）求 $\{X(t), t \in T\}$ 的平均功率.

（4）求 $\{X(t), t \in T\}$ 的谱密度.

12. 设随机过程 $Y(t) = X(t)\cos(\omega_0 t + \Theta), -\infty < t < +\infty$，其中 $\{X(t), t \in T\}$ 是平稳过程，Θ 是为在区间 $(0, 2\pi)$ 上服从均匀分布的随机变量，ω_0 为常数，且 $X(t)$ 与 Θ 相互独立，记 $\{X(t), t \in T\}$ 的自相关函数为 $R_X(\tau)$，功率谱密度为 $S_X(\omega)$.

试证：

（1）$\{Y(t), t \in T\}$ 是平稳过程，且它的自相关函数为 $R_Y(\tau) = \dfrac{1}{2} R_X(\tau)\cos \omega_0 \tau$.

（2）$\{Y(t), t \in T\}$ 的功率谱密度为 $S_Y(\omega) = \dfrac{1}{4}[S_X(\omega - \omega_0) + S_X(\omega + \omega_0)]$.

13. 设某线性时不变系统输入一白噪声过程 $X(t)$，其相关函数为 $R_X(\tau) = \delta(\tau)$，若系统的脉冲响应函数为：$h(t) = \begin{cases} 1, & 0 < t < T \\ 0, & 其他 \end{cases}$.

（1）求输出过程 $Y(t)$ 的谱密度及相关函数.

（2）求输入输出过程的互谱密度.

14. 已知某线性系统的输入 $x(t)$ 和输出 $y(t)$ 之间满足关系 $\dfrac{\mathrm{d}y(t)}{\mathrm{d}t} + by(t) = ax(t)$，假设输入过程 $\{X(t), t \geq 0\}$ 是均值为 0 的实平稳过程，其协方差函数为：$B_X(\tau) = \sigma^2 e^{-|\tau|}$. 试求输出过程的谱密度及其相关函数.

附表 1　　　　　　　　几种常用的概率分布表

分　布	参　数	分布律或概率密度	数学期望	方　差
（0—1）分布	$0 < p < 1$	$P\{X=k\} = p^k(1-p)^{1-k}$, $k=0, 1$	p	$p(1-p)$
二项分布	$n \geqslant 1$ $0 < p < 1$	$P\{X=k\} = \binom{n}{k}p^k(1-p)^{n-k}$ $k=0, 1, \cdots, n$	np	$np(1-p)$
负二项分布 （巴斯卡分布）	$r \geqslant 1$ $0 < p < 1$	$P\{X=k\} = \binom{k-1}{r-1}p^r(1-p)^{k-r}$ $k=r, r+1, \cdots$	$\dfrac{r}{p}$	$\dfrac{r(1-p)}{p^2}$
几何分布	$0 < p < 1$	$P\{X=k\} = (1-p)^{k-1}p$ $k=1, 2, \cdots$	$\dfrac{1}{p}$	$\dfrac{1-p}{p^2}$
超几何分布	N, M, n $(M \leqslant N)$ $(n \leqslant N)$	$P\{X=n\} = \dfrac{\binom{M}{k}\binom{N-M}{n-k}}{\binom{N}{n}}$ k 为整数，$\max\{0, n-N+M\}$ $\leqslant k \leqslant \min\{n, M\}$	$\dfrac{nM}{N}$	$\dfrac{nM}{N}\left(1-\dfrac{M}{N}\right)\left(\dfrac{N-n}{N-1}\right)$
泊松分布	$\lambda > 0$	$P\{X=k\} = \dfrac{\lambda^k \mathrm{e}^{-\lambda}}{k!}$ $k=0, 1, 2, \cdots$	λ	λ
均匀分布	$a < b$	$f(x) = \begin{cases} \dfrac{1}{b-a}, & a<x<b \\ 0, & \text{其他} \end{cases}$	$\dfrac{a+b}{2}$	$\dfrac{(b-a)^2}{12}$
正态分布	μ $\sigma > 0$	$f(x) = \dfrac{1}{\sqrt{2\pi}\sigma}\mathrm{e}^{-(x-\mu)^2/(2\sigma^2)}$	μ	σ^2

分布	参数	分布律或概率密度	数学期望	方　差
Γ 分布	$\alpha>0$ $\beta>0$	$f(x)=\begin{cases}\dfrac{1}{\beta^{\alpha}\Gamma(\alpha)}x^{\alpha-1}\mathrm{e}^{-x/\beta}, & x>0\\[2mm] 0, & \text{其他}\end{cases}$	$\alpha\beta$	$\alpha\beta^2$
指数分布（负指数分布）	$\lambda>0$	$f(x)=\begin{cases}\lambda\mathrm{e}^{-\lambda x}, & x>0\\[2mm] 0, & \text{其他}\end{cases}$	$\dfrac{1}{\lambda}$	$\dfrac{1}{\lambda^2}$
χ^2 分布	$n\geqslant 1$	$f(x)=\begin{cases}\dfrac{1}{2^{n/2}\Gamma(n/2)}x^{n/2-1}\mathrm{e}^{-x/2}, & x>0\\[2mm] 0, & \text{其他}\end{cases}$	n	$2n$
韦布尔分布	$\eta>0$ $\beta>0$	$f(x)=\begin{cases}\dfrac{\beta}{\eta}\left(\dfrac{x}{\eta}\right)^{\beta-1}\mathrm{e}^{-\left(\frac{x}{\eta}\right)^{\beta}}, & x>0\\[2mm] 0, & \text{其他}\end{cases}$	$\eta\Gamma(\dfrac{1}{\beta}+1)$	$\eta^2\left\{\Gamma\left(\dfrac{2}{\beta}+1\right)-\left[\Gamma\left(\dfrac{1}{\beta}+1\right)\right]^2\right\}$
瑞利分布	$\sigma>0$	$f(x)=\begin{cases}\dfrac{x}{\sigma^2}\mathrm{e}^{-x^2/(2\sigma^2)}, & x>0\\[2mm] 0, & \text{其他}\end{cases}$	$\sqrt{\dfrac{\pi}{2}}\sigma$	$\dfrac{4-\pi}{2}\sigma^2$
β 分布	$\alpha>0$ $\beta>0$	$f(x)=\begin{cases}\dfrac{\Gamma(\alpha+\beta)}{\Gamma(\alpha)\Gamma(\beta)}x^{\alpha-1}(1-x)^{\beta-1}, & 0<x<1\\[2mm] 0, & \text{其他}\end{cases}$	$\dfrac{\alpha}{\alpha+\beta}$	$\dfrac{\alpha\beta}{(\alpha+\beta)^2(\alpha+\beta+1)}$
对数正态分布	μ $\sigma>0$	$f(x)=\begin{cases}\dfrac{1}{\sqrt{2\pi}\sigma x}\mathrm{e}^{-(\ln x-\mu)^2/(2\sigma^2)}, & x>0\\[2mm] 0, & \text{其他}\end{cases}$	$\mathrm{e}^{\mu+\frac{\sigma^2}{2}}$	$\mathrm{e}^{2\mu+\sigma^2}(\mathrm{e}^{\sigma^2}-1)$
柯西分布	a $\lambda>0$	$f(x)=\dfrac{1}{\pi}\dfrac{1}{\lambda^2+(x-a)^2}$	不存在	不存在
t 分布	$n\geqslant 1$	$f(x)=\dfrac{\Gamma\left(\dfrac{n+1}{2}\right)}{\sqrt{n\pi}\,\Gamma(n/2)}\left(1+\dfrac{x^2}{n}\right)^{-(n+1)/2}$	$0,\ n>1$	$\dfrac{n}{n-2},\ n>2$
F 分布	n_1,n_2	$f(x)=\begin{cases}\dfrac{\Gamma\left[(n_1+n_2)/2\right]}{\Gamma(n_1/2)\Gamma(n_2/2)}\left(\dfrac{n_1}{n_2}\right)\left(\dfrac{n_1}{n_2}x\right)^{n_1/2-1}\\[2mm] \times\left(1+\dfrac{n_1}{n_2}x\right)^{-(n_1+n_2)/2}, & x>0\\[4mm] 0, & \text{其他}\end{cases}$	$\dfrac{n_2}{n_2-2}$ $n_2>2$	$\dfrac{2n_2^2(n_1+n_2-2)}{n_1(n_2-2)^2(n_2-4)}$ $n_2>4$

附表 2 　　　　　　　标准正态分布表

$$\Phi(x) = \int_{-\infty}^{x} \frac{1}{\sqrt{2\pi}} e^{-t^2/2} dt$$

x	0.00	0.01	0.02	0.03	0.04	0.05	0.06	0.07	0.08	0.09
0.0	0.5000	0.5040	0.5080	0.5120	0.5160	0.5199	0.5239	0.5279	0.5319	0.5359
0.1	0.5398	0.5438	0.5478	0.5517	0.5557	0.5596	0.5636	0.5675	0.5714	0.5753
0.2	0.5793	0.5832	0.5871	0.5910	0.5948	0.5987	0.6026	0.6064	0.6103	0.6141
0.3	0.6179	0.6217	0.6255	0.6293	0.6331	0.6368	0.6406	0.6443	0.6480	0.6517
0.4	0.6554	0.6591	0.6628	0.6664	0.6700	0.6736	0.6772	0.6808	0.6844	0.6879
0.5	0.6915	0.6950	0.6985	0.7019	0.7054	0.7088	0.7123	0.7157	0.7190	0.7224
0.6	0.7257	0.7291	0.7324	0.7357	0.7389	0.7422	0.7454	0.7486	0.7517	0.7549
0.7	0.7580	0.7611	0.7642	0.7673	0.7704	0.7734	0.7764	0.7794	0.7823	0.7852
0.8	0.7881	0.7910	0.7939	0.7967	0.7995	0.8023	0.8051	0.8078	0.8106	0.8133
0.9	0.8159	0.8186	0.8212	0.8238	0.8264	0.8289	0.8315	0.8340	0.8365	0.8389
1.0	0.8413	0.8438	0.8461	0.8485	0.8508	0.8531	0.8554	0.8577	0.8599	0.8621
1.1	0.8943	0.8665	0.8686	0.8708	0.8729	0.8749	0.8770	0.8790	0.8810	0.8830
1.2	0.8849	0.8869	0.8888	0.8907	0.8925	0.8944	0.8962	0.8980	0.8997	0.9015
1.3	0.9032	0.9049	0.9066	0.9082	0.9099	0.9115	0.9131	0.9147	0.9162	0.9177
1.4	0.9192	0.9207	0.9222	0.9236	0.9251	0.9265	0.9278	0.9292	0.9306	0.9319
1.5	0.9332	0.9345	0.9357	0.9370	0.9382	0.9394	0.9406	0.9418	0.9429	0.9441
1.6	0.9452	0.9463	0.9474	0.9484	0.9495	0.9505	0.9515	0.9525	0.9535	0.9545
1.7	0.9554	0.9564	0.9573	0.9582	0.9591	0.9599	0.9608	0.9616	0.9625	0.9633
1.8	0.9641	0.9649	0.9656	0.9664	0.9671	0.9678	0.9686	0.9693	0.9699	0.9706
1.9	0.9713	0.9719	0.9726	0.9732	0.9738	0.9744	0.9750	0.9756	0.9761	0.9767
2.0	0.9772	0.9778	0.9783	0.9788	0.9793	0.9798	0.9803	0.9808	0.9812	0.9817
2.1	0.9821	0.9826	0.9830	0.9834	0.9838	0.9842	0.9846	0.9850	0.9854	0.9857
2.2	0.9861	0.9864	0.9868	0.9871	0.9875	0.9878	0.9881	0.9884	0.9887	0.9890
2.3	0.9893	0.9896	0.9898	0.9901	0.9904	0.9906	0.9909	0.9911	0.9913	0.9916
2.4	0.9918	0.9920	0.9922	0.9925	0.9927	0.9929	0.9931	0.9932	0.9934	0.9936
2.5	0.9938	0.9940	0.9941	0.9943	0.9945	0.9946	0.9948	0.9949	0.9951	0.9952
2.6	0.9953	0.9955	0.9956	0.9957	0.9959	0.9960	0.9961	0.9962	0.9963	0.9964
2.7	0.9965	0.9966	0.9967	0.9968	0.9969	0.9970	0.9971	0.9972	0.9973	0.9974
2.8	0.9974	0.9975	0.9976	0.9977	0.9977	0.9978	0.9979	0.9979	0.9980	0.9981
2.9	0.9981	0.9982	0.9982	0.9983	0.9984	0.9984	0.9985	0.9985	0.9986	0.9986
3.0	0.9987	0.9987	0.9987	0.9988	0.9988	0.9989	0.9989	0.9989	0.9990	0.9990
3.1	0.9990	0.9991	0.9991	0.9991	0.9992	0.9992	0.9992	0.9992	0.9993	0.9993
3.2	0.9993	0.9993	0.9994	0.9994	0.9994	0.9994	0.9994	0.9995	0.9995	0.9995
3.3	0.9995	0.9995	0.9995	0.9996	0.9996	0.9996	0.9996	0.9996	0.9996	0.9997
3.4	0.9997	0.9997	0.9997	0.9997	0.9997	0.9997	0.9997	0.9997	0.9997	0.9998

附表 3   泊松分布表

$$P(X \leqslant x) = \sum_{k=0}^{x} \frac{\lambda^k e^{-\lambda}}{k!}$$

x	λ								
	0.1	0.2	0.3	0.4	0.5	0.6	0.7	0.8	0.9
0	0.9048	0.8187	0.7408	0.6730	0.6065	0.5488	0.4966	0.4493	0.4066
1	0.9953	0.9825	0.9631	0.9384	0.9098	0.8781	0.8442	0.8088	0.7725
2	0.9998	0.9989	0.9964	0.9921	0.9856	0.9769	0.9659	0.9526	0.9371
3	1.0000	0.9999	0.9997	0.9992	0.9982	0.9966	0.9942	0.9909	0.9865
4		1.0000	1.0000	0.9999	0.9998	0.9996	0.9992	0.9986	0.9977
5				1.0000	1.0000	1.0000	0.9999	0.9998	0.9997
6							1.0000	1.0000	1.0000

x	λ								
	1.0	1.5	2.0	2.5	3.0	3.5	4.0	4.5	5.0
0	0.3679	0.2231	0.1353	0.0821	0.0498	0.0302	0.0183	0.0111	0.0067
1	0.7358	0.5578	0.4060	0.2873	0.1991	0.1359	0.0916	0.0611	0.0404
2	0.9197	0.8088	0.6767	0.5438	0.4232	0.3208	0.2381	0.1736	0.1247
3	0.9810	0.9344	0.8571	0.7576	0.6472	0.5366	0.4335	0.3423	0.2650
4	0.9963	0.9814	0.9473	0.8912	0.8153	0.7254	0.6288	0.5321	0.4405
5	0.9994	0.9955	0.9834	0.9580	0.9161	0.8576	0.7851	0.7029	0.6160
6	0.9999	0.9991	0.9955	0.9858	0.9665	0.9347	0.8893	0.8311	0.7622
7	1.0000	0.9998	0.9989	0.9958	0.9881	0.9733	0.9489	0.9134	0.8666
8		1.0000	0.9998	0.9989	0.9962	0.9901	0.9786	0.9597	0.9319
9			1.0000	0.9997	0.9989	0.9967	0.9919	0.9829	0.9682
10				0.9999	0.9997	0.9990	0.9972	0.9933	0.9863
11				1.0000	0.9999	0.9997	0.9991	0.9976	0.9945
12					1.0000	0.9999	0.9997	0.9992	0.9980

x	λ								
	5.5	6.0	6.5	7.0	7.5	8.0	8.5	9.0	9.5
0	0.0041	0.0025	0.0015	0.0009	0.0006	0.0003	0.0002	0.0001	0.0001
1	0.0266	0.0174	0.0113	0.0073	0.0047	0.0030	0.0019	0.0012	0.0008
2	0.0884	0.0620	0.0430	0.0296	0.0203	0.0138	0.0093	0.0062	0.0042
3	0.2017	0.1512	0.1118	0.0818	0.0591	0.0424	0.0301	0.0212	0.0149
4	0.3575	0.2851	0.2237	0.1730	0.1321	0.0996	0.0744	0.0550	0.0403
5	0.5289	0.4457	0.3690	0.3007	0.2414	0.1912	0.1496	0.1157	0.0885
6	0.6860	0.6063	0.5265	0.4497	0.3782	0.3134	0.2562	0.2068	0.1649
7	0.8095	0.7440	0.6728	0.5987	0.5246	0.4530	0.3856	0.3239	0.2687
8	0.8944	0.8472	0.7916	0.7291	0.6620	0.5925	0.5231	0.4557	0.3918
9	0.9462	0.9161	0.8774	0.8305	0.7764	0.7166	0.6530	0.5874	0.5218
10	0.9747	0.9574	0.9332	0.9015	0.8622	0.8159	0.7634	0.7060	0.6453
11	0.9890	0.9799	0.9661	0.9466	0.9208	0.8881	0.8487	0.8030	0.7520
12	0.9955	0.9912	0.9840	0.9730	0.9573	0.9362	0.9091	0.8758	0.8364
13	0.9983	0.9964	0.9929	0.9872	0.9784	0.9658	0.9486	0.9261	0.8981
14	0.9994	0.9986	0.9988	0.9943	0.9897	0.9827	0.9726	0.9585	0.9400
15	0.9998	0.9995	0.9996	0.9976	0.9954	0.9918	0.9862	0.9780	0.9665

续表

x	λ								
	5.5	6.0	6.5	7.0	7.5	8.0	8.5	9.0	9.5
16	0.9999	0.9998	0.9998	0.9990	0.9980	0.9963	0.9934	0.9889	0.9823
17	1.0000	0.9999	0.9999	0.9996	0.9992	0.9984	0.9970	0.9947	0.9911
18		1.0000	1.0000	0.9999	0.9997	0.9994	0.9987	0.9976	0.9957
19				1.0000	0.9999	0.9997	0.9995	0.9989	0.9980
20					1.0000	0.9999	0.9998	0.9996	0.9991

x	λ								
	10.0	11.0	12.0	13.0	14.0	15.0	16.0	17.0	18.0
0	0.0000	0.0000	0.0000						
1	0.0005	0.0002	0.0001	0.0000	0.0000				
2	0.0028	0.0012	0.0005	0.0002	0.0001	0.0000			
3	0.0103	0.0049	0.0023	0.0010	0.0005	0.0002	0.0001		
4	0.0293	0.0151	0.0076	0.0037	0.0018	0.0009	0.0004	0.0002	0.0001
5	0.0671	0.0375	0.0203	0.0107	0.0055	0.0028	0.0014	0.0007	0.0003
6	0.1301	0.0786	0.0458	0.0259	0.0142	0.0076	0.0040	0.0021	0.0010
7	0.2202	0.1432	0.0895	0.0540	0.0316	0.0180	0.0100	0.0054	0.0029
8	0.3328	0.2320	0.1550	0.0998	0.0621	0.0374	0.0220	0.0126	0.0071
9	0.4579	0.3405	0.2424	0.1658	0.1094	0.0699	0.0433	0.0261	0.0154
10	0.5830	0.4599	0.3472	0.2517	0.1757	0.1185	0.0774	0.0491	0.0304
11	0.6968	0.5793	0.4616	0.3532	0.2600	0.1848	0.1270	0.0847	0.0549
12	0.7916	0.6887	0.5760	0.4631	0.3585	0.2676	0.1931	0.1350	0.0917
13	0.8645	0.7813	0.6815	0.5730	0.4644	0.3632	0.2745	0.2009	0.1426
14	0.9165	0.8540	0.7720	0.6751	0.5704	0.4657	0.3675	0.2808	0.2081
15	0.9513	0.9074	0.8444	0.7636	0.6694	0.5681	0.4667	0.3715	0.2867
16	0.9730	0.9441	0.8987	0.8355	0.7559	0.6641	0.5660	0.4677	0.3750
17	0.9857	0.9678	0.9370	0.8905	0.8272	0.7489	0.6593	0.5640	0.4686
18	0.9928	0.9823	0.9626	0.9302	0.8826	0.8195	0.7423	0.6550	0.5622
19	0.9965	0.9907	0.9787	0.9573	0.9235	0.8752	0.8122	0.7363	0.6509
20	0.9984	0.9953	0.9884	0.9750	0.9521	0.9170	0.8682	0.8055	0.7307
21	0.9993	0.9977	0.9939	0.9859	0.9712	0.9469	0.9108	0.8615	0.7991
22	0.9997	0.9990	0.9970	0.9924	0.9833	0.9673	0.9418	0.9047	0.8551
23	0.9999	0.9995	0.9985	0.9960	0.9907	0.9805	0.9633	0.9367	0.8989
24	1.0000	0.9998	0.9993	0.9980	0.9950	0.9888	0.9777	0.9594	0.9317
25		0.9999	0.9997	0.9990	0.9974	0.9938	0.9869	0.9748	0.9554
26		1.0000	0.9999	0.9995	0.9987	0.9967	0.9925	0.9848	0.9718
27			0.9999	0.9998	0.9994	0.9983	0.9959	0.9912	0.9827
28			1.0000	0.9999	0.9997	0.9991	0.9978	0.9950	0.9897
29				1.0000	0.9999	0.9996	0.9989	0.9973	0.9941
30					0.9999	0.9998	0.9994	0.9986	0.9967
31					1.0000	0.9999	0.9997	0.9993	0.9982
32						1.0000	0.9999	0.9996	0.9990
33							0.9999	0.9998	0.9995
34							1.0000	0.9999	0.9998
35								1.0000	0.9999
36									0.9999
37									1.0000

附表 4 t 分布表

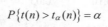

$$P\{t(n) > t_\alpha(n)\} = \alpha$$

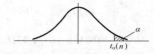

n \ α	0.20	0.15	0.10	0.05	0.025	0.01	0.005
1	1.376	1.963	3.0777	6.3138	12.7062	31.8207	63.6574
2	1.061	1.386	1.8856	2.9200	4.3027	6.9646	9.9248
3	0.978	1.250	1.6377	2.3534	3.1824	4.5407	5.8409
4	0.941	1.190	1.5332	2.1318	2.7764	3.7469	4.6041
5	0.920	1.156	1.4759	2.0150	2.5706	3.3649	4.0322
6	0.906	1.134	1.4398	1.9432	2.4469	3.1427	3.7074
7	0.896	1.119	1.4149	1.8946	2.3646	2.9980	3.4995
8	0.889	1.108	1.3968	1.8595	2.3060	2.8965	3.3554
9	0.883	1.100	1.3830	1.8331	2.2622	2.8214	3.2498
10	0.879	1.093	1.3722	1.8125	2.2281	2.7638	3.1693
11	0.876	1.088	1.3634	1.7959	2.2010	2.7181	3.1058
12	0.873	1.083	1.3562	1.7823	2.1788	2.6810	3.0545
13	0.870	1.079	1.3502	1.7709	2.1604	2.6503	3.0123
14	0.868	1.076	1.3450	1.7613	2.1448	2.6245	2.9768
15	0.866	1.074	1.3406	1.7531	2.1315	2.6025	2.9467
16	0.865	1.071	1.3368	1.7459	2.1199	2.5835	2.9208
17	0.863	1.069	1.3334	1.7396	2.1098	2.5669	2.8982
18	0.862	1.067	1.3304	1.7341	2.1009	2.5524	2.8784
19	0.861	1.066	1.3277	1.7291	2.0930	2.5395	2.8609
20	0.860	1.064	1.3253	1.7247	2.0860	2.5280	2.8453
21	0.859	1.063	1.3232	1.7207	2.0796	2.5177	2.8314
22	0.858	1.061	1.3212	1.7171	2.0739	2.5083	2.8188
23	0.858	1.060	1.3195	1.7139	2.0687	2.4999	2.8073
24	0.857	1.059	1.3178	1.7109	2.0639	2.4922	2.7969
25	0.856	1.058	1.3163	1.7081	2.0595	2.4851	2.7874
26	0.856	1.058	1.3150	1.7056	2.0555	2.4786	2.7787
27	0.855	1.057	1.3137	1.7033	2.0518	2.4727	2.7707
28	0.855	1.056	1.3125	1.7011	2.0484	2.4671	2.7633
29	0.854	1.055	1.3114	1.6991	2.0452	2.4620	2.7564
30	0.854	1.055	1.3104	1.6973	2.0423	2.4573	2.7500
31	0.8535	1.0541	1.3095	1.6955	2.0395	2.4528	2.7440
32	0.8531	1.0536	1.3086	1.6939	2.0369	2.4487	2.7385
33	0.8527	1.0531	1.3077	1.6924	2.0345	2.4448	2.7333
34	0.8524	1.0526	1.3070	1.6909	2.0322	2.4411	2.7284
35	0.8521	1.0521	1.3062	1.6896	2.0301	2.4377	2.7238

续表

n \ α	0.20	0.15	0.10	0.05	0.25	0.01	0.005
36	0.8518	1.0516	1.3055	1.6883	2.0281	2.4345	2.7195
37	0.8515	1.0512	1.3049	1.6871	2.0262	2.4314	2.7154
38	0.8512	1.0508	1.3042	1.6860	2.0244	2.4286	2.7116
39	0.8510	1.0504	1.3036	1.6849	2.0227	2.4258	2.7079
40	0.8507	1.0501	1.3031	1.6839	2.0211	2.4233	2.7045
41	0.8505	1.0498	1.3025	1.6829	2.0195	2.4208	2.7012
42	0.8503	1.0494	1.3020	1.6820	2.0181	2.4185	2.6981
43	0.8501	1.0491	1.3016	1.6811	2.0167	2.4163	2.6951
44	0.8499	1.0488	1.3011	1.6802	2.0154	2.4141	2.6923
45	0.8497	1.0485	1.3006	1.6794	2.0141	2.4121	2.6896

附表 5　　　　　　　　χ^2 分布表

$$P\left\{\chi^2(n) > \chi_\alpha^2(n)\right\} = \alpha$$

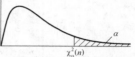

α n	0.995	0.99	0.975	0.95	0.90	0.10	0.05	0.025	0.01	0.005
1	0.000	0.000	0.001	0.004	0.016	2.706	3.843	5.025	6.637	7.882
2	0.010	0.020	0.051	0.103	0.211	4.605	5.992	7.378	9.210	10.597
3	0.072	0.115	0.216	0.352	0.584	6.251	7.815	9.348	11.344	12.837
4	0.207	0.297	0.484	0.711	1.064	7.779	9.488	11.143	13.277	14.860
5	0.412	0.554	0.831	1.145	1.610	9.236	11.070	12.832	15.085	16.748
6	0.676	0.872	1.237	1.635	2.204	10.645	12.592	14.440	16.812	18.548
7	0.989	1.239	1.690	2.167	2.833	12.017	14.067	16.012	18.474	20.276
8	1.344	1.646	2.180	2.733	3.490	13.362	15.507	17.534	20.090	21.954
9	1.735	2.088	2.700	3.325	4.168	14.684	16.919	19.022	21.665	23.587
10	2.156	2.558	3.247	3.940	4.865	15.987	18.307	20.483	23.209	25.188
11	2.603	3.053	3.816	4.575	5.578	17.275	19.675	21.920	24.724	26.755
12	3.074	3.571	4.404	5.226	6.304	18.549	21.026	23.337	26.217	28.300
13	3.565	4.107	5.009	5.892	7.041	19.812	22.362	24.735	27.687	29.817
14	4.075	4.660	5.629	6.571	7.790	21.064	23.685	26.119	29.141	31.319
15	4.600	5.229	6.262	7.261	8.547	22.307	24.996	27.488	30.577	32.799
16	5.142	5.812	6.908	7.962	9.312	23.542	26.296	28.845	32.000	34.267
17	5.697	6.407	7.564	8.682	10.085	24.769	27.587	30.190	33.408	35.716
18	6.265	7.015	8.231	9.390	10.865	25.989	28.869	31.526	34.805	37.156
19	6.843	7.632	8.906	10.117	11.651	27.203	30.143	32.852	36.190	38.580
20	7.434	8.260	9.591	10.851	12.443	28.412	31.410	34.170	37.566	39.997
21	8.033	8.897	10.283	11.591	13.240	29.615	32.670	35.478	38.930	41.399
22	8.643	9.542	10.982	12.338	14.042	30.813	33.924	36.781	40.289	42.796
23	9.260	10.195	11.688	13.090	14.848	32.007	35.172	38.075	41.637	44.179
24	9.886	10.856	12.401	13.848	15.659	33.196	36.415	39.364	42.980	45.558
25	10.519	11.523	13.120	14.611	16.473	34.381	37.652	40.646	44.313	46.925
26	11.160	12.198	13.844	15.379	17.292	35.563	38.885	41.923	45.642	48.290
27	11.807	12.878	14.573	16.151	18.114	36.741	40.113	43.194	46.962	49.642
28	12.461	13.565	15.308	16.928	18.939	37.916	41.337	44.461	48.278	50.993
29	13.120	14.256	16.147	17.708	19.768	39.087	42.557	45.772	49.586	52.333
30	13.787	14.954	16.791	18.493	20.599	40.256	43.773	46.979	50.892	53.672
31	14.457	15.655	17.538	19.280	21.433	41.422	44.985	48.231	52.190	55.000
32	15.134	16.362	18.291	20.072	22.271	42.585	46.194	49.480	53.486	56.328
33	15.814	17.073	19.046	20.866	23.110	43.745	47.400	50.724	54.774	57.646
34	16.501	17.789	19.806	21.664	23.952	44.903	48.602	51.966	56.061	58.964
35	17.191	18.508	20.569	22.465	24.796	46.059	49.802	53.203	57.340	60.272
36	17.887	19.233	21.336	23.269	25.643	47.212	50.998	54.437	58.619	61.581
37	18.584	19.960	22.105	24.075	26.492	48.363	52.192	55.667	59.891	62.880
38	19.289	20.691	22.878	24.884	27.343	49.513	53.384	56.896	61.162	64.181
39	19.994	21.425	23.654	25.695	28.196	50.660	54.572	58.119	62.426	65.473
40	20.706	22.164	24.433	26.509	29.050	51.805	55.758	59.342	63.691	66.766

当 $n > 40$ 时，$\chi_\alpha^2(n) \approx \dfrac{1}{2}(z_\alpha + \sqrt{2n-1})^2$．

附表 6

F 分布表

$$P\{F(n_1, n_2) > F_\alpha(n_1, n_2)\} = \alpha \qquad (\alpha = 0.10)$$

$n_2 \backslash n_1$	1	2	3	4	5	6	7	8	9	10	12	15	20	24	30	40	60	120	∞
1	39.86	49.50	53.59	55.83	57.24	58.20	58.91	59.44	59.86	60.19	60.71	61.22	61.74	62.00	62.26	62.53	62.79	63.06	63.33
2	8.53	9.00	9.16	9.24	9.29	9.33	9.35	9.37	9.38	9.39	9.41	9.42	9.44	9.45	9.46	9.47	9.47	9.48	9.49
3	5.54	5.46	5.39	5.34	5.31	5.28	5.27	5.25	5.24	5.23	5.22	5.20	5.18	5.18	5.17	5.16	5.15	5.14	5.13
4	4.54	4.32	4.19	4.11	4.05	4.01	3.98	3.95	3.94	3.92	3.90	3.87	3.84	3.83	3.82	3.80	3.79	3.78	3.76
5	4.06	3.78	3.62	3.52	3.45	3.40	3.37	3.34	3.32	3.30	3.27	3.24	3.21	3.19	3.17	3.16	3.14	3.12	3.10
6	3.78	3.46	3.29	3.18	3.11	3.05	3.01	2.98	2.96	2.94	2.90	2.87	2.84	2.82	2.80	2.78	2.76	2.74	2.72
7	3.59	3.26	3.07	2.96	2.88	2.83	2.78	2.75	2.72	2.70	2.67	2.63	2.59	2.58	2.56	2.54	2.51	2.49	2.47
8	3.46	3.11	2.92	2.81	2.73	2.67	2.62	2.59	2.56	2.54	2.50	2.46	2.42	2.40	2.38	2.36	2.34	2.32	2.29
9	3.36	3.01	2.81	2.69	2.61	2.55	2.51	2.47	2.44	2.42	2.38	2.34	2.30	2.28	2.25	2.23	2.21	2.18	2.16
10	3.29	2.92	2.73	2.61	2.52	2.46	2.41	2.38	2.35	2.32	2.28	2.24	2.20	2.18	2.16	2.13	2.11	2.08	2.06
11	3.23	2.86	2.66	2.54	2.45	2.39	2.34	2.30	2.27	2.25	2.21	2.17	2.12	2.10	2.08	2.05	2.03	2.00	1.97
12	3.18	2.81	2.61	2.48	2.39	2.33	2.28	2.24	2.21	2.19	2.15	2.10	2.06	2.04	2.01	1.99	1.96	1.93	1.90
13	3.14	2.76	2.56	2.43	2.35	2.28	2.23	2.20	2.16	2.14	2.10	2.05	2.01	1.98	1.96	1.93	1.90	1.88	1.85
14	3.10	2.73	2.52	2.39	2.31	2.24	2.19	2.15	2.12	2.10	2.05	2.01	1.96	1.94	1.91	1.89	1.86	1.83	1.80
15	3.07	2.70	2.49	2.36	2.27	2.21	2.16	2.12	2.09	2.06	2.02	1.97	1.92	1.90	1.87	1.85	1.82	1.79	1.76
16	3.05	2.67	2.46	2.33	2.24	2.18	2.13	2.09	2.06	2.03	1.99	1.94	1.89	1.87	1.84	1.81	1.78	1.75	1.72
17	3.03	2.64	2.44	2.31	2.22	2.15	2.10	2.06	2.03	2.00	1.96	1.91	1.86	1.84	1.81	1.78	1.75	1.72	1.69
18	3.01	2.62	2.42	2.29	2.20	2.13	2.08	2.04	2.00	1.98	1.93	1.89	1.84	1.81	1.78	1.75	1.72	1.69	1.66
19	2.99	2.61	2.40	2.27	2.18	2.11	2.06	2.02	1.98	1.96	1.91	1.86	1.81	1.79	1.76	1.73	1.70	1.67	1.63
20	2.97	2.59	2.38	2.25	2.16	2.09	2.04	2.00	1.96	1.94	1.89	1.84	1.79	1.77	1.74	1.71	1.68	1.64	1.61
21	2.96	2.57	2.36	2.23	2.14	2.08	2.02	1.98	1.95	1.92	1.87	1.83	1.78	1.75	1.72	1.69	1.66	1.62	1.59
22	2.95	2.56	2.35	2.22	2.13	2.06	2.01	1.97	1.93	1.90	1.86	1.81	1.76	1.73	1.70	1.67	1.64	1.60	1.57

续表

n_1 / n_2	1	2	3	4	5	6	7	8	9	10	12	15	20	24	30	40	60	120	∞
23	2.94	2.55	2.34	2.21	2.11	2.05	1.99	1.95	1.92	1.89	1.84	1.80	1.74	1.72	1.69	1.66	1.62	1.59	1.55
24	2.93	2.54	2.33	2.19	2.10	2.04	1.98	1.94	1.91	1.88	1.83	1.78	1.73	1.70	1.67	1.64	1.61	1.57	1.53
25	2.92	2.53	2.32	2.18	2.09	2.02	1.97	1.93	1.89	1.87	1.82	1.77	1.72	1.69	1.66	1.63	1.59	1.56	1.52
26	2.91	2.52	2.31	2.17	2.08	2.01	1.96	1.92	1.88	1.86	1.81	1.76	1.71	1.68	1.65	1.61	1.58	1.54	1.50
27	2.90	2.51	2.30	2.17	2.07	2.00	1.95	1.91	1.87	1.85	1.80	1.75	1.70	1.67	1.64	1.60	1.57	1.53	1.49
28	2.89	2.50	2.29	2.16	2.06	2.00	1.94	1.90	1.87	1.84	1.79	1.74	1.69	1.66	1.63	1.59	1.56	1.52	1.48
29	2.89	2.50	2.28	2.15	2.06	1.99	1.93	1.89	1.86	1.83	1.78	1.73	1.68	1.65	1.62	1.58	1.55	1.51	1.47
30	2.88	2.49	2.28	2.14	2.05	1.98	1.93	1.88	1.85	1.82	1.77	1.72	1.67	1.64	1.61	1.57	1.54	1.50	1.46
40	2.84	2.44	2.23	2.09	2.00	1.93	1.87	1.83	1.79	1.76	1.71	1.66	1.61	1.57	1.54	1.51	1.47	1.42	1.38
60	2.79	2.39	2.18	2.04	1.95	1.87	1.82	1.77	1.74	1.71	1.66	1.60	1.54	1.51	1.48	1.44	1.40	1.35	1.29
120	2.75	2.35	2.13	1.99	1.90	1.82	1.77	1.72	1.68	1.65	1.60	1.55	1.48	1.45	1.41	1.37	1.32	1.26	1.19
∞	2.71	2.30	2.08	1.94	1.85	1.77	1.72	1.67	1.63	1.60	1.55	1.49	1.42	1.38	1.34	1.30	1.24	1.17	1.00

$(\alpha = 0.05)$

n_1 / n_2	1	2	3	4	5	6	7	8	9	10	12	15	20	24	30	40	60	120	∞
1	161	200	216	225	230	234	237	239	241	242	244	246	248	249	250	251	252	253	254
2	18.5	19.0	19.2	19.2	19.3	19.3	19.4	19.4	19.4	19.4	19.4	19.4	19.4	19.5	19.5	19.5	19.5	19.5	19.5
3	10.1	9.55	9.28	9.12	9.01	8.94	8.89	8.85	8.81	8.79	8.74	8.70	8.66	8.64	8.62	8.59	8.57	8.55	8.53
4	7.71	6.94	6.59	6.39	6.26	6.16	6.09	6.04	6.00	5.96	5.91	5.86	5.80	5.77	5.75	5.72	5.69	5.66	5.63
5	6.61	5.79	5.41	5.19	5.05	4.95	4.88	4.82	4.77	4.74	4.68	4.62	4.56	4.53	4.50	4.46	4.43	4.40	4.36
6	5.99	5.14	4.76	4.53	4.39	4.28	4.21	4.15	4.10	4.06	4.00	3.94	3.87	3.84	3.81	3.77	3.74	3.70	3.67
7	5.59	4.74	4.35	4.12	3.97	3.87	3.79	3.73	3.68	3.64	3.57	3.51	3.44	3.41	3.38	3.34	3.30	3.27	3.23
8	5.32	4.46	4.07	3.84	3.69	3.58	3.50	3.44	3.39	3.35	3.28	3.22	3.15	3.12	3.08	3.04	3.01	2.97	2.93

续表

n_1 \ n_2	1	2	3	4	5	6	7	8	9	10	12	15	20	24	30	40	60	120	∞
9	5.12	4.26	3.86	3.63	3.48	3.37	3.29	3.23	3.18	3.14	3.07	3.01	2.94	2.90	2.86	2.83	2.79	2.75	2.71
10	4.96	4.10	3.71	3.48	3.33	3.22	3.14	3.07	3.02	2.98	2.91	2.85	2.77	2.74	2.70	2.66	2.62	2.58	2.54
11	4.84	3.98	3.59	3.36	3.20	3.09	3.01	2.95	2.90	2.85	2.79	2.72	2.65	2.61	2.57	2.53	2.49	2.45	2.40
12	4.75	3.89	3.49	3.26	3.11	3.00	2.91	2.85	2.80	2.75	2.69	2.62	2.54	2.51	2.47	2.43	2.38	2.34	2.30
13	4.67	3.81	3.41	3.18	3.03	2.92	2.83	2.77	2.71	2.67	2.60	2.53	2.46	2.42	2.38	2.34	2.30	2.25	2.21
14	4.60	3.74	3.34	3.11	2.96	2.85	2.76	2.70	2.65	2.60	2.53	2.46	2.39	2.35	2.31	2.27	2.22	2.18	2.13
15	4.54	3.68	3.29	3.06	2.90	2.79	2.71	2.64	2.59	2.54	2.48	2.40	2.33	2.29	2.25	2.20	2.16	2.11	2.07
16	4.49	3.63	3.24	3.01	2.85	2.74	2.66	2.59	2.54	2.49	2.42	2.35	2.28	2.24	2.19	2.15	2.11	2.06	2.01
17	4.45	3.59	3.20	2.96	2.81	2.70	2.61	2.55	2.49	2.45	2.38	2.31	2.23	2.19	2.15	2.10	2.06	2.01	1.96
18	4.41	3.55	3.16	2.93	2.77	2.66	2.58	2.51	2.46	2.41	2.34	2.27	2.19	2.15	2.11	2.06	2.02	1.97	1.92
19	4.38	3.52	3.13	2.90	2.74	2.63	2.54	2.48	2.42	2.38	2.31	2.23	2.16	2.11	2.07	2.03	1.98	1.93	1.88
20	4.35	3.49	3.10	2.87	2.71	2.60	2.51	2.45	2.39	2.35	2.28	2.20	2.12	2.08	2.04	1.99	1.95	1.90	1.84
21	4.32	3.47	3.07	2.84	2.68	2.57	2.49	2.42	2.37	2.32	2.25	2.18	2.10	2.05	2.01	1.96	1.92	1.87	1.81
22	4.30	3.44	3.05	2.82	2.66	2.55	2.46	2.40	2.34	2.30	2.23	2.15	2.07	2.03	1.98	1.94	1.89	1.84	1.78
23	4.28	3.42	3.03	2.80	2.64	2.53	2.44	2.37	2.32	2.27	2.20	2.13	2.05	2.01	1.96	1.91	1.86	1.81	1.76
24	4.26	3.40	3.01	2.78	2.62	2.51	2.42	2.36	2.30	2.25	2.18	2.11	2.03	1.98	1.94	1.89	1.84	1.79	1.73
25	4.24	3.39	2.99	2.76	2.60	2.49	2.40	2.34	2.28	2.24	2.16	2.09	2.01	1.96	1.92	1.87	1.82	1.77	1.71
26	4.23	3.37	2.98	2.74	2.59	2.47	2.39	2.32	2.27	2.22	2.15	2.07	1.99	1.95	1.90	1.85	1.80	1.75	1.69
27	4.21	3.35	2.96	2.73	2.57	2.46	2.37	2.31	2.25	2.20	2.13	2.06	1.97	1.93	1.88	1.84	1.79	1.73	1.67
28	4.20	3.34	2.95	2.71	2.56	2.45	2.36	2.29	2.24	2.19	2.12	2.04	1.96	1.91	1.87	1.82	1.77	1.71	1.65
29	4.18	3.33	2.93	2.70	2.55	2.43	2.35	2.28	2.22	2.18	2.10	2.03	1.94	1.90	1.85	1.81	1.75	1.70	1.64
30	4.17	3.32	2.92	2.69	2.53	2.42	2.33	2.27	2.21	2.16	2.09	2.01	1.93	1.89	1.84	1.79	1.74	1.68	1.62

续表

n_1 / n_2	1	2	3	4	5	6	7	8	9	10	12	15	20	24	30	40	60	120	∞
40	4.08	3.23	2.84	2.61	2.45	2.34	2.25	2.18	2.12	2.08	2.00	1.92	1.84	1.79	1.74	1.69	1.64	1.58	1.51
60	4.00	3.15	2.76	2.53	2.37	2.25	2.17	2.10	2.04	1.99	1.92	1.84	1.75	1.70	1.65	1.59	1.53	1.47	1.39
120	3.92	3.07	2.68	2.45	2.29	2.17	2.09	2.02	1.96	1.91	1.83	1.75	1.66	1.61	1.55	1.50	1.43	1.35	1.25
∞	3.84	3.00	2.60	2.37	2.21	2.10	2.01	1.94	1.88	1.83	1.75	1.67	1.57	1.52	1.46	1.39	1.32	1.22	1.00

$(\alpha=0.025)$

n_1 / n_2	1	2	3	4	5	6	7	8	9	10	12	15	20	24	30	40	60	120	∞
1	648	800	864	900	922	937	948	957	963	969	977	985	993	997	1000	1010	1010	1010	1020
2	38.5	39.0	39.2	39.2	39.3	39.3	39.4	39.4	39.4	39.4	39.4	39.4	39.4	39.5	39.5	39.5	39.5	39.5	39.5
3	17.4	16.0	15.4	15.1	14.9	14.7	14.6	14.5	14.5	14.4	14.3	14.3	14.2	14.1	14.1	14.0	14.0	13.9	13.9
4	12.2	10.6	9.98	9.60	9.36	9.20	9.07	8.98	8.90	8.84	8.75	8.66	8.56	8.51	8.46	8.41	8.36	8.31	8.26
5	10.0	8.43	7.76	7.39	7.15	6.98	6.85	6.76	6.68	6.62	6.52	6.43	6.33	6.28	6.23	6.18	6.12	6.07	6.02
6	8.81	7.26	6.60	6.23	5.99	5.82	5.70	5.60	5.52	5.46	5.37	5.27	5.17	5.12	5.07	5.01	4.96	4.90	4.85
7	8.07	6.54	5.89	5.52	5.29	5.12	4.99	4.90	4.82	4.76	4.67	4.57	4.47	4.42	4.36	4.31	4.25	4.20	4.14
8	7.57	6.06	5.42	5.05	4.82	4.65	4.53	4.43	4.36	4.30	4.20	4.10	4.00	3.95	3.89	3.84	3.78	3.73	3.67
9	7.21	5.71	5.08	4.72	4.48	4.32	4.20	4.10	4.03	3.96	3.87	3.77	3.67	3.61	3.56	3.51	3.45	3.39	3.33
10	6.94	5.46	4.83	4.47	4.24	4.07	3.95	3.85	3.78	3.72	3.62	3.52	3.42	3.37	3.31	3.26	3.20	3.14	3.08
11	6.72	5.26	4.63	4.28	4.04	3.88	3.76	3.66	3.59	3.53	3.43	3.33	3.23	3.17	3.12	3.06	3.00	2.94	2.88
12	6.55	5.10	4.47	4.12	3.89	3.73	3.61	3.51	3.44	3.37	3.28	3.18	3.07	3.02	2.96	2.91	2.85	2.79	2.72
13	6.41	4.97	4.35	4.00	3.77	3.60	3.48	3.39	3.31	3.25	3.15	3.05	2.95	2.89	2.84	2.78	2.72	2.66	2.60
14	6.30	4.86	4.24	3.89	3.66	3.50	3.38	3.29	3.21	3.15	3.05	2.95	2.84	2.79	2.73	2.67	2.61	2.55	2.49
15	6.20	4.77	4.15	3.80	3.58	3.41	3.29	3.20	3.12	3.06	2.96	2.86	2.76	2.70	2.64	2.59	2.52	2.46	2.40

续表

n_1 / n_2	1	2	3	4	5	6	7	8	9	10	12	15	20	24	30	40	60	120	∞
16	6.12	4.69	4.08	3.73	3.50	3.34	3.22	3.12	3.05	2.99	2.89	2.79	2.68	2.63	2.57	2.51	2.45	2.38	2.32
17	6.04	4.62	4.01	3.66	3.44	3.28	3.16	3.06	2.98	2.92	2.82	2.72	2.62	2.56	2.50	2.44	2.38	2.32	2.25
18	5.98	4.56	3.95	3.61	3.38	3.22	3.10	3.01	2.93	2.87	2.77	2.67	2.56	2.50	2.44	2.38	2.32	2.26	2.19
19	5.92	4.51	3.90	3.56	3.33	3.17	3.05	2.96	2.88	2.82	2.72	2.62	2.51	2.45	2.39	2.33	2.27	2.20	2.13
20	5.87	4.46	3.86	3.51	3.29	3.13	3.01	2.91	2.84	2.77	2.68	2.57	2.46	2.41	2.35	2.29	2.22	2.16	2.09
21	5.83	4.42	3.82	3.48	3.25	3.09	2.97	2.87	2.80	2.73	2.64	2.53	2.42	2.37	2.31	2.25	2.18	2.11	2.04
22	5.79	4.38	3.78	3.44	3.22	3.05	2.93	2.84	2.76	2.70	2.60	2.50	2.39	2.33	2.27	2.21	2.14	2.08	2.00
23	5.75	4.35	3.75	3.41	3.18	3.02	2.90	2.81	2.73	2.67	2.57	2.47	2.36	2.30	2.24	2.18	2.11	2.04	1.97
24	5.72	4.32	3.72	3.38	3.15	2.99	2.87	2.78	2.70	2.64	2.54	2.44	2.33	2.27	2.21	2.15	2.08	2.01	1.94
25	5.69	4.29	3.69	3.35	3.13	2.97	2.85	2.75	2.68	2.61	2.51	2.41	2.30	2.24	2.18	2.12	2.05	1.98	1.91
26	5.66	4.27	3.67	3.33	3.10	2.94	2.82	2.73	2.65	2.59	2.49	2.39	2.28	2.22	2.16	2.09	2.03	1.95	1.88
27	5.63	4.24	3.65	3.31	3.08	2.92	2.80	2.71	2.63	2.57	2.47	2.36	2.25	2.19	2.13	2.07	2.00	1.93	1.85
28	5.61	4.22	3.63	3.29	3.06	2.90	2.78	2.69	2.61	2.55	2.45	2.34	2.23	2.17	2.11	2.05	1.98	1.91	1.83
29	5.59	4.20	3.61	3.27	3.04	2.88	2.76	2.67	2.59	2.53	2.43	2.32	2.21	2.15	2.09	2.03	1.96	1.89	1.81
30	5.57	4.18	3.59	3.25	3.03	2.87	2.75	2.65	2.57	2.51	2.41	2.31	2.20	2.14	2.07	2.01	1.94	1.87	1.79
40	5.42	4.05	3.46	3.13	2.90	2.74	2.62	2.53	2.45	2.39	2.29	2.18	2.07	2.01	1.94	1.88	1.80	1.72	1.64
60	5.29	3.93	3.34	3.01	2.79	2.63	2.51	2.41	2.33	2.27	2.17	2.06	1.94	1.88	1.82	1.74	1.67	1.58	1.48
120	5.15	3.80	3.23	2.89	2.67	2.52	2.39	2.30	2.22	2.16	2.05	1.94	1.82	1.76	1.69	1.61	1.53	1.43	1.31
∞	5.02	3.69	3.12	2.79	2.57	2.41	2.29	2.19	2.11	2.05	1.94	1.83	1.71	1.64	1.57	1.48	1.39	1.27	1.00

第 1 章

1.（1）$S = \{2,3,\cdots,12\}$，$A = \{2,3,4,5\}$，$B = \{7\}$.

（2）$S = \{(0,2),(1,1),(2,0)\}$，$A = \{(1,1),(2,0)\}$，注：第一个坐标表示甲盒中球的个数.

（3）$S = \{0,1,2,\cdots\}$，$A = \{6,7,8,9,10\}$. （4）$S = \{v \mid v \geqslant 0\}$，$A = \{v \mid 60 \leqslant v \leqslant 80\}$.

2.（1），（2），（3），（5）成立；（4），（6）不成立.

3.（1）$\overline{A}B = \{x \mid \frac{1}{4} \leqslant x \leqslant \frac{1}{2}$ 或 $1 < x < \frac{3}{2}\}$. （2）$\overline{A} \cup B = \{x \mid 0 \leqslant x \leqslant 2\}$.

（3）$\overline{\overline{A}\overline{B}} = B = \{x \mid \frac{1}{4} \leqslant x < \frac{3}{2}\}$. （4）$AB = A = \{x \mid \frac{1}{2} < x \leqslant 1\}$.

4. $P(AB) \leqslant P(A) \leqslant P(A \cup B) \leqslant P(A) + P(B)$. 5. $\frac{1}{2}$. 6. $P(\overline{AB}) = 0.6$.

7.（1）$P(A\overline{B}) = \frac{5}{24}$. （2）$P(A\overline{B}) = \frac{1}{3}$. （3）$P(A\overline{B}) = 0$.

8. $P(A \cup B) = 0.80$，$P(\overline{A}B) = 0.10$. 9. $\frac{1}{15}$. 10.（1）$\frac{1}{12}$.（2）$\frac{1}{20}$.

11. $P(A) = 0.48$，$P(B) = 0.216$，$P(C) = 0.096$，$P(D) = 0.384$.

12.（1）$\frac{25}{49}$，（2）$\frac{10}{49}$，（3）$\frac{20}{49}$，（4）$\frac{5}{7}$.

13. $\frac{3}{34}$. 14. (1) $\frac{28}{45}$ (2) $\frac{1}{45}$ (3) $\frac{16}{45}$ (4) $\frac{1}{5}$.

15. $\frac{1}{18}$. 16. $\frac{3}{8}, \frac{9}{16}, \frac{1}{16}$. 17. $0.3, 0.6$. 19.（1）$0, \frac{1}{4}$.（2）$\frac{1}{2}, 1$.

20.（1）$P(B \mid A \cup \overline{B}) = \frac{1}{4}$. （2）$P(A \cup B) = \frac{1}{3}$. 21. 0.3223.

22．（1）2.625%．（2）$\dfrac{1}{21}$． 23．（1）0.988．（2）0.829．

24．（1）$\dfrac{a+c}{a+b+c+d}$．（2）$\dfrac{1}{2}\left(\dfrac{a}{a+b}+\dfrac{c}{c+d}\right)$．（3）$\dfrac{a(1+c)+bc}{(a+b)(1+c+d)}$．

25．（1）0.4．（2）0.4856． 26．（1）$\dfrac{7}{24}$．（2）$\dfrac{2}{7}$．

27．0.5． 29．（1）0.56．（2）0.94．（3）0.38．

30．$\dfrac{2^{n}b}{a+2^{n}b}$． 31．0.94^{n}． 32．$p^{2}(2-p)^{2}$． 33．0.8629．

34．$P(A_{2}\,|\,B)=0.1268$． 35．11 次． 36．0.104．

37．至少 7 次． 38．$P(B)=0.5953$．

第 2 章

1．X 的分布律：

X	-3	1	2
P	$1/3$	$1/2$	$1/6$

，分布函数：$F(x)=\begin{cases}0, & x<-3,\\ 1/3, & -3\leqslant x<1,\\ 5/6, & 1\leqslant x<2,\\ 1, & x\geqslant 2.\end{cases}$．

2．（1）

X	0	1	2	3	4	5
P	$1/24$	$310/243$	$40/243$	$80/243$	$80/243$	$32/243$

．

（2）

X	3	4
P	$2/3$	$1/3$

．

3．

X	0	1	2	3
P	$1/30$	$3/10$	$1/2$	$1/6$

． 4．

X	0	1	2	3
P	$64/125$	$48/125$	$12/125$	$1/125$

．

5．$P(X=k)=C_{k-1}^{r-1}p^{r}(1-p)^{k-r}$，$k=r,r+1,\cdots$．

6．（1）$a=e^{-\lambda}$．（2）$b=1$． 7．（1）$\dfrac{1}{70}$．（2）他猜对的概率仅为 3.24×10^{-4}（即约为万分之三），按实际推断原理，认为他确有区分能力．

8．$p=\dfrac{1}{2}$，$P(X=2)=\dfrac{n(n-1)}{2^{n+1}}$． 9．$\dfrac{2}{3}e^{-2}$．

10．（1）0.0729．（2）0.99954．（3）0.40951． 11．（1）0.1008．（2）0.9161．

12．0.0047． 13．（1）$e^{-3/2}$．（2）$1-e^{-5/2}$． 14．最大可能的次品数是 3，概率是 0.243．

15. 分布律:

X	0	1	2	3
P	1/3	2/9	4/27	8/27

,分布函数:$F(x) = \begin{cases} 0, & x < 0, \\ 1/3, & 0 \leqslant x < 1, \\ 5/9, & 1 \leqslant x < 2, \\ 19/27, & 2 \leqslant x < 3, \\ 1, & x \geqslant 3. \end{cases}$

16.

X	-1	0	1
P	1/4	1/2	1/4

17. $P(X < 2) = \ln 2$,$P(0 < X \leqslant 3) = 1$,$P(2 < X < 5/2) = \ln \dfrac{5}{4}$.

（2）$f_X(x) = \begin{cases} \dfrac{1}{x}, & 1 < x < \text{e}, \\ 0, & \text{其他}. \end{cases}$

18.（1）$F(x) = \begin{cases} 0, & x < -1, \\ \dfrac{x}{\pi}\sqrt{1-x^2} + \dfrac{1}{\pi}\arcsin x + \dfrac{1}{2}, & -1 \leqslant x < 1, \\ 1, & x \geqslant 1. \end{cases}$

（2）$F(x) = \begin{cases} 0, & x < 0, \\ \dfrac{x^2}{2}, & 0 \leqslant x < 1, \\ -1 + 2x - \dfrac{x^2}{2}, & 1 \leqslant x < 2, \\ 1, & x \geqslant 2. \end{cases}$

19.（1）$\dfrac{8}{27}$.（2）$\dfrac{4}{9}$. 　20. 0.953. 　21. $1 - \text{e}^{-2}$. 　22. $\dfrac{26}{27}$. 　23.（1）e^{-1},（2）$\text{e}^{-2/3}$.

24. 　$P(Y = k) = C_5^k \text{e}^{-2k}(1 - \text{e}^{-2})^{5-k}$,　$k = 0,1,2,\cdots,5$,　$P(Y \geqslant 1) = 0.5167$.

25. 有实根的概率是 $\dfrac{3}{5}$.

26.（1）$P(-4 < X < 10) = 0.9996, P(|X| \geqslant 2) = 0.6977$.（2）$c = 3$.（3）$d \leqslant 0.43$.

27.（1）0.0481.（2）0.1197. 　28. 0.6826. 　29. 0.0456.

30.（1）

Y	0	1	4	9
P	0.2	0.55	0.2	0.05

.（2）

Z	e^{-3}	e^{-1}	e	e^3	e^7
P	0.2	0.25	0.2	0.3	0.05

31.（1）$f_Y(y) = \begin{cases} \dfrac{1}{y}, & 1 < y < \text{e}, \\ 0, & \text{其他}. \end{cases}$（2）$f_Z(z) = \begin{cases} \dfrac{1}{2}\text{e}^{-z/2}, & z > 0, \\ 0, & z \leqslant 0. \end{cases}$

32.（1）$f_Y(y) = \begin{cases} \dfrac{1}{y\sqrt{2\pi}} \mathrm{e}^{-\frac{(\ln y)^2}{2}}, & y > 0, \\ 0, & y \leqslant 0. \end{cases}$ （2）$f_Z(z) = \begin{cases} \dfrac{1}{2\sqrt{\pi(z-1)}} \mathrm{e}^{-\frac{z-1}{4}}, & z > 1, \\ 0, & z \leqslant 1. \end{cases}$

（3）．$f_W(w) = \begin{cases} \sqrt{\dfrac{2}{\pi}} \mathrm{e}^{-\frac{w^2}{2}}, & w > 0, \\ 0, & w \leqslant 0. \end{cases}$ 33．$f_Y(y) = \begin{cases} \dfrac{1}{2\sqrt{y}} \mathrm{e}^{-\sqrt{y}}, & y > 0, \\ 0, & y \leqslant 0. \end{cases}$

34．$f_Y(y) = \begin{cases} 1, & 0 < y < 1, \\ 0, & \text{其他}. \end{cases}$ 35．$f_Y(y) = \begin{cases} \dfrac{2}{\pi\sqrt{1-y^2}}, & 0 < y < 1, \\ 0, & \text{其他}. \end{cases}$

36．$f_V(v) = \begin{cases} \dfrac{1}{\pi\sqrt{A^2-v^2}}, & -A < v < A, \\ 0, & \text{其他}. \end{cases}$

第3章

1.（1）放回抽样

Y X	0	1	$P(X=i)$
0	25/64	15/64	40/64
1	15/64	9/64	24/64
$P(Y=j)$	40/64	24/64	1

（2）不放回抽样

Y X	0	1	$P(X=i)$
0	20/56	15/56	35/56
1	15/56	6/56	21/56
$P(Y=j)$	35/56	21/56	1

2.（1）$P\{X=i, Y=j\} = \dfrac{C_2^i C_2^j C_3^{2-i-j}}{C_7^2}$, $i,j = 0,1,2, 0 \leqslant i+j \leqslant 2$.

（2）$\dfrac{X}{p_{i\cdot}} \begin{array}{c|ccc} & 0 & 1 & 2 \\ \hline & 10/21 & 10/21 & 1/21 \end{array}$ $\dfrac{Y}{p_{\cdot j}} \begin{array}{c|ccc} & 0 & 1 & 2 \\ \hline & 10/21 & 10/21 & 1/21 \end{array}$ （3）$P(X+Y \geqslant 2) = \dfrac{2}{7}$.

3.（1）$a = 1$.（2）$P(X > 2Y) = \dfrac{7}{27}$.

4. （1）$C = 24$.

  （2）$f_X(x) = \begin{cases} 12x^2(1-x), & 0 < x < 1, \\ 0, & \text{其他}. \end{cases}$，$f_Y(y) = \begin{cases} 12y(1-y)^2, & 0 < y < 1, \\ 0, & \text{其他}. \end{cases}$

  （3）．$P(\frac{1}{4} < X < \frac{1}{2}, Y < \frac{1}{2}) = \frac{67}{256}$.

5. （1）$C = 12$.

  （2）$F(x, y) = \begin{cases} (1-e^{-3x})(1-e^{-4y}), & x > 0, y > 0, \\ 0, & \text{其他}. \end{cases}$，$F_X(x) = \begin{cases} 1-e^{-3x}, & x > 0, \\ 0, & x \leqslant 0. \end{cases}$

$F_Y(y) = \begin{cases} 1-e^{-4y}, & y > 0, \\ 0, & y \leqslant 0. \end{cases}$　（3）$P(0 < X \leqslant 1, 0 < Y \leqslant 2) = (1-e^{-3})(1-e^{-8})$.

6. $f_X(x) = \begin{cases} e^{-x}, & x > 0, \\ 0, & x \leqslant 0. \end{cases}$，$f_Y(y) = \begin{cases} ye^{-y}, & y > 0, \\ 0, & y \leqslant 0. \end{cases}$

7. （1）$C = \frac{21}{4}$.

  （2）$f_X(x) = \begin{cases} \frac{21}{8}x^2(1-x^4), & -1 < x < 1, \\ 0, & \text{其他}. \end{cases}$，$f_Y(y) = \begin{cases} \frac{7}{2}y^{5/2}, & 0 < y < 1, \\ 0, & \text{其他}. \end{cases}$

8. （1）$X \sim N(0, 1)$，$Y \sim N(0, 1)$.　（2）$P(X \leqslant Y) = \frac{1}{2}$.

9. $P(X = n) = \frac{\lambda^n}{n!}e^{-\lambda}$，$n = 0, 1, 2, \cdots$，$P(Y = m) = \frac{(\lambda p)^m}{m!}e^{-\lambda p}$，$m = 0, 1, 2, \cdots$.

10. $P(X = 0 | Y = 0) = \frac{1}{2}$，$P(X = 1 | Y = 0) = \frac{1}{2}$.

  $P(X = 0 | Y = 1) = \frac{4}{7}$，$P(X = 1 | Y = 1) = \frac{3}{7}$.

  $P(X = 0 | Y = 2) = \frac{3}{5}$，$P(X = 1 | Y = 2) = \frac{2}{5}$.

  $P(Y = 0 | X = 0) = \frac{6}{13}$，$P(Y = 1 | X = 0) = \frac{4}{13}$，$P(Y = 2 | X = 0) = \frac{3}{13}$.

  $P(Y = 0 | X = 1) = \frac{6}{11}$，$P(Y = 1 | X = 1) = \frac{3}{11}$，$P(Y = 2 | X = 1) = \frac{2}{11}$.

11. （1）当 $-1 < y < 1$ 时，$f_{X|Y}(x | y) = \begin{cases} \dfrac{1}{1-|y|}, & |y| < x \leqslant 1, \\ 0, & \text{其他}. \end{cases}$

  当 $0 < x < 1$ 时，$f_{Y|X}(y | x) = \begin{cases} \dfrac{1}{2x}, & |y| < x, \\ 0, & \text{其他}. \end{cases}$　（2）$P(Y > \frac{1}{2} | X > \frac{1}{2}) = \frac{1}{6}$.

12. $f_{X|Y}(x\,|\,y)=\dfrac{1}{\sqrt{2\pi}\sqrt{1-\rho^2}}e^{-\frac{(x-\rho y)^2}{2(1-\rho^2)}}$ ，$f_{Y|X}(y\,|\,x)=\dfrac{1}{\sqrt{2\pi}\sqrt{1-\rho^2}}e^{-\frac{(y-\rho x)^2}{2(1-\rho^2)}}$.

13. $P\left(X>\dfrac{1}{2}\right)=\dfrac{47}{64}$.　14. $p=\dfrac{1}{10},q=\dfrac{2}{15}$.

15. （1） $f_X(x)=\begin{cases}\dfrac{2}{\pi}\sqrt{1-x^2}, & |x|\leqslant 1 \\ 0, & \text{其他}\end{cases}$ ，$f_Y(y)=\begin{cases}\dfrac{2}{\pi}\sqrt{1-y^2}, & |y|\leqslant 1 \\ 0, & \text{其他}\end{cases}$.

　　（2）随机变量 X 与 Y 不相互独立.

16. （1） (X_1,X_2) 分布律：

X_2 \ X_1	0	1
0	1/2	1/6
1	0	1/3

.　（2）随机变量 X_1 与 X_2 不相互独立.

17. （1） $f(x,y)=\begin{cases}\dfrac{1}{2}e^{-y/2}, & 0<x<1,y>0, \\ 0, & \text{其他}.\end{cases}$ （2） $1-\sqrt{2\pi}(\varPhi(1)-\varPhi(0))=0.1445$.

18. $P(X^2+Y^2\leqslant 1)=1-e^{-\frac{1}{2}}$.　19. $\dfrac{1}{48}$.

20. X 与 Y 的联合分布律：

X \ Y	0	1
0	p^3+q^3	pq
1	pq	pq

21.

Z_1	0	1	2	3
P	0.07	0.37	0.37	0.19

，

Z_2	0	1	2	3
P	0.15	0.47	0.29	0.09

Z_3	-2	-1	0	1	2
P	0.09	0.07	0.5	0.15	0.19

，

Z_4	-1	-0.5	0	0.5	1
P	0.07	0.09	0.5	0.19	0.15

Z_5	0.5	1	2
P	0.09	0.72	0.19

.

22. $f_Z(z)=\begin{cases}ze^{-z}, & z>0, \\ 0, & z\leqslant 0.\end{cases}$.　24. $f_Z(z)=\begin{cases}1-e^{-z}, & 0<z<1, \\ e^{-z}(e-1), & z\geqslant 1, \\ 0, & z\leqslant 0.\end{cases}$.

25. $f_Z(z) = \begin{cases} z, & 0 \leqslant z < 1, \\ 2-z, & 1 \leqslant z \leqslant 2, \\ 0, & \text{其他}. \end{cases}$ 26. $f_Z(z) = \begin{cases} \dfrac{9}{8}z^2, & 0 < z < 1, \\ \dfrac{3}{8}(4-z^2), & 1 \leqslant z < 2, \\ 0, & z \leqslant 0. \end{cases}$

27.（1）$f_M(z) = \begin{cases} 2z, & 0 < z < 1, \\ 0, & \text{其他}. \end{cases}$.（2）$f_N(z) = \begin{cases} 2(1-z), & 0 < z < 1, \\ 0, & \text{其他}. \end{cases}$.

28.（1）$f_X(x) = \begin{cases} \dfrac{e^{-x}}{1-e^{-1}}, & 0 < x < 1, \\ 0, & \text{其他}. \end{cases}$, $f_Y(y) = \begin{cases} e^{-y}, & y > 0, \\ 0, & \text{其他}. \end{cases}$.

（2）X 与 Y 相互独立.

（3）$F_U(u) = \begin{cases} 1-e^{-u}, & u \geqslant 1, \\ \dfrac{(1-e^{-u})^2}{1-e^{-1}}, & 0 \leqslant u < 1, \\ 0, & u < 0. \end{cases}$.

29. $f_Z(z) = \begin{cases} \dfrac{1}{(1+z)^2}, & z > 0, \\ 0, & z \leqslant 0. \end{cases}$.

第4章

1. $E(X) = -0.2$，$E(X^2) = 2.8$，$E(3X^2 + 5) = 13.4$.   2. $E(X) = 1/3$.

3. $P(X = -1) = 0.4$，$P(X = 0) = 0.1$，$P(X = 1) = 0.5$.   4. $E(X) = 1500$.

5.（1）$E(X) = 1$，（2）$E(2X) = 2$，（3）$E(e^{-5X}) = 1/6$.

6. $E(X) = 4/5, E(XY) = 1/2, E(X^2 + Y^2) = 16/15$.

7.（1）$E(X_1 + X_2) = 3/4$，（2）$E(X_1 X_2) = 1/8$.

8.（1）$a = \sqrt[3]{4}$，（2）$E(1/X^2) = 3/4$. 9. $E(Y) = 35/3 \, (\text{min})$.

10. 5.2092 万元.   11. $E(X) = 6$，$D(X) = 4.6$.

12. $E(X) = \dfrac{n+1}{2}$.   13. $E(S) = 8.67, D(S) = 21.42$.

14.（1）$f(x, y) = \begin{cases} 1, & |y| < x, 0 < x < 1, \\ 0, & \text{其他}. \end{cases}$ ，（2）$E(Z) = 4/3, D(Z) = 7/18$.

15. $E(Y^2) = 5$. 　16. $D(Y) = 46$. 　17. $D(|X - Y|) = 1 - \dfrac{2}{\pi}$.

18. $E(X) = 2$. 　19. （1）$Z \sim N(2080, 65^2)$. 　（2）$P(X > Y) = 0.9798$.

　（3）$P(X + Y > 1400) = 0.1539$. 　22. $E(X) = \dfrac{2}{3}$, $Cov(X, Y) = 0$.

23. $E(X) = \dfrac{7}{6}$, $E(Y) = \dfrac{7}{6}$, $D(X) = \dfrac{11}{36}$, $D(Y) = \dfrac{11}{36}$, $Cov(X, Y) = -\dfrac{1}{36}$.

24. X 与 $|X|$ 不相关, X 与 $|X|$ 不独立.

25. $Cov(X, Y) = -2$, $\rho_{XY} = -\dfrac{1}{3}$, $Cov(X - 2Y, X + Y) = -12$.

26. $\rho_{UV} = \dfrac{a^2 - b^2}{a^2 + b^2}$.

27. （1）(X_1, X_2) 的分布律

X_2 \ X_1	0	1
0	0.1	0.8
1	0.1	0

，（2）$\rho_{X_1 X_2} = -\dfrac{2}{3}$.

28. （1）$E(Z) = \dfrac{1}{3}$, $D(Z) = 3$. 　（2）$\rho_{XZ} = 0$.

29. $E(X + Y + Z) = 1$, $D(X + Y + Z) = 3$. 　30. $\rho_{X_1 X_2} = \dfrac{5}{2\sqrt{13}}$.

31. $C = \begin{pmatrix} \dfrac{(b-a)^2}{12} & 0 \\ 0 & \dfrac{(d-c)^2}{12} \end{pmatrix}$.

第 5 章

1. 提示：计算概率 $P(|X_n| < \varepsilon)$，用依概率收敛的定义证明.

2. $P\{|X - \mu| \geqslant 3\sigma\} \geqslant \dfrac{1}{9}$；计算 $P\{|X - \mu| \geqslant 3\sigma\} = 1 - 0.9974 = 0.0026$.

3. 提示：用切比雪夫不等式.

4. $n \geqslant 18750$.

5. 0.2119.

6. （1）0.3174；（2）443.

7. 0.9525.

8. 25.

9. 1537.

10. 提示：利用德莫佛—拉普拉斯中心极限定理.

11. 0.9977.

12. （1）$X \sim B(100, 0.2)$；（2）0.9270.

第 6 章

1. $\bar{x} = 5$，$S^2 = 6.5$；$F_5(x) = \begin{cases} 0, & x < 2, \\ 0.2, & 2 \leqslant x < 3, \\ 0.4, & 3 \leqslant x < 5, \\ 0.6, & 5 \leqslant x < 7, \\ 0.8, & 7 \leqslant x < 8, \\ 1, & x \geqslant 8. \end{cases}$

2. 0.8664.

3. （1）0.2628；　（2）0.2923；　（3）0.5785.

4. n 至少应取 35.

5. $P(X_1 = x_1, \cdots, X_n = x_n) = \dfrac{\lambda^{\sum\limits_{i=1}^{n} x_i}}{x_1! \cdots x_n!} \mathrm{e}^{n\lambda}$，$x_i = 0, 1, \cdots$，$i = 1, \cdots, n$.

6. $P(\sum\limits_{i=1}^{10} X_i > 1.44) \approx 0.01$.

7. $E(\overline{X}) = n$，$D(\overline{X}) = \dfrac{n}{8}$，$E(S^2) = 2n$.

8. （1）$c = 1$，自由度为 2；　（2）$d = \sqrt{\dfrac{3}{2}}$；自由度为 3.

9. （1）0.95；　（2）$D(S^2) = \dfrac{32}{15}$.

第 7 章

1. $\hat{\mu} = \bar{x} = 74.2$；$\hat{\sigma}^2 = b_2 = 0.06$；$s^2 = 0.06857$.

2. 矩估计量 $\hat{\theta} = \dfrac{\overline{X}}{\overline{X} - c}$；最大似然估计量 $\hat{\theta} = \dfrac{n}{\sum\limits_{i=1}^{n} \ln X_i - n \ln c}$.

3. 矩估计量 $\hat{p} = \dfrac{\overline{X}}{k}$；最大似然估计量 $\hat{p} = \dfrac{\overline{X}}{k}$.

4. 矩估计值 $\hat{\theta} = \dfrac{1}{2}$；最大似然估计值 $\hat{\theta} = \dfrac{1}{2}$.

7. $a = \dfrac{n_1}{n_1 + n_2}, b = \dfrac{n_2}{n_1 + n_2}$.

8. $D(\hat{\theta}_1) < D(\hat{\theta}_2)$

9. （1） $\hat{\theta} = \dfrac{1}{n} \sum\limits_{i=1}^{n} X_i^2$ ；　　（2）无偏；　　（3）相合的.

10. $\hat{\theta} = \dfrac{1}{n} \sum\limits_{i=1}^{n} X_i = \overline{X}$

11. （2） $D(T) = \dfrac{2}{n(n-1)}$.

12. （1）置信区间（5.608,6.392），　　单侧置信上限 6.33.
　　（2）置信区间（5.558,6.442），　　单侧置信上限 6.356.

13. 置信区间（ $6.8 \times 10^{-6}, 6.5 \times 10^{-5}$ ）.

14. 置信区间（ $-6.04, -5.96$ ）.

15. 置信区间（0.222,3.601）；　　单侧置信上限 2.84.

16. 单侧置信下限 -0.0012.

第 8 章

1. 可以认为这批矿砂的镍含量的均值为 3.25.

2. 拒绝 H_0，即认为这批元件平均使用寿命是小于1000 h.

3. 拒绝 H_0，有显著差异.

4. 拒绝 H_0，即接受 $H_1 : \mu_1 - \mu_2 > 2$.

5. 可以认为早晨的身高比晚上的身高要高.

6. 认为使用原料 B 生产的产品平均重量较使用原料 A 生产的大.

7. 可以认为这批导线的标准差显著增大.

8. （1）接受 $H_0 : \sigma_1^2 = \sigma_2^2$；（2）接受 $H_0' : \mu_1 = \mu_2$.

9. （1）接受 H_0： $\mu = 0.618$ ；（2）接受 $H_0 : \sigma^2 = 0.11^2$.

10. 接受 $H_0 : \sigma_1^2 \leqslant \sigma_2^2$.

11. 东、西两支矿脉含锌量的平均值可以看作一样.

第 9 章

1. $F\left(x;\dfrac{\pi}{4}\right)=\begin{cases}0 & ,\quad x<\dfrac{\sqrt{2}}{2}\\[2mm]\dfrac{1}{3} & ,\quad \dfrac{\sqrt{2}}{2}\leqslant x<\sqrt{2}\\[2mm]\dfrac{2}{3} & ,\quad \sqrt{2}\leqslant x<\dfrac{3\sqrt{2}}{2}\\[2mm]1 & ,\quad x\geqslant\dfrac{3\sqrt{2}}{2}\end{cases}$ $\qquad F\left(x;\dfrac{\pi}{2}\right)=\begin{cases}0 & ,\quad x<0\\ 1 & ,\quad x\geqslant 0\end{cases}.$

2. $X(t)\sim N(0,\cos^2\omega t)$, $\quad C_X(s,t)=\cos\omega s\cos\omega t$.

3. $\mu_X(t)=\dfrac{1}{t}(1-\mathrm{e}^{-t}),t\geqslant 0$, $\quad R_X(t_1,t_2)=\dfrac{1}{t_1+t_2}[1-\mathrm{e}^{-(t_1+t_2)}]$,

   $f(x;t)=\begin{cases}\dfrac{1}{xt} & ,\quad \mathrm{e}^{-t}<x<1\\[2mm]0 & ,\quad \text{其他}\end{cases}.$

4. $\mu_Y(t)=F(x;t)$, $\quad R_X(t_1,t_2)=F(x_1,x_2;t_1,t_2)$.

5. $\mu_Y(t)=\mu_X(t)+\varphi(t)$, $\quad C_Y(t_1,t_2)=C_X(t_1,t_2)$.

6. $R_X(t_1,t_2)=R_X(t_1+a,t_2+a)+R_X(t_1,t_2)-R_X(t_1+a,t_2)-R_X(t_1,t_2+a)$.

8. （1）30，（2）$\dfrac{(30)^{30}}{30!}\mathrm{e}^{-30}$.

9. （1）$\dfrac{9^5}{8}\mathrm{e}^{-18}$，（2）$\dfrac{9^4}{4!}\mathrm{e}^{-9}$.

12. $\mu_Y(t)=mt$, $\quad R_X(t_1,t_2)=t_1t_2(\sigma^2+m^2)+\sigma^2\min(t_1,t_2)$.

13. （1）$f(x;t)=\dfrac{1}{\sqrt{2\pi t}\,\sigma}\mathrm{e}^{-\frac{x^2}{2\sigma^2 t}}$，（2）0.3085.

第 10 章

1. $P=\begin{pmatrix}0 & 1 & 0 & 0 & 0\\ q & r & p & 0 & 0\\ 0 & q & r & p & 0\\ 0 & 0 & q & r & p\\ 0 & 0 & 0 & 1 & 0\end{pmatrix}$

2. $P=\begin{pmatrix}q & p & 0 & 0 & 0\cdots\\ 0 & q & p & 0 & 0\cdots\\ 0 & 0 & q & p & 0\cdots\\ \cdots\end{pmatrix}$

3. 0.512，0.064.

4. （1）$\dfrac{1}{16}$，（2）$\dfrac{7}{16}$．

5. （1）$p_{11}(2) = 2pq$，$p_{11}(3) = pq$；（2）$\pi_0 = \dfrac{q^2}{1-pq}$，$\pi_1 = \dfrac{pq}{1-pq}$，$\pi_2 = \dfrac{p^2}{1-pq}$

6. （1）$I = \{1,2\}$，$P = \begin{pmatrix} \dfrac{8}{10} & \dfrac{2}{10} \\ \dfrac{6}{10} & \dfrac{4}{10} \end{pmatrix}$；（2）0.4298；（3）$\pi_1 = \dfrac{3}{4}, \pi_2 = \dfrac{1}{4}$．

7. （1）$\begin{pmatrix} \dfrac{1}{3} & \dfrac{2}{3} & 0 \\ \dfrac{2}{9} & \dfrac{5}{9} & \dfrac{2}{9} \\ 0 & \dfrac{2}{3} & \dfrac{1}{3} \end{pmatrix}$；（2）$\{\dfrac{1}{5}, \dfrac{3}{5}, \dfrac{1}{5}\}$．

9. （1）$C_n = 0$，$D_n = 1 - \dfrac{1}{2^n}$；（2）具有遍历性；（3）极限分布为：$\pi_1 = 1, \pi_2 = 0$．

第 11 章

1. $\{X(t), t \in T\}$ 为平稳过程．

3. （1）$\mu_Y(t) = 0$，$R_Y(\tau) = \dfrac{1}{2}\cos\omega\tau$；（2）$\{Y(t), t \in T\}$ 为平稳过程．

7. $R_X(\tau) = \dfrac{1}{48}(9\mathrm{e}^{-|\tau|} + 5\mathrm{e}^{-3|\tau|})$；平均功率为 $\dfrac{7}{24}$．

8. $R_X(\tau) = \dfrac{4}{\pi}(1 + \dfrac{\sin^2 5\pi}{\tau^2})$．

9. $S_X(\omega) = 4[\dfrac{1}{1+(\omega-\pi)^2} + \dfrac{1}{1+(\omega+\pi)^2}] + \pi[\delta(\omega-3\pi) + \delta(\omega+3\pi)]$．

11. （3）$\psi_X^2 = \sigma^2$，（4）$S_X(\omega) = \pi\sigma^2[\delta(\omega-\omega_0) + \delta(\omega+\omega_0)]$．

13. （1）$R_Y(\tau) = \begin{cases} T - |\tau|, & |\tau| < T \\ 0, & \text{其他} \end{cases}$，$S_Y(\omega) = T^2\left(\dfrac{\sin\dfrac{\omega T}{2}}{\dfrac{\omega T}{2}}\right)$；

（2）$S_{XY}(\omega) = \dfrac{\mathrm{e}^{\mathrm{i}\omega T} - 1}{\mathrm{i}\omega}$．

14. $S_Y(\omega) = \dfrac{2\sigma^2 a^2}{(1+\omega^2)(b^2+\omega^2)}$，$R_Y(\tau) = \dfrac{\sigma^2 - a^2}{b(1-b^2)}(\mathrm{e}^{-b|\tau|} - b\mathrm{e}^{-|\tau|})$．